21世纪高等教育计算机规划教材

COMPUTER

C语言程序设计
（附微课视频 第3版）

C Programming

朱立华 陈可佳 主编
刘林峰 吴家皋 郭剑 副主编

人民邮电出版社
北京

图书在版编目（CIP）数据

C语言程序设计 : 附微课视频 / 朱立华，陈可佳主
编. -- 3版. -- 北京 : 人民邮电出版社，2018.8
21世纪高等教育计算机规划教材
ISBN 978-7-115-48833-6

Ⅰ. ①C… Ⅱ. ①朱… ②陈… Ⅲ. ①C语言－程序设
计－高等学校－教材 Ⅳ. ①TP312.8

中国版本图书馆CIP数据核字(2018)第148686号

内 容 提 要

本书是采用C语言进行程序设计的入门教程，主要面向没有程序设计基础的读者，详细介绍了C语言的基本概念、语法规则及编程技术。全书共分为12章，内容包括：与程序设计有关的计算机基础知识、常量与变量、运算符与表达式、流程控制、函数、数组、指针、结构、文件、多文件工程等，最后给出了一个学生成绩管理系统综合实例。该例采用结构化程序设计的思想和方法，对C语言中几乎所有的知识进行了实践，便于读者从模仿开始学习编写综合性的程序。

本书的配套教材《C语言程序设计习题解析与实验指导（第3版）》，包含了主教材中思考题的解析、每章的习题解答、补充习题与答案以及10个配套的实验与指导，建议与本书配合使用。

本书可作为高等学校本专科各专业以C语言为基础的程序设计课程的教材，也可作为编程爱好者自学C语言的教材和参考书。

◆ 主　　编　朱立华　陈可佳
副 主 编　刘林峰　吴家皋　郭　剑
责任编辑　刘　尉
责任印制　沈　蓉　彭志环

◆ 人民邮电出版社出版发行　　北京市丰台区成寿寺路11号
邮编　100164　　电子邮件　315@ptpress.com.cn
网址　http://www.ptpress.com.cn
固安县铭成印刷有限公司印刷

◆ 开本：787×1092　1/16
印张：19.5　　2018年8月第3版
字数：508千字　　2025年1月河北第16次印刷

定价：55.00元

读者服务热线：(010)81055256　印装质量热线：(010)81055316
反盗版热线：(010)81055315

前 言

信息科学技术的发展不仅极大地促进了整个科学技术的发展，而且显著地加快了经济信息化和社会信息化的进程。其中，程序设计是信息科学与技术领域创新型人才应掌握的基本技能。一直以来，各大高等院校均开设了程序设计类的相关基础课程。本教材选用C语言作为程序设计的入门教学语言，其主要原因为：一方面，C 语言是主流的程序设计语言之一，广泛应用在软件系统的设计与开发以及信息科学与技术领域的研究中；另一方面，C 语言也是学习其他高级程序设计语言以及计算机类专业课程如“数据结构”“操作系统”等课程的基础。

南京邮电大学计算机学院程序设计课程组自2005年起负责全校的C语言程序设计课程，经过10多年的课程建设，积累了丰富的教学经验，并形成了一套完整的课程体系。课程组于2009年自主编写了《C语言程序设计》系列教材，并于2014年进行改版。本书是2018年的再次改版，整体延续了第2版的风格，遵循循序渐进、由浅入深的教学理念，从基础知识出发到解决实际问题，让读者潜移默化地掌握 C 语言的语法与编程技巧。与上一版不同，此版教材增改了部分具有实际意义的程序例题并为每个例题附上了详细的演示讲解视频（读者通过扫描二维码即可观看）。此外，本书在语言和结构上也都有了明显的改进。

本书共有12章，包含了程序设计的一般性概念以及C语言特有的语法知识，主要有：C语言基础知识、数据类型及定义、程序流程控制及结构化程序设计思想、数据的永久存储等。本书的主要特点如下。

（1）注重基础，内容翔实

本书面向编程零基础的读者，因此在第 1 章先简单而全面地介绍了计算机软、硬件的基本知识，特别是和程序相关的存储器知识、二进制及进制转换知识等，便于读者更好地理解 C 程序的开发过程。本书各章知识点内容完整，不仅涵盖了 C 语言的基本理论知识，还给出了实际应用中的编程技巧，对编程细节给出了提醒。

（2）由简入繁，逐步深入

本书在内容的组织上遵循：首先提出语法，然后给出简洁易懂的示例，再在后续进阶例题的反复使用中加深理解。本书前后章节的例题具有连贯性，即随着新问题的提出引入新的知识，并逐步完善之前的例题。这种编排方式不仅可以避免初学者出现畏难情绪，而且可以让读者理解各知识点存在的必要性。

（3）选例经典，讲解细致

本书精选的示例、例题能充分体现相关章节的知识。此外，本书还引入了一些经典且实用的算法，以增加读者的兴趣。如：斐波那契数列、判断质数、数组排序、生成随机数、验证密码等。每个例题的源代码注释详细、运行结果分析透彻、配套讲解全面、思考题有启发性。读者可通过例题索引表快速查找本书的示例，进行阅读。

本书配套的教学资源包括：《C 语言程序设计习题解析与实验指导（第 3 版）》、教学课件、教材源程序、所有例题的演示讲解视频、习题答案等，均可以在人邮教育社区（http://www.ryjiaoyu.com）免费下载。

本书的编写得到南京邮电大学程序设计课程组诸多老师的支持：第 1、5 章由陈可佳老师编写，第 2、3 章由吴家皋老师编写，第 4 章由郭剑老师编写，第 6 章由朱旻如老师编写，第 7 章由刘林峰老师编写，第 8、9 章由周剑老师编写，第 10 章由汪云云老师编写，第 11、12 章由朱立华老师编写。朱立华和陈可佳老师负责全书的统稿工作。此外，浙江大学何钦铭教授、南京邮电大学张伟教授也对本书的编写提出了许多宝贵的意见和建议，在此深表谢意。部分学生和读者对上一版书进行了及时的反馈，并对本书的改进提出了中肯的建议，为本次改版提供了更好的思路和方向，在此一并表示感谢。

由于编者水平有限，书中难免有疏漏不当之处，恳请读者批评指正，并直接与编者联系，不胜感激。

编者 E-mail 地址为：chenkj@njupt.edu.cn、zhulh@njupt.edu.cn。

编者

2018 年 5 月

本书主要例题索引表

知识模块	对应知识点	例题号	本例主要功能与技巧
具有顺序结构的简单C程序	C程序基本结构	例2.1	C程序基本框架，源程序结构、基本符号
	变量定义及输入/输出	例2.2	用scanf、printf进行输入/输出处理
	字符变量的输入/输出	例2.3	用getchar、putchar进行字符数据的读写
	用const限定变量只读	例2.4	只读变量的定义与使用
	运算符与表达式	例3.1	算术运算符及其表达式
	强制类型转换	例3.2	用强制类型转换（int）进行取整
	顺序结构程序的实现	例4.1	用海伦公式求三角形面积
用if、switch实现分支结构	用if…else实现分支结构	例4.2	比较得到两数中较大的那个数
	用if…else实现分支结构	例4.3	改进例4.1判断三边是否能构成三角形
	嵌套的if…else分支结构	例4.4	进一步改进例4.3，判断直角三角形
	用switch实现分支结构	例4.5	用switch进行多分支选择的控制
用while、for、do…while实现循环结构	while语句控制当型循环	例4.6	累加求和的循环控制方法
	do…while语句控制直到型循环	例4.7	阶乘（累乘）的循环控制方法
	for语句控制当型循环	例4.8	各项有规律的数列求和方法
	break与continue在循环中的用法	例4.9	break和continue语句的区别
	for语句与if语句的嵌套结构	例4.12	质数判断方法
循环嵌套结构	循环嵌套打印规则图表	例4.10	九九加法（乘法）表的打印
	循环嵌套打印规则图形	例4.11	循环嵌套打印有规律图形的基本方法
	循环嵌套的使用——穷举法	例4.13	用穷举法求解百钱百鸡问题
函数的定义、调用、原型声明	函数的原型声明、定义与调用	例5.2	函数定义、调用、声明的完整示例
	函数的定义	例5.3	定义判断质数的函数
	函数的定义	例5.4	定义无参无返回类型的画线函数
	函数的调用	例5.5	调用判断质数的函数
	函数的调用	例5.6	调用画线函数
	多个函数之间的定义与调用	例5.11	根据题目要求合理划分功能定义函数
函数的递归	递归函数的定义与调用	例5.7	用递归方法求阶乘，递归的执行过程
	递归函数的定义与调用	例5.8	用递归进行十进制向任意进制数转换
变量的生命期与作用域	全局变量、局部变量的作用域	例5.9	使用全局、局部变量，统计质数个数
	静态局部变量的特性	例5.10	巧妙利用静态局部变量求解阶乘问题
一维、二维数组的定义及基本使用	一维数组的定义、元素批量访问和处理	例6.1	一维数组元素的定义、批量输入、求和、求平均
	一维数组应用于存储数列项	例6.2	斐波那契数列求解、格式化输出控制
	一维数据应用于数字统计	例6.3	巧妙利用数组下标，统计数字出现次数
	二维数组的定义与基本操作	例6.5	使用二维数组表示矩阵的方法
	二维数组的定义与基本操作，随机函数rand、srand的使用	例6.6	使用二维数组表示矩阵、求转置，随机产生数组元素，以及输出控制
	二维数组的定义与应用	例6.7	使用二维数据模拟发牌游戏
数组实参与"数组"形参	向函数传递一维数组	例6.4	定义函数并以数组为参数，求一维数组元素中的最大值（最小值）
	向函数传递二维数组	例6.8	二维数组作实参时对应形式参数的设定

续表

知识模块	对应知识点	例题号	本例主要功能与技巧
一维数组中的经典算法	在一维数组中查找某个值	例 6.9	在一维数组中进行顺序搜索，查找元素
	在一维数组中插入某个值	例 6.10	在有序的一维数组中插入元素保持原序
	在一维数组中删除某个值	例 6.11	从一维数组中删除某元素的方法
	一维数组中元素的排序	例 6.12	用冒泡法对一维数组里的元素排序
指针基本知识	变量的值与变量的地址	例 7.1	显示一个 int 型变量的值及其地址
指针与数组：一级指针与一维数组、行指针与二维数组；一级、二级指针、指针数组、函数指针等知识	数组名的地址常量本质	例 7.2	使用数组名（指针常量）访问数组元素
	指针变量的定义、赋值、移动	例 7.3	定义指针变量访问数组元素（移动下标法）
	用指针访问一维数组	例 7.11	十进制数转换为二进制数，各位值存于数组
	用指针访问二维数组	例 7.4	用指针访问二维数组各元素，输出地址与值
	用一级指针访问二维数组	例 7.5	用列指针访问二维数组元素并输出
	用行指针访问二维数组	例 7.6	用行指针访问二维数组元素并输出
	用指针数组访问二维数组元素	例 7.7	用指针数组访问二维数组元素并输出
	二级指针的定义及使用	例 7.14	二级指针与一级指针、普通变量的关系
	函数指针的定义、赋值与使用	例 7.17	使用函数指针调用函数，注意函数首部要求
指针形参及返回值在函数中的使用	传地址调用函数可改变实参变量	表 7.3	swap 交换变量函数的传值与传地址调用的区别，对实参变量的不同影响
	通过指针参数使函数返回多个值	例 7.8	通过函数求两数的和与差
	返回值与返回指针的区别	例 7.9	利用返回指针求两数中的较小（大）值
	一维数组名形参实质为指针形参	例 7.10	指针作为形参访问一维数组，查找异常数据
	用指针作为形参接受实参数组	例 7.12	选择法排序的函数实现，采用指针形参
	用行指针作为形参访问二维数组	例 7.13	定义函数计算矩阵的对角线之和并输出矩阵，用行指针作为函数的形参
用指针管理动态空间	用一级指针管理动态空间，申请动态一维数组	例 7.15	用筛选法求一定范围内所有质数，用指针申请的动态一维数组来存放数据
	用二级指针管理动态空间，申请动态二维数组，随机函数的使用	例 7.16	用二级指针管理动态二维数组空间，调用随机函数产生元素，输出矩阵，释放动态空间
单个字符串的存储及处理	字符数组及字符指针处理字符串	例 8.1	用字符指针访问字符数组，并统计
	字符串与字符数组的区别	例 8.2	用%s 控制字符串的输出
	字符串专用处理函数的使用	例 8.4	几个常用字符串专用处理函数的使用示例
	字符数组及字符指针处理字符串	例 8.5	定义函数判断一个串是否为回文
	字符数组及字符指针处理字符串	例 8.6	统计一个串中单词出现的次数
	字符指针逐个访问串中的字符	例 8.7	密码问题，定义函数判断密码是否正确
多个字符串的存储及处理	用二维字符数组处理多个字符串	例 8.3	用二维字符数组处理多个字符串，用 gets/puts 函数进行字符串的输入/输出
	用一维字符指针数组和二维字符数组处理多个字符串	例 8.8	用二维字符数组实现多个字符串的选择法排序
	带参数的 main 函数，用二级指针作为形参	例 8.9	带参数的 main 函数示例，注意第 2 个形参的两种表达形式，本质上是二级指针
	用二维字符数组管理多个字符串，函数中用行指针变量作为形参	例 8.10	字符串操作的综合实例：单词本管理，（定义了）新增、删除、查找和显示 4 个功能的函数

续表

知识模块	对应知识点	例题号	本例主要技巧技能
宏定义、文件包含、条件编译等指令	无参宏的定义及使用	例 9.1	展示无参宏的定义及使用
	带参宏的定义及使用	例 9.2	带参宏定义，理解宏替换
	条件编译指令的使用	例 9.3	条件编译指令应用示例
多文件工程的组织及相关技术	多文件工程的组织，头文件与源文件的使用	例 9.4	定义一个工程，包含 5 个不同的文件，理解头文件及对应的源文件，及文件包含的使用
	extern 声明外部变量、外部函数	例 9.5	在多文件工程中，不同文件中外部变量与外部函数的定义、声明及调用
	多文件工程的组织、数组作为参数在函数中的传递与使用	例 9.6	多文件工程程序，实现一维数组的输入、输出、统计、查找等功能，正确使用文件包含
结构体类型的定义；结构体变量、指针、数组的使用	结构体类型的定义、结构嵌套、结构变量的定义、初始化及成员的点运算符访问	例 10.1	学生结构体类型与日期结构体类型的嵌套定义，对学生结构体变量的初始化，对其成员的点运算符访问方式以及输入/输出处理
	采用结构体指针访问结构成员	例 10.2	结构体指针的定义，对成员的两种访问方式
	结构体数组的定义及使用	例 10.3	结构体数组的定义及初始化，用指针法和下标法分别访问结构数组元素的成员
	结构体作为函数的形参	例 10.4	结构体变量和结构体指针作为形式参数
	排序算法在结构体数组中的应用，结构体数组作为实参进行传址	例 10.5	定义学生结构体，并且根据学生的成绩进行排序，所定义的函数中形参为结构体指针
联合与枚举类型的定义与使用	联合类型的定义，联合变量的定义及成员的访问	例 10.6	联合类型的定义，联合变量的定义和对其成员的访问方式，联合变量空间大小示意
	枚举类型的定义及成员访问	例 10.7	枚举类型数组的定义和对枚举变量的访问
单链表的各种基本操作，注意头指针的保护及变化	链表结点类型的定义，链表示例	例 10.8	定义链表结点的类型，定义相应的记录及指针，通过赋特定地址值形成链表
	链表的建立、遍历、释放结点空间，头指针的正确赋值与使用	例 10.9	用尾部插入法建立单链表并遍历输出，最后释放所有结点空间，用函数实现各功能，注意头指针的传入及传出
	从链表中删除某结点，注意头指针的变化	例 10.10	链表中删除结点 3 步骤：定位、脱链、释放，若删除第一个结点则改变头指针
	向链表中插入某结点保持元素值有序	例 10.11	链表中插入结点 3 步骤：定位、生成、插入，若插入结点为新的头结点则改变头指针
文本文件及二进制文件的操作过程、读写函数的使用	文本文件处理的过程，单字符写入控制	例 11.1	定义文件指针后，文件操作的全过程，用 fputc 将内容写入到文本文件中
	文本文件单字符读取	例 11.2	用 fgetc 逐字符从文件中读出内容
	文本文件按行追加写入	例 11.3	用 fputs 按追加方式往文本文件中写入内容
	文本文件的格式化读写方式	例 11.4	用 fscanf/fprintf 控制文本文件的格式化读/写
	二进制文件的数据块写入	例 11.5	用 fwrite 向二进制文件中成块写入数据
	二进制文件的数据块读出	例 11.6	用 fread 从二进制文件中成块读出数据
	指针定位函数的使用	例 11.7	用 fseek 重新定位文件指针位置
	文本文件的复制	例 11.8	进行文本、二进制文件的读写，并用 fgetc 和 fputc 函数进行文本文件的复制

授课内容和学时分配建议

章	本章主要内容	32 学时	48 学时	56 学时
第 1 章 初识计算机、程序与 C 语言	计算机及其基本结构	√	√	√
	计算机程序与计算机语言	◎	√	√
	C 语言简介★	◎	√	√
	进制转换知识	√	√	√
	本章建议学时数	1	2	2
第 2 章 初识 C 源程序及其数据类型	C 源程序及其符号★	√	√	√
	C 语言中的数据类型	√	√	√
	常量★	√	√	√
	变量★	√	√	√
	基本数据类型在计算机内部的表示	◎	◎	√
	本章建议学时数	3	3	4
第 3 章 运算符与表达式	什么是运算符与表达式	√	√	√
	运算符的优先级与结合性★	√	√	√
	常用运算符★	√	√	√
	运算过程中的数据类型转换	√	√	√
	位运算符	◎	◎	√
	本章建议学时数	3	3	4
第 4 章 程序流程控制	语句与程序流程	√	√	√
	顺序结构★	√	√	√
	选择结构★	√	√	√
	循环结构★	√	√	√
	break 与 continue	◎	√	√
	应用举例——二维文本图形打印、质数判断、百钱百鸣	√	√	√
	本章建议学时数	5	6	6
第 5 章 函数的基本知识	模块化程序设计与函数	√	√	√
	函数的定义★	√	√	√
	函数的调用★	√	√	√
	递归函数	◎	√	√
	变量的作用域与存储类型★	√	√	√
	应用举例——定义函数求面积与体积	◎	◎	√
	本章建议学时数	4	6	8
第 6 章 数组	一维数组★	√	√	√
	二维数组★	√	√	√
	数组常用算法介绍	√	√	√
	本章建议学时数	4	6	6

续表

章	本章主要内容	32 学时	48 学时	56 学时
第 7 章 指针	指针变量★	√	√	√
	指针与数组★	√	√	√
	指针与函数★	√	√	√
	应用举例	◎	√	√
	指针进阶	◎	◎	√
	本章建议学时数	4	7	8
第 8 章 字符串	字符串的定义与初始化★	√	√	√
	字符串的常用操作★	√	√	√
	应用举例	◎	√	√
	带参的 main 函数	◎	◎	√
	综合应用实例——单词本管理	◎	◎	√
	本章建议学时数	2	5	6
第 9 章 编译预处理与多文件工程程序	编译预处理★	√	√	√
	多文件工程程序★	√	√	√
	应用举例——多文件结构处理数组问题	√	√	√
	本章建议学时数	2	2	2
第 10 章 结构、联合、枚举	结构体★	√	√	√
	联合	◎	◎	√
	枚举	◎	◎	√
	链表	◎	√	√
	本章建议学时数	2	2	4
第 11 章 文件	文件与文件指针★	√	√	√
	文件的打开和关闭★	√	√	√
	文件读写★	√	√	√
	位置指针的定位	◎	◎	√
	应用举例——文件的综合操作	◎	√	√
	本章建议学时数	2	4	4
第 12 章 学生成绩管理系统的设计与实现	数据类型的定义	◎	√	√
	为结构体类型定制的基本操作	◎	√	√
	用二进制文件实现数据的永久保存	◎	√	√
	用两级菜单四层函数实现系统	◎	√	√
	本章建议学时数	0	2	2

说明：（1）表中所列的学时数为课堂讲授所需要的理论学时数，并非课程总学时数；

（2）√表示课堂讲授内容，◎ 表示可自学、选学内容；

（3）★表示必须掌握的重点内容。

目 录

第 1 章 初识计算机、程序与 C 语言

计算机擅长接受指令，但不擅长了解你的思想。

Computers are good at following instructions, but not at reading your mind.

——唐纳德 · 克努特（Donald Knuth），计算机科学家

学习目标：

- 了解现代计算机的冯 · 诺依曼体系结构
- 了解存储器的概念及其容量的计算方法
- 了解程序以及程序设计的基本概念
- 了解 C 语言的发展史，并掌握 C 程序的开发过程
- 了解进制的概念，并掌握进制间的转换方法

继移动互联网之后，人工智能技术已经席卷全球，引爆了下一场信息革命、工业革命、医疗革命、金融革命等。事实上，这一切的发生都借助于一个工具，那就是计算机。所有新思想、新技术的诞生都是由程序而来的。那么，计算机为何如此“神奇”？又如何用计算机实现人类无穷的创造力呢？

一个完整的计算机系统由硬件系统与软件系统组成。其中，软件系统由一个个**程序（Programs）**构成，这些程序或者是系统软件，或者是应用软件，都是用特定的**程序设计语言（Programming Language）**开发的。程序设计语言的发展经历了从机器语言到汇编语言再到各种高级程序设计语言的过程。其中，C 语言作为一种主流的高级程序设计语言，不仅是计算机软件设计与开发的主流语言之一，也是认识和深入掌握其他程序设计语言的基础。因此，本书将主要介绍 C 语言的知识以及如何使用 C 语言进行程序设计。事实上，无论用何种语言进行程序设计，遵循程序设计的基本过程、掌握程序设计的基本方法都是至关重要的。

本章将带领大家初步认识计算机，并了解什么是程序，如何设计程序，以及程序是如何改变世界的。

1.1 计算机及其基本结构

本节要点：

- 冯 · 诺依曼“程序存储”的思想
- 存储器容量的计算方法

计算机是在什么样的背景下诞生的，经历了哪些发展历程？现代计算机的体系结构是如何组

成的？程序存放在计算机的哪个部分，是如何存放的？本节将一一解答上述问题。

1.1.1 电子计算机概述

计算机，俗称“电脑”，本质上是一种电子设备，因此常被称为“电子计算机”。历史上有很多人为计算机的诞生和发展起到至关重要的作用。英国数学家查尔斯·巴贝奇（Charles Babbage）于 1834 年发明了分析机（也就是现代电子计算机的前身），并设想了现代计算机所具有的大多数其他特性，被称为计算机原型机之父。同为英国数学家，阿兰·图灵（Alan Turing）（如图 1.1 所示）提出了“图灵机”和“图灵测试”等重要概念，是计算机逻辑的奠基者，被称为计算机科学之父、人工智能之父。为纪念他在计算机领域的卓越贡献，美国计算机协会于 1966 年设立“图灵奖”，此奖项被誉为计算机科学界的诺贝尔奖。1939 年，美国的约翰·阿塔纳索夫（John Atanasoff）和他的学生克利福特·贝瑞（Clifford Berry）造出了第一台真实的电子计算机阿塔纳索夫-贝瑞计算机（Atanasoff-Berry Computer，简称为 ABC）。不过，这台机器不可以编程，仅设计用于求解线性方程组。

图 1.1 阿兰·图灵

1946 年 2 月 14 日，由美国军方定制的“电子数字积分计算机”（Electronic Numerical And Calculator，ENIAC）在美国宾夕法尼亚大学问世了。ENIAC（如图 1.2 所示）是世界上第一台通用计算机（即为“图灵完备”的），也是继 ABC 后的第二台电子计算机。它是美国军方为了满足计算弹道的需要而研制的。这台计算器使用了 17 840 支电子管，占地面积约 170 平方米，重约 30 吨，功耗约为 150 千瓦，其运算速度为每秒 5000 次加法，造价约为 48 万美元。

图 1.2 ENIAC 计算机

ENIAC 计算机可以编程解决各种计算问题。不过，它在研制初期却存在一个最大的弱点——没有真正的存储器，所有指令存储在计算机的电路中，解题之前必须先想好所需的全部指令，并手工把相应的电路连通。这种准备工作要花几小时甚至几天的时间，而计算本身只需几分钟。因此，计算的高速与程序设计的低速存在很大的矛盾。幸运的是，当时任弹道研究所顾问、正参与美国第一颗原子弹研制工作的美籍匈牙利数学家约翰·冯·诺依曼（John Von Neumann）（如图 1.3 所示）带着原子弹研制过程中遇到的大量计算问题，在 ENIAC 研制过程中期加入了研制小组。1945 年，冯·诺依曼和他的研制小组发表了一个全新的“存储程序通用电子计算机方案”——EDVAC（Electronic Discrete Variable Automatic Computer）。在此过程中他对计算机的许多关键性问题的解决做出了重要贡献，从而保证了计算机的顺利问世。时至今日，电子计算机的体系结构依然是基于冯·诺依曼的思想。因此，他被称为“现代计算机之父”。

图 1.3　冯·诺依曼

冯·诺依曼的主要贡献是提出了**程序存储（Stored Program）**的思想：把运算程序存放在机器的存储器中，程序设计员只需要在存储器中寻找运算指令，机器就会自行计算，这样，就不必每个问题都重新编程，从而大大加快了运算进程。这一思想标志着自动运算的实现，也标志着电子计算机的成熟，成为了电子计算机设计的基本原则，并被一直延用至今。冯·诺依曼的另一个重大贡献是建议在电子计算机中采用**二进制（Binary）**：根据电子元件双稳工作的特点，二进制的采用将大大简化机器的逻辑线路。

一般来说，基于冯·诺依曼体系结构的计算机（简称为冯·诺依曼机）具有以下功能：（1）能够把程序和数据送至计算机中；（2）必须具有长期记忆程序、数据、中间结果及最终运算结果的能力；（3）能够完成各种算术、逻辑运算以及处理和传送数据的能力；（4）能够控制程序走向，并根据指令控制机器的各部件协调操作；（5）能够按照要求将处理结果输出给用户。

因此，冯·诺依曼机应具备五大基本组成部件，包括：

（1）**输入设备**：输入数据和程序；

（2）**存储器**：存放程序指令和数据；

（3）**运算器**：完成加工处理数据；

（4）**控制器**：控制程序执行；

（5）**输出设备**：输出处理结果。

其中，运算器和控制器合称为**中央处理器（Central Processing Unit，CPU）**，是计算机最核心的组成部分。冯·诺依曼机的五大部件之间通过控制总线、地址总线、数据总线这三大总线相联结，有数据流、指令流、控制流通过总线联系各部件（如图 1.4 所示）。

图 1.4 表明，程序（指令）和数据均通过输入设备输入到计算机，并存于存储器中；运算时，指令由存储器送入控制器，由控制器产生控制流来控制数据流的流向以及各部件的工作；数据在控制流的作用下从存储器读入运算器进行运算，运算的中间及最后结果又存回存储器；存储器中的运算结果经输出设备输出。关于计算机的体系结构和详细的工作原理，请参阅“微机原理”或“计算机组成与结构”等计算机专业课程的相关知识。

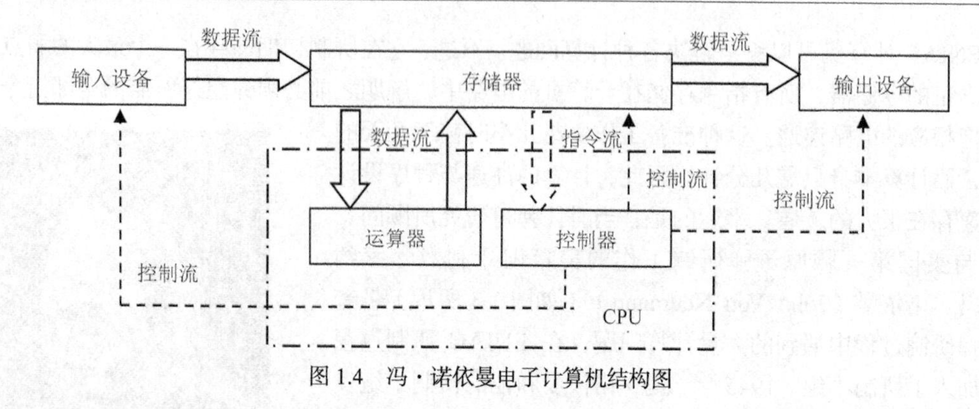

图 1.4　冯·诺依曼电子计算机结构图

ENIAC 的问世具有划时代的意义，表明电子计算机时代的到来。在以后的 60 多年里，计算机技术以惊人的速度发展，没有任何一门技术的性能价格比能在数十年内增长 6 个数量级。按照电子计算机逻辑元件的组成材料，电子计算机的发展可划分为 4 个阶段，如表 1.1 所示。

表 1.1　电子计算机的发展历程

时代	名称	起止年	硬件	软件及应用领域	特点
第 1 代	电子管时代	1946—1958	逻辑元件采用真空电子管；主存储器采用汞延迟线、磁鼓、磁芯；外存储器采用磁带	采用机器语言、汇编语言编程；应用领域以军事和科学计算为主	体积大、功耗高、可靠性差、速度慢（每秒几千至几万次）、价格昂贵
第 2 代	晶体管时代	1958—1964	逻辑元件采用晶体管；主存储器采用磁芯	操作系统，采用高级语言及其编译程序编程；应用领域有科学计算、事务处理和工业控制	体积缩小、能耗降低、可靠性提高、速度提高（每秒几十万次）
第 3 代	集成电路时代	1964—1970	逻辑元件采用中、小规模集成电路；主存储器采用磁芯	分时操作系统以及结构化、模块化程序设计方法；应用领域进入文字处理和图形图像处理	速度更快（每秒几十万到几百万次）、可靠性更高、价格下降，通用化、标准化
第 4 代	大规模集成电路时代	1970至今	逻辑元件采用大规模和超大规模集成电路	数据库和网络管理系统以及面向对象语言；应用领域除了科学计算、工业控制等，逐步走向家庭	集成度高、体积小，速度极快（每秒百万至数亿次）、微处理器诞生（1971）

随着人工智能、大数据挖掘、分布式数据库以及嵌入式系统等领域的不断发展，对计算机各方面性能要求也在不断增加，势必会带动新的技术和工艺的不断发展。这些新型计算机将广泛地应用于军事、科研、经济、文化等各个领域。未来，我们也期待出现突破冯·诺依曼体系的具有更高性能的计算机系统。

1.1.2　存储器的基本知识

由于程序及其处理的数据都存放在计算机的存储器中，本小节将简要介绍存储器的基本知识，便于读者理解程序在执行过程中如何存放不同类型的数据，以及数据值是如何变化的。

存储器（Memory）是计算机中存储信息的部件。对于计算机来说，有了存储器才有记忆功能，才能保证其正常工作。存储器有不同的种类，根据其在计算机中的用途，可分为主存储器（即内存储器，简称内存）和辅助存储器（即外存储器，简称外存）。大家熟悉的硬盘、光盘等都属于外存。通常，我们把要永久保存的、大量的数据存储在外存上，而把暂时存储的、少量的数据和程序放在内存上。本书只介绍与程序密切相关的内存的基本知识。

内存是计算机中重要的部件之一，用于存放计算机当前执行的程序代码和需要使用的数据，CPU 可以对其直接访问。因此，内存的容量和性能对计算机的影响非常大。对于程序设计人员来说，掌握内存的相关知识有助于了解程序是如何执行的。

内存通常由若干个**存储单元**（Memory Cell）组成。每一个存储单元对应一个存储地址，存储单元里面存放特定的数据内容。我们可以把内存比作大楼：一座大楼（内存）由若干个房间（存储单元）组成，每一个房间都有一个房间号码（存储地址），每个房间里都可以放特定的物品（存储内容）。不过，实际大楼中的房间可能有大有小，而内存中的每个存储单元的大小一样，即所能存储的数据总量是一样的。

那么，内存的存储单元究竟是多大呢？我们知道，计算机中的数据以二进制的形式存放于内存中。所谓二进制数，就是采用 0 和 1 作为数符，每个 0 或 1 就是一个**位**（**bit**），是数据存储的最小单位。不过，内存的存储单元并不是一个位，而是连续 8 个位组成的一个**字节**（**Byte**，简写为 B），即 B 是内存的基本度量单位和存储单元。

由于现代计算机存储容量的不断增大，如果只用 B 作为单元，那么数字过于庞大。于是有了 KB、MB、GB、TB、PB、EB、ZB、YB 等级别更高的度量单位。它们之间的转换方式如下：

1B = 8 bits

$1KB=1024B=2^{10}B$

$1MB=2^{10}KB=2^{20}B$

$1GB=2^{10}MB=2^{20}KB=2^{30}B$

$1TB=2^{10}GB=2^{20}MB=2^{30}KB=2^{40}B$

$1PB=2^{10}TB=2^{20}GB=2^{30}MB=2^{40}KB=2^{50}B$

$1EB=2^{10}PB=2^{20}TB=2^{30}GB=2^{40}MB=2^{50}KB=2^{60}B$

$1ZB=2^{10}EB=2^{20}PB=2^{30}TB=2^{40}GB=2^{50}MB=2^{60}KB=2^{70}B$

$1YB=2^{10}ZB=2^{20}EB=2^{30}PB=2^{40}TB=2^{50}GB=2^{60}MB=2^{70}KB=2^{80}B$

目前，台式机和笔记本电脑的内存容量配置为 8GB 或更高，而高性能计算机的内存容量更高。内存容量的大小，取决于**地址总线**（Address Bus）的数量。如果地址总线有 n 根，则内存容量的上限为 2^nB。这是因为，每根地址总线上可以有 0 和 1 两种数符，所以只能对 2^n 个存储单元进行“编址”。这就类似于，如果大楼的房间编号只能用 3 位十进制数表示，每位可以取数符 0～9，那么这幢楼最多可以有 1000 即 10^3 个不同的房间号码（范围：000～999），对应于 1000 个不同的房间。即使这幢楼还有更多的房间，也无法进行编址，也就无法通过寻址找到这些房间。

1.2　计算机程序与计算机语言

本节要点：

- 程序和程序设计的定义
- 程序设计语言的种类

任何一台电子计算机，无论其硬件有多先进多强大，都必须安装上系统软件和应用软件才能发挥其强大的功能。计算机系统中，硬件是基础，软件是灵魂。那么，软件是否就是程序？软件和程序之间究竟存在什么样的关系呢？

1.2.1 计算机程序与程序设计

软件是程序的有机集合体。任何软件都至少有一个可运行的程序。除了程序之外，软件一般还配有相关的文档，如：项目需求描述文件、系统操作手册、软件升级记录、数据文件或数据库的说明等。这些辅助文档的类型和内容取决于软件的用途和规模等，也是软件的必要组成部分。**程序**始终是软件的核心，控制计算机的所有操作。任何需要让计算机完成的事情都要通过编写程序来实现。**编程**是编写程序的简称，术语称为“**程序设计（Programming）**”。

程序设计一般包含以下几个步骤。

1. 第一步：需求分析

需求分析就是分析用户的需求，即让计算机做什么事情。这一步困难的是开发者和用户之间的交流，因为用户不懂开发，开发者也不懂用户的专业。如果未能正确理解和分析用户的需求，可能出现用户对开发的软件用不顺手，从而导致返工或大幅修改，影响了开发效率。

2. 第二步：算法设计

算法设计就是根据需求进行系统化、模块化的设计，即计算机怎么做这件事。设计的内容主要包括两方面：一方面是对算法进行设计，用数学方法对问题进行求解、建模；另一方面是对程序结构进行总体设计，目的是使程序更利于修改、扩充和维护。

3. 第三步：代码编写

代码编写就是采用特定的程序设计语言，在编辑器中将设计的结果实现为一行行的代码。为了能顺利实现这一步骤，程序员需要熟练掌握一门程序设计语言以及熟练使用相应的集成开发环境（IDE）进行编码。

4. 第四步：代码调试

将已编写好的源程序在集成开发环境中进行编译、链接和运行。如果出现语法错误或者运行结果与期望不符，就要查找问题、修改代码、重新编译再运行，直到结果正确为止。这一步需用到**编译器（Compiler）**和**调试器（Debugger）**，一般内置于集成开发环境中，也可以单独安装。

本书作为初学者教材，采用的程序示例规模较小，一般不涉及需求分析，代码设计过程也较为简单。对于大型复杂软件的开发，以上每一个步骤都非常重要。总地来说，程序是软件的核心，而设计程序（编码）需要掌握一门程序设计语言才能完成。

1.2.2 程序设计语言简介

程序设计语言（Programming Language）是人与计算机交流所使用的“语言”，具有一套固定的符号和语法规则，用于书写计算机程序。自 20 世纪 60 年代以来，世界上公布的程序设计语言已有上千种之多，但是只有很小一部分得到了广泛的应用。

从发展历程来看，程序设计语言大致可以分为 4 代，如表 1.2 所示。

表 1.2 计算机程序设计语言的发展历程

时代	名称	构成	特点	现状
第 1 代	机器语言	由二进制指令构成，不同的 CPU 具有不同的指令系统	难编写、难修改、难维护，需要用户直接分配存储空间，编程效率极低	很少直接用于编程
第 2 代	汇编语言	机器指令的符号化，与机器指令存在着直接的对应关系	难学难用、容易出错、维护困难；但可直接访问系统接口，汇编程序翻译成的机器语言程序效率高	只有在高级语言不能满足设计要求时才使用

续表

时代	名称	构成	特点	现状
第 3 代	高级语言	面向用户，基本上独立于计算机的类型和结构	易学易用，接近于算术语言和自然语言，其一条命令可以代替几条、几十条甚至几百条汇编语言的指令	通用性强，应用广泛
第 4 代	非过程化语言	面向应用，为最终用户设计。编码时只需说明“做什么”，不需描述算法细节	缩短开发过程、降低维护代价、最大限度地减少调试过程中出现的问题以及对用户友好等	数据库查询和应用程序生成器是该语言的两个典型应用

其中，机器语言和汇编语言编写的程序依赖于计算机硬件，所以又称为低级语言。高级语言是一种接近自然语言和数学语言的程序设计语言，不依赖于具体的机器，程序员编程时无须关心硬件的细节，从而大大提高了编程效率。

一般来说，用程序设计语言编写出来的程序叫作**源程序**或**源代码**（**Source Code**），不同语言写的源程序的文件扩展名也不同，例如以 C 语言写的源程序，对应文件的**扩展名**为**.c**。由于冯·诺依曼机只能识别二进制代码，不能直接执行使用高级语言编写的程序，因此，任何用非机器语言编写的源程序都要经过专门的翻译程序（汇编程序或编译程序）翻译之后，才能得到计算机可直接识别和运行的**目标程序**或**目标代码**（**Object Code**）。目标程序是完全由 0、1 序列组成的二进制文件，对应文件的**扩展名**为**.obj**。

根据源程序类型的不同，翻译的方式也不尽相同，主要有以下 3 种。

（1）**汇编**：通过**汇编程序**将用汇编语言所编写的源程序翻译为目标程序。

（2）**编译**：通过**编译程序**将用特定高级语言所编写的源程序翻译为目标程序，产生目标代码。不同的高级语言有不同的编译程序。其中，Pascal、C 语言是可以写编译程序的高级语言。

（3）**解释**：通过**解释程序**直接执行源程序。一般是读一句，翻译一句，执行一句，不产生目标程序，如 Basic 解释程序。

这里主要介绍一下高级程序设计语言的种类及其用途。目前，高级程序设计语言的种类繁多，应用广泛，大致可分为以下 4 类。

（1）命令式语言。

命令式语言是冯·诺伊曼式的程序设计语言。用命令式语言编写程序就是对解题过程进行描述，程序的运行过程就是问题的求解过程。因此，命令式语言也称为**过程式语言**。现代流行的大多数程序设计语言都是这一类型，比如 Fortran、Pascal、C、Basic、Ada、各种脚本语言等。

（2）函数式语言。

函数式语言是一种非冯·诺伊曼式的程序设计语言。将程序视为函数，作用在结构型的数据上，并产生结构型的结果。函数式语言的基础是 λ 演算，适用于人工智能领域的科学研究，如智能体（Agent）的设计中。典型的函数式语言如 LISP、Haskell、Scheme、F#等。

（3）逻辑式语言。

逻辑式语言基于一组已知规则的形式逻辑系统。采用这类语言编程需具有一定的先验知识、语义基础和推理规则，主要用在人工智能领域的专家系统实现中。最著名的逻辑式语言是 Prolog 语言。

（4）面向对象语言。

面向对象语言（Object-Oriented Language）是一类以对象作为基本程序结构单位的语言，以“对象+消息”为程序设计范式。该类语言中提供了类、继承等机制，有封装性、继承性和多态性等特点。Smalltalk、Delphi、Java、C++、C#等都是面向对象语言。

下面，我们重点介绍本书所使用的高级程序设计语言——C 语言。

1.3 C 语言简介

本节要点：

- C 语言的起源、发展以及优势
- C 语言程序开发的几大步骤
- C 语言程序开发每一步生成的文件类型

作为高级程序设计语言的一种，C 语言究竟是如何诞生的？它具有什么样的特点？为何能经久不衰，一直处于主流程序设计语言的地位？在众多的高级程序设计语言中，本书为什么选择 C 语言作为初学者的入门编程语言？最重要的，使用 C 语言进行程序开发的完整过程是怎样的？为了回答这些问题，这一小节将为大家初步介绍 C 语言的历史、优势以及采用 C 语言开发程序的过程。

1.3.1 C 语言的起源与发展

C 程序设计语言诞生于著名的贝尔实验室，它的起源很有趣。1969 年阿波罗号成功登月之后，有两位年轻的工程师肯·汤普森（Ken Thompson）和丹尼斯·里奇（Dennis M. Ritchie）开发了一款叫“Space Travel”的游戏，模拟驾驶宇宙飞船穿梭于太阳系的场景。但这一游戏只能在笨重的大型机上运行，虽然运算能力出众，但显示效果差。于是，两位年轻人找到了一款由 DEC 公司制造的 PDP-7 小型机，它具有当时最先进的图形处理能力。不过，游戏的运行需要操作系统的支持。PDP-7 当时还是“裸机”，没有能在其上运行的操作系统。于是，他们开始用汇编语言为 PDP-7 编写操作系统，这就是著名的 UNIX 操作系统。

由于汇编语言编写的程序依赖于机器的型号，可移植性差，两人决定改用高级语言编写 UNIX 操作系统，使其能在更多类型的机器上运行。当时可供选择的高级语言有 Basic、Fortran 等，这些语言是面向应用程序而设计的，并不适合用来开发操作系统。于是，二人决定自己设计一种适合编写 UNIX 的高级语言。1972 年，汤普森继续完善 UNIX 操作系统，里奇设计新语言。由于该语言以汤普森之前设计的“B 语言”为基础，因此命名为“C 语言”。1973 年，里奇完成了第一版 C 语言核心，并用 C 语言重写了 UNIX 操作系统。因为 UNIX 和 C 语言的巨大成功，二人于 1983 年共同获得了计算机界的最高奖——“图灵奖”。

下面，我们按时间顺序梳理一下 C 语言从诞生到发展的完整过程。

（1）1960 年，图灵奖获得者艾伦·佩利（Alan J. Perlis）在巴黎举行的世界软件专家讨论会上，发表了关于“算法语言 ALGOL 60”的报告，确定了程序设计语言 ALGOL 60（也称为 A 语言）的诞生。这次会议是程序设计语言发展史上的一个里程碑，它标志着程序设计语言成为一门独立的学科。

（2）1963 年，剑桥大学将 ALGOL 60 语言发展成为 CPL（Combined Programming Language）语言。

（3）1967 年，剑桥大学的马丁·理察德（Martin Richards）对 CPL 语言进行了简化，得到了 BCPL 语言。

（4）1970 年，美国贝尔实验室的肯·汤普森（Ken Thompson）对 BCPL 进行了提炼，并取名为 B 语言。不过 BCPL 和 B 都是无类型的语言，所有的数据与机器字对应，程序员可以通过内存地址直接访问数据。

（5）1972 年，美国贝尔实验室的丹尼斯·里奇（Dennis M. Ritchie）在 B 语言的基础上加入了数据类型的概念，并改造设计出了一种新的语言。该语言用 BCPL 的第 2 个字母命名，这就是“C 语言”。

（6）1977 年，为了推广 UNIX 操作系统，里奇发表了不依赖于具体机器的 C 语言编译文本《可移植的 C 语言编译程序》。

（7）1978 年，美国电话电报公司（AT&T）贝尔实验室正式发表了 C 语言。里奇和布莱恩·柯林汉（Brian Kernighan）（简称 K&R）合著了《C 程序设计语言（The C Programming Language）》一书。

（8）1983 年，美国国家标准化协会（American National Standards Institute）在此书基础上制定了 C 语言标准，通常称之为 ANSI C。

1.3.2　C 语言的优势

在众多的高级程序设计语言中，我们为什么选择 C 语言进行教学呢？除了 C 语言的传奇历史之外，还和 C 语言本身具有的强大优势有关。下面让我们看看 C 语言到底有什么特点，让它经久不衰，至今依然是主流的程序设计语言之一。

1. 功能强大

C 语言是一种通用的程序设计语言，包含丰富的运算符集合、紧凑的表达式、现代控制流和数据结构。它强大的功能主要体现在以下几个方面。

（1）运算符丰富。C 语言的运算符包含的范围广泛，共有 34 种运算符。其中，括号、赋值、强制类型转换等都视为运算符，运算类型极其丰富，表达式类型多种多样。灵活使用各种运算符可以实现在其他高级语言中难以实现的运算。

（2）数据类型多样。C 语言具有现代程序设计语言的各种数据类型，包含整型、实型、字符型、数组类型、指针类型、结构体类型和共用体类型等。能够用来实现非常复杂的数据结构，如线性表、链表、栈、队列、树、图等。

（3）代码结构化。C 语言具有多种循环、条件语句来控制程序的流向（如 if…else 语句、while 语句、do…while 语句、for 语句），使程序完全结构化。此外，C 语言采用函数形式作为程序的模块，实现了模块化程序设计，程序层次更为清晰。函数也可以提供给用户，既方便调用，也易于调试和维护，适合大型软件的研制。

（4）可访问物理地址。C 语言既具有高级语言的功能，又具有低级语言的许多功能。例如，C 语言可以像汇编语言一样对位、字节和地址进行操作，这三者是计算机最基本的工作单元。C 语言能实现汇编语言的大部分功能，可直接对硬件进行操作，因此可用来编写系统软件。例如 Windows 系统大部分是由 C 语言编写的。C 语言还可以结合一些汇编语言的子程序来进行开发，像 PC-DOS、WORDSTAR 等就是用这种方法编写的。

2. 运行效率高

C 语言生成的目标代码质量好，程序执行效率高。C 语言程序生成的目标代码一般只比汇编程序生成的目标代码效率低 10%～20%。此外，C 语言引入了指针概念，也可使程序效率提高。

3. 通用性强

C 语言不特定应用于某个领域，限制少，通用性高。首先，它适用于编写编译器和操作系统，更直接地与计算机底层打交道，常被称为“系统程序设计语言”。其次，由于 C 语言是目前执行效率最高的高级程序设计语言之一，适用于对运行效率要求高的地方，例如新兴的嵌入式领域。最后，有很多影响深远的程序和软件库最早都是用 C 语言开发的，所以还需要用 C 语言进行维护。

4. 可移植性强

最后，用 C 语言编写的程序可移植性好（与汇编语言相比）。C 不捆绑在任意特定的机器或系统，基本上不用进行大量修改就能直接用于支持 C 的各种型号的计算机和各种操作系统中。

目前，大多数的主流语言都与 C 语言一脉相承，以 C 语言作为入门语言再学习其他的语言更为轻松。此外，还有数据表明，C 语言是最受欢迎的编程语言之一。图 1.5 所示的是 TIOBE 在 2018 年 1 月公布的程序设计语言的流行趋势图，可以看到 C 语言与 Java 语言一直处于最受欢迎语言的前两位。在 2014 年和 2015 年，C 语言又重回第一。可以说，C 语言在所有高级程序设计语言中一直占有重要的地位。在图 1.5 所列的 10 种语言中，除了 Visual Basic.NET 和 Python，有 8 种都直接使用或部分借鉴了 C 语言的语法。因此，C 语言不仅是面向过程的程序设计语言中功能最强、效率最高的语言，也是面向对象程序设计语言如 C++、Java 和 C#等语言的基础。

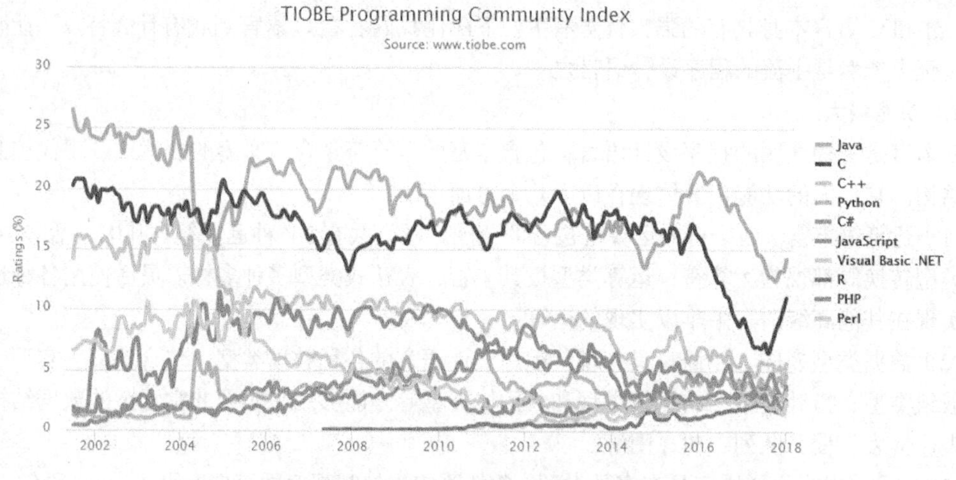

图 1.5 2018 年 1 月统计的 10 种编程语言的流行指数趋势图

正因为 C 语言的强大优势，本书选择 C 语言作为程序设计的教学语言。那么，如何采用 C 语言进行程序开发呢？下面，我们来了解 C 程序开发的完整过程。

1.3.3 C 程序的开发过程

采用 C 语言编写的程序简称为 C 程序，C 程序的开发过程从编写程序开始到运行程序出结果为止，一般需要 6 个步骤：编辑（Edit）、预处理（Preprocess）、编译（Compile）、链接（Link）、装载（Load）和执行（Execute）。其中，预处理和装载两个步骤有时可以省略。图 1.6 展示了 C 程序开发的完整过程，下面详细介绍每个步骤的具体任务。

1. 编辑

编辑是通过输入设备将 C 语言源程序录入到计算机中，生成扩展名为“.c”的源文件。编辑源程序的方法有两种：一种是直接在 C 集成开发环境中的编辑器中进行编辑，这是最常用且便捷的方法；另一种是使用其他文本编辑器，如写字板、记事本等。

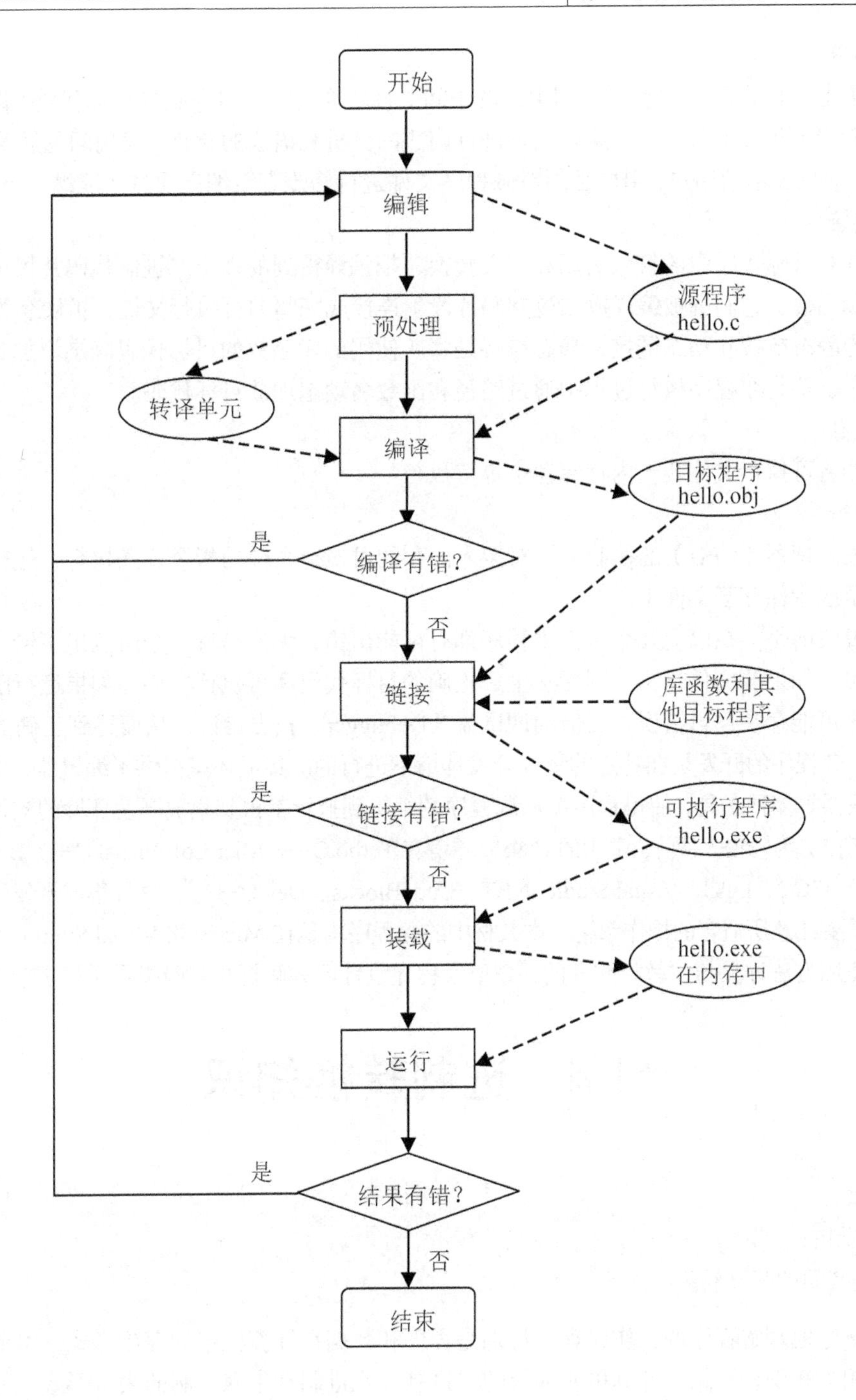

图 1.6　使用 C 语言进行程序开发的过程

2. 预处理

预处理是指通过预处理器对程序中的预处理指令（它们是为优化代码而设计的）进行转译。每条预处理指令以符号“#”开头。预处理又称**转译单元**（Translation Unit），将程序转译为扩展名为“.i”的中间文件。

3. 编译

编译是将 C 语言源文件和预处理生成的中间文件转换为机器可识别的目标代码（即二进制代码），生成相应的“**.obj**”文件。编译主要进行词法的分析和语法的检查，发现问题后及时以 error 或 warning 信息提示给用户，用户必须对源程序文件进行修改直至编译通过才能继续下面的步骤。

4. 链接

链接是对目标代码中的符号引用和定义转换，把编译得到的多个二进制代码片段（例如程序中使用的库函数，它们也被编译成二进制码片段）连接成完整的可执行文件，扩展名为“**.exe**”。链接可分为静态链接和动态链接，静态链接是将所使用的库函数的目标代码静态添加到可执行文件中，动态链接是在程序执行过程中通过路径和函数名动态加载目标代码。

5. 装载

装载器将可执行文件装入内存储器中等待执行。

6. 执行

在中央处理器（CPU）的控制下，对装入内存的可执行文件的指令逐条执行，运行结果在显示器上显示或者保存至文件中。

需要说明的是，在以上几个步骤中程序都有可能出错，无论是哪一个阶段出了错，都应该回到编辑步骤。如果源文件有错，则无法生成正确的目标代码和可执行文件。如果运行阶段出错，则说明程序可能存在逻辑错误，要借助调试器（Debugger）找出错误，从而得到正确的源程序。

通常，C 程序的开发是在特定的集成开发环境下进行的。集成环境提供了编辑器、编译器、链接器、调试器等多种工具，使得程序员从源程序的编辑到执行都得到集成开发环境的支持，让 C 程序的开发工作更为轻松。目前，常用的 C 集成环境有 Turbo C++、Microsoft Visual C++、Borland C++、Magic C++、GCC、LCC、Visual Studio .NET、CodeBlocks、Dev C++等，每种集成开发环境在使用的时候都需要注意所适合的操作系统。本教材中的源程序均是在 Microsoft Visual Studio 2010 环境下开发的，使用方法详见与主教材配套的《C 语言程序设计习题解析与实验指导（第 3 版）》一书。

*1.4　进制转换知识

本节要点：

- 进制的定义
- 进制间的相互转换

为了更好地理解程序的工作原理，特别是程序和数据在计算机中的存放方式，本节补充了关于进制的相关知识，介绍了计算机所涉及的二进制、八进制和十六进制的表示形式，并对进制间的相互转换方法进行说明。

1.4.1　二进制、八进制、十六进制

进制，也叫进位制，是人们规定的数字运算进位方法。任何一种进制——N 进制，表示某一位置上的数运算时是逢 N 进一位。例如，人类常用的十进制，就是采用十个阿拉伯数符 0～9，以逢十进一的方式进行计数和数运算。

我们知道，计算机中数据一般采用二进制来表示，这主要有两方面的原因：一是二进制数只

有两个数符 0 和 1，能表示具有两个不同稳定状态的元器件。例如，电流的有无、电压的高低、晶体管的导通和截止等。二是二进制数的运算简单，大大简化了计算机中运算部件的结构。不过，二进制数也存在一个问题，就是与十进制数相比其数字表示形式特别长。例如：把十进制的 1000 写成二进制数则是 1111101000。因此，计算机还经常使用两种辅助进位制：八进制和十六进制，用于缩短数位，更便于表示数据。

现在，让我们对数据的进位制进行形式化的表示。对任意一个数，我们需要确定下面 3 个信息：逢几进一（即进制 N 的值）、每位的数符和每位的位权。注意：每位数符所表示值的大小不仅与该数符本身的大小有关，还与该数符所在的位置有关。我们可以从 0 开始，对各个数位 i 进行编号，即从个位起往左的 i 依次为 0，1，2，…；对称地，小数点后的 i 依次为−1，−2，…。对于 N 进制数，每位的位权则为 N^i。例如：十进制数的位权是 10^i，二进制数的位权就是 2^i。

表 1.3 列出了 4 种进制数的数符范围、位权以及该进制下 n 位数能表示的最大值。

表 1.3　　4 种进制的对比

进制	逢几进一	每位数符	位权	n 位数最大值
十	10	0～9	10^i	10^n-1
二	2	0～1	2^i	2^n-1
八	8	0～7	8^i	8^n-1
十六	16	0～9，A～F	16^i	16^n-1

其中，二进制与八进制的数符较容易理解。对于十六进制，需要每位数符能够表达 0～15 范围的数值。如果依然采用阿拉伯数字，0～9 可以方便表示，但是 10～15 则需要用到两位阿拉伯数字。因此在十六进制中，我们借用英文字母 A～F（也可以是 a～f）依次表示范围在 10～15 之间的数值。

1.4.2　进制间的相互转换

各进制的数之间可以相互转换，下面介绍不同进制数之间的转换方式。

（1）**N 进制数转成十进制数**：将各位数符所代表的值乘以对应位的位权再累加求和，则得到对应的十进制数结果，该方法简称为“按权求和”。

例如，按此规则可以将以下几个不同进制的数转换为对应的十进制数。

$(101)_2=1*2^2+0*2^1+1*2^0=5$

$(127)_8=1*8^2+2*8^1+7*8^0=87$

$(31D)_{16}=3*16^2+1*16^1+13*16^0=797$

以上举例为整数之间的转换方法，对于小数之间的转换方法也是一样的。从小数点后的第一位起，位权的幂分别是−1、−2 等，每向右一位幂数减 1。例如：十进制的 0.273，小数点后各位的位权分别是 10^{-1}、10^{-2} 和 10^{-3}，按权求和的结果就是：$2*10^{-1}+7*10^{-2}+3*10^{-3}=0.273$。

（2）**十进制数转成 N 进制数**：除以 N 取余至商为零再逆序输出所有余数，简称为“除 N 取余法”。

以整数间的转换为例：将十进制整数 157 转化为对应的八进制数。首先，将 157 除以 8 的商 19 作为下一次的被除数，记下本次的余数 5；再用 19 除以 8 的商 2 作为下一次的被除数，记下本次的余数 3；再用 2 除以 8 得到商为 0，记下本次余数 2。因为本次的商已为 0，求解终止。最后将 3 次所得到的余数按逆序输出得到 235，这就是十进制数 157 所对应的八进制数。求解方法可简单总结为 6 个字：短除、取余、逆置，求解过程如图 1.7 所示。

（3）**二进制数与八进制数的相互转换**：二到八，3 合 1；八到二，1 分 3。

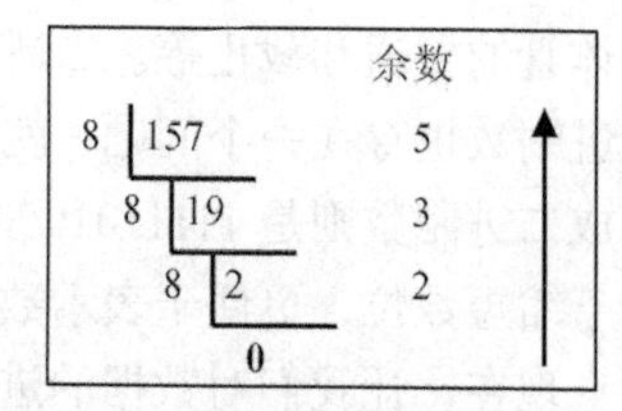

图 1.7　十进制数转换为八进制数

二进制和八进制之间转换相对较容易。由于每 3 位二进制数所能表达的不同数据个数为 2^3=8，即每 3 位二进制数就正好对应于 1 位八进制数，因此，将二进制数转化为八进制数时只需要将二进制数从个位开始向高位每 3 位一组进行划分，最高位组若不满 3 位则通过在前补 0 进行补足，这样将每组的 3 位二进制数表示为其对应的 1 位八进制数即可得到最终的结果。而将八进制数转为二进制数，则是将每 1 位的八进制数表示为对应的 3 位二进制数，最后删去最前面的 0 直到出现 1 为止。每 3 位二进制数与 1 位八进制数的对应关系如表 1.4 所示。

表 1.4　3 位二进制数与 1 位八进制数的对应关系

3 位二进制数	000	001	010	011	100	101	110	111
1 位八进制数	0	1	2	3	4	5	6	7

举例：将二进制数 1101011110101000001 转换为对应的八进制数。首先将这个二进制数从右向左，每 3 位分为一组，得到：11 010 111 110 101 000 001。最高位组不足 3 位补一个 0 得到：011 010 111 110 101 000 001。查表 1.4，该数对应的八进制数为：3276501。而八进制数 3276501 转换为对应的二进制数的方法正好相反，根据表 1.4 得到：011 010 111 110 101 000 001，再将最高位的 0 省略，得到二进制数 1101011110101000001。

（4）**二进制数与十六进制数的相互转换**：二到十六，4 合 1；十六到二，1 分 4。

二进制与十六进制数的转换方式与二进制和八进制的转换方法类似，只是每一组的二进制数从 3 位变为 4 位。每 4 位二进制数所能表达的不同数据个数为 2^4=16，所以，每 4 位二进制数就正好对应于 1 位十六进制数，对应关系如表 1.5 所示。

表 1.5　4 位二进制数与 1 位十六进制数的对应关系

4 位二进制数	0000	0001	0010	0011	0100	0101	0110	0111
1 位十六进制数	0	1	2	3	4	5	6	7
4 位二进制数	1000	1001	1010	1011	1100	1101	1110	1111
1 位十六进制数	8	9	A	B	C	D	E	F

举例：将二进制数 1101011110101000001 转换为对应的十六进制数。首先将这个二进制数从右向左，每 4 位分为一组，得到：1101 0111 1101 0100 0001。查表 1.5 得到对应的十六进制数为：D7D41。而十六进制数 D7D41 转换为对应的二进制数的方法是将每 1 位十六进制数拆成 4 位二进制数，查表 1.5 得到二进制数 1101011110101000001。

（5）**八进制数与十六进制数的相互转换**：通过二进制数作为中间数进行转换。

具体而言，八进制数转换为十六进制数，先将八进制数按 1 分 3 的方法转换为二进制数，再对二进制数按照 4 合 1 的方法转换成十六进制数；同理，十六进制数转换为八进制数，先将十六进制数按 1 分 4 的方法转换为二进制数，再对二进制数按 3 合 1 的方法转换为八进制数。举例：八进制数 3741 转换为十六进制数的方法如图 1.8 所示。

进制及其转换方法是计算机学科的基础知识，也是 C 语言程序设计中非常重要的概念。在 C

语言源程序中所涉及的数据，大部分情况下是以十进制的形式表示的，但有时会出现八进制和十六进制的整型数据。在位运算中，会出现对二进制数据的操作。而源程序运行时，数据所在内存中的地址都是以十六进制显示的。熟悉这几种进制的定义和转换关系，对于编写和调试程序都非常重要。

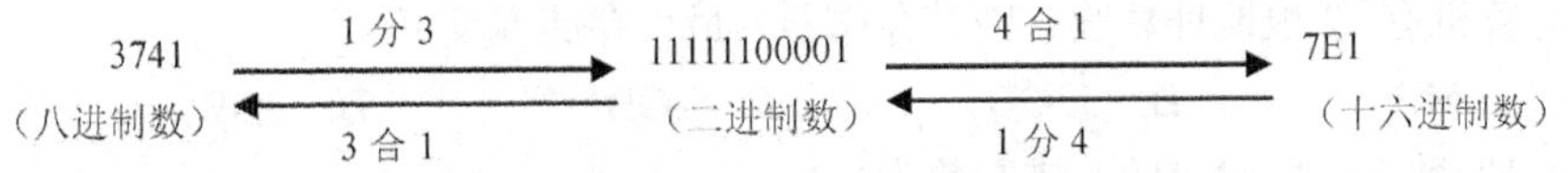

3741（八进制数） —1 分 3→ ←3 合 1— 111111100001（二进制数） —4 合 1→ ←1 分 4— 7E1（十六进制数）

图 1.8　八进制数与十六进制数之间的转换

1.5　本章小结

本章主要讲解了计算机、程序和程序设计语言的基础知识。首先，本章介绍了现代计算机的冯·诺依曼体系结构和“程序存储”的思想，介绍了计算机的五大基本组件，特别介绍了存储器的知识，包括内存的存储单元大小以及内存容量的计算方法；然后，本章介绍何为程序以及程序设计的主要步骤，对现有的程序设计语言进行分类和总结；接着，本章重点介绍了 C 语言的历史和特点，以及采用 C 语言进行程序开发的过程；最后，本章还补充了进制和进制转换的基础知识，便于初学者更好地理解本书的内容。

习　题　1

一、单选题

1. “程序存储思想”是________提出来的。

A. Dennis M. Ritchie　　B. Alan Turing

C. John Von Neumann　　D. Ken Thompson

2. 电子计算机“ENIAC”于 1946 年诞生于________大学。

A. 英国剑桥　　B. 美国卡耐基梅隆　　C. 美国哈佛　　D. 美国宾夕法尼亚

3. 电子计算机经历了 4 个发展时代，微型计算机出现在________时代。

A. 电子管　　B. 晶体管　　C. 集成电路　　D. 大规模集成电路

4. 关于软件和程序，下列说法不正确的是________。

A. 软件的核心是程序　　B. 软件就是程序

C. 软件 = 程序+文档　　D. 软件中的文档必不可少

5. 以下关于源程序与目标程序的关系，不正确的是________。

A. 用机器语言编写的源程序就是目标程序

B. 用汇编语言编写的源程序需要经过汇编程序汇编为目标程序

C. 用 C 语言编写的源程序需要经过编译程序编译为目标程序

D. C 语言与 PASCAL 等其他高级语言的编译器是一样的，都完成编译功能。

6. 以下哪一种不是从源程序到目标程序的翻译方式________。

A. 编辑　　B. 编译　　C. 汇编　　D. 解释

7. 第一个结构化程序设计语言是________。

A. PASCAL B. C C. BASIC D. FORTRAN

8. 贝尔实验室的 Dennis M. Ritchie 于 1973 年用 C 语言重写了________操作系统。

A. DOS B. UNIX C. WINDOWS D. LINUX

9. 若计算机有 32 根地址总线，则其存储器的最大存储容量可达________。

A. 32MB B. 32GB C. 4GB D. 8GB

10. 十进制数 346 所对应的八进制数为________。

A. 235 B. 532 C. 237 D. 732

二、问答题

1. 冯·诺依曼体系结构的计算机，必须具有哪些功能？

2. 简述计算机的五大部件，以及每一部件的主要功能。

3. 以下硬件哪些只是输入设备，哪些只是输出设备，哪些既是输入设备又是输出设备？（键盘、光电笔、扫描仪、U 盘、SD 卡、光盘、打印机、音响、鼠标、摄像头、数码相机、数码摄像机、手写输入板、游戏杆、话筒、显示器、绘图仪、触摸屏、硬盘）

4. 简述源程序与目标程序的关系。

5. 简述 C 程序的开发过程。

第 2 章 初识 C 源程序及其数据类型

预测未来的最好办法，就是把它创造出来。

The best way to predict the future is to invent it.

——艾伦·凯（Alan Kay），图灵奖得主

学习目标：

- 掌握 C 语言源程序的组成结构及 6 种基本符号
- 掌握 C 语言基本数据类型常量的表示方法
- 掌握 C 语言基本数据类型变量的定义、初始化和输入/输出方法

本章介绍 C 语言的一些基本概念。我们首先通过一个简单的 C 程序了解 C 语言源程序的组成结构及其 6 种基本符号；接着，我们要重点学习 C 语言中的数据类型以及常量和变量的概念；最后，讲解基本数据类型在计算机内部的存储形式。本章的内容对于 C 语言程序设计来说都是基础和入门级的，但却非常重要。

2.1 C 源程序及其符号

本节要点：

- C 源程序的基本单位
- 用户自定义标识符的命名规则

在正式学习 C 语言编程之前，先让我们通过一个简单的 C 程序例子来了解一下 C 语言源程序的基本组成结构及其基本符号，为后续学习打下基础。

2.1.1 C 源程序的组成

现在，我们给出本书的第一个 C 语言源程序。

【例 2.1】编写一个程序，实现从键盘输入两个整数，计算并输出两者的乘积。

```
1    /* li02_01.c: C语言源程序示例 */
2    #include <stdio.h>
3    /*函数功能：计算两个整数的乘积
4      入口参数：整型数 a 和 b
5      返回值：   整型数 a 和 b 之积
6    */
7    int multiply(int a, int b)
8    {
```

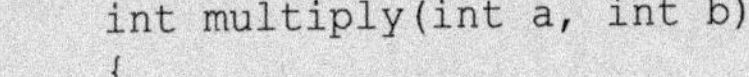

例 2.1 讲解

```
9         return (a*b);
10    }
11    int main( )
12    {
13        int x, y, product;
14        printf("Please input two integers:");
15        scanf("%d%d", &x, &y);      /*输入两个整型数 x 和 y*/
16        product=multiply(x, y);              /*调用函数 multiply 计算 x 和 y 的乘积*/
17        printf("The product is %d\n", product);     /*输出 x 和 y 的乘积*/
18        return 0;
19    }
```

运行此程序，屏幕上首先会显示一条提示信息：

Please input two integers:

若用户从键盘输入为：*2　3 <回车>*

则输出结果为：

```
The product is 6
```

这是一个具有简单功能的程序。虽然现在对于初学者来说还不能完全理解该程序的每一行代码，但是上面这个例子直观地说明了编程的一般思路。

① 首先，要告诉程序处理什么数据。本程序是在代码第 15 行通过调用 scanf 函数让用户从键盘输入两个整数，即：*2　3 <回车>*。（为了醒目，本书约定程序运行结果中用户从键盘输入的内容，统一采用**斜体格式**排版。）

② 其次，要告诉程序怎么处理数据。本程序是在代码第 16 行调用 multiply 函数求两个整数的乘积。

③ 最后，要告诉程序如何将处理的结果反馈给用户。本程序是在代码第 17 行调用 printf 函数输出计算结果，即 **The product is 6**。（同样，为了醒目，本书约定程序运行结果中程序输出到屏幕上的内容，统一采用加灰色底纹排版。）

无论多么复杂的程序都基本遵循“输入、处理、输出”这一编程思路，希望读者在 C 语言的后续学习和实践过程中逐渐体会和掌握。

在本节中，我们先介绍一下 C 语言**源程序（Source Program）**的基本组成结构。通过观察和分析例 2.1，我们可以知道如下几点。

（1）**函数（Function）**是 C 语言源程序的基本单位。

C 语言源程序由一个或多个函数组成。一个 C 程序有且只有一个名为 main 的函数，称为**主函数（Main Function）**。一个 C 程序总是从 main 函数开始执行，即 main 函数是程序运行的起点。如在例 2.1 中，main 函数位于代码第 11～19 行。

除了 main 函数外，用户还可以根据需要定义自己的函数，称为**用户自定义函数（User-Defined Function）**。如在例 2.1 中，代码第 7～10 行的 multiply 函数就是用户自定义的用于计算两个整数乘积的函数，它由 main 函数调用。

另外，在 C 程序中，还可以调用系统提供的**库函数（Library Function）**来完成某项功能。如在例 2.1 中，程序分别调用了 scanf 和 printf 函数用于输入和输出操作。而且在调用库函数之前，需要在程序最前面写一条**编译预处理命令（Preprocessor Directive）**。如例 2.1 代码第 2 行所示：要调用 scanf、printf 等标准输入、输出函数，必须要用#include <stdio.h>命令将**头文件（Header File）** stdio.h 包含到 C 语言源程序中。关于编译预处理命令的细节将在第 9 章中介绍。

（2）函数由**函数首部（Function Header）**和**函数体（Function Body）**两部分构成。

C 语言函数定义的一般形式是：

```
<函数返回类型> <函数名> ( <形式参数表> )    /*函数首部*/
{
    <若干语句>                          /*函数体*/
}
```

如在例 2.1 中，代码第 11 行定义了 main 函数的函数首部：int main( )，其函数返回类型是整型 int，因为 main 函数没有形式参数表，所有只留下一对空的圆括号 ( )；而如代码第 7 行所示，multiply 函数的函数首部 int multiply(int a, int b) 的定义则较完整，其形式参数表中有两个整型变量 a 和 b，其函数返回类型是整型 int。

函数体是由紧跟在函数首部后面的一对花括号{ }中的若干**语句（Statement）**组成，主要实现该函数的功能。如：multiply 函数的函数体只有一条语句：return (a*b);，它用于计算两数相乘，并将结果返回给该函数的调用者；而 main 函数的函数体主要实现完整的程序功能，main 函数最后一句 return 0；表示 main 函数结束，程序返回到操作系统。关于函数的定义与调用的完整知识将在第 5 章中介绍。

（3）每条 C 语句都以分号结束。

每条 C 语句都是以**分号“;”**作为结束标志。C 语言程序的书写形式很灵活，一行可以书写几条语句，一条语句也可以分作多行。为了提高程序的可读性和可维护性，建议读者**一行只写一条语句**，从而养成良好的程序设计风格，这点一定要引起重视。

在 C 源程序中，可以用“/*……*/”的形式表示**注释（Comment）**，教材中统一用这种方式进行注释。注释主要用来对程序内容进行解释或说明，它不是程序的语句，其内容不参加编译。如例 2.1 所示，代码第 1、3～6、15～17 行都有注释，可见这种注释方式可以进行单行或多行注释。另外，Visual Studio 2010 编译环境也支持以“//……”开头的单行注释。注释的作用也是为了增强程序的可读性和可维护性，**在现代软件工程中，注释和程序语句具有同等重要性。**

2.1.2　C 源程序中的 6 种基本符号

C 源程序由函数组成，函数则由语句组成，那么，语句中又会含有哪些符号呢？

归纳起来，C 源程序中主要有以下 6 种基本符号。

（1）**关键字（Keyword）：**又称为保留字，是 C 语言中预先规定的具有固定功能和意义的英语单词或单词的缩写，用户只能按预先规定的含义来使用它们，不可以自行改变其含义。C 语言提供了 32 个关键字，详见附录 B。

在例 2.1 中，有 2 个关键字：int 是整数类型名，return 表示函数的返回，即执行到这条语句将结束本函数的执行，回到调用点。

（2）**标识符（Identifier）：**以字母或下划线开头，后面跟字母、数字、下划线的任意字符序列。标识符又分为**系统预定义标识符（Predefined Identifier）**和**用户自定义标识符（User-Defined Identifier）**两种。系统预定义标识符由系统预先定义好，每一个都有相对固定的含义，一般不作他用，以避免引起歧义。用户自定义标识符是用户根据编程需要自行定义的标识符，主要用作变量名、函数名、符号常量名、自定义类型名等。用户自定义标识符不能使用关键字，也尽量不要使用系统预定义标识符。关于用户自定义标识符的命名规则，请参考附录 G 给出的建议。

在例 2.1 中，有 3 个系统预定义标识符，main 是主函数名，scanf 是输入函数名，printf 是输出函数名；还有 6 个用户自定义标识符，即整型变量名 x、y、product、a 和 b 以及函数名 multiply。

在 C 语言中，**标识符是大小写敏感的**，例如：a 和 A 表示的是不同的标识符，scanf 也不能写成 Scanf。

（3）**运算符（Operator）**：C 语言提供了相当丰富的运算符，34 个运算符被分为 15 个不同的优先级，完成不同的运算功能，对运算对象有不同的要求，参见附录 D。第 3 章将详细介绍大部分运算符。

在例 2.1 中，主要用到了 3 个运算符："="是赋值运算符，用于给变量 product 赋值。"*"是乘法运算符，用于计算变量 a 和 b 之积。"&"是取地址运算符，在 scanf 函数中需要给出所输入变量的地址，即&a 和&b 分别表示变量 *a* 和 *b* 的地址。

（4）**分隔符（Separator）**：如同写文章需要标点符号一样，C 程序也需要分隔符，否则程序就会出错。C 程序中主要的分隔符有：**空格**（本书中用"␣"表示空格）、**回车/换行**、**逗号","**、**分号";"**，它们用在不同的场合。同一个关键字、标识符中不能出现分隔符，但是相邻的关键字、标识符之间必须使用分隔符。通常，";"专门用在一条语句的末尾，起到分隔语句的作用；","在同一条语句中用来分隔一条语句中的并列项；"␣"或回车/换行就是在以上两种情况以外的需要分隔的地方出现。

在例 2.1 的第 13 行，语句"int x, y, product;"后面有";"，变量 *x* 和 *y* 以及 *y* 和 product 之间有分隔符","，关键字 int 和变量 *x* 之间用"␣"分隔。注意：#include<stdio.h>是一条编译预处理命令，不是 C 程序中的语句，所以后面不要加分号。

（5）**其他符号**：除了分隔符以外，程序中还有一些有特定含义的其他符号。例如：花括号"{"和"}"表示函数体或者语句块的起止。"/*"和"*/"之间的内容理解为注释内容不作为源程序内容被编译，某些编译器环境下支持以"//"开头的单行注释方式。

（6）**数据（Data）**：程序中处理的数据有常量和变量两种，变量都是以用户自定义标识符的形式出现在程序中，因此，这里所说的数据就是指各种类型的字面常量。

在例 2.1 的第 18 行中 0 是整型常量，15 至 17 行中的"Please input two integers:"、"%d%d"和"The product is %d\n"都是字符串常量。其中的"%d"是 scanf、printf 函数中的数据输入、输出格式转换说明符，这里表示十进制整型数据，而 scanf、printf 函数的具体用法将在 2.4.2 节中详细介绍。

2.2 C 语言中的数据类型

本节要点：

- C 语言数据类型的种类
- 基本数据类型常量的表示方法

数据是计算机程序的重要组成部分，它是实际问题属性在计算机中的某种抽象表示。为了解决多种多样的实际应用问题，计算机程序必须能存储和处理多种不同的**数据类型（Data Type）**。例 2.1 计算两个整数乘积的程序所处理的是整数类型数据。然而，在更一般的数学和物理问题求解中，程序可能还需要处理实数类型数据，如：圆周率为 3.14159、地球表面的标准重力加速度为 9.80 m/s^2 等。当我们使用记事本软件 Notepad 或字处理软件 Word 等编辑文档时，计算机程序则要处理由大量字符类型数据构成的文字和段落。另外，现代计算机程序还需要处理声音、图像和视频等多媒体数据。多媒体数据类型需要用户在基本数据类型之上自行构造和定义，其具体表示形式比较复杂，已超出本书的范围。

无论怎样，在计算机中，对于任何一种数据类型，都要严格规定该类数据的存储结构、取值范围和能对其进行的操作（运算）。只有这样，程序才能对各种数据类型进行正确的处理，并得到用户想要的结果。例如：短整型数据占用 2 个字节内存、取值范围是−32 768～32 767、能进行的操作有加、减、乘、除等。本节将对 C 语言中的数据类型做总体介绍。

2.2.1　C 语言数据类型的种类

C 语言提供了较丰富的数据类型。图 2.1 给出了 C 语言的各种数据类型，主要包括：基本类型、构造类型、指针类型、空类型等。基本类型是最简单、最常用的数据类型；构造类型是在基本类型基础之上创建的数据类型；指针类型是一种非常重要的、用来表示数据计算机中存放位置，即地址的数据类型；而空类型比较抽象，一般在程序中起特殊的限定作用。

在 C 语言中，每种数据类型都有相应的关键字来表示，如图 2.1 所示，关键字 int、float、double、char 分别表示整型、单精度实型、双精度实型和字符型。本章主要介绍基本数据类型，其他数据类型将在后面的章节中陆续介绍。

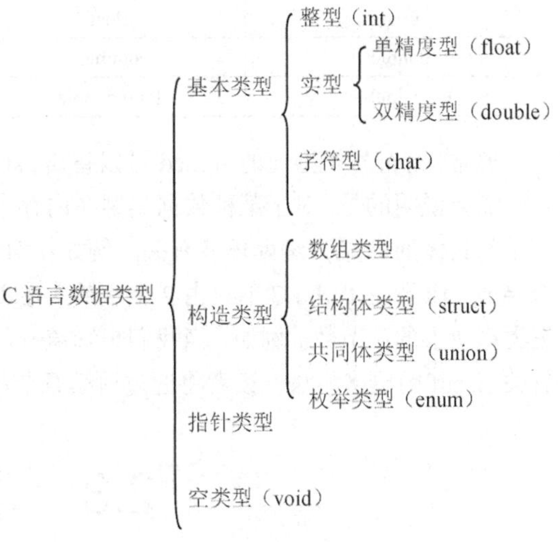

图 2.1　C 语言的数据类型

2.2.2　基本数据类型及其修饰符

基本数据类型是 C 语言预定义的数据类型，包括以下几类。

（1）整型（int）。

（2）实型：单精度型（float）、双精度型（double）。

（3）字符型（char）。

基本数据类型的前面还可以加上两类**修饰符（Modifier）**：按数据占内存空间的大小可分为**短的（short）**和**长的（long）**；按数据的正、负号可分为**有符号的（signed）**和**无符号的（unsigned）**。基本数据类型加上上述修饰符能衍生出多种基本数据类型变体，例如：字符型可分为有符号字符型（signed char）和无符号字符型（unsigned char）；整型可分为有符号短整型（signed short int）、无符号短整型（unsigned short int）、有符号基本整型（signed int）、无符号基本整型（unsigned int）、有符号长整型（signed long int）和无符号长整型（unsigned long int）；实型可分为单精度型（float）、双精度型（double）和长双精度型（long double）。

这些数据类型所占的内存空间字节数和取值范围各不相同。表 2.1 给出了 Visual Studio 2010 编译环境下，常用的带修饰符的基本数据类型的情况汇总。

表 2.1　　Visual Studio 2010 编译环境下，常用的带修饰符的基本数据类型的汇总表

简称的类型名	完整类型名	长度（字节）	取值范围
char	signed char	1	−128～127
unsigned char	unsigned char	1	0～255
short	signed short int	2	−32 768～32 767
unsigned short	unsigned short int	2	0～65 535
int	signed int	4	−2 147 483 648～2 147 483 647
unsigned int	unsigned int	4	0～4 294 967 295
long	signed long int	4	−2 147 483 648～2 147 483 647

续表

简称的类型名	完整类型名	长度（字节）	取值范围
unsigned long	unsigned long int	4	0～4 294 967 295
float	float	4	绝对值：3.4×10^{-38}～3.4×10^{38}
double	double	8	绝对值：1.7×10^{-308}～1.7×10^{308}
long double	long double	8	绝对值：1.7×10^{-308}～1.7×10^{308}

通常，有符号类型前的 signed 可以省略，short int 可以简写成 short，long int 可以简写成 long。

需要说明的是，对于某种数据类型在内存中究竟占多少字节，在 C 语言标准中并未严格规定，而是与具体的 C 语言编译环境有关。例如：对于 int 类型，在 Visual Studio 2010 编译环境下占 4 个字节，但是在 Turbo C 下只占 2 个字节。在实际编程中，应当用 **sizeof（数据类型）**来获得该数据类型所占的字节数。例如，当我们想知道 int 类型变量所占的字节数，就可以用 sizeof(int)来求。有关 sizeof 的更多用法，读者将通过后续章节的学习逐步掌握。

2.3 常 量

本节要点：

- 整型常量、实型常量的表示方法
- 字符型常量及 ASCII 码
- 符号常量的定义及使用

C 语言程序中，数据主要存在两种表示形态：常量和变量。顾名思义，常量是不变化的量，反之则是变量。本节先介绍常量，下一节再介绍变量。**常量（Constant）**是计算机程序运行过程中其值不能发生改变的量。下面具体介绍 C 语言中基本数据类型常量的表示方法。

2.3.1 整型常量

在 C 语言中，**整型（Integer）**常量可以用十进制、八进制、十六进制数三种形式来表示，其表示方式如表 2.2 所示。

表 2.2 整型常量的表示方式

进 制 数	表 示 方 式	举 例
八进制整型	由数字 0 开头	034，065，057
十进制整型	如同数学中的数字	123，−78，90
十六进制整型	由 0X 或 0x 开头	0x23，0Xff，0xac

另外，对于带修饰符的整型常量可以通过加后缀的方式表示，具体如下。

① 长整型常量的后缀是大写字母 L 或小写字母 l，如：125L，−56l 等；

② 无符号整型常量的后缀是大写字母 U 或小写字母 u，如：60U，256u 等；

③ 无符号长整型常量的后缀显然是 LU、Lu、lU 或 lu，如 360LU 等。

2.3.2 实型常量

实型（Floating-Point，也称为浮点型）常量只采用十进制表示，其表示方式分为**小数形式**

（**Decimal Format**）和**指数形式**（**Exponent Format**）两种，如表 2.3 所示。

表 2.3　　实型常量的表示方式

形　式	表 示 方 式	举　例
小数形式	数字 0～9 和小数点组成，数字前可带正负号	3.14，–0.123，10.，.98
指数形式	尾数、e 或 E 和指数三部分组成，即科学计数法，其中，尾数可表示成整数或小数形式，且不能省略；指数必须是整数	3.0e8，6.8E-5，9.9e+20 等，但 e2，3e2.0 不合法

对于小数形式的实数，小数点一定不能省略，小数点的左或右边数字可以缺省，但不能两边都缺省。对于指数形式的实数，除了在形式上保证正确之外，注意实型数的范围，不超出正常范围（参见表 2.1）才是正确的实数。

另外，由于实型包括单精度（float）和双精度（double）两种类型，上述实型常量默认状态下为 double 类型；float 类型常量需有后缀大写字母 F 或小写字母 f（如：3.14f，6.8e-5F 等）；而长双精度（long double）类型的后缀为大写字母 L 或小写字母 l（如 3.1415926L 等）。

2.3.3　字符常量

C 语言中，**字符**（**Character**）常量的表示方式是用一对单引号将一个字符括起来，例如：'A'，'b'，'5'，'#'等。最常用的字符定义由 **ASCII 码**（**American Standard Code for Information Interchange，美国标准信息交换码**）表给出（参见附录 A）。ASCII 码表为每一个字符都定义了唯一的整数编码——ASCII 码，例如：'A'的 ASCII 码是 65，'5'的 ASCII 码是 53 等。

在 ASCII 码表中，字符可分为**可打印字符**（如：字母、数字、运算符等）和**控制字符**（如：回车、换行、响铃等）。上述字符常量的表示方式适用于大多数可打印字符，但是对于无法从键盘输入的控制字符就不适用了。因此，字符常量还可以用**转义字符**（**Escape Character**）——用单引号括起的以反斜杠“\”开头的字符序列来表示，例如：'\n'表示换行符，'\a'表示响铃符，'\t'表示制表符等。常用的转义字符如表 2.4 所示。

表 2.4　　常用的转义字符

字符	含　义	字符	含　义
'\n'	换行（Newline）	'\a'	响铃报警（Alert or Bell）
'\r'	回车（不换行）（Carriage Return）	'\"'	一个双引号（Double Quotation Mark）
'\0'	空字符（Null）	'\''	单引号（Single Quotation Mark）
'\t'	水平制表（Horizontal Tabulation）	'\\'	一个反斜线（Backslash）
'\v'	垂直制表（Vertical Tabulation）	'\?'	问号（Question Mark）
'\b'	退格（Backspace）	'\ddd'	1 到 3 位八进制 ASCII 码值所代表的字符
'\f'	走纸换页（Form Feed）	'\xhh'	1 到 2 位十六进制 ASCII 码值所代表的字符

注意

字符常量'5'与整型常量 5 不同，它们的区别是 5 表示一个整数，而'5'表示一个字符；'5'对应的 ASCII 码为整数 53，也就是说，字符类型本质上也是整型，字符'5'与整数 5 之间相差 48。利用这一特性，我们就可以方便地实现如下有用的操作。

① 数字与数字字符之间可通过±48 进行转换，例如：'5'–48 的值等于整数 5；

② 大小写字母之间可通过±32 进行转换，例如：通过'A'+32 得到字符'a'，通过'b'–32 得到字符'B'。请读者认真理解并熟记这些转换操作。

2.3.4 字符串常量

虽然**字符串**（String）不是基本数据类型，但字符串常量很常用，所以这里先介绍，关于字符串类型的完整概念将在第 8 章介绍。

字符串常量的表示方式是用一对双引号将零个或多个字符序列括起来，例如："hello"，"This is a program"，"A"等都是字符串常量。

在 C 语言中，系统为每一个用双引号括起来的字符串常量的末尾都添加一个空字符'\0'作为结束标记。图 2.2 给出了字符串的存储格式示意图。

"hello"

h	e	l	l	o	\0

"A"

A	\0

图 2.2 字符串的存储格式示意

从图中我们可以看出，字符串常量的实际字符数总是比其双引号中的字符数多 1。

2.3.5 符号常量

在 C 语言中，有时可以用一个标识符来表示一个常量，称之为**符号**（Symbolic）常量。符号常量在使用之前必须先定义，其一般形式为：

语法：

```
#define <标识符> <字符串>
```

示例：

```
#define PI 3.14159
```

其中，#define 也是一条预处理命令（预处理命令都以"#"开头），称为**宏定义**（Marco Definition）命令，其功能是把<**标识符**>定义为其后的<**字符串**>。一经定义，在编译预处理时，程序中所有出现该标识符的地方均以该字符串替换，该过程称为**"宏替换"**（Marco Substitution）。

在以上示例中，将符号常量 PI 定义为"3.14159"，则程序中就可以用 PI 来表示圆周率 3.14159，这方便了程序书写和阅读。需要注意的是，#define 不是 C 语言的语句，后面没有分号。若将上例写成"#define PI 3.14159;"，则 PI 将被替换成"3.14159;"，这很可能引起程序的错误（具体请参见 9.1.2 节中的例 9.1）。因此，在 C 语言中还可以用 **const** 修饰符来限定一个变量成为只读变量，在程序中不允许被修改，其功能上类似于常量，详细内容请参见 2.4.3 节。

2.4 变 量

本节要点：

- 变量的定义方法
- 变量的格式输入和输出方法

变量（Variable）是计算机程序运行过程中其值可以发生改变的量。它通常用于存放程序运行时输入、处理和输出过程中所涉及的各种数据。变量由数据类型和**变量名**（Variable Name）两部分来表示。其中，数据类型决定了该变量的数据存储结构、取值范围及可进行的操作（运算）；变量名是变量的唯一标识，程序通过变量名可以对该变量的值进行修改和访问。

2.4.1 变量的定义及初始化

在 C 语言中，变量必须遵循**"先定义、后使用"**的原则，即任何变量在使用之前都需要进行变量定义。

变量定义（Variable Definition）语句的基本格式如下。

语法：

```
<数据类型><变量名 1> [ , <变量名 2> , <变量名 3> , …] ;
```

示例：

```
int a;
```

其中，<**数据类型**>为该变量数据类型对应的关键字，例如：int、float、double、char 等（具体参见 2.2.1 节）；<**变量名**>是用户自定义标识符，它必须符合用户自定义标识符的命名规则（具体参见 2.1.2 节）。这里，方括号[ ]里的内容表示是可选的，也就是说，可以同时定义多个相同类型的变量，它们的变量名之间要用逗号分开。

上面的示例语句表示定义了一个变量名为 a 的整型变量。下面再举几个变量定义的例子：

```
double x, y, z;         /*表示定义了 3 个双精度实型变量，分别为 x, y, z*/
char c;                 /*表示定义了 1 个字符型变量 c*/
long total;             /*表示定义了 1 个长整型变量 total，等价于 long int total; */
unsigned short s;       /*表示定义了 1 个无符号短整型变量 s; */
```

一般情况下，在 C 语言中定义但未赋初值的变量，其值为不确定的随机数（静态变量除外，具体参见 5.5.2 节），有时会对变量的使用带来不便。因此，C 语言允许在定义变量的同时对变量的值进行初始化。

变量值初始化（Variable Initialization）的具体格式如下。

语法：

```
<数据类型>    <变量名 1>=<初值 1> [ , <变量名 2>=<初值 2> , …] ;
```

示例：

```
int a=1;
```

其中，<**初值**>通常是常量，但也可以是其他变量或表达式。

在以上示例中，程序定义了整型变量 a，并设其初值为 1。再如语句：

```
double x=1.23, y=2.236068;      /*定义双精度实型变量 x,y, x 的初值为 1.23, */
                                /* y 的初值为 2.236068*/
char c='T';                     /*定义字符型变量 c，初值为大写字母'T'*/
char d='T'+32;                  /*定义字符型变量 d，初值为'T'+32，即小写字母't'*/
```

在变量值初始化时，还可使用另一有确定值的变量来初始化该变量值。例如：

```
double z=x;                     /*定义双精度实型变量 z，初值为 x 的值，即 1.23*/
```

另外，在变量定义及初始化后，可以通过**赋值（Assignment）**运算“=”修改变量的值。例如：

```
double t;                       /*定义双精度实型变量 t*/
t=9.5;                          /*将变量 t 的值修改为 9.5*/
t=32.0;                         /*再将变量 t 的值修改为 32.0*/
```

由此可见，通过赋值运算一个变量的值可以被多次修改、更新，这在程序中是非常有用的功能。因此，赋值运算是变量获得值的重要方式之一（具体参见 3.3.5 节）。

2.4.2　变量的输入和输出

在 C 语言中，最常用的变量的**输入（Input）**和**输出（Output）**方法需调用系统库函数 scanf 和 printf，输入是变量除了赋值之外获得值的另一途径。在前面的例 2.1 中，已经用到了输入函数 scanf 和输出函数 printf。这两个函数被分别称为标准格式输入和输出函数，其功能强大、调用格式也非常灵活。因此，本节对它们的基本用法做详细的介绍。

1. 格式输入函数 scanf 的用法

scanf 函数功能是按指定的格式，从键盘读入若干数据给相应的变量。

语法：

```
scanf(<格式控制字符串>, <变量地址列表>);
```

其中，**<格式控制字符串>**包含**格式转换说明符和输入分隔符**。格式转换说明符用于指定变量的输入格式，通常以“%”开始，并以一个格式字符结束。表 2.5 列出了函数 scanf 的格式转换说明符，其常用的格式有：“%d”“%c”“%f”“%lf”等。

表 2.5　函数 scanf 的格式转换说明符

格式转换说明符	用　法
%d 或%i	输入十进制整数
%o	输入八进制整数
%x	输入十六进制整数
%c	输入一个字符，空白字符（包括空格、回车、制表符）也作为有效字符输入
%s	输入字符串，遇到第一个空白字符时结束
%f 或%e	输入一个 float 型的实数，以小数形式或指数形式输入均可
%lf	输入一个 double 型的实数，以小数形式或指数形式输入均可
%%	输入一个百分号%

输入分隔符是除格式转换说明符以外的字符，输入时函数 scanf 将略去与输入分隔符相同的字符。**<变量地址列表>**是若干输入变量的地址的集合，不同变量的地址之间要用逗号“,”分开。函数 scanf 的工作过程如下：用户从键盘输入的数据是一串连续的字符，称之为**数据流（Data Stream）**。系统先按照输入分隔符将数据流分隔，再分别按照格式转换说明符进行数据转换，最后将转换后的数据送到变量地址列表所对应的变量中。

例如在例 2.1 中有输入语句：

```
scanf("%d%d", &x, &y);
```

其中，格式控制字符串包含 2 个格式转换说明符“%d”，表示要输入 2 个十进制整数。变量地址列表为“&x, &y”，表示变量 x 和变量 y 的地址。这里，格式控制字符串中没有显式地指定输入分隔符，则系统用默认的输入分隔符（如：空格符、制表符、回车符等）来分隔数据流。

若从键盘输入：*3 ␣4 <回车>*

则系统将输入流中的字符“3”转换成整数传送给变量 *x*，而“4” 转换成整数传送给变量 *y*。输入后变量 ***x*** 和 ***y*** 分别获得值 **3** 和 **4**。

下面举一个有输入分隔符的输入语句：

```
scanf("%d,%d", &x, &y);
```

其中，两个“%d”之间的“,”为输入分隔符，此时的正确的输入格式应为：

```
3, 4 <回车>
```

则输入后变量 ***x*** 和 ***y*** 分别获得值 **3** 和 **4**。

除此之外，在函数 scanf 中，格式转换说明符的“%”和格式字符之间还可以插入格式修饰符，如表 2.6 所示。

表 2.6　函数 scanf 的格式修饰符

格式修饰符	用　法
英文字母 l	加在格式符 d，i，o，x，u 之前用于输入 long 型数据 加在格式符 f，e 之前用于输入 double 型数据
英文字母 L	加在格式符 f，e 之前用于输入 long double 型数据
英文字母 h	加在格式符 d，i，o，x 之前用于输入 short 型数据
域宽 m	指定输入数据的宽度（列数），系统自动按此宽度截取输入数据
忽略输入*	表示对应的输入项在读入后将不传送给相应的变量

例如，输入语句：scanf("%2d%3d%4d",&a,&b,&c);　　其中，增加了域宽修饰符 2、3 和 4。

若从键盘输入：*1234567890<回车>*

则输入结果：a=12，b=345，c=6789

说明：此次输入的最后一位 0 多余被忽略；若输入 *1234567<回车>*，则输入结束，第 3 个变量 c 的值为 67。

用 scanf 输入数据时，允许同一条语句中输入不同类型变量的值，输入结束时一定以回车符结束；输入变量必须给出变量地址，切忌丢失取地址符&；特别注意区分 float 单精度实型和 double 双精度实型的输入格式，float 类型的输入格式是“%f”，而 double 类型的输入格式是“%lf”，两者千万不能混淆；格式控制字符串最后切忌用换行符'\n'，将会导致输入无法正常结束。

2. 格式输出函数 printf 的用法

任何程序都需要将对数据处理的结果输出，没有输出的程序是毫无意义的。函数 printf 功能是按指定的格式，将数据、字符等信息输出到显示器终端上。

语法：

```
printf(<格式控制字符串>, <输出参数表>);
```

其中，<**格式控制字符串**>包含**格式转换说明符**和**普通字符**。格式转换说明符用于指定输出参数的输出格式，与 scanf 类似，它也是以“%”开始，并以一个格式字符结束。而普通字符则原样输出。常用的输出格式转换说明符如表 2.7 所示。函数 printf( )的格式转换说明符的完整列表请参考附录 I。

表 2.7　　函数 printf 的格式转换说明符

格式转换说明符	用　法
%d 或%i	输出带符号的十进制整数，正数的符号省略
%u	以无符号的十进制整数形式输出
%o	以无符号的八进制整数形式输出，不输出前导符 0
%x	以无符号的十六进制整数（小写）形式输出，不输出前导符 0x
%c	输出一个字符
%s	输出字符串
%f	以十进制小数形式输出实数（包括单、双精度），隐含输出 6 位小数，输出的数字并非全部是有效数字，单精度实数的有效位数一般为 7 位，双精度实数的有效位数一般为 16 位
%e	以指数形式（小写 e 表示指数部分）输出实数，要求小数点前必须有且仅有 1 位非零数字
%g	自动选取 f 或 e 格式中输出宽度较小的一种使用，且不输出无意义的 0
%%	显示百分号%

<**输出参数表**>是需要输出的数据项的列表，这些数据项可以是变量、常量或表达式，多个数据项之间用“,”分隔。输出参数表也可以没有，此时表示仅仅输出一个格式控制字符串常量。当输出参数表中有多个数据项时，每一个数据项将按照从左到右的顺序，与格式控制字符串中的格式转换说明符进行一一对应。

printf 函数的工作过程是：系统从左到右扫描格式控制字符串，将其中的普通字符原样输出，当遇到格式转换说明符时，就将对应的数据项进行格式转换并在该位置输出。

例如：例 2.1 中的第一个输出语句：printf("Please input two integers:");就是一条没有输出参表的输出语句。又如：printf("The product is %d\n", product); 若此时 product 的值为 6，则输出结果为：**The product is 6 <换行>**。其中，变量 product 的值被“%d”转换成十进制整数的形式输出，而格式控制字符串中的其他字符则作为普通字符原样输出。另外，'\n'是特殊的转义字符，表示换行。

对于实型数据，输出格式“%f”默认保留 6 位小数，若输出值的小数部分少于 6 位，则用 0 补足；若多于 6 位，则四舍五入到第 6 位。例如：语句 printf("%f, %f", 3.14, 3.14159265);的输出结果为：**3.140000, 3.141593**。

需要指出的是，同一个变量可以采用不同的输出格式得到不同的输出结果。例如：若定义 int a=127;，则 printf("%d, %o, %x", a, a, a);的输出结果为：**127, 177, 7f**，分别对应与整数 127 的十进制、八进制和十六进制表示的数值。同理，对于字符类型，若定义 char ch='A';，则 printf("%c, %d", ch, ch);的输出结果为：**A, 65**。说明字符型变量以“%d”格式能输出其对应 ASCII 码，这里字符'A'的 ASCII 码就是 65，进一步验证了字符型与整型之间的对应关系。

与 scanf 函数类似，print 函数的格式转换说明符的“%”和格式字符之间也可以插入格式修饰符。常用的格式修饰符如表 2.8 所示。更详细的输出格式修饰符，请参考附录 J。

需要注意的是，在使用显示精度格式修饰符输出数据时，应该考虑显示精度格式与数据的有效数字位数之间相互匹配的问题。例如：输出语句 printf("%.10f, %.10f", 3.141592653589793, 3.141592653589793f);的输出结果为：3.1415926536, 3.1415927410。由于采用了显示精度格式修饰符“%.10f”，输出的两个圆周率数都显示到第 10 位小数。其中，第 1 个圆周率数 3.141592653589793 为双精度实数 double 型常量，最大有效数字可达 16 位，能够满足显示精度格式的要求，因此，输出结果比较精确，且最后一位小数进行了四舍五入处理；而第 2 个圆周率数 3.141592653589793f 为单精度实数 float 型常量，最大有效数字只有 7 位，达不到显示精度格式的要求，因此，输出结果在小数点后第 7 位就出现了明显误差。额外补充一点，在用 scanf 函数输入实型数据时不能控制精度，否则将出错。

表 2.8　输出函数 printf( )的常用输出格式修饰符

格式修饰符	用　法
英文字母 l	修饰格式符 d、i、o、x、u 时，用于输出 long 型数据
英文字母 L	修饰格式符 f、e、g 时，用于输出 long double 型数据
最小域宽 m（整数）	指定输出项输出时所占的总列数。若 m 为正整数，当输出数据的实际宽度小于 m 时，在域内向右靠齐，左边多余位补空格；当输出数据的实际宽度大于 m 时，按实际宽度全部输出；若 m 有前导符 0，则左边多余位补 0。若 m 为负整数，在域内向左靠齐，右边多余位补空格
显示精度.n（大于等于 0 的整数）	精度修饰符位于最小域宽修饰符之后，由一个圆点及其后的整数构成。用于控制实型数的输出时，用于指定输出的实型数的小数位数（最后一位小数四舍五入）；对于字符串，表示从字符串左侧开始截取的子串字符个数
-	有-表示左对齐输出，如省略表示右对齐输出。

【**例 2.2**】日期格式转换。

背景知识：日期是人们日常工作、生活中最常用的数据形式，包括：年、月、日三个整型数据。但是，不同的国家和地区使用的日期格式往往不同。表 2.9 列出了几种不同形式的日期格式及示例。

表 2.9　几种不同形式的日期格式及示例

日期格式分类	日期格式	示　例
标准	YYYY-MM-DD	2018-9-10
中国	YYYY 年 MM 月 DD 日	2018 年 9 月 10 日
美国	MM/DD/YYYY	9/10/2018
英国	DD/MM/YYYY	10/9/2018

分析：现在需要编写一个程序，要求用户按标准日期格式输入一个日期，然后程序将该日期分别转换成中国、美国和英国的日期形式在屏幕上输出。该程序的重点是对 C 语言格式输入、输出方法的运用。

```
1    /* li02_02.c：日期格式转换 */
2    #include <stdio.h>
3    int main()
4    {
5        /*定义变量分别存放年、月、日*/
6        int year, month, day;
7        printf("请用标准格式输入一个日期(YYYY-MM-DD)：");
8        scanf("%d-%d-%d", &year, &month, &day);
9        printf("中国日期格式：%d年%d月%d日\n", year, month, day);
10       printf("美国日期格式：%d/%d/%d\n", month, day, year);
11       printf("英国日期格式：%d/%d/%d\n", day, month, year);
12       return 0;
13   }
```

例 2.2 讲解

运行此程序，屏幕上首先会显示一条提示信息：

请用标准日期格式输入一个日期（YYYY-MM-DD）：

若用户从键盘输入：*2018-9-10 <回车>*

则输出结果为：

中国日期格式：2018 年 9 月 10 日

美国日期格式：9/10/2018

英国日期格式：10/9/2018

说明

① 该程序的关键语句是代码第 8 行。为了按标准日期格式（YYYY-MM-DD）输入日期，scanf 函数使用了格式控制字符串“%d-%d-%d”，将输入数据中的年、月、日分别保存到整型变量 year、month 和 day 中。

② 在代码第 9 行输出中国日期格式时，printf 函数中使用了格式控制字符串“%d 年%d 月%d 日”，其中，3 个“%d”分别对应于变量 year，month 和 day 的值，“年”“月”“日”等为普通字符原样输出，由此得到按中国日期格式输出的日期。

③ 代码第 10 和 11 行分别输出美国和英国日期格式，其 printf 函数中用的格式控制符“%d/%d/%d”虽然一样，但其中前两个“%d”对应的日期变量却不同。美国格式的前两个“%d”分别对应于 month 和 day，而英国格式则对应于 day 和 month。

④ 注意区别，用 scanf 输入变量时，变量名 year、month 和 day 前一定要加取地址符&；而用 printf 输出变量时，变量名前不能加&。

【例 2.2】的思考题：

① 若日期输入格式为 YYYYMMDD，且严格按 4 位年、2 位月和 2 位日的宽度进行输入，不足宽度的需在前面补 0。例如：2018-9-1 的输入格式为 20180901。程序应如何修改？

② 若输入 scanf 语句中的变量前忘写了取地址符&，程序运行结果会怎样？

3. 字符输入函数 getchar 和输出函数 putchar

字符型变量的输入和输出除了可以用函数 scanf 和 printf 之外，还可以用两个更加简单函数——getchar 和 putchar。这两个函数的使用格式如下。

语法：

```
<变量>= getchar( );
putchar(<参数>);
```

示例：

```
char ch1;
ch1=getchar();
```

```
putchar(ch1);
```

函数 getchar 用于从键盘读入一个用户输入的字符，并将该字符返回给前面等待输入的**<变量>**。当函数 getchar 前面没有要输入的变量时，即语句 getchar( ); 表示系统从输入缓冲区提取一个字符，但不赋给任何变量，也就是说忽略返回值。例如：示例语句 ch1=getchar();的功能是从键盘读入一个字符并返回给变量 ch1。

函数 putchar 的作用是将给定的**<参数>**以单个字符的形式输出到显示器屏幕的当前位置上，其参数可以是字符常量、变量或表达式，也可以是字符的 ASCII 码整型值。例如：示例语句 putchar(ch1); 是将变量 ch1 的值输出到屏幕上。

【**例 2.3**】作业等级的输入和输出。

分析：在大学里，平时作业的成绩通常采用等级制，即用 A、B、C、D、E 五个字母分别表示优秀、良好、中等、及格和不及格。现要求编写一个程序，让老师从键盘输入两次作业的等级并在屏幕上输出。具体输入方式是每输入一个等级字母后面就打个<回车>。

```
1    /* li02_03.c: 作业等级的输入和输出*/
2    #include <stdio.h>
3    int main()
4    {
5        /*定义两个 char 型的变量用于存放作业等级*/
6        char grade1,grade2;
7        /*用 getchar 读入第 1 个等级字符返回给 grade1*/
8        grade1=getchar();
9        getchar();              /*忽略中间的回车字符*/
10       grade2=getchar();       /*用 getchar 读入第 2 个等级字符返回给 grade2*/
11       printf("The first grade is:");
12       putchar(grade1);        /*用 putchar 输出 grade1*/
13       putchar('\n');          /*用 putchar 输出换行符*/
14       printf("The second grade is:");
15       putchar(grade2);        /*用 putchar 输出 grade2*/
16       putchar('\n');          /*用 putchar 输出换行符*/
17       return 0;
18   }
```

例 2.3 讲解

运行此程序，

若用户从键盘输入为：

A<回车>

B<回车>

则输出结果为：

```
The first grade is:A
The second grade is:B
```

说明

① 用户输入第 1 个字符'A'由代码第 8 行的函数 getchar 赋给了变量 grade1；用户输入第 2 个字符<回车>（C 语言中回车也看作是一个字符）被代码第 9 行的语句 getchar( ); 忽略了；用户输入第 3 个字符'B'由代码第 10 行语句赋给了变量 grade2。

② 如代码第 12、13、15、16 行，一条 putchar(参数);语句一次只能输出一个字符；而函数 printf 一次可以输出多个字符。但是 printf 需要设置输出格式，因此在输出单个字符时用函数 putchar 更方便。

【例 2.3】的思考题：

若用户从键盘输入：*ABC<回车>*，上例的运行结果会怎样？

虽然变量输入、输出的方法较多、格式灵活，不过初学者只要会用一些基本的格式转换说明符就能满足一般编程的要求了。对于更复杂的输入、输出格式控制，读者可以在以后的编程实践中逐渐学习和掌握。

2.4.3　用 const 修饰符限定变量

C 语言在定义变量时可以在其数据类型前加上 **const** 修饰符，其作用是限定一个变量的值不允许被修改。这种变量的作用和符号常量类似，称为**只读变量**（**Read-Only Variable**），其定义语句格式如下。

语法：

```
const <数据类型> <只读变量名1>=<值1> [ , <只读变量名2>=<值2> , …] ;
```

示例：

```
const double pi=3.14159;
```

其中，<**只读变量名**>也是用户自定义标识符，但只读变量必须在定义时给定初始化值，而且在后面的程序中其值不能被修改。在示例中，程序定义了一个 double 型的只读变量 pi 作为圆周率常数，其值为 3.14159。

【**例 2.4**】计算圆的面积和周长。

分析：用户从键盘输入圆的半径，程序计算该圆的面积和周长并在屏幕上输出，结果保留 2 位小数。

```
1     /* li02_04.c: 计算圆的面积和周长*/
2     #include <stdio.h>
3     int main( )
4     {
5         const double pi=3.14159;   /*定义只读常量pi*/
6         double r;                  /*定义变量r，作为半径*/
7         scanf("%lf",&r);           /*从键盘输入r的值*/
8         printf("area=%.2f\n", pi*r*r);       /*计算圆的面积并输出*/
9         printf("perimeter=%.2f\n", 2*pi*r);  /*计算圆的周长并输出*/
10        return 0;
11    }
```

例 2.4 讲解

运行此程序，

若用户从键盘输入为：*3.0 <回车>*

则输出结果为：

```
area=28.27
perimeter=18.85
```

说明

① 在上例代码第 5 行定义了一个名为 pi 的 double 型只读变量，其初始化值为 3.14159。在程序中，pi 可以用于运算和输出，但不能被修改。

② 用 const 修饰的只读变量与 2.3.5 节中用#define 定义的符号常量的区别在于：只读变量有数据类型，而符号常量则没有数据类型。编译器对只读变量进行类型检查，而对符号常量则只进行字符串替换，不进行类型检查，字符串替换时非常容易产生意想不到的错误。因此，我们建议在编程时尽量用 const 只读变量代替符号常量。

用 const 修饰符限定只读变量有许多好处，例如：增加了程序的可读性、方便了程序的维护、增强了程序的正确性并减少了误操作。

【例 2.4】的思考题：

在程序中增加一条修改语句：pi=3.14;并再次编译程序，观察编译器会给出什么错误提示信息？

*2.5　基本数据类型在计算机内部的表示

本节要点：

- 整型、字符型和实型数据的二进制表示
- 原码、反码和补码

在 C 语言等高级程序设计语言中，我们可以使用十进制形式来表示整型或实型数据，这与我们的日常习惯一致，方便了程序的编写。但是，在计算机内部，所有的数据都以二进制格式存储。虽然我们通常不需要直接与二进制数据打交道，但是了解数据的二进制表示（第 1 章的 1.4 节中已有介绍），对于我们理解基本数据类型概念及其本质是非常重要的。本节主要介绍整型、字符型和实型这 3 种基本数据类型在计算机内存中的存储形式。

2.5.1　整型数据在内存中的存储形式

整型数据可分为基本整型（int）、短整型（short）和长整型（long），它们的区别在于占用内存空间的多少，例如：在 Visual Studio 2010 环境下，int 和 long 都占用 4 个字节，short 则占用 2 个字节。若有一个十进制数 123，那么它以 short 类型在内存中的二进制存储格式如图 2.3 所示。

另一方面，整型还可按正负号分为有符号的（signed）和无符号的（unsigned）。有符号数的最高位表示符号，称为符号位，其余位表示数据本身。符号位为“0”表示正号，为“1”表示负号。无符号数是非负数，不需要符号位，因此，全部位都用来表示数据。若将上例中的最高位设置为 1，如图 2.4 所示，那么，对于无符号数，该数就表示 32 891；而对于有符号数，该数是否就表示−123 呢？很遗憾，这与我们的直观理解不一样。事实上，此时这个数表示的是−32 645，而非−123。

要解释这个问题，还需再引入整数二进制表示中的**原码（True Code）**、**反码（Ones-Complement Code）**和**补码（Complement Code）**的概念。原码用最高位 0 或 1 表示正数或负数，其余各位是整数绝对值所对应的二进制编码；反码保持符号位不变，其余各位是对原码进行按位求反操作（0 变为 1，1 变为 0）；补码是在反码的基础上加 1。因此，**正数的补码就是其原码，负数的补码是其反码+1**。

图 2.3　short 型十进制数 123 在内存中的二进制存储格式　　图 2.4　将图 2.3 中内存的最高位设置为 1

在计算机中，整数都是以二进制补码的方式存储的。采用补码，一方面可以将加、减计算统一为求和，另一方面，也能防止出现+0 和−0 这样的不合理现象，保证 0 只有一种表示形式。下面，我们分别给出了 short 型整数−32 645 和−123 的补码及其计算过程，如图 2.5 所示。

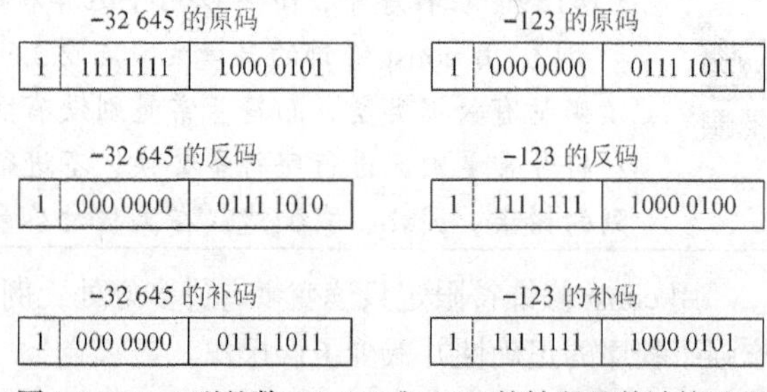

图 2.5　short 型整数−32 645 和−123 的补码及其计算过程

根据整数在内存中的存储格式，我们可以得到：short 整数的取值范围为：−32 768（二进制为 1000 0000 0000 0000）～32 767（二进制为 0111 1111 1111 1111）；而 unsigned short 整数的取值范围为：0（二进制为 0000 0000 0000 0000）～65 535（二进制为 1111 1111 1111 1111）。在程序中使

用某类整型变量时，一定要保证计算结果在其取值范围之内，否则就会出现**“溢出”**（**Overflow**）错误。

2.5.2　字符型数据在内存中的存储形式

字符型数据的长度为 1 个字节，在内存中是以其对应的 ASCII 码（0～127）的二进制形式存放存储的。例如：对于字符'A'，它的 ASCII 码是 65，其在内存中存储格式如图 2.6 所示。

因此，从数据的计算机内部表示形式来看，字符型与整型本质上是相同的。字符'A'可以看作整数 65，反之亦然。在 C 语言中，字符型可以当作整数参与运算，例如：数字、字符转换，大小写字母转换等（参见 2.3.3 节）。

字符'A'

0100 0001

图 2.6　字符'A'在内存中的存储格式

需要指出是，字符型数据的长度只有一个字节，运算时需要注意其取值范围为 0～127，不能越界。

2.5.3　实型数据在内存中的存储形式

对于实型数据，无论是小数表示还是指数表示形式，在计算机内部都用二进制的**浮点方式**将实数分为**阶码**和**尾数**两部分进行存储。对于一个实数 R，其二进制的浮点表示为：

$$R=S\times 2^{j}$$

其中，S 称为尾数，是有符号的纯小数；j 称为阶码，是有符号的整数。

例如：十进制数 12.625 对应二进制数 1100.101，将其表示成二进制浮点数为：

$$1100.101=0.1100101\times 2^{100}$$

即，尾数 S=0. 1100101，阶码 j=100。

二进制浮点数在计算机内部的存储格式如图 2.7 所示。

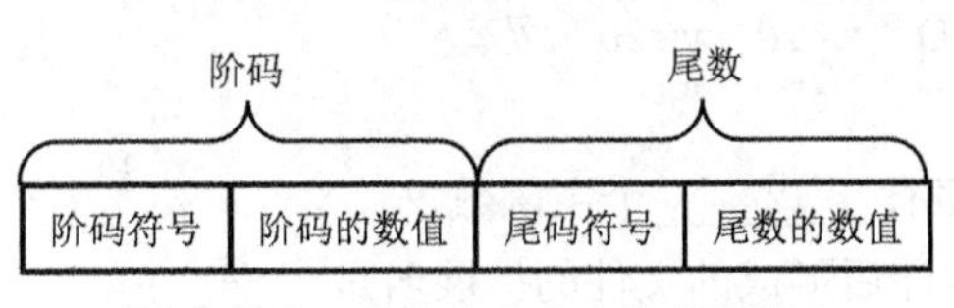

图 2.7　实型数据在内存中的存储格式

由此我们看到，尾数部分所占内存的位数决定了实数的精度，阶码所占内存的位数决定了实数的取值范围。但是，标准 C 语言并没有明确规定尾数和阶码各占多少位数，不同的 C 编译系统可能有不同的位数分配。

2.6　本 章 小 结

本章主要讲解了 C 语言源程序的组成结构及 6 种基本符号、C 语言数据类型的种类和基本数据类型、常量的表示方法、变量的定义、输入和输出方法等。本章重要知识点包括：字符类型与 ASCII 码、字符转换、字符串常量的存储格式、不同类型变量格式化输入和输出方法、符号常量与只读变量的区别等。本章的内容是 C 语言程序设计的重要基础，需要读者反复阅读并理解。

习　题　2

一、单选题

1. 以下哪一个可以作为正确的变量名________。

A. R&D　　B. _filename　　C. for　　D. $X;

2. 下列哪一个是合法的实型常量________。

A. 234E3.1　　B. E3　　C. 234.　　D. 234

3. 下列不合法的常量是________。

A. '\x4A'　　B. " "　　C. .8e0　　D. '\483'

4. 下列哪一个整数值最大________。

A. 012　　B. 0x12　　C. 12　　D. 120

5. 下列哪一个字符与其他 3 个字符不相等________。

A. 'a'　　B. 'A'　　C. '\x41'　　D. '\101'

6. 下列哪个选项属于 C 语言中的合法字符串常量________。

A. how are you　　B. "china"　　C. 'hello'　　D. abc

7. 在 C 语言中，不同数据类型占用内存的字节长度是________。

A. 相同的　　B. 由用户自己定义的　　C. 任意的　　D. 与编译环境有关的

8. 下列 4 组数据类型中，C 语言允许的一组是________。

A. 整型、实型、逻辑型、双精度型　　B. 整型、实型、字符型、空类型

C. 整型、双精度型、集合型、指针类型　　D. 整型、实型、复数型、结构体类型

9. C 语言 short 型数据占 2 个字节，则 unsigned short 型数据的取值范围是________。

A. 0～255　　B. 0～65535　　C. −256～255　　D. −32768～32767

10. 有如下输入语句：scanf("x=%d,y=%d",&x,&y); 为使变量 *x* 的值为 10，*y* 的值为 20，从键盘输入数据的正确形式是__________。

A. *10　20<回车>*　　B. *10,20<回车>*

C. *x=10, y=20<回车>*　　D. *x=10　y=20<回车>*

二、填空题

1. C 程序的基本单位是___①___，一个 C 程序有___②___个主函数。

2. C 语言源程序文件的扩展名是___③___，经编译后形成的文件的扩展名是___④___。

3. C 语言程序中需要进行输入/输出处理时，必须包含的头文件是___⑤___。

4. 用 printf 输出一个 double 型数据，如果希望输出形式为指数格式，应该用格式转换说明符___⑥___，如果希望输出形式为小数形式，可以用格式转换说明符___⑦___或___⑧___。区别是：前者小数点后 6 位不够时补 0，后者会去掉小数点后无效的 0。

5. 用 scanf 输入一个 double 型变量时，需要使用格式转换说明符___⑨___，并且要使用运算符___⑩___取得该变量的地址。

三、读程序写结果

1. 写出下面程序的运行结果。

```
#include <stdio.h>
int main()
{    int i=010,j=10,k=0x10;
     printf("%d,%d,%d\n",i,j,k);
     return 0;
}
```

2. 写出下面程序的运行结果。

```
#include <stdio.h>
int main()
{    int a=96;
     double x=12.345;
     char ch='A';
```

```
    printf("%-4d,%4d\n",a,a);
    printf("%10.2f,%10.2e\n",x,x);
    printf("%c,%c\n",ch,ch+32);
    return 0;
}
```

3. 写出下面程序的运行结果。

```
#include <stdio.h>
int main( )
{   char a,b,c,d;
    a=getchar();
    b=getchar();
    scanf("%c%c",&c,&d);
    putchar(a);
    putchar(b);
    printf("%c%c",c,d);
    return 0;
}
```

如果从键盘输入（从下面一行的第一列开始）

1<回车>

234<回车>

则程序的输出结果是?

4. 写出下面程序的运行结果。

```
#include <stdio.h>
int main()
{   int a;
    float b,c;
    scanf("%3d%3f%4f",&a,&b,&c);
    printf("a=%4d,b=%f,c=%g\n",a,b,c);
    return 0;
}
```

如果从键盘输入（从下面一行的第一列开始）

1234567.89<回车>

则程序的输出结果是?

四、编程题

1. 编写程序，用 sizeof 测试以下数据类型在内存中所占空间大小：char、int、short、long、unsigned int、float、double、long double，输出时给出较清晰的提示信息。

2. 编写程序，从键盘输入一个圆柱体的底面半径 r 和高 h，计算并输出该圆柱体的体积和表面积（要求结果精确到小数点后 3 位）。

3. 公民身份证号码是一种由 18 位数字组成的特征组合码，其排列顺序从左至右依次为：6 位数字地址码、8 位数字出生日期码，3 位数字顺序码和 1 位数字校验码（校验码若为 10 则用字符'X'来表示）。编写程序，从键盘输入一个身份证号码，由程序输出该号码的各组成信息。例如，

若用户输入为：

45222319950814004X<回车>

则程序输出为：

地址码：452223

出生日期：1995 年 8 月 14 日

顺序码：004

校验码：X

第 3 章 运算符与表达式

人们认为计算机科学是天才的艺术，但事实完全相反，只是很多人互相在对方的基础上做事，就像一面由小石头堆砌而成的墙。

People think that computer is the art of geniuses but the actual reality is the opposite, just many people doing things that build on each other, like a wall of mini stones.

——唐纳德·克努特（Donald Knuth），计算机科学家

学习目标：

- 掌握运算符、表达式的基本概念
- 掌握常用运算符的运算规则、优先级和结合性
- 掌握 C 语言数据类型转换的方式

通过前面的学习，我们知道程序的主要作用就是对数据进行处理。而对数据最常见的处理方式就是运算，如：算术运算、关系运算、逻辑运算等。为了实现这些运算，C 语言提供了丰富的运算符与表达式，使之成为功能十分强大的高级编程语言之一。本章首先介绍 C 语言运算符与表达式的基本概念，主要讲解 C 语言中常用运算符的运算规则、优先级和结合性等内容；然后，讲解 C 语言数据类型转换的原则和方式；最后，简要介绍 C 语言面向底层系统编程的位运算符。本章内容为后续的 C 语言编程提供了重要的基础知识。

3.1 什么是运算符与表达式

本节要点：

- 运算符与运算对象
- 表达式与表达式的值

第 2 章提到，数据类型除了规定数据的存储结构、取值范围外，还规定了能对它进行的操作。所谓操作就是对数据施加的运算处理，例如：对于整数可进行的操作有：加、减、乘、除等运算。在 C 语言中，我们使用**运算符（Operator）**进行数据的运算，实现对数据的各种操作。

使用运算符就必须要有**运算对象**。运算对象也称为**操作数（Operand）**，可以是常量、变量、函数和其他表达式。根据所需运算对象（操作数）的个数，运算符又分为 3 类：**单目运算符（Unary Operator）**（操作数的个数为 1，如：取负值运算符等）、**双目运算符（Binary Operator）**（操作数的个数为 2，如：加、减运算符等）、**三目运算符（Ternary Operator）**（操作数的个数为 3，如：条件运算符）。

C 语言的**表达式（Expression）**由**运算符**和**运算对象**组成。最简单的表达式可以只包括一个运算对象，而复杂的表达式可以是运算符和运算对象的任意组合。根据运算规则，**任何一个表达式都有一个确定的值，称为表达式的值**。例如：

```
3                    /*常量表达式，该表达式的值就是 3*/
a                    /*变量表达式，该表达式的值是变量 a 当前的值*/
a+b*c                /*算术表达式，该表达式的值是算术运算的结果*/
a=10                 /*赋值表达式，该表达式的值就是 a 变量所获得的值 10*/
sin(1.2)             /*函数表达式，该表达式的值是弧度 1.2 的正弦函数值*/
```

3.2　运算符的优先级与结合性

本节要点：

- 优先级和结合性的分类
- 表达式语义的理解方法

当程序中出现一个包含有多个运算符的复杂表达式时，为了准确理解该表达式的语义，通常需要将其划分成若干简单的子表达式的组合，这就必须依靠运算符的两个重要属性：**优先级（Precedence）**和**结合性（Associativity）**来完成。C 语言将 34 种运算符分为 15 个优先级，级数越小的运算符优先级越高；而运算符的结合性只有**左结合**和**右结合**两种，具体请参见附录 D。

根据优先级和结合性，子表达式的具体划分方法可按以下两条规则进行。

规则 1：根据运算符的优先级，优先级高的运算符**先**与相应的操作数构成子表达式，优先级低的运算符**后**与相应的操作数构成子表达式。由于 C 语言中的**小括号“( )”**具有最高优先级（第 1 级），为了更加直观，在子表达式划分时，我们可以在一个运算符和相应的操作数所构成的子表达式两边打上小括号“()”。而小括号中的内容在后续的子表达式划分中将被看作一个单独的操作数。

以最简单的算术运算为例：对于算术表达式 x+y*z，由于乘法运算符*的优先级高于加法运算符+，所以应在 y*z 的两边打上小括号“( )”，则表达式变为 x+(y*z)。这样就能正确地理解原表达式的值为 x 的值与 y*z 的值相加所得的结果。

规则 2：当两个运算符的优先级相同时，则根据运算符的结合性的**结合方向**，左结合的运算符从左到右与相应的操作数构成子表达式（即打**小括号**）；右结合的运算符则从右到左与相应的操作数构成子表达式（即打**小括号**）。

例如：对于算术表达式 x+y–z，由于加、减运算符优先级相同且都是左结合的，所以应在 x+y 的两边打上小括号，即 (x+y)–z，其值为 x+y 的值减去 z 的值。虽然由于加、减法具有交换律，本例中小括号打在哪里并不影响计算结果。但通过本例我们可以理解规则的用法，为后面的学习打基础。

实际上，在分析理解表达式语义的过程中，往往需要不断**重复运用上述规则**，直到该表达式中的所有子表达式都被打上小括号为止。

最后再补充说明一点：**运算符的优先级和结合性只与子表达式的划分有关，与计算次序无关。**

例如：对于表达式(a+b)+(c*d)，是先计算(a+b)还是(c*d)呢？通常是从左向右计算，但 C 语言的标准语法对此没有严格规定，这与编译器的内部实现机制有关，读者学习中需要具体问题具体分析。

在本章后续的内容中，我们将通过分析多个表达式实例，对 C 语言运算符的优先级与结合性进行更加详细的阐述。

3.3　常用运算符

本节要点：

- 7 类常用运算符的用法、优先级和结合性
- 算术运算中的整数除与实数除
- 逻辑运算中的逻辑短路现象
- 前缀与后缀自增、自减运算的区别
- 变量的值与表达式的值

C 语言的运算符内容丰富、应用灵活，本节只介绍常用的运算符，其他运算符将在后续章节中逐渐介绍。

3.3.1　算术运算符

算术（Arithmetic）运算包括加、减、乘、除、求余、取负数等，分别使用运算符+、–、*、/、%和–来表示，如表 3.1 所示。

表 3.1　常用算术运算符

运 算 符	含 义	操作数个数	优 先 级	结 合 性
–	取负数	单目	2	右结合
*	乘法	双目	3	左结合
/	除法			
%	求余			
+	加法	双目	4	左结合
–	减法			

其中，“–”运算符有两种含义。在取负数时是单目运算符，即只有一个操作数（例如：表达式–a 的结果为 a 的负数）；而在做减法时则是双目运算符，有两个操作数（例如：表达式 a–b 的结果为 a 减 b 的差值）。

根据表 3.1，算术运算符的优先级从高到低为：–（取负数）⇒ *、/、% ⇒ +、–（减法）。例如：在计算算术表达式 3–1+5%4 时，我们可以运用 3.2 节中子表达式划分的方法理解其语义。由于求余运算符%的优先级高于加法运算符+和减法运算符–，所以%运算符优先与相应的操作数构成子表达式，即可以先将 5%4 的两边打上小括号，表达式变为 3–1+(5%4)；接下来，因为加法运算符+和减法运算符–的优先级相同且都是左结合的，则从左到右，先将–运算符、再将+运算符与相应的操作数构成子表达式。因此，该表达式打完小括号后的形式为((3–1)+(5%4))。这时，该表达式的语义就非常清楚和容易理解了。最后，通过算术计算得到该表达式的值为 3。

在实际编程过程中，我们可以主动使用小括号“( )”来提高表达式的可理解性或主动改变其语义。例如：在表达式 3–(1+5)%4 中，我们特意将小括号打在（1+5）的两边，从而使其语义不同于上例，这时表达式的值就变成了 1。

关于算术运算符及其表达式，还需说明如下几点。

（1）除法运算符“/”的两种含义。

除法运算符“/”在 C 语言中有两种不同的含义：**整数除和实数除。当两个整数相除时，结果仍为整数**，即只保留整数商，而舍去小数部分。否则，只要两个操作数中有一个是实数，“/”都表示实数除，得到的是真实的小数结果。例如：1/2 和 1.0/2 的结果是不同的，1/2 的结果为 0，1.0/2 的结果为 0.5。这是由于在 C 语言中整型与整型运算的结果还是整型，而实型与整型运算的结果是实型。请读者在以后的编程学习中务必牢记这一点。

（2）求余运算符“%”。

求余运算要求两个操作数都必须为整型，结果为整数除后得到的余数。例如：6%4 的结果为 2，而 6.0%4 是错误的表达式。另外，余数的符号与被除数相同。例如：6%(−4)的结果为 2，(−6)%(4)的结果为 −2。

（3）数学函数的使用。

在算术表达式中还会使用到一些常用数学函数。例如：已知直角三角形两条直角边的长度分别为 x，y，则斜边的长度为 $\sqrt{x^2+y^2}$。将斜边的计算公式写成算术表达式为

sqrt(*x***x*+*y***y*)

其中，sqrt 为求平方根的数学函数。

C 语言提供了丰富的标准数学函数，定义在 math 库中，用户无须自己定义便可直接使用。使用时只要在程序开头加上文件包含命名：#include <math.h>即可，非常方便。表 3.2 为部分常用的标准数学函数列表，关于标准数学函数的详细介绍请参见附录 E。

表 3.2　常用的标准数学函数

函　数　名	功　　能	函　数　名	功　　能
sqrt(x)	计算 x 的平方根，x 应大于等于 0	exp(x)	计算 e^x 的值
fabs(x)	计算 x 的绝对值	pow(x,y)	计算 x^y 的值
log(x)	计算 $\ln x$ 的值	sin(x)	计算 $\sin x$ 的值，x 为弧度值
log10(x)	计算 $\lg x$ 的值	cos(x)	计算 $\cos x$ 的值，x 为弧度值

【例 3.1】计算抛物运动的射程。

背景知识：将物体以一定的初始速率 V_0 和角度 θ 向空中抛出，仅在重力作用下物体所做的运动叫作抛物运动，如图 3.1 所示。

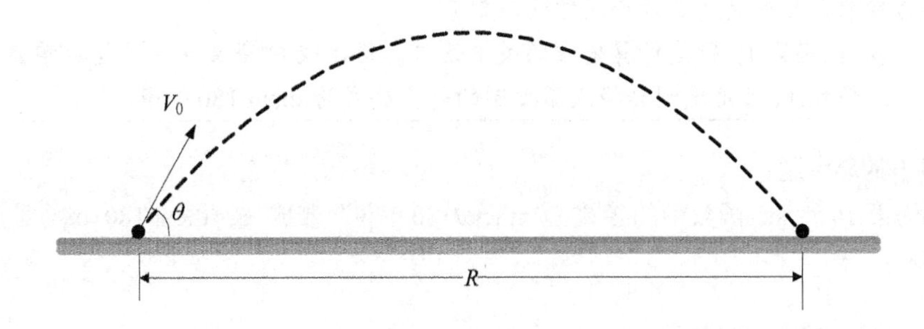

图 3.1　抛物运动示意图

根据普通物理知识，抛物运动的轨迹是一条抛物线，物体在水平方向上的位移 R（即射程）由以下公式给出

$$R=\frac{V_0^2\cdot\sin(2\theta)}{g}$$，其中，g 为重力加速度常数

分析：首先，程序的输入变量为：双精度实型变量 v0 表示初始速度（单位：m/s）、整型变量 theta 表示角度（单位：角度制）。然后，定义双精度实型变量 R 表示射程。R 的值可由上面的射程计算公式得到，其中，重力加速度 g 为常数，可定义为双精度实型只读变量。同时，定义双精度实型只读变量 pi 表示圆周率，因为 C 语言 sin 函数的参数是弧度制，需要用 pi 将 theta 从角度制转换成弧度制。由此，可以写出射程 R 的 C 语言表达式，这里要特别注意数学公式与 C 语言表达式在形式上的区别。最后，用 printf 函数输出射程的计算结果。

```
1    /* li03_01.c：计算抛物运动的射程*/
2    #include<stdio.h>
3    #include<math.h>
4    int main( )
5    {
6        /*定义只读变量 pi 为圆周率*/
7        const double pi=3.14159;
8        /*定义只读变量 g 为地球表面的标准重力加速度*/
9        const double g=9.80;
10       double v0;      /*定义变量 v0 表示初始速率*/
11       int theta;      /*定义变量 theta 表示角度*/
12       double R;       /*定义变量 R 表示射程*/
13       printf("Please input v0 (m/s) and theta (degree):\n");
14       scanf("%lf%d",&v0, &theta);
15       R=v0*v0*sin(2*theta/180.0*pi)/g;     /*计算射程*/
16       printf("The range is: %.2f (m)\n", R);   /*输出射程 R*/
17       return 0;
18   }
```

例 3.1 讲解

运行此程序，屏幕上首先会显示一条提示信息：

```
Please input v0 (m/s) and theta (degree):
```

若用户从键盘输入为：

20.0　45<回车>

输出结果为：

```
The range is: 40.82 (m)
```

① 由于计算射程时要用到正弦函数 sin，所以程序第 2 行增加了包含标准数学函数库头文件 math.h 的预处理指令。

② 代码第 7、9 行分别定义了 double 型的只读变量 pi、g 用于表示圆周率、地球表面的标准重力加速度这两个数学物理常量。

③ 代码第 15 行是计算射程的关键语句。请比较 C 语言表达式与数学公式的区别。其中，将 theta 由角度制转换成弧度制的转换公式为 theta/180.0*pi。

【例 3.1】的思考题：

若将代码第 15 行 sin 函数中的参数"2*theta/180.0*pi"改成"2*theta/180*pi"对上例的运行结果有无影响？

3.3.2　关系运算符

关系（Relational）运算是用来比较两个操作数的值的运算，比较的结果是一个**逻辑值**，即只能是"**真**"或"**假**"。若比较条件得到满足，则结果为真；否则，结果为假。C 语言中关系运算共 6 种，包括：小于、小于或等于、大于、大于或等于、等于、不等于，分别使用运算符<、<=、>、>=、== 和 != 来表示，如表 3.3 所示。

表 3.3　　关系运算符

运　算　符	含　义	操作数个数	优　先　级	结　合　性
<	小于	双目	6	左结合
<=	小于等于			
>	大于			
>=	大于等于			
==	等于		7	
!=	不等于			

C 语言没有提供专门的布尔数据类型来表示逻辑值，而是用非 0 值表示“真”，用 0 值表示“假”。具体到关系运算，若一个关系表达式的运算结果为真时，该表达式的值就为 1（非 0 值）；反之，其值就为 0。例如：4>3 的结果为 1，表示真，2==3 的结果 0，表示为假。

根据表 3.3，关系运算符的优先级从高到低为：<、<=、>、>=　⇒　= =、!=。总的来说，关系运算符的优先级比算术运算符的优先级要低。

例如：若变量 a=1，b=2，c=3，下列关系表达式的运算结果为：

a%2!= 0　　相当于　(a%2)!=0　　运行结果为：1

a+b > b+c　　相当于　(a+b) > (b+c)　运行结果为：0

a<b==b<c　　相当于　(a<b)==(b<c)　运行结果为：1

需要指出，两个字符型数据之间的关系运算，实质上就是其相应的 ASCII 码之间的比较。例如：'A' < 'a' 的结果为 1，因为'A'的 ASCII 码是 65，'a'的 ASCII 码是 97。关于字符对应的 ASCII 码见附录 A。

关系等于运算符是“==”，而不是数学上用的“=”，因为“=”在 C 语言中是赋值运算符（请参见 3.3.5 节）。

3.3.3　逻辑运算符

逻辑（Logic）运算的对象是逻辑值，运算结果仍是逻辑值。C 语言提供了 3 种逻辑运算符，包括：逻辑与、逻辑或和逻辑非，分别使用运算符“&&”“||”和“!”来表示，如表 3.4 所示。

表 3.4　　逻辑运算符

运　算　符	含　义	操作数个数	优　先　级	结　合　性
!	逻辑非	单目	2	右结合
&&	逻辑与	双目	11	左结合
||	逻辑或		12	

C 语言逻辑运算的规则由表 3.5 给出，其中 A、B 表示逻辑运算对象（即操作数）。如前面所述，在 C 语言逻辑运算中，仍用非 0 值表示“真”，用 0 值表示“假”。

表 3.5　　逻辑运算的真假值表

A 的取值	B 的取值	A&&B	A || B	!A
真（非 0）	真（非 0）	真（1）	真（1）	假（0）
真（非 0）	假（0）	假（0）	真（1）	假（0）
假（0）	真（非 0）	假（0）	真（1）	真（1）
假（0）	假（0）	假（0）	假（0）	真（1）

由表 3.5 可知，逻辑与（&&）的运算规则是只有当两个操作数都为真（非 0）时，结果才是真（1）；若有任意一个操作数为假（0），结果就为假（0）。逻辑或（||）的运算规则是当两个操作数有任意一个为真（非 0）时，结果就是真（1）；只有两个操作数都为假（0）时，结果才是假（0）。逻辑非（！）的运算规则是操作数为真（非 0）时，结果是假（0）；操作数为假（0）时，结果是真（1）。

在逻辑运算符中，逻辑非（!）的优先级最高，因为逻辑非（!）是单目运算符，而所有单目运算符的优先级都比其他运算符高；逻辑与（&&）的优先级高于逻辑或（||），但这两个运算符的优先级都低于关系运算符和算术运算符。例如：

```
a<b && b<c                    相当于  (a<b) && (b<c)
a==b || c>d && x<y            相当于  (a==b) || ((c>d) && (x<y))
```

在编程时，常常需要利用逻辑运算的特点和规则，写出满足条件的逻辑表达式。

例如：判断一个字符 ch 是否为小写字母的条件是：'a'≤ch≤'z'。则相应的逻辑表达式为：

```
ch>='a' && ch<='z'
```

注意

上式不能写成：'a'<=ch<='z'。因为该表达式相当于(('a'<=ch)<='z')，即先判断'a'是否小于等于 ch，其结果逻辑真或假（1 或 0），再将 0 或 1 与'z'比较。'z'的 ASCII 码为 122，显然大于 0 和 1。因此，无论 ch 是什么字符，'a'<=ch<='z'的结果总为真（1），与要求不符。

又如：判断某年 y 是否为闰年的条件是：y 能被 4 整除，但不能被 100 整除；或者 y 能被 400 整除。则相应的逻辑表达式为：

```
((y % 4 == 0) && ( y %100 !=0)) || ( y %400 == 0)
```

需要指出是，逻辑运算对象除了关系表达式以外，还可以是整型、实型、字符型数据以及其他表达式。只要逻辑运算对象的值为非 0 就相当于“真”；为 0 就相当于“假”。这一点非常重要，体现出了 C 语言与众不同的灵活性。

例如：在上面判断闰年的表达式中，可以把 y % 4 == 0 改成 !(y %4)。因为，当 y 能被 4 整除时，y%4 为 0，而 0 表示逻辑假，则!(y %4)为真；y 不能被 4 整除时，y%4 不为 0，而非 0 表示逻辑真，则!(y %4)为假。因此，!(y %4)和 y % 4 == 0 是等价的。另外，上式中的 y %100 !=0 也可以写成：y %100。（请读者思考其中的原因。）

本节最后再补充一点，逻辑运算中可能出现的一种特殊现象——**逻辑短路**（**Short-circuit Logic**）。所谓逻辑短路，就是当仅通过第一操作数就能确定逻辑运算的结果时，第二操作数就不再计算。具体而言，对于逻辑与（&&）运算符，只要第一操作数为假（0），无论第二操作数真假如何，该运算符的运算结果都为假，故第二操作数就无须计算了；同理，对于逻辑或（||）运算符，只要第一操作数为真（非 0），无论第二操作数真假如何，该运算符的运算结果都为真，故第二操作数也不必计算了。

例如，若变量 a=1，b=2，c=3，下列表达式运算后变量 c 的结果情况为：

(a>b)&&(c=c*2)　　因为 a>b 的结果为 0，整个“与”表达式的值就为 0，发生逻辑短路现象，故 c=c*2 没有运行，变量 c 的值仍为 3。

(a<b)||(c=c*2)　因为 a<b 的结果为 1，整个“或”表达式的值就为 1，发生逻辑短路现象，故 c=c*2 没有运行，变量 c 的值仍为 3。

3.3.4 条件运算符

条件（**Conditional**）运算符用于进行简单的条件判断，它由两个符号“?”和“:”组成。条件运算表达式的格式为如下。

语法：

```
<表达式 1> ? <表达式 2> : <表达式 3>
```

示例：

```
a>b?a:b
```

条件运算符的运算规则是：若<表达式 1>为真（非 0），则条件表达式的结果就是<表达式 2>的值，否则为<表达式 3>的值。这里，任何表达式都可参与条件运算。

在以上示例中，若有两个整数变量 a 和 b，则该表达式 a>b?a:b 可以求出 a、b 之中较大的数的值。例如：当 a 的值为 3、b 的值为 2 时，上式的结果是表达式 2 也就是变量 a 的值，为 3；而当 a 为 2、b 为 3 时，上式的结果是表达式 3 也就是变量 b 的值 3。

条件运算符是 C 语言中唯一的一个三目运算符，其优先级较低（低于算术、关系以及逻辑等运算符），结合性为右结合。

条件运算符实现了最基本的选择结构程序，适当使用条件运算符可简化程序的设计，本章 3.4 节的例 3.2 中将有这样的应用。

3.3.5 赋值及复合赋值运算符

赋值（Assignment）运算的功能是将一个表达式的值赋给一个变量，赋值运算符用“=”号表示。赋值运算表达式的格式如下。

语法：

```
<变量> = <表达式>
```

示例：

```
a=a+1
```

赋值表达式的运算规则是：先对赋值运算符“=”右边的<**表达式**>求值（也称为右值），再将该值赋给“=”左边的<**变量**>（也称为左值），而赋值表达式的值就是变量得到的值。

C 语言中赋值运算符“=”的含义与数学中的等号“=”的含义是有明显区别的。示例中，赋值表达式 a=a+1 的含义是：将变量 a 的值加上 1 再赋给 a，即变量 a 的值比运算前增加了 1；但是，数学上则表示判断左右两边是否相等，该式是恒不成立的。

赋值运算符的优先级低于前面讲过的所有运算符，仅高于逗号运算符（在后面 3.3.6 节中介绍）。它的结合性为右结合的。例如：

a=b=c=1　　相当于　　a=(b=(c=1))

这是因为，当多个运算符的优先级相同时，根据右结合性，要从右向左打小括号构成子表达式。这样连续赋值表达式的结果是所有变量 a、b、c 的值都是 1。

除了赋值运算符“=”，为了编程方便，C 语言还提供另一种形式的赋值运算符，称为**复合赋值（Combined Assignment）**运算符。它由双目运算符与双目赋值运算符一起构成。

复合赋值运算符的优先级及结合方向与“=”一样。复合赋值运算表达式的一般格式如下。

语法：

```
<变量> <双目运算符>= <表达式>
```

示例：

```
a*=b+1
```

上述语法等价于：<**变量**> =<**变量**> <**双目运算符**> <**表达式**>

最常用的复合赋值运算符是由算术运算符与“=”组合在一起的，称为算术复合赋值运算符，包括：+=、–=、*=、/=、%= 共 5 个，其含义如下页的表 3.6 所示。

表 3.6　　　　　　　　　　　　　算术复合赋值运算符

运算符	含　义	运 算 规 则	操作数个数	优 先 级	结 合 性
+=	加赋值	a+=b 相当于 a=a+(b)	双目	14	右结合
–=	减赋值	a–=b 相当于 a=a–(b)			
*=	乘赋值	a*=b 相当于 a=a*(b)			
/=	除赋值	a/=b 相当于 a=a/(b)			
%=	取余赋值	a%=b 相当于 a=a%(b)			

在示例中，若 a=2，b=3，表达式 a *= b+1 计算过程如下。

① 根据优先级，先将“=”右边的表达式整体用小括号括起来：a *= (b+1)；

② 再将复合赋值表达式写成等价的一般赋值表达式形式：a =a* (b+1)；

③ 最后进行赋值运算：a=2*(3+1)=8，即，变量 a 的值为 8，也是该表达式的值。

3.3.6　逗号运算符

在 C 语言中，**逗号（Comma）**运算符“,”可以说是最简单的运算符了，它本身没有具体的计算功能，仅仅是将多个表达式连接在一起。逗号表达式的格式如下。

语法：

```
<表达式 1>, <表达式 2>, …, <表达式 n>
```

示例：

```
a=b=1+2, 3*b
```

逗号表达式运算规则是：按顺序依次计算<**表达式 1**>，<**表达式 2**>，…，直到<**表达式 n**>，整个表达式的值就是表达式 n 的计算结果。逗号运算符的优先级是所有运算符中最低的，它具有左结合性。

如以上示例表达式：a=b=1+2, 3*b

该表达式计算过程如下：先计算第 1 个表达式 a=b=1+2，得到 a=b=3；再计算第 2 个表达式 3*b，得到 9，则该表达式的值为 9，这时 a 和 b 的值都是 3。

又如：a=(b=1+2, 3*b)

由于增加了小括号，表达式的语义发生变化，需先计算逗号表达式(b=1+2, 3*b)，有：b=1+2=3，3*b 的结果为 9；再将逗号表达式的值 9 赋给 a，则整个表达式的值就是 9，这时 a 的值为 9，b 的值为 3。

3.3.7　自增、自减运算符

C 语言还提供两种非常有用的运算符：变量**自增（Increment）**运算符“++”和**自减（Decrement）**运算符“––”，其作用是使被操作的变量的值增加 1 或减少 1。自增运算符“++”和自减运算符“––”都是单目运算符，只需要一个操作数，而且操作数必须是变量。它们的优先级与其他单目运算符一样，高于所有双目运算符，且具有右结合性。

在自增、自减表达式中“++”和“--”既可以放在变量的前面，称为**“前++”（Prefix Increment）**和**“前––”（Prefix Decrement）**；也可以放在变量的后面，称为**“后++”（Postfix Increment）**和**“后––”（Postfix Decrement）**，其一般格式如下。

语法：

```
++<变量>、--<变量>、<变量>++、<变量>--
```

示例：

```
b=++a;
```

```
b=a++;
```

“++”和“--”位于<变量>的前或后，即“前++”“前--”与“后++”“后--”的运算规则有所不同。

① “前++”“前--”表示先对变量进行自增、自减 1 运算，再将变量更新后的值作为自增、自减表达式的值。

② “后++”“后--”表示先将变量原来的值作为自增、自减表达式的值，再对变量进行自增、自减 1 运算。

如以上示例：若 a=1，则

语句 b=++a; 相当于 a=a+1; b=a;，其运行结果是：a 和 b 的值都为 2；

语句 b=a++; 相当于 b=a; a=a+1;，其运行结果是：a 的值为 2，而 b 的值为 1。

自增、自减运算符的作用主要是提高 C 程序的编译效率，也增加了程序的简洁性。

下面再举几个稍复杂的例子。

若有定义：int a=1, b=1, c, d;，则

语句 c=(a++)+(++b); 相当于 b=b+1;c=a+b; a=a+1;，执行后：a 的值为 2，b 的值为 2，c 的值为 3；

语句 d=--b++; 相当于 d=--b; b=b+1;，执行后：d 的值为-1，b 的值为 2。

请读者思考，语句 (a>2) && (++b);执行后，b 的值是多少呢？

本例要用到逻辑运算中特殊的**逻辑短路**性质（参见 3.3.3 节）。由于 a 的值为 1，逻辑与的第 1 个操作数 a>2 的结果为假（0）。根据逻辑短路规则，逻辑与的第 2 个操作数++b 就不再计算，因此 b 的值没有增加，仍为 1。这里，一种错误的观点认为，++运算符的优先级高于&&，要先计算++b，b 的值会变为 2。再次提醒读者，运算符的优先级与结合性只是决定了表达式的语义，即如何划分子表达式，而与表达式中子表达式的计算次序无关（参见 3.2 节）。

理解“前”“后”自增、自减混合运算表达式的运算顺序是本章的一个难点，初学者需要多做相关习题才能熟练掌握。

3.4　运算过程中的数据类型转换

本节要点：

- 自动类型转换的规则
- 强制类型转换的方法

C 语言的类型非常丰富，当不同类型的数据进行混合运算时，数据首先转换为同一种类型再进行运算，这就是**类型转换（Type Conversion）**。C 语言提供了两种类型转换方式：**自动类型转换（Implicit Type Conversion）**和**强制类型转换（Explicit Type Conversion）**。其中，自动类型转换由 C 编译系统自动完成，它又分为表达式中的自动类型转换和赋值中的自动类型转换两种情况；而强制类型转换是由程序中的类型转换语句指定的。

3.4.1　表达式中的自动类型转换

表达式中的自动类型转换的原则是将参与运算的操作数转换成其中占用内存字节数最大的操作数的类型，即数据类型的长度由低向高进行转换，以防止计算精度的损失。

例如

① 'A'+32 的计算过程是：将字符'A'转成整型 65，再与整型 32 相加，结果为整型 97。**注意**：字符类型数据与 ASCII 码表相对应，本质上也是整型（请参见 2.3.3 节）；

② 1.0/2*3.0 的计算过程是：将 1.0/2 中的整型 2 转换成 double 型，计算 1.0/2.0 得 0.5，再乘以 3.0，最后的结果为 double 型 1.5；

③ 1/2*3.0 的计算结果却为 0.0，这是因为 1/2 为整数除，结果为 0。

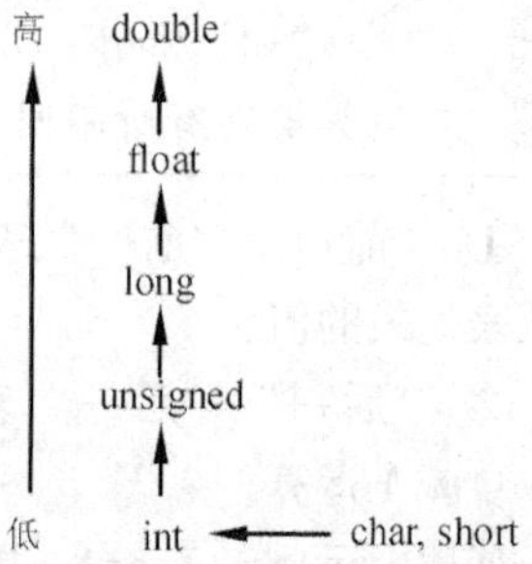

高 double

float

long

unsigned

低 int ← char, short

图 3.2 表达式中不同类型数据之间的自动转换规则

表达式中自动类型转换的一般规则如图 3.2 所示。

首先，所有的 char 和 short 类型的操作数都转换为 int 类型（由图 3.2 中的水平箭头表示）；然后，不同类型的操作数将按照图 3.2 中的垂直箭头方向从低到高进行类型转换。

3.4.2 赋值中的自动类型转换

在赋值语句中，若赋值运算符右边表达式的类型与左边变量的类型不一致时，系统也会进行自动类型转换，其类型转换的规则是：**将右边表达式的值转成左边变量的类型**。

具体规则如下。

① 当表达式的数据类型占用内存的字节数小于变量类型占用内存的字节数时，即由低长度类型向高长度类型赋值时，数据直接可以转换，不会出现数据信息丢失；

② 但是反之，由高长度类型向低长度类型赋值时，就有可能出现数据精度下降、甚至数据溢出等问题。

常见的赋值自动类型转换问题如表 3.7 所示。

表 3.7 赋值中的自动类型转换问题

变量类型	表达式类型	赋值结果及可能出现的问题
char	short 或 int	取其低 1 字节赋值，高字节舍去。当表达式的值大于 127 时，会出现数据溢出问题。如：char c=200 会出现数据溢出，c 的值为负数
short	int 或 long	取其低 2 字节赋值，高字节舍去。当表达式的值大于 short 取值范围的上限 32 767 时，会出现数据溢出问题
int	float 或 double	直接取整，截断小数部分。如：int a=3.14 的结果是 a=3
float	double	只能保留 7 位有效位数，其余舍去

3.4.3 强制类型转换

由程序指定的类型转换为强制类型转换，其一般格式如下。

语法：

```
(<类型>) <表达式>
```

示例：

```
(double)1/2
```

其中，<表达式>是待转换的对象，<类型>是要转换到的目标类型。

在示例中，由于类型转换(double)的优先级高于除法运算/，该表达式可理解为((double)1)/2。因此，在计算中，先要将整型常量 1 强制转换为 double 型（可用 1.0 表示），表达式变为 1.0/2；再根据自动类型转换规则，整数 2 会自动转换为 double 型；最后做 double 型实数除法，结果为 0.5。

【例 3.2】验证丢番图的规则。

背景知识：勾股定理是人类早期发现并证明的一个重要数学定理，指直角三角形的两条直角边的平方和等于斜边的平方。勾股定理有很多种证明方法，是数学定理中证明方法最多的定理之一。在中国，商周时期的商高就提出了“勾三股四弦五”的勾股定理的特例。在西方，最早提出并证明此定理的为公元前 6 世纪古希腊的毕达哥拉斯。到了公元 3 世纪，古希腊数学家丢番图（Diophantus）则进一步考虑了下面的一个问题。

若直角三角形的边长只能为整数，且令其两条直角边长度分别为 x 和 y，斜边长度为 z，求解勾股定理方程：

$$x^2 + y^2 = z^2$$

其中，x, y, z 必须是正整数。

丢番图发现除了“勾三股四弦五”，该方程还有无数多个正整数解，并给出了下面的求解规则。

找两个正整数 a 和 b，使 $2ab$ 为完全平方数。这时令

$$x = a + \sqrt{2ab},\ y = b + \sqrt{2ab},\ z = a + b + \sqrt{2ab}$$

则容易证明 x, y, z 为满足勾股定理方程的正整数解。

分析：题目要求编写一个程序验证丢番图求解勾股定理方程的规则。首先，请用户从键盘输入两个整数 a 和 b，程序验证 $2ab$ 是否为完全平方数。然后，程序计算出 x, y, z，验证其是否满足勾股定理方程。验证的结果要在屏幕上输出。本程序有两个关键问题需要解决。第一个问题：如何判断一个整数是否为完全平方数？这里采用的算法是：将该数的平方根取整后再平方。若结果仍等于该数本身，则该数是完全平方数，否则就不是完全平方数。实现该算法需要用到求平方根函数 sqrt()、强制类型转换方法(int)等。第二个问题：如何根据判断条件输出不同的文字。例如，当一个数为完全平方数时，输出“是”，否则输出“不是”。由于 C 语言的选择结构还没讲到，本例巧妙地使用了条件运算符 “? :”和格式化输出函数 printf()实现了上述功能。

```
1   /* li03_02.c: 验证丢番图的规则*/
2   #include<stdio.h>
3   #include<math.h>
4   int main( )
5   {
6       int a,b;    /*定义整型变量 a 和 b*/
7       int x,y,z;    /*定义整型变量 x, y, z 为勾股定理方程的解*/
8       int t;
9       printf("Please input a and b:");
10      scanf("%d%d",&a, &b);
11      t=(int)sqrt(2*a*b);      /*计算 2ab 的平方根并取整*/
12      printf("a=%d, b=%d\n",a,b);
13      /*验证 2ab 是否为完全平方数，并输出验证结果*/
14      printf("2ab %s a perfect square number.\n", t*t==2*a*b? "is" : "is NOT");
15      /*根据丢番图的规则计算 x, y, z*/
16      x=a+t;
17      y=b+t;
18      z=a+b+t;
19      printf("x=%d, y=%d, z=%d\n",x,y,z);
20      /*验证 x, y, z 是否满足勾股定理方程，并输出验证结果*/
21      printf("(%d,%d,%d) %s a solution of the Pythagorean Theorem equation.\n",
22               x, y, z, x*x+y*y==z*z? "is" : "is NOT");
23      return 0;
24  }
```

例 3.2 讲解

运行此程序，屏幕上首先会显示一条提示信息：

```
Please input a and b:
```

若用户从键盘输入为：

1　2<回车>

满足丢番图规则，输出结果为：

```
a=1, b=2
2ab is a perfect square number.
x=3, y=4, z=5
(3,4,5) is a solution of the Pythagorean Theorem equation.
```

再一次运行程序，若用户从键盘输入为：

2　3<回车>

这次不满足丢番图规则，输出结果为：

```
a=2, b=3
2ab is NOT a perfect square number.
x=5, y=6, z=8
(5,6,8) is NOT a solution of the Pythagorean Theorem equation.
```

① 在本例中，程序需要判断 2ab 是否为完全平方数。首先，代码第 11 行计算 2ab 的平方根，并通过强制类型转换“(int)”进行取整，结果保存到整型变量 t 中。然后，将 t 的平方与 2ab 进行比较，判断其是否为完全平方数，即代码第 14 行中的关系表达式：t*t==2*a*b。

② 代码第 14 行根据 2ab 是否为完全平方数输出不同的文字。为此使用了条件运算表达式：t*t==2*a*b? "is" : "is NOT"，当 t*t==2*a*b 为真时，该条件运算表达式的值为字符串常量"is"（表示是完全平方数），否则为字符串常量"is NOT"（表示不是完全平方数）。而该条件运算表达式所得到的字符串常量可以通过 printf 函数的格式转换说明符“%s”输出。

③ 在代码第 21、22 行中，利用条件运算表达式：x*x+y*y==z*z? "is" : "is NOT"可以验证 x，y，z 是否满足勾股定理方程并得到不同的字符串常量值，然后通过 printf 函数输出结果。

【例 3.2】的思考题：

① 若将代码第 11 行的强制类型转换“（int）”删除，重新编译、运行该程序结果会怎样？

② 能否修改程序，验证高次方程 $x^n+y^n=z^n$ ($n\geqslant 3$)是否存在正整数解？

*3.5　位运算符

本节要点：

- 位运算符按二进制位的计算方法
- 位运算符的作用

与其他高级语言不同，C 语言既具有高级语言容易理解的特点，又具有低级语言可对硬件编程的功能，支持**位运算（Bit Operation）**就是这种功能的具体体现。位运算适合编写系统软件，是 C 语言的重要特色之一，在计算机操作系统控制、网络通信协议设计、嵌入式系统开发等领域有广泛应用。

位运算就是对字节或字内的二进制数位进行测试、抽取、设置或移位等操作。因此，运算对象必须是标准的 char 和 int 数据类型，而不能是 float、double、long double 等其他复杂的数据类型。C 语言共提供了 6 种位运算符，操作数个数、优先级以及结合方式也不尽相同，具体如表 3.8 所示。

表 3.8　　位运算符

<table>
<tr><th>运 算 符</th><th>含 义</th><th>操作数个数</th><th>优 先 级</th><th>结 合 性</th></tr>
<tr><td>～</td><td>按位取反</td><td>单目</td><td>2</td><td>右结合</td></tr>
<tr><td><<
>></td><td>左移位
右移位</td><td rowspan="4">双目</td><td>5</td><td rowspan="4">左结合</td></tr>
<tr><td>&</td><td>按位与</td><td>8</td></tr>
<tr><td>^</td><td>按位异或</td><td>9</td></tr>
<tr><td>|</td><td>按位或</td><td>10</td></tr>
</table>

其中，只有按位取反运算符～为单目运算符，其余运算符均为双目运算符。运算符&、^、|和～是对两个数据按它们的二进制数位进行运算，具体运算规则如表 3.9 所示。左移位运算符<<和右移位运算符>>是对一个整数按指定二进制位数进行左移和右移。

表 3.9　　位运算符～、&、^和 | 的运算规则

a	b	~a	a&b	a|b	a^b
0	0	1	0	0	0
0	1	1	0	1	1
1	0	0	0	1	1
1	1	0	1	1	0

下面，对这些运算符的使用进行逐个说明。

（1）按位取反。

按位取反是对操作数的各位二进制值取反，即 0 变 1，1 变 0。例如：～5 的运算过程如下，结果为-6（最高位为 1）。

```
～ 00000101        /*十进制 5*/
11111010           /*十进制-6（二进制为补码）*/
```

按位取反是单目运算符，其优先级比其他双目运算符，如算术运算符、关系运算符以及其他位运算符高。

（2）按位与。

按位与是双目运算符，参加运算的两个操作数按二进制位进行“与”运算。例如：15&3 的结果为 3。

```
   00001111        /*十进制 15*/
&  00000011        /*十进制 3*/
   00000011        /*十进制 3*/
```

按位与运算可以作为一种对字节中某一个或几个二进制位清 0 的手段。在上例的运算中，15 只保留了最低 2 位不变，其余位均被清 0。

（3）按位或。

按位或是双目运算符，参加运算的两个操作数按二进制位进行“或”运算。例如：15|32 的结果为 47。

```
   00001111        /*十进制 15*/
|  00100000        /*十进制 32*/
   00101111        /*十进制 47*/
```

按位与运算可以作为一种对字节中某一个或几个二进制位置 1 的手段。在上例的运算中，将存放 15 的字节中的第 6 位置 1，其余位保持不变。

（4）按位异或。

按位异或也是双目运算符，参加运算的两个操作数按二进制位进行“异或”运算。例如：15^3 的结果为 12。

```
   00001111        /*十进制 15*/
^  00000011        /*十进制 3*/
——————————
   00001100        /*十进制 12*/
```

利用按位异或可以很容易判断两个数的对应二进制位是相同还是相异，结果为 0 表示相同，结果为 1 表示相异。

（5）左移位。

将第一操作数的每一位向左平移第二操作数指定的位数，右边空位补 0，左边移出去的位丢弃。例如：15 及其左移 1 位、2 位、3 位的二进制补码如表 3.10 所示。

表 3.10　　15 左移位运算结果表

表 达 式	最低字节内容	运 算 结 果	实 际 意 义
15	00001111	15	补码表示原值
15<<1	00011110	30	左移一位相当于乘以 2^1
15<<2	00111100	60	左移两位相当于乘以 2^2
15<<3	01111000	120	左移三位相当于乘以 2^3

可见，利用左移位可以快速地实现整数的乘法运算，每左移一位相当于乘以 2^1，左移 n 位就相当于乘以 2^n，非常有利于算法的硬件实现。

（6）右移位。

将第一操作数的每一位向右平移第二操作数指定的位数，右边移出去的位丢弃。当第一操作数为有符号数时，左边空位补符号位上的值，这种移位称为算术移位；当第一操作数为无符号数时，左边空位补 0，这种移位称为逻辑移位。例如：15 和−15 分别进行右移 1 位、2 位、3 位的二进制补码如表 3.11 所示。

表 3.11　　15 及−15 右移位运算结果表

表 达 式	最低字节内容	运 算 结 果	实 际 意 义
15	00001111	15	补码表示原值
15>>1	00000111	7	右移 1 位相当于除以 2^1
15>>2	00000011	3	右移 2 位相当于除以 2^2
15>>3	00000001	1	右移 3 位相当于除以 2^3
−15	11110001	−15	补码表示原值
−15>>1	11111000	−8	右移 1 位相当于除以 2^1
−15>>2	11111100	−4	右移 2 位相当于除以 2^2
−15>>3	11111110	−2	右移 3 位相当于除以 2^3

可见，利用右移位可以快速地实现整数的除法运算，每右移一位相当于除以 2^1，右移 n 位就相当于除以 2^n，非常有利于算法的硬件实现。

3.6 本章小结

本章主要讲解了 C 语言运算符和表达式的基本概念、运算符的优先级和结合性、7 类常用运算符、C 语言数据类型转换的方式等。本章的知识重点包括：算术运算中的整除问题、逻辑运算中的逻辑短路现象、前缀与后缀自增、自减运算的区别、自动类型转换规则、优先级和结合性的理解与应用。本章内容对于初学者可能有一定难度，需要多做相关习题，循序渐进地理解和掌握。

习　题　3

一、单选题

1. 设有语句：int a=7; float x=2.5, y=4.7;，则表达式 x+a%3*(int) (x+y)%2/4 的值是________。

   A. 2.5　　B. 2.75　　C. 2.0　　D. 0.0

2. 在下面四个运算符中，优先级别最低的是________。

   A. !　　B. &&　　C. = =　　D. =

3. 在以下的运算符中，运算对象必须是整型数的是________。

   A. +　　B. %　　C. ++　　D. ( )

4. 逻辑运算符对运算对象的要求是________。

   A. 只能是逻辑值　　B. 两个运算对象必须属于同一种数据类型

   C. 只能是 0 或非 0 值　　D. 可以是任意合法的表达式，两者类型不一定相同

5. 设 a，b，c，d 均为 0，执行(m=a==b)&&(n=c!=d)后，m，n 的值为________。

   A. 0，0　　B. 0，1　　C. 1，0　　D. 1，1

6. 设 a，b，c 都是 int 型变量，且 a=3，b=4，c=5，则下列表达式中值为 0 的是________。

   A. 'a' && 'b'　　B. a<=b　　C. a||b+c&&b-c　　D. !(a<b && !c || 1)

7. 设 x 是 double 型变量，则能将 x 的值四舍五入保留到小数点后两位的表达式是________。

   A. (x*100.0+0.5)/100.0　　B. (int)(x*100+0.5)/100.0

   C. x*100+0.5/100.0　　D. (x/100+0.5)*100.0

8. 若执行语句：int b,a=12, n=5;，表达式 a%=(b=2, n %=b)+4 的结果是________。

   A. 1　　B. 2　　C. 4　　D. 16

9. 表达式(int)((double)7/2)-7%2 的值是________。

   A. 1　　B. 1.0　　C. 2　　D. 2.0

10. 若 d 是 double 型变量，表达式“d=1, d=5, d++”的值是________。

    A. 1.0　　B. 2.0　　C. 5.0　　D. 6.0

二、填空题

1. 用运算符____①____可以计算某一数据类型的变量所占的内存字节数。
2. 能表述“10≤x<20 或 x<0”的 C 语言表达式是____②____。
3. 若有 int x=1, y=1，表达式(!x || y−−)的值等于____③____。

4. 数学公式 $5\sqrt{a}+cb^3/2-|2d+1|$ 的C语言表达式是____④____。

5. 已知: int a=1, b=2, n=1;，执行 (a>b) && (n=2);之后，n 的值为____⑤____。

6. 已知 x 和 a 为 int 型变量，则表达式 x=(a=5, a*2, a+7)的值为____⑥____。

7. 若有 int n=2；执行语句：n+=n-=n*n 后，n=____⑦____。

8. 若有变量定义 char ch='A'，则 putchar(ch+35)的输出结果是____⑧____。

三、读程序写结果

1. 写出下面程序的运行结果。

```
#include<stdio.h>
int main( )
{
     int a=3, b=5;
     a += a++ || ++b;
     printf("a=%d, b=%d\n", a, b);
     return 0;
}
```

2. 写出下面程序的运行结果。

```
#include<stdio.h>
int main( )
{
     int i=10,j=5,x,y;
     printf("%d \n", i++ - ++j);
     printf("i=%d, j=%d\n", i, j);
     x=i++;
     y=++i*j--;
     printf("x=%d, y=%d\n", x, y);
     return 0;
}
```

3. 写出下面程序的运行结果。

```
#include<stdio.h>
int main( )
{
     int a=0, b=1, c=2;
     c+=b+=a++;
     printf("a=%d, b=%d, c=%d\n", a, b, c);
     return 0;
}
```

4. 写出下面程序的运行结果。

```
#include<stdio.h>
int main( )
{
     int a=3,b=4,c=5,d;
     d=a>b?(a>c?a:c):(b<c?c:b);
     printf("d=%d \n", d);
     return 0;
}
```

四、编程题

1. 编写程序，从键盘任意输入4个整数，要求输出其中的最大值和最小值。（提示：利用条件运算符。）

2. 已知华氏温度 F 与摄氏温度 C 之间的转换关系为：

$$C=\frac{5}{9}(F-32)$$

编写程序，输入一个华氏温度，输出其对应的摄氏温度，并四舍五入保留到小数点后两位。

3. 编写程序，从键盘输入一个3位正整数，然后按数位的逆序输出该数。例如：

若用户从键盘输入：*123<回车>*

则程序在屏幕输出：321

第 4 章 程序流程控制

如果一帆风顺，那就说明还不够创新。

If things are not failing, you are not innovating enough.

——埃隆·马斯克（Elon Musk），Tesla、SpaceX 公司 CEO

学习目标：

- 了解算法的基本概念，掌握程序流程控制的 3 种结构
- 掌握 if、switch 等选择控制语句，并能熟练使用
- 掌握 for、while、do…while 等循环控制语句，并能熟练使用
- 掌握一些简单的常见算法，如质数判断、穷举法等

本章将介绍语句的概念，以及各种流程控制语句。通过这些流程控制语句，就可以实现选择和循环结构，从而实现完成复杂功能的程序。

4.1 语句与程序流程

本节要点：

- 语句的分类
- C 程序的 3 种基本结构
- 算法的概念

语句是组成程序的基本元素。本节将介绍 C 语言语句的分类，并简要介绍 C 程序的基本结构和算法的概念。

4.1.1 语句的分类

在 C 语言中，语句要求以“;”作为结尾，如“i++;” “c=a;”等。C 语言中的语句可大致分为如下几类。

（1）表达式语句。

语法：

```
表达式 + ";"
```

示例：

```
x = a>b?a:b;
c = a = b;
```

赋值表达式加分号构成的赋值语句是最常用的表达式语句。

（2）函数调用语句。

语法：

```
函数名(参数表) + ";"
```

示例：

```
scanf( "%d", &a );
printf( "%c", ch );
```

函数调用语句的详细内容将在第 5 章介绍。

（3）控制语句。

控制语句是**控制各语句执行顺序及次数的语句**。它主要包括条件判断语句（if、switch）、循环控制语句（while、do…while、for）、中转语句（break、continue、return）等。本章后续将会对其进行详细介绍。

（4）复合语句。

复合语句是以**一对大括号括起的 0 条或多条语句**，在逻辑上它相当于一条语句。例如：

```
{
    temp = x;
    x = y;
    y = temp;
}
```

复合语句的作用是：在程序的某些地方，语法上只允许出现一条语句，而程序员可能需要多条语句来完成程序功能，这时就可用大括号将这多条语句括起来，作为一条复合语句。

（5）空语句。

空语句就是由**一个分号构成的语句**，即：

```
;
```

它表示什么事情也不需要做。在程序某些地方，语法上要求必须有语句出现，而程序员暂时可能没有代码要写，或者留待以后扩充，这时可以用一条空语句来满足语法要求。

4.1.2　程序流程及其表示

程序的流程就是指代码中各语句的执行次序。C 语言中有 3 种基本的执行次序：顺序执行每一条语句、有选择地执行部分语句和循环执行某些语句，也即语句可以用 3 种方式组织起来：**顺序结构**、**选择结构**和**循环结构**。这 3 种结构正是 C 语言源程序的三大基本结构，它们分别通过相应的流程控制语句来实现。

在用计算机来解决实际问题时，由于个人风格和能力水平的差异，不同的程序员可能会写出流程不同的代码，也就是程序所采用的算法思路不同。所谓**算法就是指为解决某个问题而采取的有限操作步骤**，它是程序设计的灵魂与核心。算法性能的优劣，也是区分程序员水平高低的重要标志之一。

在描述一个程序流程或者一个算法时，常见的方法有自然语言描述、传统流程图、NS 流程图、伪代码等。其中，传统流程图是一种较为直观的形式。它由一系列图标符号组成，不同图标代表了不同的操作或流程方向。

图 4.1 给出了常见的图标。程序的执行总是从开始框开始，沿着流程线的方向，经过一系列处理，如输入输出（平行四边形框）、选择（菱形框）、赋值（矩形框）等，最终到达结束框。图 4.2 给出了一个流程图的示例，它表示的算法思想是：算法开始运行后，首先读入两个数 m 和 n（平行四边形框），然后对这两个数进行比较，判断哪一个更大（菱形框），如果 m >= n，则走左边的流程，执行将 m 赋值给 p 的操作（矩形框），否则走右边的流程，执行将 n 赋值给 p 的

操作（矩形框），无论走哪边的流程，p 的值总是 m、n 中较大的那一个，然后再输出 p 的值（平行四边形框），程序运行结束。

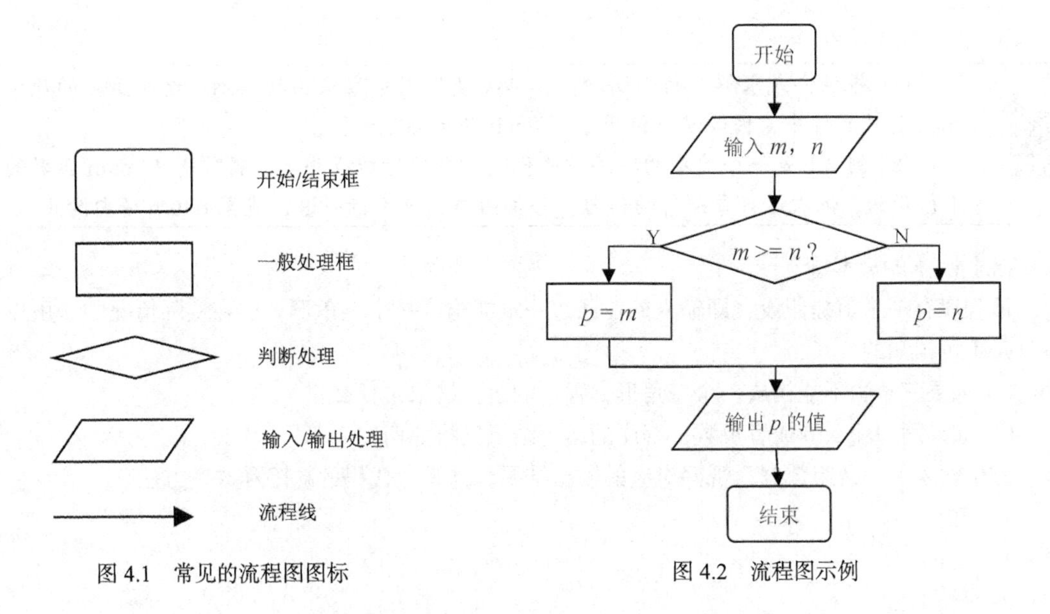

图 4.1 常见的流程图图标

图 4.2 流程图示例

4.2 顺序结构

本节要点：

- 顺序结构的特点
- 顺序结构程序的执行过程

顺序结构是最基本的程序结构。它的思想是，从前往后依次执行每一条语句，且每一条语句只执行一次。

【**例 4.1**】求三角形面积。从键盘输入三角形 3 条边的边长，求三角形面积并输出至屏幕。

分析：根据数学知识，当我们已知三角形的 3 条边 a、b、c 时，可以根据数学公式 $\sqrt{p(p-a)(p-b)(p-c)}$ 来计算它的面积，其中 $p=(a+b+c)/2$。因此编写代码时，可以先读取这 3 条边，然后求出 p，最后根据公式计算三角形的面积，并输出。

例 4.1 讲解

```
1    /* li04_01.c: 顺序结构示例：求三角形面积 */
2    #include <stdio.h>
3    #include <math.h>           /* 包含了函数 sqrt 原型 */
4    int main( )
5    {
6        double edge1, edge2, edge3, p, area;
7        printf ( "Enter three edges of a triangle: " );/* 提示用户输入*/
8        scanf ( "%lf%lf%lf", &edge1, &edge2, &edge3 ); /* 从键盘读入 3 条边长*/
9        p = ( edge1 + edge2 + edge3 ) / 2;
10       area = sqrt( p * ( p - edge1 ) * ( p - edge2 ) * ( p - edge3 ) ); /* 使用求面积公式*/
11       printf ( "area = %lf\n", area );                /* 输出面积 */
12       return 0;
13   }
```

运行此程序，若输入为：*3　4　5 <回车>*

输出结果为：

```
Enter three edges of a triangle: 3 4 5
area = 6.000000
```

说明

① 根据公式求解三角形面积时，需要使用求平方根函数 sqrt，这个函数的原型在 math.h 头文件中，因此这里使用了“#include <math.h>”。

② 例 4.1 是一个典型的顺序结构代码。在运行该程序时，将首先从 main 函数的第 1 行开始，依次运行每一行的语句，每条语句也仅运行一遍，直至 return 语句为止。

【例 4.1】的思考题：

该程序有一个前提假设，即输入的 3 条边一定能构成一个三角形。但在实际情况中，用户的输入是不可预知的。

① 如果三条边不能构成一个三角形，程序的运行结果是什么？

② 如果用户输入 0 或者负数，程序的运行结果又将如何？

测试输入下列几组数据，观察对应的输出结果，并思考代码的缺陷和改进方法。

```
1   2   3
1   2   4
0   1   2
-1  3   4
```

4.3 选择结构

本节要点：

- 选择结构的特点与执行过程
- if、switch 语句的使用
- if 语句的嵌套

选择结构是指程序中部分代码的执行受“预设条件”的控制。当“预设条件”符合时才执行这些语句。和选择结构相关的流程控制语句有 if 语句和 switch 语句。

4.3.1 if 语句

if 语句主要包括两类，if 语句和 if…else 语句。

（1）if 语句的语法为：

```
if  (表达式)
{
    语句块
}
```

其含义是：如果表达式为真，则执行语句块，否则不执行。

（2）if…else 语句的语法为：

```
if  (表达式)
{
    语句块 1
}
```

```
else
{
    语句块 2
}
```

其含义是：如果表达式为真，则执行语句块 1，否则执行语句块 2。

If 语句和 if…else 语句的流程如图 4.3 所示。

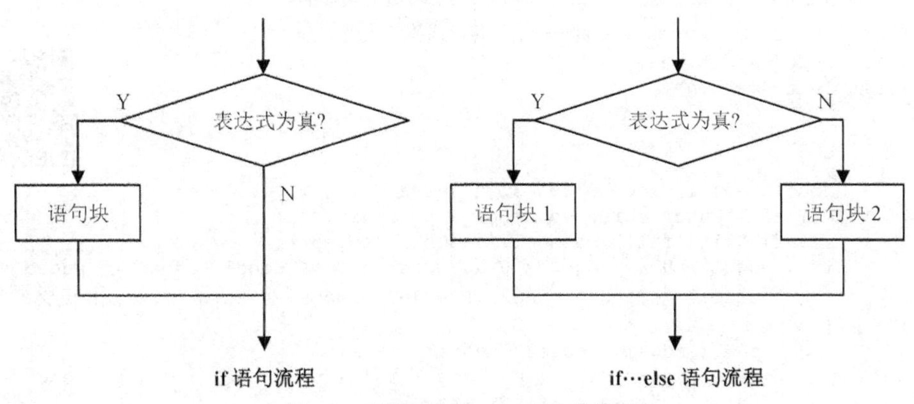

图 4.3　if 语句和 if…else 语句的流程

① 表达式可以是任何合法的 C 语言表达式，如加减、赋值、条件运算、逗号运算、逻辑运算、关系运算等。

② 语句块要求是一条语句，如果有多条语句则应组成一条复合语句。当语句块是单条语句时，虽然语法上可以不使用大括号，但是为了程序代码的清晰性和层次性起见，推荐使用大括号。另外，大括号对于 else 子句的正确配对也具有较好的提示作用。

③ if 或 if…else 语句本身在语法上理解为一条语句。

【例 4.2】年龄比较。从键盘读入两个人的年龄，比较并输出年长者的年龄。

分析：解决该题的基本思想是，先从键盘读入两个年龄 age1 和 age2，使用 if 语句比较它们的大小后，将较大的那个数输出即可。

```
1    /* li04_02.c: if…else 示例——输出年长者年龄 */
2    #include <stdio.h>
3    int main( )
4    {
5        int age1, age2;
6        printf( "Enter age of two persons: ");
7        scanf( "%d%d", &age1, &age2);
8        if ( age1 >= age2 )              /* age1 较大 */
9        {
10           printf( "the older age is %d\n", age1 );
11       }
12       else                             /* age2 较大 */
13       {
14           printf( "the older age is %d\n", age2 );
15       }
16       return 0;
17   }
```

例 4.2 讲解

运行此程序，若输入为：

21　22<回车>

输出结果为：

```
Enter age of two persons : 21 22
the older age is 22
```

【例 4.3】求三角形面积的改进。对例 4.1 求三角形面积的代码进行改进，使得程序能够对用户的不合理输入进行一定的判别。

分析：用户在输入三角型的 3 条边时，有可能会输入错误的数据，导致 3 条边不一定能构成一个三角形，因此我们需要对例 4.1 进行改进，当读取 3 条边以后，首先进行判别（三者均为正数，且任意两边之和大于第三边），然后再根据公式进行求解。

```
1	/* li04_03.c: if…else 示例——求三角形面积的改进 */
2	#include <stdio.h>
3	#include <math.h>
4	
5	int main( )
6	{
7	    double edge1, edge2, edge3, p, area;
8	    printf( "Enter three edges of a triangle:" );
9	    scanf( "%lf%lf%lf", &edge1, &edge2, &edge3 );
10	    if ( edge1 > 0 && edge2 > 0 && edge3 > 0 && edge1 + edge2 > edge3 &&
11	          edge1 + edge3 > edge2 && edge2 + edge3 > edge1 ) /* 用户输入判断 */
12	    {
13	          p = ( edge1 + edge2 + edge3 ) / 2;
14	          area = sqrt( p * ( p - edge1 ) * ( p - edge2 ) * ( p - edge3 ) );
15	          printf( "area = %f\n", area );
16	    }
17	    else                          /* 不合法时需提示用户 */
18	    {
19	          printf( "Error input!\n" );
20	    }
21	    return 0;
22	}
```

例 4.3 讲解

运行此程序，若输入为：*-1　3　4 <回车>*

输出结果为：

```
Enter three edges of a triangle: -1 3 4
Error input!
```

在 if 和 if…else 的语句块中，也可以再次出现 if 和 if～else 语句，这种情况统称为 if 嵌套。见下例。

【例 4.4】直角三角形判别。用户从键盘输入 3 个数，程序判断这 3 个数能否构成一个三角形，如果可以，进一步判断它们能否构成一个直角三角形。

分析：程序在读入 3 个数以后，可以借鉴上一例的做法，首先判断它们是否能构成一个三角形。如果可以，继续使用 if 语句，比较它们是否满足勾股定理，以判断它们是否能构成一个直角三角形。

```
1	/* li04_04.c: 嵌套 if 示例——三角形判别 */
2	#include <stdio.h>
3	#include <math.h>
4	int main( )
5	{
6	    double edge1, edge2, edge3;
7	    printf( "Enter three edges of a triangle:" );
8	    scanf( "%lf%lf%lf", &edge1, &edge2, &edge3 );
9	    if ( edge1 <= 0 || edge2 <= 0 || edge3 <= 0 )/* 输入合法性判别 */
10	    {
11	          printf ( "Error input!\n" );
12	    }
13	    else
14	    {
15	          /* 三角形判别 */
```

例 4.4 讲解

```
16              if ( edge1 + edge2 > edge3 && edge1 + edge3 > edge2
17                  && edge2 + edge3 > edge1 )
18              {
19                  if ( fabs ( edge1 * edge1 + edge2 * edge2 - edge3 * edge3 ) < 1E-2
20                      || fabs ( edge2 * edge2 + edge3 * edge3 - edge1 * edge1 ) < 1E-2
21                      || fabs ( edge1 * edge1 + edge3 * edge3 - edge2 * edge2 ) < 1E-2 )
22                  {
23                      /* 直角三角形 */
24                      printf ( "%f, %f, %f is a right triangle.\n", edge1, edge2, edge3 );
25                  }
26                  else
27                  {
28                      /* 普通三角形 */
29                      printf ( "%f, %f, %f is an ordinary triangle.\n", edge1, edge2,
30                              edge3 );
31                  }
32              }
33              else        /* 不能构成三角形 */
34              {
35                  printf ( "%f, %f, %f is not a triangle.\n", edge1, edge2, edge3 );
36              }
37          }
38          return 0;
39      }
```

运行此程序，若输入为：*3　6　7<回车>*

输出结果为：

```
Enter three edges of a triangle:3 6 7
3.000000, 6.000000, 7.000000 is an ordinary triangle.
```

若输入为：*3　4　5<回车>*

输出结果为：

```
Enter three edges of a triangle:3 4 5
3.000000, 4.000000, 5.000000 is an right triangle.
```

① 例 4.4 是一个典型的 if 嵌套的例子，最多时有 3 层 if 语句。从本例中也可以看出，无论是 if 子句还是 else 子句，都可以进行 if 嵌套。

② 本题中，判断直角三角形需使用勾股定理，即两条边的平方和等于第三条边的平方。但本例没有采用如下的逻辑表达式。

(edge1 * edge1 + edge2 * edge2 == edge3 * edge3) || (edge2 * edge2 + edge3 * edge3 == edge1 * edge1) || (edge1 * edge1 + edge3 * edge3 == edge2 * edge2)

这是因为 edge1、edge2、edge3 均为 double 型数据，而 **double 型数据是不精确的，一般不使用"=="来判断相等。合理的做法是**：计算它们的差，如果该差值的绝对值小于一个较小的数（本例中是 1E-2），就可近似认为它们相等。

③ if 及 if…else 语句最多可实现两种情形的判别，而使用 if 嵌套可判别两种以上的情形。当需要对多种情况进行判别处理时，为结构清晰起见，可使用如下的排版方式：

```
if (表达式 1)
    语句块 1
else if  (表达式 2)
    语句块 2
else if  (表达式 3)
    ……
else
```

```
语句块 n
```

④ 在 if 嵌套中会出现多个 if 和 else。如果没有使用大括号明确，则存在 else 究竟与哪个 if 配对的问题。在这种情况下，C 语言规定：**else 总是与它前面最近的且没有配对的 if 相匹配**。为避免出现误解，建议每个语句块都使用大括号，哪怕只有一条语句。

4.3.2 switch 语句

对于有多种情况需要分别判断处理的情形，除了上节所说的 if 嵌套语句外，C 语言还提供了另一种多分支选择语句：switch 语句。语法格式为：

```
switch ( 表达式 )
{
case 常量表达式 1：语句系列 1
case 常量表达式 2：语句系列 2
……
case 常量表达式 n：语句系列 n
[default:        语句系列 n+1]
}
```

有关 switch 语句的说明：

① switch 后面的表达式可以为整型、字符型或者枚举型，但**不允许是实型**；

② **case 后面必须为常量**，且类型应与 switch 中表达式的类型相同；

③ switch 语句的执行过程是：首先计算 switch 后面表达式的值，然后与各 case 分支的常量进行匹配，与哪个常量相等，就从该分支的语句序列开始执行，直至遇到 break 或者 switch 语句块的右大括号；

④ default 分支主要用于处理 switch 表达式与所有 case 常量都不匹配的情况。它在语法上可以省略，但推荐使用。

【例 4.5】月份天数计算。从键盘输入年份和月份，计算该月份的天数并输出。

分析：从键盘读入年份 year 和月份 month，根据 month 的值，使用 switch 语句，计算出这个月份的天数。其中，1 月、3～12 月的天数固定，2 月的天数则要根据 year 是否是由闰年来决定。

```
1    /* li04_05.c: switch 语句示例——月份天数计算 */
2    #include <stdio.h>
3    int main( )
4    {
5        int year, month, daySum;
6        printf( "Enter the year and the month: " );
7        scanf( "%d%d", &year, &month );
8        switch ( month )
9        {
10       case 1:
11       case 3:
12       case 5:
13       case 7:
14       case 8:
15       case 10:
16       case 12:
17           daySum = 31;
18           break;
19       case 4:
20       case 6:
21       case 9:
22       case 11:
23           daySum = 30;
24           break;
25       case 2:
26           if ( ( year % 400 == 0 ) || ( year % 4 == 0 && year % 100 != 0) )
```

例 4.5 讲解

```
27              {
28                      daySum = 29;
29              }
30              else
31              {
32                      daySum = 28;
33              }
34          }
35          printf( "%d.%d has %d days.\n", year, month, daySum );
36          return 0;
37      }
```

运行此程序，若输入为：*2014　11<回车>*

输出结果为：

```
Enter the year and the month: 2014 11
2014.11 has 30 days.
```

若输入为：*2016　2 <回车>*

输出结果为：

```
Enter the year and the month : 2016 2
2016.2 has 29 days.
```

4.4　循环结构

本节要点：

- 循环结构的特点与执行过程
- while、do…while、for 语句的使用
- 单重循环典型应用，如累加、累乘等

循环结构是指，程序中的某些语句和代码，在“预设条件”的控制下可以执行多次。C 语言中的循环控制语句包括 while、do…while 和 for。

4.4.1　while 语句

while 语句又称当型循环语句，其语法为：

```
while（表达式）
{
    语句块
}
```

其中，表达式可以是任何合法的 C 语言表达式，它的计算结果用于判断语句块是否该被执行。语句块是需要重复执行语句的集合，它也被称为**循环体**。while 语句的流程见图 4.4。

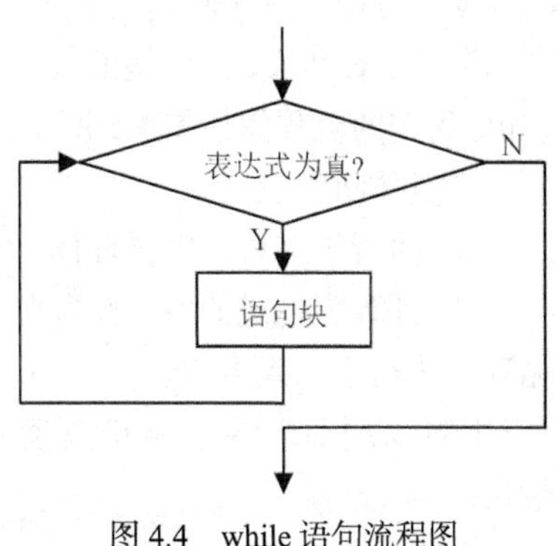

图 4.4　while 语句流程图

其具体执行过程如下。

① 计算表达式的值。若为真，则转步骤②；否则退出循环，执行 while 的下一条语句。

② 执行语句块（即循环体），并返回步骤①。

【例 4.6】求累加和。从键盘读入 int 型正整数 n，计算 $\sum_{i=1}^{n} i$ 的值并输出。

分析： $\sum_{i=1}^{n} i = 1+2+3+\cdots+n$，加法操作重复执行。因此可设两个变量 sum 和 i，sum 初值为 0，i 初值为 1。然后把 i 加到 sum 上，重复 n 次，每次 i 的值加 1。这样就可以实现从 1 到 n 的累加。

```
1     /* li04_06.c: while 语句示例——求累加和 */
2     #include <stdio.h>
3     int main( )
4     {
5         int n, i, sum;
6         printf ( "Enter a positive integer: " );
7         scanf( "%d", &n );
8         if ( n < 0 )                        /* 确保 n >= 0 */
9         {
10            n = -n;
11        }
12        i = 1;
13        sum = 0;
14        while ( i <= n )
15        {
16            sum += i;
17            i++;
18        }
19        printf ( "∑%d = %d\n", n, sum );
20        return 0;
21    }
```

例 4.6 讲解

运行此程序，若输入为：*100<回车>*

输出结果为：

```
Enter a positive integer: 100
∑100 = 5050
```

① 在本例中，变量 i 承载了控制循环次数的作用，对于这类变量，我们一般称之为**循环控制变量**。通常情况下，循环体内都会有语句对循环控制变量进行修改，以控制循环结束的时机。

② 累加和阶乘（下一例）是一重循环最典型的应用，初学者必须领会并掌握。

4.4.2　do…while 语句

do…while 语句又称直到型循环语句，其语法为：

```
do
{
    语句块
} while ( 表达式 );
```

其中，表达式、语句块的含义与 while 语句相同。do…while 语句的流程图如图 4.5 所示。

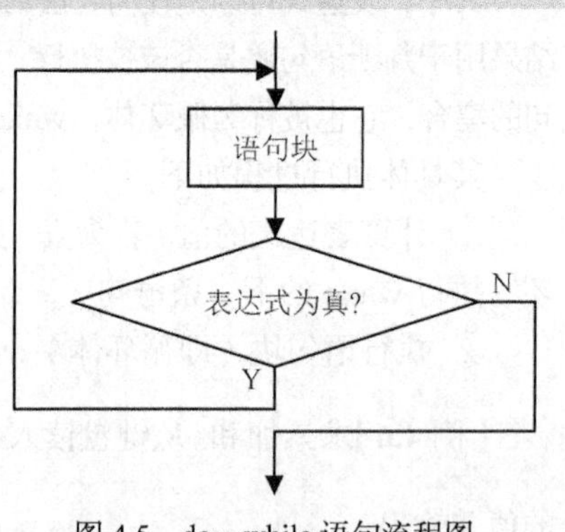

图 4.5　do…while 语句流程图

其具体执行过程如下。

① 执行语句块，即循环体。

② 计算表达式的值。若为真，则转步骤①；否则退出循环，执行下一条语句。

【例 4.7】 求阶乘。从键盘读入正整数 n，计算 $n!$ 并输出。

分析： $n! = 1\times2\times3\times\cdots\times n$，乘法操作重复执行。与上一题类似，可设两个变量 fac 和 i，fac 初值为 1，i 初值

为 1。然后将 i 乘以 fac，重复 n 次，每次 i 的值加 1。这样就可以实现从 1 到 n 的累乘。

```
1    /* li04_07.c: do…while 语句示例——求阶乘 */
2    #include <stdio.h>
3    int main( )
4    {
5        int n, i;
6        double fac;
7        printf( "Enter a positive integer: " );
8        scanf( "%d", &n );
9        if ( n < 0 )                   /* 确保 n≥0 */
10       {
11           n = -n;
12       }
13       i = 1;
14       fac = 1;
15       do
16       {   fac *= i;
17           i++;
18       } while( i <= n );
19       printf( "%d! = %f\n", n, fac );
20       return 0;
21   }
```

例 4.7 讲解

运行此程序，若输入为：8<*回车*>

输出结果为：

```
Enter a positive integer : 8
8! = 40320
```

说明

在本例中，阶乘变量 fac 定义成 double 类型，这是因为阶乘运算很容易超出 int 的范围。选用 double 类型可支持大一些的数。即便如此，VS 2010 环境下 170 以上的阶乘也超出了 double 的范围。

4.4.3 for 语句

for 语句是 C 语言中最常用、功能也最强大的循环控制语句，其语法为：

```
for ( 表达式 1 ; 表达式 2 ; 表达式 3 )
{
        语句块
}
```

for 语句有 3 个表达式，其中表达式 2 是控制循环的条件。for 语句的流程图如图 4.6 所示。

其具体执行过程如下。

① 计算表达式 1 的值。

② 计算表达式 2 的值。若为真，则转步骤③；否则退出循环，执行 for 的下一条语句。

③ 执行语句块，即循环体。

④ 计算表达式 3 的值，然后转步骤②。

在 for 语句中，表达式 1、表达式 2、表达式 3 均可以省略。当表达式 2 省略时，默认其计算结果为真。

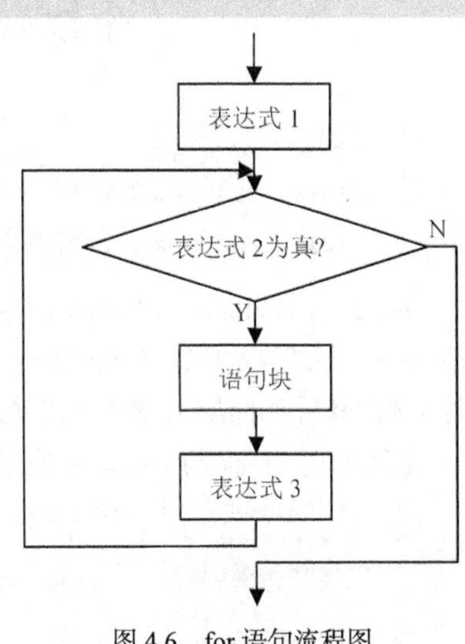

图 4.6 for 语句流程图

【例 4.8】数列求和。已知一个数列如下，求该数列前 1000 项的和，并输出。

$$s = \left\{1, -\frac{1}{3}, \frac{1}{5}, \ldots, \frac{(-1)^{i+1}}{2i-1}, \ldots\right\} \quad i = 1, 2, \cdots$$

分析：欲求该数列的和，可设两个变量 sum 和 item，sum 初值为 0，item 初值为数列的第一项 1。然后把 item 加到 sum 上，重复 1000 次，每次循环时，对 item 的值进行修改。这样就可以实现数列元素的累加。

```
1    /* li04_08.c: for 语句示例——数列求和 */
2    #include <stdio.h>
3    int main( )
4    {
5        int i, sign;
6        double item, sum;
7        sum = 0;                 /* 初值置为 0 */
8        sign = 1;
9        for ( i = 1 ; i <= 1000 ; i++ )
10       {
11               item = sign / ( 2.0 * i - 1 );   /* 计算每一次的累加项 item */
12               sum += item;                     /* 将累加项 item 加到总和 sum 上 */
13               sign = -sign;                    /* 计算下一个累加项的符号 sign */
14       }
15       printf( "sum = %f\n", sum );
16       return 0;
17   }
```

例 4.8 讲解

运行此程序，输出结果为：

```
sum = 0.785148
```

说明

本例在求解累加项 item 时，使用了一定的编程技巧。item 也可以直接根据通项公式求解：item = pow(−1, i + 1) / (2.0 * i − 1); 其中，pow 是幂函数，使用时需包含头文件 math.h。该方法比较直观，但函数调用及求幂计算的系统开销相对较大，不如例题中的高效。

【例 4.8】的思考题：

如果本题不是求该数列前 1000 项的和，而是要求前若干项的和，并且要求最后一项的绝对值小于 10^{-3}，代码应如何改动？

4.5 break 与 continue

本节要点：

- break、continue 的使用
- break、continue 运行时的差异

break 与 continue 是两个较为特殊的流程控制关键词，主要用于循环的中断控制。这两者的区别是：break 是结束本层循环体的运行，退出本层循环；continue 只是提前结束本次循环体的运行，忽略循环体内其后面的语句，然后重新判断循环条件，并未退出循环体。下面来看两个对比示例。

【例 4.9】 break 与 continue 使用比较。

```
1    /* li04_09_break.c: break 示例 */
2    #include <stdio.h>
3    int main( )
4    {
5        int  i, n;
6        for ( i = 1 ; i <= 5 ; i++ )
```

```
/* li04_09_continue.c: continue 示例 */
#include <stdio.h>
int main( )
{
    int  i, n;
    for ( i = 1 ; i <= 5 ; i++ )
```

```
7        {
8              printf( "Enter n: " );
9              scanf( "%d", &n );
10             if ( n < 0 )
11                   break;
12             printf( "n = %d\n", n );
13       }
14       printf( "The end.\n" );
15       return 0;
16   }
```

```
     {
           printf( "Enter n: " );
           scanf( "%d", &n );
           if ( n < 0 )
                 continue;
           printf( "n = %d\n", n );
     }
     printf( "The end.\n" );
     return 0;
}
```

运行结果：

```
Enter n: 3<回车>
n = 3
Enter n: 4<回车>
n = 4
Enter n: -5<回车>
The end.
```

```
Enter n: 3<回车>
n = 3
Enter n: 4<回车>
n = 4
Enter n: -5<回车>
Enter n: -6<回车>
Enter n: 7<回车>
n = 7
The end.
```

例 4.9 讲解

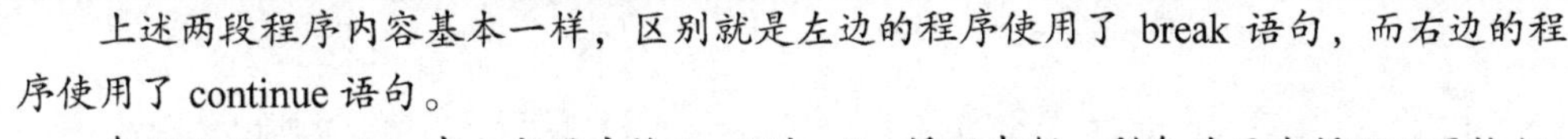

上述两段程序内容基本一样，区别就是左边的程序使用了 break 语句，而右边的程序使用了 continue 语句。

在 li04_09_break.c 中，当用户输入-5 时，for 循环中断，剩余的两次循环不再执行；在 li04_09_continue.c 中，当用户输入-5、-6 时，程序只是忽略了当次循环剩余的语句“printf("n = %d\n", n);”，for 语句循环体的执行次数并没有减少，仍然为 5 次。

4.6 应用举例

本节要点：

- 二重循环典型应用，如二维文本图形的打印等
- 穷举法解题思想及其应用

本节将介绍几个采用循环语句的典型算法与应用，分别为：二维文本图形打印、质数判断、百钱百鸡等。

4.6.1 二维文本图形打印

首先介绍**循环嵌套**的概念。循环嵌套是指，在循环语句的循环体中再次出现循环语句。循环嵌套广泛应用于各类问题与算法中，例如行列式求解、矩阵处理、排序、二维文本图形打印等。

【**例 4.10**】加法表打印。要求打印如下所示的九九加法表。

1+1= 2

2+1= 3 2+2= 4

3+1= 4 3+2= 5 3+3= 6

4+1= 5 4+2= 6 4+3= 7 4+4= 8

5+1= 6 5+2= 7 5+3= 8 5+4= 9 5+5=10

6+1= 7 6+2= 8 6+3= 9 6+4=10 6+5=11 6+6=12

7+1= 8 7+2= 9 7+3=10 7+4=11 7+5=12 7+6=13 7+7=14

8+1= 9 8+2=10 8+3=11 8+4=12 8+5=13 8+6=14 8+7=15 8+8=16

9+1=10 9+2=11 9+3=12 9+4=13 9+5=14 9+6=15 9+7=16 9+8=17 9+9=18

分析：对于二维图形或者矩阵的打印问题，一般需要两层循环的嵌套。外层循环控制输出的行数，内层循环控制每一行中输出的项数，而具体输出的内容则可能与循环控制变量有关。就本题而言，加法表一共9行，所以外层循环控制变量i从1变化到9；内层循环控制每一行输出的加法等式数量，由于第i行不超过i个式子，因此内层循环控制变量j从1变化到i；每个式子具体输出的内容则包括“+”“=”、循环控制变量i、循环控制变量j、i与j的和。

```
1    /* li04_10.c: 循环嵌套示例——加法表 */
2    #include <stdio.h>
3    int main( )
4    {
5        int i, j;
6        for ( i = 1 ; i <= 9 ; i++ ) /* 外层循环: 控制行数 */
7        {
8            for ( j = 1 ; j <= i ; j++ )/* 内层循环: 控制输出的等式数 */
9            {
10               printf( "%d+%d=%2d ", i, j, i+j ); /* 输出具体内容 */
11           }
12           printf( "\n" );               /* 每行最后应有一个回车换行 */
13       }
14       return 0;
15   }
```

例 4.10 讲解

运行结果略。

在内层循环输出每行内容的最后应有一个回车符。

【例 4.10】的思考题：

修改代码，要求打印如下所示的九九加法表。

```
1+1= 2 1+2= 3 1+3= 4 1+4= 5 1+5= 6 1+6= 7 1+7= 8 1+8= 9 1+9=10
       2+2= 4 2+3= 5 2+4= 6 2+5= 7 2+6= 8 2+7= 9 2+8=10 2+9=11
              3+3= 6 3+4= 7 3+5= 8 3+6= 9 3+7=10 3+8=11 3+9=12
                     4+4= 8 4+5= 9 4+6=10 4+7=11 4+8=12 4+9=13
                            5+5=10 5+6=11 5+7=12 5+8=13 5+9=14
                                   6+6=12 6+7=13 6+8=14 6+9=15
                                          7+7=14 7+8=15 7+9=16
                                                 8+8=16 8+9=17
                                                        9+9=18
```

下面再介绍一个关于应用二层循环求解问题的例子。

【例 4.11】梯形打印。要求打印如下所示的等腰梯形。

```
   ***
  *****
 *******
*********
```

分析：本图形共有 4 行，所以外层循环控制变量 i 从 1 变化到 4。对每一行来说，它由空格、星号和回车组成，空格和星号的数量不相等，因此需要两个内层循环，分别用来控制空格数和星号数。

```
1    /* li04_11.c：循环嵌套示例——等腰梯形 */
2    #include <stdio.h>
3    int main( )
4    {
5        int i, j;
6        for ( i = 1 ; i <= 4 ; i++ )          /* 外层循环：控制行数 */
7        {
8            for ( j = 1 ; j <= 4-i ; j++ )/* 内层循环：控制空格数 */
9            {
10               printf( " " );            /* 输出空格 */
11           }
12           for ( j = 1 ; j <= 2*i+1 ; j++ ) /* 内层循环：控制星号数 */
13           {
14               printf( "*" );            /* 输出星号 */
15           }
16           printf( "\n" );               /* 输出回车 */
17       }
18       return 0;
19   }
```

例 4.11 讲解

运行结果略。

4.6.2　质数判断

【例 4.12】 质数判断。从键盘输入一个正整数 *n*，判断 *n* 是否为质数。

分析：质数判断的基本思路是，对于正整数 n（$n>1$），用 2～$\sqrt{n}$ 去除它，如果存在可以整除的情况，则 *n* 不是质数，否则必为质数。

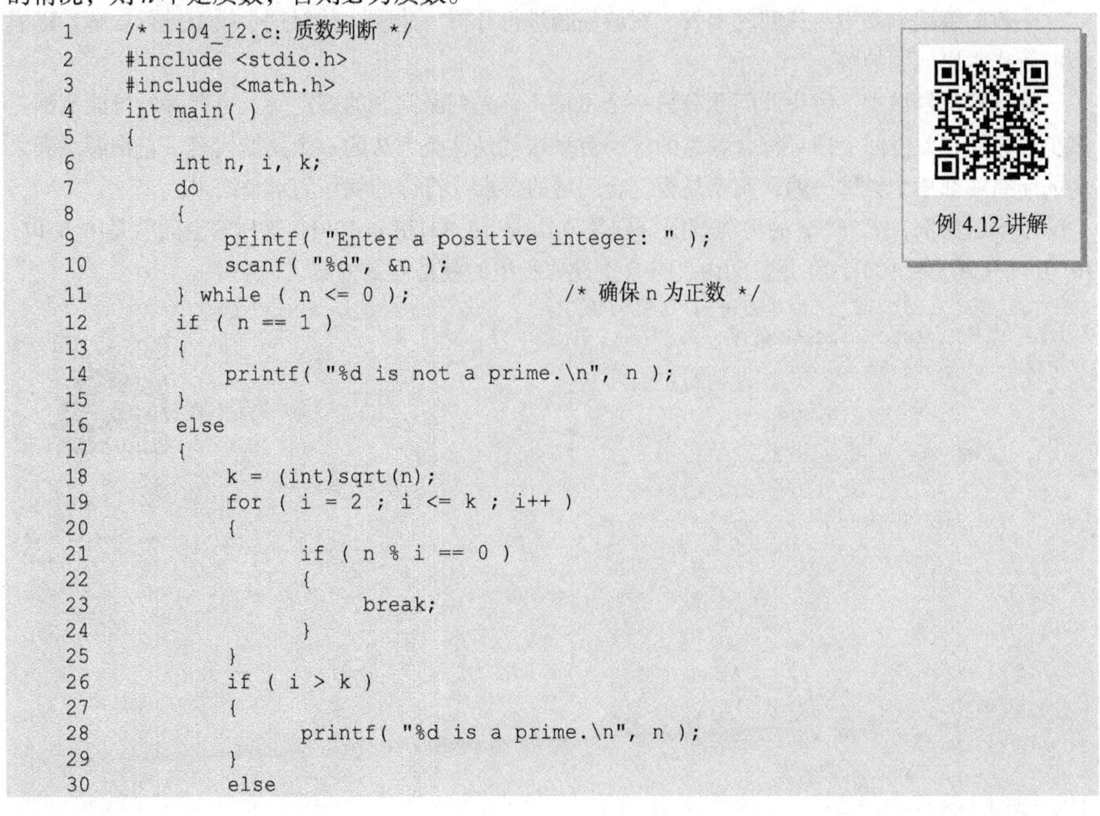

```
1    /* li04_12.c：质数判断 */
2    #include <stdio.h>
3    #include <math.h>
4    int main( )
5    {
6        int n, i, k;
7        do
8        {
9            printf( "Enter a positive integer: " );
10           scanf( "%d", &n );
11       } while ( n <= 0 );              /* 确保 n 为正数 */
12       if ( n == 1 )
13       {
14           printf( "%d is not a prime.\n", n );
15       }
16       else
17       {
18           k = (int)sqrt(n);
19           for ( i = 2 ; i <= k ; i++ )
20           {
21               if ( n % i == 0 )
22               {
23                   break;
24               }
25           }
26           if ( i > k )
27           {
28               printf( "%d is a prime.\n", n );
29           }
30           else
```

例 4.12 讲解

```
31            {
32                  printf( "%d is not a prime.\n", n );
33            }
34        }
35        return 0;
36    }
```

运行此程序，若输入为：*67 <回车>*

输出结果为：

```
Enter a positive integer:67
67 is a prime.
```

① 本例需要确保 n 为正数。因此除了在输入时对用户进行提示之外，本例在读取 n 时，也用 do…while 循环对用户的输入进行了判断和限制。

② 质数判断是 C 语言中较为经典的程序，初学者应认真加以领会并掌握。

【例 4.12】的思考题：

如果要实现输出 100～200 的质数，本题代码应如何改动？

4.6.3　百钱百鸡

【例 4.13】穷举法：百钱百鸡问题。公鸡 5 钱 1 只，母鸡 3 钱 1 只，小鸡 1 钱 3 只。100 钱买 100 只鸡，问公鸡、母鸡、小鸡各几只？

分析：解决此问题的传统方法是设立方程组，设公鸡、母鸡、小鸡的数量分别为 a、b、c，则有

$$\begin{cases} a+b+c=100 \\ 5a+3b+c/3=100 \end{cases}$$

由于方程数量少于变量个数，因此该方程组应有多个解。

一般的解题思路为：从问题出发，对原问题进行分析、建模，并对这个模型进行求解，以模型的解作为原问题的解。

在计算机领域中，解决此问题有另一个思路：首先判断问题的解空间，也即解的可能范围是多少，进而在此空间上搜寻符合题意的解。**穷举法**就是这类方法的一个典型代表，它**把解空间之内的所有解都挨个尝试一遍**，判断是否符合问题的要求，符合的就作为求解结果。

以本题为例，a、b、c 的可能范围分别是[0, 20]、[0, 33]和[0, 100]，这样解空间就是[0, 0, 0]，[0, 0, 1]…[20, 33, 100]，在此空间内，符合上述方程组的就是问题的解。

```
1     /* li04_13.c：穷举法——百钱百鸡问题 */
2     #include <stdio.h>
3     int main( )
4     {
5         int a, b, c;
6         for ( a = 0 ; a <= 20 ; a++ )
7         {
8             for ( b = 0 ; b <= 33 ; b++ )
9             {
10                for ( c = 0 ; c <= 100 ; c++)
11                {
12                    if ( a + b + c == 100 && 15 * a + 9 * b + c == 300 )
13                    {
14                        printf( "%d, %d, %d\n", a, b, c );
15                    }
16                }
17            }
18        }
19        return 0;
20    }
```

例 4.13 讲解

运行此程序，输出结果为：

```
0, 25, 75
4, 18, 78
8, 11, 81
12, 4, 84
```

① 在判断解是否符合题目要求时，代码中使用了 15 * a + 9 * b + c == 300，而不是原先的第 2 个方程，这样做是为了防止出现整数除问题。

② 计算机领域中穷举法得以应用的一个前提是：计算机的计算能力、计算速度要远超人类，且需要大量的重复性计算，但这也并不意味着我们可以放弃对其进行优化。以本题为例，当 a、b 确定时，实质上 c 也就确定了。因此不必再从 0 尝试至 100。为此有如下代码：

```
1    /* li04_13_improved.c：穷举法——百钱百鸡问题的优化 */
2    #include <stdio.h>
3    int main( )
4    {
5        int a, b, c;
6        for ( a = 0 ; a <= 20 ; a++ )
7        {
8            for ( b = 0 ; b <= 33 ; b++ )
9            {
10               c = 100 - a - b;
11               if ( 15 * a + 9 * b + c == 300 )
12               {
13                   printf( "%d, %d, %d\n", a, b, c );
14               }
15           }
16       }
17       return 0;
18   }
```

改进后，尝试的范围由[0, 0, 0]，[0, 0, 1]…[20, 33, 100]]减为[0, 0]，[0, 1]…[20, 33]，搜索空间大大减少。

【例 4.13】的思考题：

能否对该代码进一步优化，将代码由两重循环削减为一重循环？

4.7　本 章 小 结

本章主要介绍了 C 程序的 3 种基本结构：顺序结构、选择结构、循环结构，以及相应的流程控制语句，如 if、switch、while、do…while、for、break、continue 等。其中，for 语句的执行过程、break 与 continue 的执行差异等内容属于本章的难点内容，应加强理解。另外，本章对语句及其分类、算法、流程图等概念也进行了介绍。

在程序设计方面，本章也出现了许多算法，如一重循环典型应用（累加、累乘）、二重循环典型应用（二维文本图形打印），以及质数判断、穷举法等。这些都是较为经典的算法思想，读者需要认真领会并掌握。

习　题　4

一、单选题

1. 下列程序段执行后，m 的值为________。

```
int a=0, b=20, c=40, m=60;
if (a) m=a;
else if(b) m=b;
else if(c) m=c;
```

A. 0　　B. 20　　C. 40　　D. 60

2. 已有定义“int x = 0, y = 3;”，对于下面 if 语句，说法正确的是________。

```
if  (x = y)  printf( "X与Y相等\n" );
```

A. 输出：X 与 Y 相等，且执行完后 x 等于 y;　　B. 无输出

C. 输出：X 与 Y 相等，但执行完后 x 不等于 y;　　D. 编译出错

3. 有 int 型变量 x、y、z，语句“if (x>y) z=0; else z=1;”和________等价。

A. z = (x>y) ? 1 : 0;　　B. z = x > y;

C. z = x <= y;　　D. z = x<=y ? 0 : 1;

4. 关于 switch 语句，下列说法中不正确的是________。

A. case 语句必须以 break 结束

B. default 分支可以没有

C. switch 后面的表达式可以是整型或字符型

D. case 后面的常量值必须唯一

5. 下面程序段的运行结果是________。

```
int a, b=0;
for ( a=0 ; a++<=2 ; ) ;
      b += a;
printf("%d, %d\n",a,b);
```

A. 3, 6　　B. 3, 3　　C. 4, 4　　D. 语法错误

6. 下面程序段中，循环语句的循环次数是________。

```
int x=0;
while( x<6 )
{
    if ( x%2 ) continue;
    if ( x==4 ) break;
    x++;
}
```

A. 1　　B. 4　　C. 6　　D. 死循环

二、读程序写结果

1. 写出下面程序的运行结果。

```
#include <stdio.h>
int main( )
{
     int x=1, y=1, z=1;
     switch(x)
     {
     case 1:
          switch(y)
          {
```

```
        case 1: printf("!!"); break;
        case 2: printf("@@"); break;
        case 3: printf("##"); break;
        }
    case 0:
        switch(z)
        {
        case 0: printf("$$");
        case 1: printf("^^");
        case 2: printf("&&");
        }
    default: printf("**");
    }
    return 0;
}
```

2. 写出下面程序的运行结果。

```
#include <stdio.h>
int main( )
{
    int m=0, n=4521;
    do
    {
        m = m * 10 + n % 10;
        n /= 10;
    }while(n);
    printf( "m = %d\n", m );
    return 0;
}
```

3. 写出下面程序的运行结果。

```
#include <stdio.h>
int main( )
{
    int x, y=0, z=0;
    for ( x=1 ; x<=5 ; x++ )
    {
        y = y + x;
        z = z + y;
    }
    printf( "z = %d\n", z );
    return 0;
}
```

4. 写出下面程序的运行结果。

```
#include<stdio.h>
int main( )
{
    int a=1, b=2;
    for( ; a<8 ; a++ )
    {
        a += 2;
        if ( a == 6 )
            continue;
        if ( a > 7 )
            break;
        b++;
    }
    printf( "%d %d\n", a, b );
    return 0;
}
```

三、编程题

1. 输入 x，计算并输出符号函数 sign(x)的值。sign(x)函数的计算方法如下。

$$\operatorname{sign}(x)=\begin{cases}-1 & (x<0)\\ 0 & (x=0)\\ 1 & (x>0)\end{cases}$$

2. 从键盘读入一个百分制成绩 x（$0 <= x <= 100$），将其转换为等级制成绩输出。转换规则如下，要求使用 switch 语句实现。

等级制成绩	百分制成绩
A	$90 <= x <= 100$
B	$80 <= x < 90$
C	$70 <= x < 80$
D	$60 <= x < 70$
E	$0 <= x < 60$

3. 输出 Fibonacci 数列的前 10 项。Fibonacci 数列的计算方法如下。

$$F_n=\begin{cases}1 & n=1,2\\ F_{n-1}+F_{n-2} & n\geqslant 3\end{cases}$$

4. 输出 1～50 以内所有的勾股数，即 3 个正整数 x、y、z∈[1, 50]，要求 $x^2+y^2=z^2$，且 x < y < z。

5. 用辗转相除法求 a、b 两个整数的最大公约数。

算法思想说明：已知 a、b 两个数，若 a 除以 b 得商 c，余数为 d，即

a / b = c …… d

则数学上可证明：a、b 的最大公约数与 b、d 的最大公约数相同。故要求 a、b 的最大公约数，可用 b、d 的最大公约数来代替。

因此，辗转相除法的核心思想如下。

先用 a 除以 b，如能整除，则除数 b 就是最大公约数，否则以 b 作为被除数，d 作为除数，继续相除，并判断是否整除，如整除，此时的除数 d 就是最大公约数，否则以 d 作为除数，新的余数作为被除数，继续相除。……重复该过程，直至整除。

6. 计算并输出 s 的值。s 的计算方法见下式，其中 m 为实数，其值由键盘读入。计算时，要求最后一项的绝对值小于 10^{-4}，输出结果保留两位小数。

$s = m - m^2/2! + m^3/3! - m^4/4! + \cdots\cdots$

7. 打印如下图形。

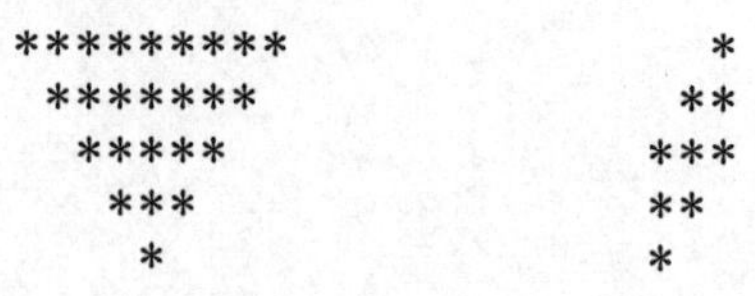

8. 以每行 8 个的形式输出 100～999 内的质数。

9. 用 1 元 5 角钱兑 1 分、2 分和 5 分的硬币 100 枚，每种面值至少一个，请输出所有的兑换方案，并统计方案的总数。

第 5 章 函数的基本知识

在软件可重用之前先得可使用。

Before software can be reusable, it first has to be usable

——拉尔夫·约翰森（Ralph Johnson），计算机科学家

学习目标：

- 了解模块化程序设计的思想
- 掌握函数的定义、调用的基本方法
- 能实现简单的递归程序，理解其调用的过程
- 掌握不同存储类别变量所具有的不同生命期与作用域
- 掌握用调试工具跟踪函数调用的过程，观察参数及函数返回结果的传递

在前几章的程序示例中，我们解决的是一些比较简单而且规模较小的问题，因此代码全部是在 main 函数中进行编写和实现的。然而，实际应用中的问题往往较为复杂，任务多、规模大，例如很多软件通常都有成千上万行的代码。这么多行代码只放在一个 main 函数中是不可想象的，也是混乱的。和许多程序设计语言一样，C 语言也采用了模块化（结构化）程序设计的思想，让程序结构更加清晰，也方便代码的重复使用。因此，本章将介绍何为模块化程序设计，何为 C 程序函数，以及 C 语言中如何定义和使用函数以实现模块化程序设计。

5.1　模块化程序设计与函数

本节要点：

- 模块化程序设计的思想
- C 程序中的两类函数

所谓模块化程序设计，就是一种自顶向下、逐步细化解决问题的过程，将一个较大的、复杂的问题按功能分成若干较小的、功能简单的、相对独立而又相互关联的模块，每个模块完成特定的功能。当每个模块逐一解决后，整个问题也得到了解决。因此，依据模块化程序设计思想设计出来的程序结构清晰、层次分明、可读性好、易于修改和维护。

程序的子模块一般包括数据的输入、数据的处理和数据的输出等。在其他语言中，这些子模块可以是子程序、过程或者方法，而在 C 语言中，我们称之为**函数**（**Function**）。

函数是构成 C 语言程序的基本单位。一个 C 语言程序包含一个或多个函数，这些函数中有一个

特殊的函数——**主函数**（或 main 函数）。该函数是整个程序的入口，是操作系统调用用户程序的起点，因此，任何 C 程序都必须有且只能有一个主函数。在前几章的程序中，用户将代码写在主函数当中，编辑器中只有主函数的定义。然而，除了主函数之外，用户还可以定义其他的函数，这些函数可被主函数以及其他任何函数调用（包括它自身）。一般来说，C 语言程序的执行从主函数开始，然后调用其他函数，最后返回到主函数，并在主函数中结束整个程序的运行。

下面，我们通过一个实例帮助大家理解，对于一个规模较大的问题如何分解为多个模块。这里的每个模块可由一个或多个函数组成。也就是说，由函数构成模块，再由模块组装成完整的程序。

【例 5.1】一个简单的学生成绩管理系统。

需求：完成一个综合的学生成绩管理系统，要求能够管理若干学生多门课程的成绩，需要实现以下功能。

① 读入学生信息、以数据文件的形式存储学生信息；

② 增加、修改、删除学生的信息；

③ 按学号、姓名、名次查询学生信息；

④ 依学号顺序浏览学生信息；

⑤ 统计每门课的最高分、最低分以及平均分；

⑥ 计算每位学生的总分并排名。

分析：根据题目要求的功能，整个程序可分成 5 大功能模块：显示基本信息、基本信息管理、学生成绩管理、考试成绩统计、根据条件查询。每个功能模块又可继续分解为若干更小的模块（如图 5.1 所示）。

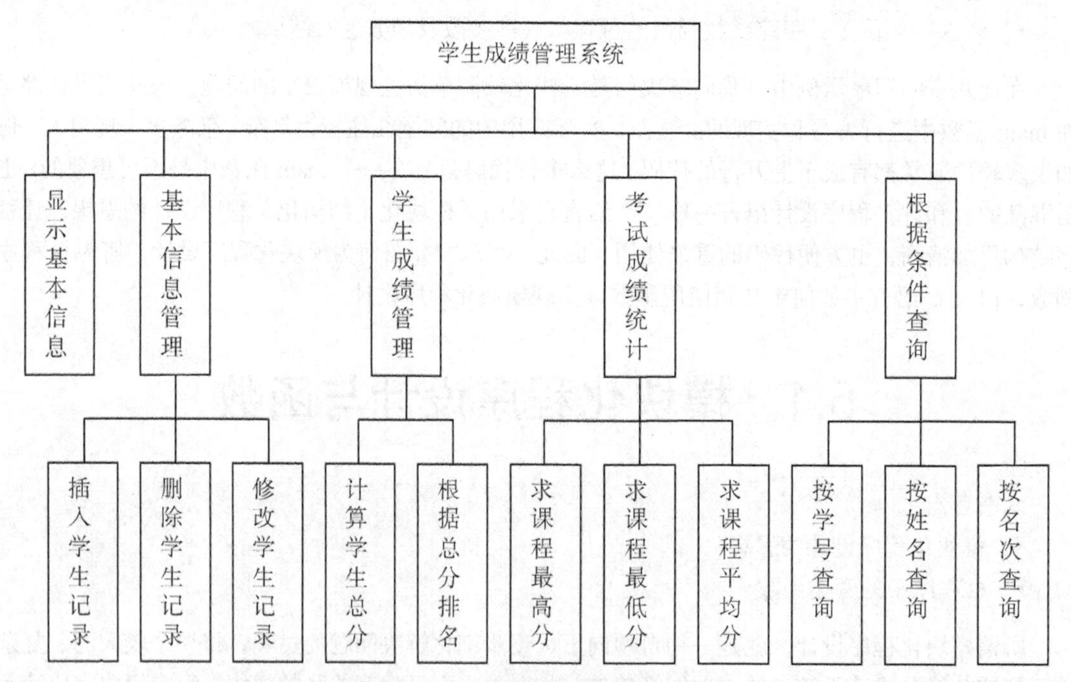

图 5.1　学生成绩管理系统的功能模块图

图 5.1 中的功能模块分为 3 层：第 1 层为主模块，程序中对应于 main 函数所在的文件；第 2 层包含 5 个模块，对应于系统的 5 大基本功能，可以放置在 5 个不同的文件（模块）中；第 3 层共 11 个小模块，对应于 11 个函数。程序中，每个函数实现最简单的子功能，它们按功能分类放置在第 2 层所在的功能模块中，并被 main 函数有选择地调用。如此共同实现了整个程序。

对于上例的系统，本章只进行了第一步的分析，即对整个系统进行模块化程序设计。至于系统的具体实现则需要用到后面所学的文件、构造类型等知识，读者可从第 12 章阅读到该例的完整代码。

C 程序中涉及的函数主要分为**预定义函数**（也称为**库函数**，**Library Function**）和**自定义函数**（**Programmer-Defined Function**）两大类。

1. 库函数

任何符合 ANSI C 标准的编译器，都提供一系列的标准库函数（见本书附录 E）供用户使用，与所使用的平台无关。程序员如果想要在程序中使用这些函数，需要用**#include** 编译预处理指令包含该函数所在的库即可。例如：在程序前面加上**#include <stdio.h>**之后，就可以在程序中调用输出函数 printf 和输入函数 scanf；加上**#include <math.h>**之后，就可以调用数学函数 sqrt、fabs 等。

2. 自定义函数

自定义函数是程序员按需要编写的具有特定功能的函数。例如想计算 n!，但 C 语言没有定义相应的库函数，需要自己定义一个求阶乘函数（如 fact 函数）。这就是自定义函数。

第 2 章已经介绍了库函数的使用方法，本章将重点介绍自定义函数的定义和使用。

5.2　函数的定义

本节要点：

- 函数定义的几个要素：函数功能、函数首部三要素、函数体
- 函数定义时入口参数及返回值类型的确定

这一节将详细介绍用户如何定义自己的函数。自定义的函数可以与主函数放在程序的同一个文件中，也可以放置在一个独立的文件中，被多个不同的程序所使用。为了便于介绍，本章还是将自定义函数与主函数放置在同一个.c 的文件中。

首先，我们来看一个关于函数定义和函数调用的完整程序（见例 5.2）。该例中定义了叫作 totalCost 的函数，用于计算购买商品所需要的总金额。计算方法为：商品价格按单件不打折、两件及以上八折的方法计算。该函数接收两个参数——单件商品的价格（p）和购买商品的数量（n），返回购买商品需要的总金额。

【例 5.2】定义函数 totalCost，计算购买商品的总金额。其中，买多个商品有一定的折扣。

```
1    /* li05_02.c: totalCost 函数定义示例 */
2    #include <stdio.h>
3    double totalCost (int n, double p);  /* 计算购买商品总额 */
4    int main()
5    {
6        double price, bill;    /*单价、总额*/
7        int number;            /*购买数量*/
8        printf( "Enter the number of items purchased: ");
9        scanf("%d", &number);
10       printf("Enter the price per item (RMB): ");
11       scanf("%lf", &price);
12       bill = totalCost(number, price);
13       printf("The total cost of the items purchased is: %.1f RMB.\n", bill);
14       return 0;
15   }
16   /*函数功能：计算购买商品所需的总金额
17   函数参数：第 1 个形参为商品数量，第 2 个形参为商品单价
```

例 5.2 讲解

```
18    函数返回值：实型，返回总金额
19    */
20    double totalCost (int n, double p)
21    {
22        const double DISCOUNT = 0.2;   /*多件商品的折扣*/
23        double total;
24        if (n>1)
25            total = n*p*(1-DISCOUNT);
26        else
27            total = n*p;
28        return total;
29    }
```

在上例中，自定义函数 totalCost 的描述由以下两个部分组成。

① 第 1 部分叫作**函数声明**（**Function Declaration**）或**函数原型**（**Function Prototype**），出现在主函数之前（见第 3 行）；

② 第 2 部分叫作**函数定义**（**Function Definition**），出现在主函数之后（见第 20～29 行）。

下面将分别介绍这两个部分的含义和作用。

5.2.1 函数声明

函数声明是向用户和编译器表示一个函数的名称、接受的参数个数和类型以及是否有返回值或有什么类型的返回值。这样，用户知道如何调用该函数，编译器也可以在函数调用时检查其合法性。函数声明的位置有两种：（1）所有函数定义之前，如本例；（2）在主调函数的函数体开头的数据说明语句部分。函数声明（函数原型）语句的定义形式如下。

语法：

```
函数返回值类型（或 void） 函数名 (形式参数表) ;
```

示例：

```
double totalCost (int n, double p);
```

函数声明需要提供以下 3 方面的信息：**函数名**、**返回值类型**和**形式参数表**。注意，不要遗漏最后表示语句结束的**分号**。

（1）函数名。

函数名是体现函数实现功能的一个标识符。一般，我们可以用一个英文动词或词组来命名标识符，表示这个函数是做什么的。如例 5.2 中的 totalCost 就是一个合适的函数名，从函数名即可推断出该函数的功能是计算总金额。有时候也可以使用类似于 total_cost 的函数命名方法，这两种函数的命名方式分别为 Windows 和 UNIX 的风格。

（2）返回值类型。

返回值类型也称为**返回类型**或**函数类型**，决定函数最终返回结果的类型。例如 totalCost 函数的返回值类型就是 double 型，说明返回一个 double 型的数值。注意，如果函数返回值类型缺省，则表示默认类型为 **int** 型（编程时不建议使用缺省类型）。如果函数不需要返回任何值，则需将返回值类型设置为**无类型 void**。

（3）形式参数表。

形式参数表为函数提供初始数据。在参数表中声明的变量称为**形式参数**（Formal Parameters），简称为“**形参**”。一个函数可以有一个或多个形参，也可以没有形参（如例 5.2 中的 main 函数）。不过即使没有形参，根据语法也要保留形参表的一对圆括号。多个形参之间以**逗号**间隔，每个形参前面都必须明确指定参数类型。例如刚才的 totalCost 函数，其形参列表就是（int n, double p）。

与变量定义不同，多个同类型的参数也不可以省略参数类型。

注意

编译系统在对程序进行编译时，会检查函数返回值类型、函数名和形式参数的类型与个数，但不检查参数名，所以函数声明时的形式参数名可以省略。即上例函数声明中的形参表也可写为（int, double）。

函数声明的格式很重要，应根据该函数工作时需要提供的原始数据的个数和类型来确定函数的形式参数表，再根据该函数得到的最终结果的类型设定返回值类型。

5.2.2　函数定义

一个函数的完整定义由**函数首部**（Function Header）和**函数体**（Function Body）组成，语法为：

```
函数返回值类型 函数名 ([形式参数表])    /* 函数首部，也称为函数头*/
{
  若干条语句                          /* 函数体*/
}
```

函数首部由函数返回值类型、函数名和形式参数表所组成。函数首部和函数声明的写法类似，只是不以分号结束且不能省略形式参数名。函数首部明确了函数的功能。

函数体是函数定义中最核心的部分，是函数功能的具体实现。函数体用一对大括号括起，包含了变量声明语句和执行语句。当函数被调用时，**实际参数**会将其值传递给**形式参数**，随后函数体内的语句将依次得到执行。有时，函数体可以为空，即里面没有任何语句，留着以后进行扩充。**注意**：函数体内不可再出现其他函数的定义，即函数不可嵌套定义。

函数返回值通过函数体中的 **return** 语句实现。一个函数可以返回一个值，或者不返回值而只执行一些操作。如果函数的返回值类型不是 **void** 类型，则函数体内必须有“**return 表达式**”语句，当函数执行到 return 语句时，函数的返回值得到确定，函数终止执行。一般情况下，表达式的类型应该与返回值类型一致。在例 5.2 中，“return total;”就是 return 语句，返回 double 型变量 total 的值。如果函数的返回值类型为 void 类型，则可在函数体的返回点处使用“**return;**”语句（建议编程者采用这种方式），若不写 return 语句则函数执行到函数体的右大括号返回。

下面我们来介绍两个函数定义的示例：例 5.3 定义了有返回值的函数 judgePrime，例 5.4 定义了没有返回值的函数 drawLine。

【例 5.3】定义一个函数 int judgePrime (int n)，实现判断任意一个正整数是否为质数。

```
1     /* judgePrime 函数定义示例 */
2     /* 函数功能： 判断一个整数是否为质数
3        函数参数：  int 型的整数
4        函数返回值：1 和 0，1 表示是质数，0 表示不是质数
5     */
6     int judgePrime(int n)
7     {
8        int i,k ;
9        int judge=1;             /*judge 存判断结果，未判断时默认为是质数 */
10       if ( n==1 )              /*1 不是质数*/
11            judge=0 ;
12       k = (int) sqrt ( n );   /*k 为判断 n 时需要的最大除数*/
13       for (i = 2; judge && i<=k ; i++)  /*除数的范围从 2 到 k，若 judge 为 0 则终止*/
14            if (n % i == 0)    /*若 n 被某除数整除，则不是一个质数*/
15                 judge=0 ;
16       return judge;
17    }
```

例 5.3 讲解

说明

判断质数的算法思想在第 4 章的例 4.12 中已详细介绍。在定义 judgePrime 函数时，形式参数变量 *n* 的值是未知的，而当该函数被调用时，*n* 才获得了确切的整数值。注意：C 语言没有 bool 类型，这里函数的返回值类型设为 int 型，值 1 表示 *n* 是质数，值 0 表示 *n* 不是质数。作为有返回值的函数，最后的 “return judge” 语句返回质数判断结果（见第 16 行）。

【例 5.3】的思考题：

当形式参数的值 *n* 为 2 或 3 时，该函数的返回值是否正确？

上例的函数具有返回值类型，下面我们来定义一个返回值类型为 void（即没有返回值）的函数 drawLine。该函数功能简单，即画一条由 *n* 个减号组成的横线。这里 *n* 的值在函数内部指定。程序代码如下。

【例 5.4】定义函数 drawLine，用于画一条由 *n* 个减号组成的横线。

```
1     /* drawLine 函数定义示例 */
2     /*函数功能：画一条固定长度的横线
3     函数参数： 无
4     函数返回值：无
5     */
6     void drawLine ( )         /*画一条横线*/
7     {
8         const int n=30;   /*该值可以指定*/
9         int i;
10        for (i=1; i<=n; i++)   /*连续输出 n 个减号*/
11            printf("-");
12        printf("\n");
13        return;           /*返回*/
14    }
```

例 5.4 讲解

该函数功能简单，既不需要提供参数，也没有返回值。当程序中需要画一条横线时，就可以直接调用无参函数 drawLine，简单方便。

【例 5.4】的思考题：

请读者在 drawLine 函数的基础上稍加修改，分别定义下面两个功能类似的函数。

① 函数 void drawLine_1 (int n); ，实现绘制一条由 *n* 个减号组成的横线；

② 函数 void drawLine_2 (int n, char c); ，实现绘制一条由 *n* 个指定字符 c 组成的横线。

5.3 函数的调用

本节要点：

- 函数调用的基本形式
- 函数调用过程以及形参与实参的含义

自定义函数可以和库函数一样被其他函数调用，函数也只有被调用才能在程序中真正发挥作用。本小节将介绍**函数调用（Function Call）**的语法和基本形式。

5.3.1 函数调用的基本形式

5.2 节给出了两个自定义函数的定义代码，下面给出分别调用这两个函数的完整代码。

【例 5.5】从键盘上读入一个整数 m，如果 m ≤ 0，则给出相应的提示信息；如果 m > 0，则调用 judgePrime 函数判断它是不是质数，并在屏幕中显示。

```
1    /* li05_05.c: 判断质数示例 */
2    #include<stdio.h>
3    #include<math.h>          /*程序中调用 sqrt 函数*/
4    int judgePrime(int n);
5    int main()
6    {
7        int m,prime;
8        scanf( "%d" ,&m);
9        if ( m<=0 )
10       {
11           printf("error input!\n");
12           return 0;
13       }
14       prime=judgePrime(m);     /*函数调用返回值赋给变量 prime*/
15       if  ( prime)
16           printf ( "%d is a prime!\n" , m ) ; /*如果 prime 值为 1*/
17       else                     /*如果 prime 值为 0*/
18           printf ("%d is not a prime!\n", m ) ;
19       return 0 ;
20   }
21   ……/*此处省略例 5.3 中 judgePrime 函数定义的代码*/
```

例 5.5 讲解

运行程序，若输入为：*-9<回车>*

输出结果为：

```
error input!
```

若输入为：*25<回车>*

输出结果为：

```
25 is not a prime!
```

若输入为：*139<回车>*

输出结果为：

```
139 is a prime!
```

说明

在函数调用之前，主函数中首先判断读入的变量 *m* 是否大于 0。在变量 *m* 大于 0 的情况下，调用 judgePrime 函数，将 *m* 的值作为 judgePrime 函数的实际参数传给了形式参数 *n*（见第 14 行）。最后，主函数根据调用结果控制和输出结论。

【例 5.5】的思考题：

请读者修改本题的主函数，调用 judgePrime 函数求出所有的 3 位质数并按每行 5 个的形式输出。

【例 5.6】调用 drawLine 函数实现划线功能。

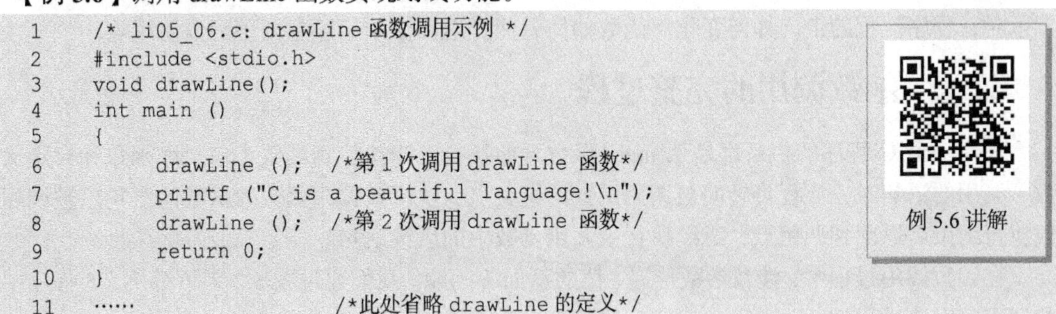

```
1    /* li05_06.c: drawLine 函数调用示例 */
2    #include <stdio.h>
3    void drawLine();
4    int main ()
5    {
6        drawLine ();  /*第 1 次调用 drawLine 函数*/
7        printf ("C is a beautiful language!\n");
8        drawLine ();  /*第 2 次调用 drawLine 函数*/
9        return 0;
10   }
11   ……                  /*此处省略 drawLine 的定义*/
```

例 5.6 讲解

运行程序，输出结果为：

```
--------------------------------
C is a beautiful language!
--------------------------------
```

本例中，drawLine 函数为无参函数，所以在 main 函数中调用时，不需要提供实际参数。此外，drawLine 函数的返回值类型是 void 型，没有返回值，因此，这类函数的调用只能作为函数语句而不可以作为表达式的运算对象使用。

观察以上两个例子，函数调用的形式基本一致，但在程序中出现的位置可能不同。一般来说，存在以下两种**函数调用方式**。

（1）函数语句。

语法：

```
函数名 ([实际参数表]);
```

示例：

```
drawLine();
```

① 采用这一调用方式的往往是返回值类型为 void 型的函数。返回值不是 void 类型的函数也可以用这一方式，那样就是忽略其返回值的用法，例如：printf 函数的调用；

② 实际参数表是用逗号隔开的变量、常量、表达式、函数等，不论实参是什么类型，在进行函数调用时，必须有确定的值，以便把这些值传给形参；

③ 函数的实参和形参应在个数、类型和顺序上一一对应；

④ 对于无参函数，调用时实参列表为空，但()不能省略，例如 drawLine()。

（2）函数表达式。

语法：

```
函数名 ([实际参数表])
```

示例：

```
prime=judgePrime(m);          /*这里函数调用作为赋值表达式的运算对象*/
```

① 采用这一方式调用的函数返回值类型不是 void 型，即调用后返回一个确定的值作为表达式的运算对象使用，这种表达式称为函数表达式；

② 实参表的形式、实参和形参的一一对应关系与上面一致；

③ 函数调用也可能作为另一个函数的实参。例如，定义 int max(int n, int m) 函数返回两个整数中的较大值，在函数调用 m=max(max(a,b),max(c,d)) 中，max(a,b) 与 max(c,d)函数调用的返回值作为另一次 max 函数调用的实参，最后得到 a、b、c、d 中的最大值。

为了更好地理解函数调用，我们需要明白函数调用的完整过程：参数如何传递；在函数调用发生时，程序流程的走向如何变化；函数如何返回；返回值如何被主调用函数使用等。

5.3.2 函数调用的完整过程

任何一个 C 程序的执行都是从 main 函数开始执行，当执行到函数（包括库函数和自定义函数）调用的语句时，流程将转向被调用函数的定义点，执行被调用函数的函数体语句。被调用函数执行结束后返回到调用点，继续执行主调用函数中的后续语句。

在函数调用过程中，涉及参数传递、值的返回等问题。我们通过图 5.2 来了解例 5.5 程序中函数调用的完整过程。

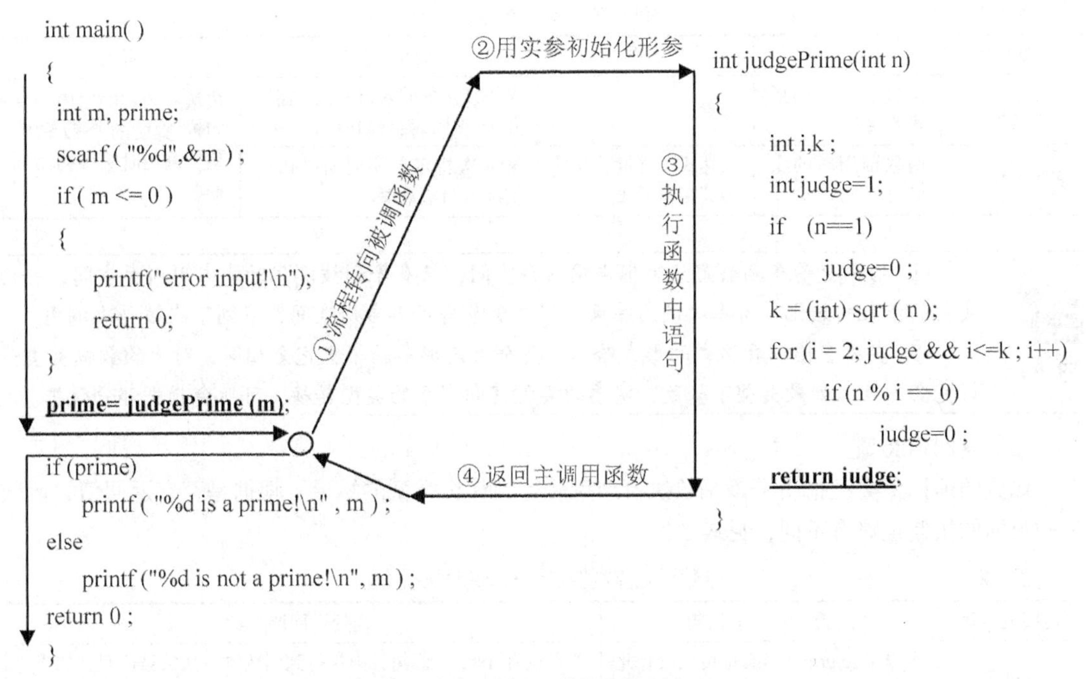

图 5.2　例 5.5 中函数调用的过程程

图中的箭头指示了程序的流程，从 main 函数体左括号开始，若输入正确则流程走到语句“prime= judgePrime (m)”。这时遇到函数调用，程序便形成一个调用**断点**（Break Point）（用圆圈表示），即不再继续执行 main 函数中的后续语句，流程转向被调用函数 int judgePrime(int n)的定义点（图中①）。由于这是一个有形式参数的函数，在执行函数体语句之前，必须用实际参数 *m* 的值来初始化形式参数变量 *n*（图中②），相当于执行了语句：int n=m;。图中③表示执行 judgePrime 函数体中的语句，与 main 函数一样，受流程控制语句所控制。直到 judgePrime 函数执行到语句“return judge”才返回调用断点（图中④），继续执行 main 函数的后续语句，直至结束。

一般来说，函数调用的完整过程如下。

① 转向：遇到函数调用时，流程从主调用函数转向被调用函数；

② 传参：如果被调函数有形式参数，要用实际参数对其初始化，否则此过程省略；

③ 执行：执行被调用函数的函数体，按流程控制方式执行；

④ 返回：执行到被调用函数的 return 语句处（如果无此语句，则是到函数体的右大括号处），返回到主调用函数的调用点；

⑤ 继续：继续执行主调用函数的后续语句，直至程序结束。

本例中，main 函数中除了调用了 judgePrime 函数之外还调用了库函数 scanf 和 printf。库函数的调用过程和自定义函数一样。此外，judgePrime 函数中还调用了库函数 sqrt 函数，这说明函数可以嵌套调用。无论函数之间存在怎样的调用关系，都遵循以上的过程。

此外，函数调用过程涉及了以下两个重要的概念。

（1）形参与实参。

形式参数与实际参数的区别，见表 5.1。

表 5.1　　形式参数与实际参数的区别

参数性质	出现位置	本质	表达的含义	二者关系
形式参数	函数定义首部形式参数表	变量	调用该函数的入口参数，需要几个、什么类型的值	按从左到右的顺序一一匹配参数的个数和类型，调用时实参初始化形参
实际参数	函数调用时的实参表	表达式（常量、变量为其特殊形式）	某一次特定调用时所提供的实际入口参数值	

① 形参变量在函数定义时不占用内存空间，只有等到被调用时才占用内存空间，并用实参的值来初始化。当本次调用结束，形参变量将不再占用空间，直到下次被再次调用。

② 实参直接以表达式的形式给出，其个数与形参的个数完全相同，对应的数据类型最好完全一致。如果类型不一致，实参的类型需向形参的类型转换，可能会损失部分数据。

（2）返回值类型。

函数的返回值类型指明了该函数执行结束后得到什么类型的结果。根据是否有返回值，函数体内返回的机制也略有不同，见表 5.2。

表 5.2　　函数返回值类型是否为 void 型的区别

返回值类型	是否有 return 语句	何处返回调用点
void 型	可以用 return; 语句，也可以没有此语句	如果没有 return 语句，则执行到函数体右大括号返回；如果有 return 语句，则执行到 return;语句处返回
非 void 型	必须有 return 表达式;语句	执行到 return 表达式; 处返回

① 当函数执行到 return 表达式; 时，系统将自行定义一个函数返回值类型的无名变量，然后将 return 后面表达式的值赋值给该变量，离开被调用函数，返回主调用函数的调用点。随后，撤销该无名变量。注意：当 return 语句中表达式类型与函数返回值类型（即无名变量的类型）不一致时，会将表达式值的类型自动转化为返回值类型，以便给无名变量正确赋值。

② 函数中若多处出现 return 语句，表示函数可在不同情况下返回。执行到第一次 return 语句，就立即返回到调用处，不再执行函数中的其他语句。

*5.4 递归函数

本节要点：

- 递归函数的定义及调用
- 递归函数调用的完整过程

前面程序中所涉及的函数定义是相互独立的，一个函数可以被其他函数调用。例如 A 函数可以调用 B 函数。那么，A 函数是否可以调用自己呢？答案是肯定的。

我们将一个函数在它的函数体内直接或间接地调用自身的方式，称为函数的**递归调用**，而将此类函数称为**递归函数**（**Recursive Function**）。“递归”这两个字完全体现了递归函数的定义和调用过程：**“递”即递推**，表示将复杂的原问题转化为同类型简单问题的过程；**“归”即回归**，表示从递归调用终止处一层层向前返回处理结果。因此，递归函数一般应由两部分组成：一部分是当某一条件满足（或不满足）时，进行递归调用；另一部分是当某一条件不满足（或满足）时，结束递归调用。C 语言支持递归函数，通过将原始问题转化为与原始问题求解方法一样但是规模更小的同类问题逐步解决，极大地方便了某些问题的解决。

根据调用方式，递归调用可分为**直接递归**调用和**间接递归**调用两种（如图 5.3 所示）。本书只介绍直接递归调用，即在函数体内直接调用函数本身的方式。

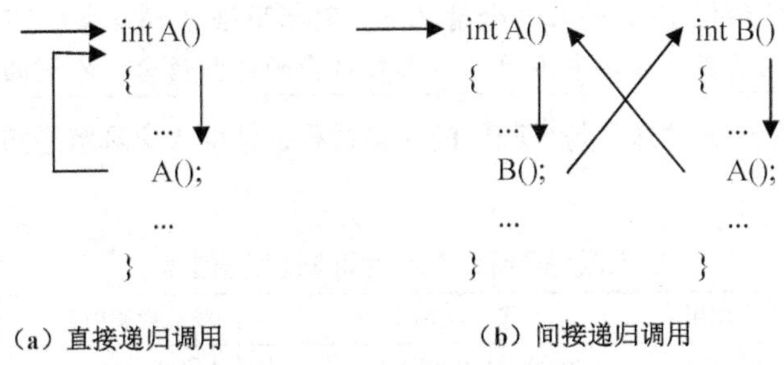

图 5.3　函数递归调用的两种方式

总的来说，用递归方法解决问题必须满足以下 3 个条件。

① 原问题可以转化为一个新问题，新问题的解决方法与原问题相同，只是规模变小；

② 新问题解决的过程也使原问题得到解决；

③ 必须有一个明确的递归终止条件。

数学中很多问题适合用递归方法求解，例如：用小整数的阶乘计算大整数的阶乘，用小实数的乘幂计算大实数的乘幂，还有数制转换等。其中，求阶乘的非递归方法在第 4 章例 4.7 中已介绍，这里介绍用递归法求阶乘。

【例 5.7】定义一个递归函数计算 $n!$。主函数中读入任一非负整数，然后调用该函数。

分析：根据下面求阶乘的递归公式，当 $n>0$ 时，$n!$的值可以通过计算$(n-1)!$得到，$(n-1)!$的值又可以通过计算$(n-2)!$得到，依此类推，直到 n 为 0 的时候停止，返回结果 1。由于 1!等于 1，根据它可直接算出 2!，再由 2!向前递推，就可以计算出 3!，4!……直至 $n!$的值。

$$n!=\begin{cases}1 & (n=0)\\ n*(n-1)! & (n>0)\end{cases}$$

```
1    /* li05_07.c: 递归函数示例 */
2    #include <stdio.h>
3    double Fact (int n);
4    int main( )
5    {
6       int n;
7       double t;
8       printf("Please input n:\n");
9       scanf("%d",&n);
10      if (n<0)
11          n=-n;        /*如果 n 为负数则取反，保证了 n 大于等于 0*/
12      t=Fact(n);
13      printf("%d!=%lf\n",n,t);
14      return 0;
15   }
16   /*函数功能： 实现求阶乘
17   函数参数：   int 型数 n
18   函数返回值： n!的 double 型结果
19   */
20   double Fact( int n)
21   {
```

例 5.7 讲解

```
22    if (!n)                  /*当 n 为 0 时返回 1.0*/
23        return (1.0);
24    return (n*Fact(n-1));   /*当 n 大于 0 时递归调用 Fact 函数*/
25  }
```

说明

递归函数定义的代码较为简洁。上例中，递归终止的条件为 n==0，在此情况下直接返回一个确定的值 1.0，而在其余情况下，则利用语句 **return (n*Fact(n-1))** 返回。此处的 Fact(n-1)就是在函数体中调用了该函数自身的递归语句。本例的运行结果不再详述。

表 5.3 展示了计算 3!的“递”与“归”的完整过程，帮助大家理解递归函数调用和执行的完整过程。

表 5.3　　调用递归函数 Fact 计算 3!的完整过程

主函数调用	第 1 次调用	第 2 次调用	第 3 次调用	第 4 次调用

t=Fact(3);	double Fact(int n)
	{
	if (!n)
	return (1.0);
	return(n*Fact(n-1));
	}
		double Fact(int n)
		{
		if (!n)
		return (1.0);
		return(n*Fact(n-1));
		}
			double Fact(int n)
			{
			if (!n)
			return (1.0);
			return(n*Fact(n-1));
			}
				double Fact(int n)
				{
				if (!n)
				return (1.0);
				return(n*Fact(n-1));
				}

实参为 3；返回结果 6.0	第 1 次形参 n=3；第 2 次调用的实参为 2；Fact(3)=3*Fact(2)=6.0	第 2 次形参 n=2；第 3 次调用的实参为 1；Fact(2)=2*Fact(1)=2.0	第 3 次形参 n=1；第 4 次调用的实参为 0；Fact(1)=1*Fact(0)=1.0	第 4 次形参 n=0；结束“递”，开始“归“，并返回，即 Fact(0)=1.0

表中的箭头表示递归函数的执行过程：上方的直箭头表示“递”，下方的带弧度的箭头表示“归”。递归函数的实现需要用到堆栈，每一次“递”的过程中，都会在栈空间中压入断点地址、本层参数及自动局部变量的信息等。这样，虽然每次调用的形参名字一样（上例中都为 n），但是占用的存储空间不同，因此不会造成冲突。随着“归”的进行，最后一次函数调用的相关信息首先出栈，每一层返回时，该层压入堆栈的信息出栈，直至栈空。因此，递归函数必须有明确的终止条件，否则将一直“递”下去，不断占用栈空间，从而造成系统栈空间耗尽，产生“栈溢出”（Stack Overflow）的错误。

下面再举一个返回值类型为 void 型的递归函数的例子，以加深对递归函数的理解。

【例 5.8】数制转换问题。将一个十进制正整数 n 转为指定的 B（2≤B≤16）进制数。

分析：第 1 章已介绍了十进制转换为 B 进制的方法，即重复执行以下步骤①和②直到 n 为 0。注意：当 B>10 时，如果余数≥10，则输出其相应的字符，如 10 为 A，11 为 B 等。

① 利用取余运算 n%B 得到 B 进制数的一位，值的范围为[0, B-1]。

② 利用整除运算 n=n/B 将 B 进制数降一阶。

③ 从后往前输出每一次的余数。

例 5.8 讲解

```
1   /* li05_08.c: 数值转换示例 */
2   #include <stdio.h>
3   void MultiBase(int n,int B);
4   int main( )
5   {     int n,B;
6         do
7         {
8               scanf("%d%d",&n,&B);
9         }while (n<=0||B<=1||B>16); /*读入的 n 为正整数，且 B 在 2 到 16 之间*/
10        printf("change result:\n");
11        MultiBase(n,B);                /*调用递归函数*/
```

```
12          printf("\n");
13          return 0;
14      }
15      /*函数功能： 数制转换，将十进制数转换为 B 进制数
16        函数参数：  十进制整数 n 和进制 B
17        函数返回值：无返回值
18      */
19      void MultiBase(int n,int B)
20      {    int m;
21           if(n)                              /*n!=0 时递归调用*/
22           {
23               MultiBase(n/B,B);              /*递归时第 1 个参数变化*/
24               m=n%B;                         /*求本层的余数*/
25               if(m<10)                       /*余数<10 原样输出*/
26                   printf("%d",m);
27               else                          /*余数>=10 输出字符，A 代表 10，其他字符依次递增*/
28                   printf("%c",m+55);
29           }
30      }
```

运行此程序

若输入为：*175　16<回车>*

输出结果为：

```
change result:
AF
```

若输入为：*175　8<回车>*

输出结果为：

```
change result:
257
```

若输入为：

175　19<回车>　/*此处进制数值无效，不在 2 到 16 范围内*/

175　14<回车>

输出结果为：

```
change result:
C7
```

若输入为：

-78　8<回车>　/*此处输入数据无效，被转换的整数小于 0，因此下一行重新输入*/

175　2<回车>

输出结果为：

```
change result:
10101111
```

说明

本例递归终止的条件是隐含的，if (n) 下完成函数的所有操作。这意味着，当 n 等于 0 时什么也不用做直接返回，这实际上就是递归的终止条件。另外，本题巧妙地运用了递归的调用及执行方式，将求余数及输出余数放在递归调用语句之后，使得数据转换过程中最后一步的余数最先输出，第一层的余数最后输出。本程序的代码非常简洁，读者可仿照例 5.7，理解其中“递”与“归”的过程。

【例 5.8】的思考题：

请读者在本例程序的基础上稍加修改，用递归方法实现将一个正整数 n 的各位数字逆序输出。例如：输入 175，则输出 571。

用递归完成的程序代码简洁易读，不过其时间、空间的消耗较大。读者在选择和设计算法时，需要在算法的简洁与效率之间作一个折中选择。

5.5　变量的作用域与存储类型

本节要点：

- 变量作用域与生命期的含义
- 不同存储类型变量的作用域

一般来说，C 语言程序通过定义变量并通过对变量的一系列操作来实现其特定的功能。那么每一个变量是何时生成、何时消失，在程序中又能存在多久？这就是变量**生命期**（Extent）的问题。此外，C 程序又是由函数所组成，变量可能定义在函数的内部或外部，那么变量能在什么范围内起作用？这就是变量**作用域**（Scope）的问题。

变量的生命期是指变量所占用的内存空间从创建到撤销的这段时间。变量的作用域是指在程序的哪一部分可以直接引用该变量，或通俗地说，变量在程序的哪一部分可见、能够发挥作用。一个变量如果不在其生命期内，肯定无作用域可言；而在其生命期内，变量也未必一直起作用，可能只在特定的范围内起作用。

5.5.1　变量的作用域

变量的作用域取决于变量定义的位置。定义变量的位置有 3 种：函数定义外、函数定义内、函数体中的语句块（即一对大括号括起的区域）内。一般来说，我们把定义在函数内部的变量称为**局部变量**，把定义在函数外部的变量称为**全局变量**。

局部变量（Local Variable）的作用域是它所在的函数体。在以往章节中，变量主要定义在函数体内一开始的位置和函数首部的形式参数表中。在 C 语言中，变量还可以定义在函数内部的语句块内，作用域仅限于该语句块。以上位置定义的变量都属于局部变量。

全局变量（Global Variable）的作用域是程序中从定义点开始到程序结束为止，但是要去掉其中同名局部变量的作用域的部分。

例 5.9 展示了在 3 种不同位置定义的变量以及它们的作用域情况。

【例 5.9】找出 2～100 所有的质数，并统计个数。

分析：之前我们已经定义了判断质数的函数 judgePrime，现在需要额外定义一个全局变量 count，用于统计 2～100 所有质数的个数。

```
1     /* li05_09.c: 全局变量示例 */
2     #include <stdio.h>
3     #include <math.h>
4     int count;        /*定义全局变量 count 并自动初始化为 0*/
5     int judgePrime(int n);
6     int main()
7     {
8            int i;
9            printf("The primes between 2 to 100 : \n");
10           for (i= 2; i< 100; i++)
11           if (judgePrime(i))   /*函数调用放在 if 表达式，i 为质数则条件成立*/
12           {
```

例 5.9 讲解

```
13              printf("%d ", i);
14              count++;
15          }
16          printf("The total number of primes: %d\n", count);
17          return 0;
18      }
19      /*函数功能：  判断质数函数
20      函数参数：    整数 n
21      函数返回值：  1（是质数）或 0（不是质数）
22      */
23      int judgePrime(int n)
24      {
25          int i ;
26          int judge=1;        /*judge 存判断结果，未判断时默认为是质数*/
27          if ( n==1 )          /*1 不是质数*/
28              judge=0 ;
29          {
30              int k = (int) sqrt ( n );      /*在语句块内定义局部变量 k*/
31              for (i = 2; judge && i<=k ; i++)
32              if (n % i == 0)
33                  judge=0 ;
34          }
35          return judge;
36      }
```

运行此程序，结果为：

```
The primes between 2 to 100 :
2 3 5 7 11 13 17 19 23 29 31 37 41 43 47 53 59 61 67 71 73 79 83 89 97
The total number of primes: 25
```

本例与例 5.5 不同，判断质数函数 judgePrime 的调用放在了 if 语句表达式中（见第 10 行），如果返回值为 1 则表达式成立，输出该质数并 count 计数器加一，否则不执行。此外，在 judgePrime 函数中，由于 k 变量是临时产生的，我们可以把它和 for 循环放在一个语句块中（见第 29～34 行），作为语句块内的局部变量。

表 5.4 列出了例 5.9 中所有变量的定义位置、类型、作用域等，以帮助读者更好地理解全局变量及局部变量的定义及作用域问题。

表 5.4　　例 5.9 中所涉及的每个变量及其作用域

变量名	定 义 位 置	类　型	作 用 域	说　明
count	函数外，程序开头	全局变量	从定义开始到程序结束，在 main 和 judgePrime 函数中均可见	运行开始后一直占用空间直至程序结束
i	main 函数体开头	局部变量	main 函数体内	用于控制循环，并作为调用函数的实际参数变量
n	judgePrime 函数的形式参数表中	局部变量	judgePrime 函数体内	对应的实参是 main 函数中的变量 i
i	judgePrime 函数体开头	局部变量	judgePrime 函数体内	用于控制循环，与 main 函数中局部变量同名，但作用域不同
judge	judgePrime 函数体开头	局部变量	judgePrime 函数体内	用于存判断结果，1 表示是质数，0 表示不是质数
k	judgePrime 函数体的语句块内	局部变量	{}组成的语句块内，不能在函数的其他位置访问	语句块的一对括号类似于函数体的括号，作用域不出此界

此例中涉及了变量同名的问题。如果两个变量同名（例如上例中的两个 i），只要它们的作用域不同，则不会出现任何冲突，也就是说，同一作用域内不可以出现同名的变量定义。如果全局变量和局部变量出现同名，则遵循最小范围优先原则，即全局变量在同名局部变量的作用域内不可见。同理，如果函数开始定义的局部变量和后面语句块内定义的局部变量同名时，前者在语句块里也是不可见的。

【例 5.9】的思考题：

对【例 5.9】分别做以下几种修改，观察程序编译、运行结果，并分析原因。

① 在 judgePrime 函数体内增加一语句：printf("count=%d\n",count);。

② 随后，在 main 函数体内增加变量定义：int count=0;。

5.5.2　变量的存储类型

除了变量定义的位置，变量的生命期和作用域也和变量的**存储类型**密切相关。下面介绍 C 语言中变量的几种存储类型。

C 语言中定义的每个变量在其生命周期中都会占用相应的内存单元，而内存中的数据区又分为动态数据区和静态数据区，变量何时在哪个区域占用空间取决于其定义的位置，以及是否被相应的存储类型关键字所修饰，其生命期也受这两个因素的共同影响。

C 语言中有 4 种不同的存储类型符，可以用在变量的定义或声明时，与变量的定义位置一起共同决定了变量的生命期与作用域，具体见表 5.5。

表 5.5　　C 语言几种变量的比较

变量类别	定义位置	作用域	存储位置	说明
全局变量	函数体外	定义点起到整个程序结束	静态数据区	生命周期为程序的整个运行期间。static 类型的全局变量仅限本文件使用；非 static 类型的全部变量其它文件使用 extern 声明后也可使用
静态局部变量	函数体内（含语句块内）	所在函数或语句块内	静态数据区	定义时使用关键字 static，生命周期为程序的整个运行期间
自动局部变量			动态数据区	定义时使用关键字 auto，可省略。生命周期为函数（或语句块）的执行期间
寄存器变量			CPU 通用寄存器	定义时使用关键字 register，现在很少使用

因此，**变量的完整定义格式**应包含**存储类型**和**数据类型**两个属性。

语法：

```
[存储类型关键字]  变量类型名  变量名1 [ ，变量名2 ，……，变量名n ] ;
```

示例：

```
auto  int  m;   /*这里 auto 可以省略*/
```

之前所定义的变量均属于自动型（auto）变量。这里，存储类型关键字 auto 在变量定义时是可缺省的。

下面，我们分别介绍每种存储类型关键字修饰后的变量，以及它们的生命期和作用域。

1. 自动变量

自动变量在定义的时候采用关键字 **auto** 来标识，且 auto 可以省略。

如：int sum=0;　/* 与 auto　int sum=0;　等价　*/

函数内部使用的局部变量大多可以定义为**自动局部变量**。之前所有例子中定义的变量（包括形参）均为自动局部变量。这里“自动”的含义是：在程序运行进入函数体或语句块时该变量自动获得内存空间，退出函数体或语句块时所占内存空间被自动回收。自动型局部变量的**生命期**就是所在的函数或语句块被执行时。自动局部变量在生命期内均起作用，即**作用域**是其所在的函数或语句块。例 5.9 中，main 函数和 judgePrime 函数中均使用了同名的自动局部变量 i。它们之间之所以不会互相干扰，是因为它们在不同的时机占用着不同的存储单元，并且有着不同的作用域。同样，实参变量也可以与形参变量同名，因为它们有着不同的作用域。

函数外的**全局变量**定义时不可以加 auto 关键字，如例 5.9 中的全局变量 count 定义所示。对于全局变量，程序刚运行时就在**静态数据**区为其分配内存空间，未指定初值的情况下会自动初始化为 0，直到程序运行结束时所占内存空间才被回收。全局变量的生命期是整个程序运行期。

2. 静态变量

静态变量在定义的时候采用关键字 **static** 来标识。与自动变量不同，静态变量在程序开始运行时只分配一次存储空间；当该静态变量所在函数调用结束后该空间不会被释放，而处于"休眠"状态；等到下一次调用该函数时该空间将再次发挥作用，而变量的值就是上一次函数调用结束时变量的值；只有整个程序运行结束后，才释放所占存储空间。

静态变量如果定义在函数外部，则是**静态全局变量**（见第 9 章）；如果定义在函数内部，则是**静态局部变量**。下面通过一个简单示例讲解静态局部变量在占用空间、生命周期、作用域方面的特性。

【**例 5.10**】利用静态局部变量求解从 1 到 5 的阶乘。

```
1    /* li05_10.c: 静态局部变量示例 */
2    #include<stdio.h>
3    int fun(int n);              /*函数功能: 求 n!*/
4    int main()
5    {
6          int i;
7          for(i =1;i <=5;i++)     /*依次求 1!到 5!*/
8                printf("%d != %d\n" , i , fun(i));
9          return 0;
10   }
11   /*函数功能: 采用静态局部变量求阶乘
12   函数参数:   整数 n
13   函数返回值: n!
14   */
15   int fun(int n)                /*此题只求到 5 的阶乘，因此返回值可用 int 型*/
16   {
17         static int f = 1;       /*定义静态局部变量 f*/
18         f =f *n;                /*f 保存了(n-1)!的结果，本语句得到 n!*/
19         return f;
20   }
```

例 5.10 讲解

运行此程序，结果为：

```
1 != 1
2 != 2
3 != 6
4 != 24
5 != 120
```

说明

本例的 fun 函数实现求 n 的阶乘，不过和之前求阶乘方法不同，这里没有使用循环进行累乘，而只采用了一个简单的乘法运算。代码之所以得到简化是因为静态局部变量 f 的使用。

表 5.6 分析了例 5.10 主函数中的前 3 次循环，主要观察静态局部变量 f 在程序执行的每一步其生命期、作用域及当前值的情况。

表 5.6 例 5.10 中 fun 函数内静态局部变量 f 每一步的变化

程序执行的流程	fun 函数中的静态局部变量 f
main 中第 1 次循环	f 在静态数据区占有空间并被初始化为 1，生命期开始，不在作用域
第 1 次调用 fun 函数	第 1 次进入函数，在作用域
第 1 次执行 fun 函数	执行 f=f*n 后，f 的值为 1，此为 1!的结果
第 1 次结束 fun 函数回到 main 函数	f 继续占用空间，有生命期，但不在作用域，进入“休眠”状态
main 中第 2 次循环	在生命期，但不在作用域，保持“休眠”状态
第 2 次调用 fun 函数	第 2 次进入函数，f“苏醒”、保持原值，在作用域
第 2 次执行 fun 函数	执行 f=f*n 后，f 的值为 2，此为 2!的结果
第 2 次结束 fun 函数回到 main 函数	f 继续占用空间，有生命期，但不在作用域，进入“休眠”状态
main 中第 3 次循环	在生命期，但不在作用域，保持“休眠”状态
第 3 次调用 fun 函数	第 3 次进入函数，“苏醒”、保持原值，在作用域
第 3 次执行 fun 函数	执行 f=f*n 后，f 的值为 6，此为 3!的结果
第 3 次结束 fun 函数回到 main 函数	f 继续占用空间，有生命期，但不在作用域，进入“休眠”状态

【总结】

① 静态局部变量在程序开始运行时在**静态存储区**分配了存储空间，并一直占用到程序结束。也就是说，静态局部变量与全局变量在内存的分配与释放、占用区域、生命期都是一样的。

② 静态局部变量定义在函数内部，仍然是局部变量，所以其作用域仅限于本函数，在本函数被调用时才能被访问。

③ 静态局部变量在程序刚开始运行时就被初始化，若未指定初值则自动初始化为 0，在函数结束时进入“休眠”状态。每次进入该函数时，静态局部变量将不再初始化，而是从“休眠”状态“苏醒”，获得上次保留的值。

因此，静态局部变量的**生命周期等同于全局变量**，为整个程序；而**作用域等同于自动局部变量**，仅限于其所在的函数。

【例 5.10】的思考题：

对例 5.10 分别做以下几种修改，观察程序编译、运行结果，并分析原因。

① 将函数 fun 中的 static int f = 1;改为 int f = 1;。

② f 恢复成静态局部变量，将 main 函数中的 for(i=1;i<=5;i++) printf("%d != %d\n" , i , fun(i));改为 printf("%d != %d\n" , 5, fun(5));，那么输出结果是 5 的正确阶乘吗？

③ 如何在 main 函数中稍加修改，达到求 sum=1!+2!+3!+4!+5!的效果？

3. 外部变量

在例 5.9 中，如果将全局变量 count 的定义移到 main 函数与 judgePrime 函数之间，则程序会报错，这是因为 main 函数中 count 还未定义，被视为未定义的标识符。换句话说，虽然全局变量的生命期是整个程序，但是其作用域却是从定义点之后到程序结束为止。那么，有没有什么办法能让后定义的全局变量其作用域能扩展到它前面的位置，使得全局变量成为真正意义上的全局变量呢？

这里，我们可以借助于 **extern** 关键字来实现。不过与其他 3 个关键字不同，extern 关键字只是用来**声明全局变量**而不是定义变量。变量声明与变量定义的区别类似于函数的原型声明与函数的定义，声明变量时不需要为变量分配内存空间。

如果例 5.9 的全局变量定义移动到两个函数之间，此时就要在 main 函数之前或 main 函数体的第一条可执行语句 scanf 之前增加一条语句：

```
extern  int count;
```

该语句就是外部变量声明语句，其作用包括：

① 如果变量的定义和访问在同一个文件中，要访问后定义的全局变量，则需要在前面的位置做外部变量声明；

② 如果程序由多个文件组成，某文件中需要访问另一个文件中定义的全局变量，则一定要通过此语句在需要访问的文件中作外部变量声明（详细介绍见第 9 章）。

4. 寄存器变量

前面所学的变量都在内存中占用空间。程序运行时，CPU 需要与内存之间进行数据交换，因而有一定的时间开销。若能将一些简单而频繁使用的自动局部变量放到 CPU 的**寄存器**（Register）中，使得访问变量的速度与指令执行的速度同步，则程序的性能将得到一定的提高。

寄存器是 CPU 内部的一种容量有限但速度极快的存储器。**寄存器变量**就是用寄存器存储的变量。由于寄存器的数量有限，因此可定义的寄存器变量的有效数目依赖于具体的机器。寄存器变量所占的字节数不能太多，一般只有 int、char、short、unsigned 和指针类型的变量定义为寄存器变量。此外，对寄存器型变量也无法进行取址。

现在的编译器都具有自动优化程序的功能，将普通变量优化为寄存器变量，无需用 register 来定义。因此，在现代编程中，用户一般不需要去关心 register 关键字的使用。

在实际编程中，我们要合理使用变量的 4 种存储类型关键字。一般建议少使用外部变量，以降低各函数之间的耦合度，保证各函数功能的相对独立性。静态局部变量虽然用于某些特定的程序中可以简化程序，但占用内存时间较长且程序可读性较差，除非必要，也应尽量少用。自动局部变量是使用最为广泛的一类变量，求解问题时所用到的中间变量一般都定义为自动局部变量。

5.6 应用举例——定义函数求解面积与体积

本节要点：

- 采用模块化程序设计思想来设计程序
- 在包含多个函数的程序中，函数的声明、定义和调用方法

一个大型的复杂的程序，往往按自顶向下、逐步细化的模块化程序设计方法进行设计。每一个模块用相应的函数实现，通过函数之间的调用及流程控制共同完成整个程序。因此，每一个函数的功能力求简单清晰，代码量较少，可读性强。

下面是一个简单的函数应用举例，帮助读者巩固本章知识。

【例 5.11】求给定半径的圆形面积、给定半径的球形体积以及给定半径和高的圆柱体积。

分析：根据数学知识，圆形面积、球形体积和圆柱体积的计算公式如下。

圆形面积：$S=\pi\cdot r^2$

球形体积：$V=(4/3)\cdot\pi\cdot r^3$

圆柱体积：$V=\pi\cdot r^2\cdot h=S\cdot h$

其中，r 表示圆或者球的半径，h 表示圆柱体的高，而圆柱体的体积也可以通过底面积（即圆面积）S 乘以 h 得到。公式的常量 π（值约为 3.14159）在程序中可定义为常量 PI。这样当后面需要调整 PI 值的精度时，只需要修改一次全局常量的初值即可。

此外，由于这两个函数都用到了幂的计算公式，可以调用系统预定义的 pow 函数（#include<math.h>）来实现。

整个程序的函数调用关系如图 5.4 所示，其中求圆柱体体积函数调用了求圆面积函数。

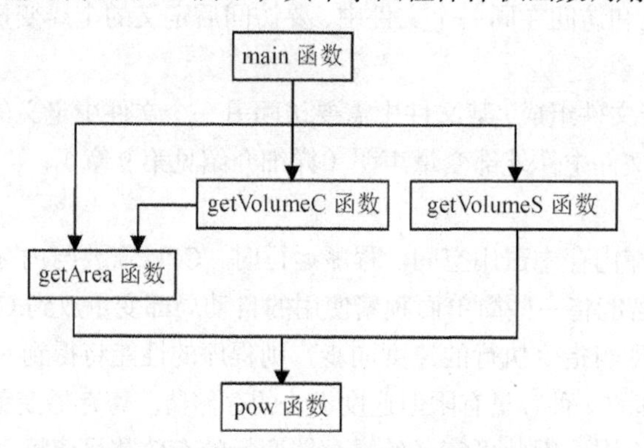

图 5.4　例 5.11 中各函数之间的调用关系

```
1   /* li05_11.c: 函数调用示例 */
2   #include <stdio.h>
3   #include <math.h>
4   #define  PI  3.14159
5   double getArea(double radius);          /*求圆面积*/
6   double getVolumeS (double radius);   /*求球体积*/
7   double getVolumeC (double radius, double height); /*求圆柱体积*/
8   int main( )
9   {
10        double radius, height, areaOfCircle, volumeOfSphere, volumeOfCylinder;
11        printf("Enter the radius of a circle, a sphere and the surface of a cylinder: ");
12        scanf("%lf",&radius);
13        printf("Enter the height of a cylinder: ");
14        scanf("%lf",&height);
15        if (radius<0)                        /*保证输入的半径合法*/
16            radius=-radius;
17        if (height<0)
18            height=-height;
19        areaOfCircle = getArea(radius);              /*调用 getArea 函数*/
20        volumeOfSphere = getVolumeS(radius);      /*调用 getVolumeS 函数*/
21        volumeOfCylinder = getVolumeC(radius, height);   /*调用 getVolumeC 函数*/
22        printf( "Area of circle = %lf \n", areaOfCircle);
23        printf( "Volume of sphere = %lf \n", volumeOfSphere);
24        printf( "Volume of cylinder = %lf \n", volumeOfCylinder);
25        return 0;
26  }
27  /*函数功能： 计算圆的面积
28  函数参数：   圆的半径（double 型数据）
29  函数返回值： 圆的面积（double 型数据）
30  */
31  double getArea(double radius)
32  {
33        return (PI * pow(radius, 2));    /*调用库函数 pow*/
34  }
35  /*函数功能： 计算球的体积
```

例 5.11 讲解

```
36    函数参数:    球的半径(double 型数据)
37    函数返回值:  球的体积(double 型数据)
38    */
39    double getVolumeS(double radius)
40    {
41          return ((4.0/3.0) * PI * pow(radius, 3));    /*调用库函数 pow*/
42    }
43    /*函数功能: 计算圆柱的体积
44    函数参数:    底半径(double 型数据)和高(double 型数据)
45    函数返回值:  圆柱的体积(double 型数据)
46    */
47    double getVolumeC(double radius, double height)
48    {
49          return getArea(radius) *height;    /*调用函数 getArea*/
50    }
```

运行此程序，

若输入为：

Enter the radius of a circle, a sphere and the surface of a cylinder: *2 <回车>*

Enter the height of a cylinder: *4 <回车>*

输出结果为：

```
Area of circle = 12.566360
Volume of sphere = 33.510293
Volume of cylinder = 50.265440
```

如果存在多个函数并且相互之间有较复杂的调用关系时，最好将除 main 函数之外的所有函数的原型声明集中在程序的最开始，接下来定义 main 函数，再依次定义之前声明的各个函数。由于函数原型声明保证了函数可以先调用后定义，因此无论各函数之间存在怎样复杂的嵌套调用关系，都不影响程序的正常运行。

5.7 本章小结

本章主要讲解了 C 语言程序基本单元——函数。首先，本章介绍了模块化程序设计的思想以及在 C 语言中通过函数来实现这一机制；其次，本章详细介绍了自定义函数的定义和调用方法，并通过图解释函数调用时程序执行的整个流程，强调了先调用后定义时函数声明的必要性；接着，本章介绍了一种特殊的函数——递归函数，包括其基本思想和设计方法，以及调用递归函数时的“递”和“归”的过程；随后，根据变量与函数的关系，介绍了具有不同存储类别的变量，并讨论各类变量的生命期和作用域问题；最后，通过一个完整的应用让读者更好地理解函数的相关知识。

习 题 5

一、单选题

1. 若有函数原型：double f (int , double)；主函数中有变量定义：int x=1； double y；下列主函数中对 f 函数的调用错误的是________。

A. y=f (x , y+1);　　　　B. printf("%lf ", f (x+2, 2.4))；

C. f (x , y);　　　　D. y=f (x);

2. 若主函数有变量定义：int x=1；double y=1.6；且有合法的函数调用语句 f (y , x); 则下列关于函数 f 的原型声明中一定错误的是________。

A. void f (double , int);　　　　B. int f (int , int);

C. int f (double , double);　　　　D. void f (double , int , int);

3. 函数的返回值类型由________决定。

A. return 后的表达式类型　　　　B. 定义函数时指定的返回值类型

C. 调用函数时临时决定　　　　D. 主调用函数的类型

4. 下面关于函数的理解，不正确的是________。

A. 函数可以嵌套定义　　　　B. 函数可以嵌套调用

C. 函数可以没有形式参数　　　　D. 函数的缺省返回类型为 int 型

5. 下列哪一种存储类别用于变量声明而不是变量定义中________。

A. register　　B. auto　　C. extern　　D. static

6. 下面关于静态局部变量的描述，不正确的是________。

A. 静态局部变量只被初始化一次

B. 静态局部变量作用域为整个程序

C. 静态局部变量生命期为整个程序

D. 静态局部变量作用域为当前函数

7. 下列哪一种变量一定不是局部变量________。

A. 静态变量　　　　B. 形式参数变量

C. 外部变量　　　　D. 自动局部变量

8. 关于同名问题，下列哪一种理解不正确________。

A. 不同函数的局部变量可以同名

B. 形式参数可以与对应的实在参数变量同名

C. 外部变量可以与局部变量同名

D. 形式参数可以与函数体内的局部变量同名

9. 关于作用域的描述，下列哪一种说法是正确的________。

A. 形式参数的作用域一定是它所在的整个函数

B. 全局变量的作用域一定是整个程序

C. 局部变量的作用域一定是整个函数

D. 静态局部变量的作用域不仅限于本函数

10. 关于 return 语句的理解，下列哪一种说法是错误的________。

A. 当函数具有非 void 的返回值类型时，函数体中一定要有 return 语句

B. 当函数的返回值类型为 void 时，函数体中可以没有 return 语句

C. return 后的表达式若与函数返回类型不一致时，一定会在编译时出错

D. 当执行 return 语句时，系统自动生成一个无名变量，获取 return 后表达式的值

二、读程序写结果

1. 写出程序的运行结果。

```
#include <stdio.h>
int Max(int x, int y)
{
```

```
        return x>y?x:y;
}
int main( )
{
    int x=13,y=5,z=22;
    printf("%d\n",Max(x,Max(y,z)));
    return 0;
}
```

2. 写出程序的运行结果。

```
#include <stdio.h>
int fun(int m,int n)
{
        int r;
        r=m%n;
        while (r)
        {
          m=n;
          n=r;
          r=m%n;
        }
        return n;
}
int main( )
{
    int x=27,y=18;
    int z=fun(x,y);
    printf("%d,%d\n", z, x*y/z);
    return 0;
}
```

3. 写出程序的运行结果。

```
#include<stdio.h>
void func1( )
{
     int n=10,m=10;
     m++; n++;
     printf("func1: m=%d,n=%d\n",m,n);
}
void func2( )
{
     static int m=5;
     int n=0;
     m++; n++;
     printf("func2: m=%d,n=%d\n",m,n);
}
int m;
void func3( )
{
     m++;
     printf("func3: m=%d\n",m);
}
void f( )
{
     func1( );
     func2( );
     func3( );
}
int main( )
{
     f ( );
     printf("main: m=%d\n",m);
     m*=10;
     printf("main: m=%d\n",m);
     f ( );
```

```
        return 0;
}
```

4. 写出程序的运行结果。

```
#include <stdio.h>
int fun(int i)
{
        return i*i;
}
int main()
{
        int i=0;
        i=fun(i);
        for ( ; i<3; i++)
        {
              static int i=1;
              i+=fun(i);
              printf("%d,",i);
        }
        printf("%d\n",i);
        return 0;
}
```

三、程序填空题

1. 编写递归函数实现求两个整数的最大公约数，主函数读入待求的两个整数并调用公约数函数求解，输出结果。

```
#include <stdio.h>
int gcd( int m, int n)
{     int r;
      r=m%n;
      if (____①____)
            return  n;
      return ____②____;
}
int main( )
{     int m,n;
      scanf("%d%d",&m,&n);
      printf("Gcd of m and n is: %d\n",____③____);
      return 0;
}
```

2. 用全局变量模拟显示一个数字时钟，初始时间需要在 main 函数中读入当前的时、分、秒，时、分、秒均按每个数字占两列的格式控制输出。

```
#include <stdio.h>
int hour,minute,second;
void update( )   /*更新时分秒显示值*/
{
      second++;
      if (60==second)
      {
            ____④____;
             minute++;
         }
      if (____⑤____)
      {
             minute=0;
             hour++;
      }
      if (24==hour)
            ____⑥____ ;
}
void display( )    /*显示时分秒信息*/
```

```
{
    printf("___⑦___",hour,minute,second);
}
void delay( )    /*延时*/
{
    int t;
    for (t=0; t<100000000; t++);     /*循环体为空，延时*/
}
int main( )
{
    int i;
    ___⑧___;
    for (i=0;i<1000000;i++)
    {
            update( );
            display( );
            delay( );
    }
    return 0;
}
```

四、编程题

1．定义一个摄氏温度转化为华氏温度的函数。main 函数中读入摄氏温度，调用该函数求出对应的华氏温度，然后在同一行输出对应的两种温度。允许读入多个数据，直到读入负数停止。（提示：华氏温度 = 摄氏温度*9/5+32）

2．编写两个函数，分别求圆锥体的体积和表面积。从 main 函数中输入圆锥体的高和半径，调用两个自定义函数分别求出对应的体积和表面积，并输出完整信息。

3．定义一个函数 void printDiamond (int n)，实现画出一个 *n* 行菱形，并在主函数中调用该函数。

4．写一个递归函数 digitSum(n)，输入一个非负整数，返回组成它的数字之和。例如，调用 digitSum(1729)，则应该返回 1+7+2+9，它的和是 19。

5．利用例 5.3 的 judgePrime 函数验证哥德巴赫猜想之一—— 2000 以内的正偶数（大于等于 4）都能够分解为两个质数之和。每个偶数表达成形如 4=2+2 的形式，请每行输出 4 个偶数及其分解结果。

6．编写一个判断水仙花数的函数。所谓水仙花数是指一个三位数，其各位数字的立方和等于该数本身。例如：$153=1^3+5^3+3^3$ 循环。通过主函数调用该函数求 100 到 999 之间的全部水仙花数。

第6章 数组

没有人一开始就能想清楚，只有做起来，目标才会越来越清楚。

Ideas don't come out fully formed.They only become clear as you work on them.You just have to get started.

——马克·扎克伯格（Mark Zuckerberg，Facebook CEO）

学习目标：

- 熟练掌握一维数组的定义、初始化和使用方法
- 掌握二维数组的定义、初始化和使用方法
- 掌握向函数传递数组首地址的方法

现实世界的丰富性决定了计算机所要表达的数据对象的复杂程度。对不同的数据，计算机需要采用不同的存储方式并进行不同的处理。到目前为止，本书所介绍的数据类型都是基本类型。从本章开始，本书将引入由基本类型复合而成的数组、字符串、结构体等复杂数据类型，以适应更加复杂的现实应用。

本章先介绍第一种复杂数据类型——数组。

实际应用中，经常会遇到需要处理大量同一性质数据的情况，来看看下面的问题。

问题：一个班级有50名学生，需要输入他们某门课的成绩，并求出平均分。

考虑程序处理过程：首先读入数据，对这些数据进行相加的计算，然后求得平均值，最后输出。为完成这些工作，所有数据都必须保存在变量中，根据前面的知识，就至少需要定义50个变量，如score0，score1，……，score49，来保存成绩，然后对这些变量进行几乎一样的加法操作以求和，最后通过除法运算求出平均值。

上述方法从思想上看完全没有问题，但从实际编程角度来看，编写这样的程序无法用循环结构，也无法做到功能通用。因为随着学生人数的变化，所需要定义的变量数目在变，程序的代码跟着都要做修改，这显然是不可取的。

为解决这种问题，C语言提供了**数组（array）**类型，用来批量处理同类型数据。

数组是一组数据类型相同的有序数据的集合。**数组名**是一个标识符，数组中所含的每个数据称为**数组元素**，它们具有相同的数据类型。数组分为一维数组和多维数组。

6.1 一维数组

本节要点：

- 一维数组的定义、初始化和访问方法
- 一维数组的应用

一维数组最为简单，它将同一类型的一组数据按顺序存放在连续的存储空间中，使用时用数组名和下标确定待访问的元素。

对于本章开始提出的问题，可以用例 6.1 中的一维数组予以解决。例中，定义了长度为 50 的一维数组，用于存放不超过 50 个学生的成绩，再利用 for 循环完成成绩的求和，继而除以实际学生数得到这批同学的平均成绩。

【例 6.1】使用一维数组存放不多于 50 个学生的成绩，并计算平均值。

```
1   #include <stdio.h>
2   int main()
3   {/*定义数组用于存储学生的考试成绩，初始化为 0*/
4      float score[50]={0};
5      int num;           /*num 从键盘读人，表示实际学生人数*/
6      float sum=0,average; /*定义变量存储成绩的总和和平均值*/
7      int i;
8      do
9      {
10        printf("Input the number of students:");
11        scanf("%d",&num);                /*输入符合要求的实际学生人数*/
12     }while (num<=0||num>50);
13     printf("Input the score :");
14     for (i=0;i<num;i++)
15     {
16        scanf("%f",&score[i]);          /*逐个输入学生的成绩*/
17        sum += score[i];                /*计算总分*/
18     }
19     average = sum/num;                 /*求平均分*/
20     printf("The average is :%5.2f\n",average);
21     return 0;
22  }
```

例 6.1 讲解

运行此程序：

```
Input the number of students:3<回车>
Input the score :90   92   95<回车>
The average is :92.33
```

说明

从本例代码可以发现，使用一维数组后，可以用通用的形式表示数组的各个元素，进而可以结合循环语句完成各个元素的访问。这使得程序有良好的可读性，并且随着用户需求的变化，程序也有较好的适用性。例中涉及一维数组的定义、初始化和访问等语法，将在下文进行详细的介绍。注意：这个程序一旦运行需要输入大量的数据，每次都一个个输入是不是很麻烦？那怎么解决呢？可以借助文件，将数据提前存入一个数据文件中，每次运行从该文件而非键盘读取数据。需要了解的读者可以参考本书第 11 章。

6.1.1 一维数组的定义

一维数组的定义格式如下。

语法：

```
类型标识符    数组名[整型常量表达式];
```

示例：

```
int score[5];
```

其中：

① **类型标识符**表示该数组中的数组元素的类型；

② **数组名**是由用户自己定义的合法标识符；

③ **整型常量表达式**定义了该数组中存储元素的最大容量，即数组长度。

在定义数组时，数组长度必须为一个整型常量表达式，不能是变量。如下面的定义就是错误的：

```
int n ;
scanf("%d",&n);
int score[n];                       /*error! 数组定义时，长度必须为常量*/
```

注意

为便于程序的阅读和修改，也可以参见 9.1.2 节用 define 方式定义符号常量给出数组长度。例如：

```
#define N 5
int score[N];
```

此外，实际应用中如果想定义一个大小可以根据用户需求来确定的数组，可以参考 7.5.3 节中介绍的动态空间分配方法。

6.1.2 一维数组的访问

数组中包含按顺序存在的多个同类型元素，可以用**数组名[下标]**的形式对数组中各个元素进行访问。**下标（Subcripting）**可以看成是数组元素的索引。

例如：

```
int score[5];
```

表示定义了一个名为 score，长度为 5 的整型数组。数组中包含了 5 个元素，它们的下标是 0、1、2、3、4，分别对应 score[0]、score[1]、score[2]、score[3]、score[4]这 5 个元素，每个元素都是一个 int 类型的变量。

下标通常是整型的常量、变量、表达式，但需要注意的是：**数组下标是从 0 开始编号的**。因此，下标的有效取值范围为：0～数组长度−1。

上例中的 score 数组长度为 5，因此其最后一个元素就是 score[4]，而不能使用 score[5]，否则出现下标越界的错误。

注意

C 语言是不检查数组边界的。因此如果使用越界的数组下标，如 score[5]、score[-1]编译时都不会有语法错误。但运行时，操作系统可能会出现一个非法内存访问的错误。甚至因为对超越数组边界的内容进行无意义的读写，而导致程序出错。

对于表示同类数据集合的数组，其输入、输出和赋值操作只能对单个元素进行。访问时只要指定下标就可以了。更常见的则是借助于**循环语句**对数组元素逐个进行相同操作，即用循环实现对数组所有元素的遍历。如例 6.1 中的第 14～18 行，利用循环完成对各个元素的输入和成绩的累加。如果需要，也可以在程序中增加如下代码完成所有成绩的输出：

```
for (i=0;i<num;i++)
        printf("%8.2f",score[i]);
```

两个数组即使数据类型相同、数组长度相同，也不能进行整体赋值，必须通过循环控制逐一进行数组元素之间的赋值操作。如已有定义好的长度为 5 的两个整型数组 a1、a2，且数组 a1 已有值，就可以使用如下语句实现将数组 a1 的各个元素值依次赋值给数组 a2：

```
for (i=0;i<5;i++)
        a2[i]=a1[i];
```

6.1.3 一维数组的初始化

数组定义后，各个数组元素在内存中是连续存放的，但值是随机的。可以通过初始化的方式给定元素初值。

初始化是指定义数组的同时直接对数组元素按从左到右的方式依次进行赋初值，例如：

```
int score[5]={98,95,67,83,76};
```

初始化后，数组内容如图6.1所示，各个元素的值分别为score[0]=98、score[1]=95、score[2]=67、score[3]=83、score[4]=76。

一维数组元素

score[0]	98
score[1]	95
score[2]	67
score[3]	83
score[4]	76

图6.1 数组的存储

数组初始化的特殊情况如下。

（1）数组的局部初始化。

```
int score[5]={98,95,67};
```

从下标0开始依次赋值，得到的结果是score[0]=98、score[1]=95、score[2]=67，而score[3]与score[4]默认初始化为0。初值的个数可以少于但不能多于数组允许的元素个数。

（2）初始化时允许省略数组的长度。

```
int score[]={98,95,67,83,76};
```

初始化时如缺省数组长度，并不表示数组的大小可变，而是在初始化时对数组的所有元素进行赋值，并由编译器根据所提供元素的数量来确定数组长度。本例中数组的长度为5。

下列初始化是错误的：

```
int score[3]={98,95,67,83,76};或int score[5]={ ,95,96, ,80};
```

6.1.4 一维数组的应用

一维数组在很多算法和应用中都有其用武之地，如数列求解、求最值等。

【例6.2】Fibonacci数列。有一对小兔子（一公一母），第2个月长成大兔子，长到第3个月开始每个月就生一对小兔子（一公一母）。等这对兔子长到第3个月又开始生小兔子。假设所有的兔子都不会死，求出n个月后兔子的数目。

表6.1 兔子数统计表

时间（个月）	小兔子（对）	大兔子（对）	兔子总数（对）
1	1	0	1
2	0	1	1
3	1	1	2
4	1	2	3
5	2	3	5
6	3	5	8
7	5	8	13
8	8	13	21
…	…	…	…

分析：根据描述，第1个月只有1对小兔子；第2个月只有1对大兔子；第3个月将会有1对小兔子（是那一对大兔子所生）及那对大兔子本身，共2对；第4个月将会有1对小兔子（为一对大兔子所生）及2对大兔子（一对是小兔子长成，另一对是原来的大兔子）……具体兔子数量变化如表6.1所示。

由表中不难看出，第1个月和第2个月兔子总数都只有1对，第3个月开始兔子总数是相邻的前两个月兔子总数之和。这就是著名的Fibonacci（斐波那契）数列，可表示为（0下标不用）：

$$\text{fib}[i]=\begin{cases}1 & (i=1\text{ 或 }i=2)\\ \text{fib}[i-1]+\text{fib}[i-2] & (i\geqslant 3)\end{cases}$$

通常，数列的前后项都存在一定的关系，而且数据类型相同，因此很适合用数组存放。

```
1    /* li06_02.c: Fibonacci 数列*/
2    #include <stdio.h>
3    #define N 30                        /*数组长度*/
4    int main()
5    {    int i,fib[N]={0,1,1};         /*下标 0 不用，从第 1 个月开始*/
6         int n;
7         do
8         {
9             printf("Input n:");
10            scanf("%d",&n);
11        }while(n<1||n>N-1);            /*输入满足要求的待求月份数*/
12        for(i=3;i<=n;i++)
13            fib[i]=fib[i-1]+fib[i-2];
14        for(i=1;i<=n;i++)
15        {
16             printf("%10d",fib[i]);
17            if((i)%5==0)               /*每行输出 5 个*/
18                  printf("\n");
19        }
20        return 0;
21   }
```

例 6.2 讲解

运行程序：

```
Input n: 17<回车>
         1          1          2          3          5
         8         13         21         34         55
        89        144        233        377        610
       987       1597
```

数组下标必定从 0 开始，但本例中 fib[0]元素没有使用。这样 fib[i]就可以表示第 i 个月的兔子总数，程序更易理解。

【例 6.2】的思考题：

① 如果要求几个月后兔子的数目超过 1000 对，程序应该怎样修改？

② 如果兔子总数超过 30 亿，上述程序还要做什么改动？

（提示：因不知道循环次数，可以使用 while 语句；例中只要求兔子总数不超过 1000，所以数组元素为 int 型不会出现越界错误。但随着月份的增加，兔子数量增长很快，到 47 个月时，元素类型可以选择 unsigned int，但是到 48 个月时则只能选取 double 类型了。）

数组的元素是按顺序存储的，各元素下标按 0，1，2…的顺序排列，编程时可以利用这点。

【例 6.3】统计一个整数中各个数字出现的次数。

分析：例如输入一个数 123456，各个数字只出现一次，而如果输入的是 123321 这个数，数字 1、2、3 分别出现了两次。考虑到不管多长的十进制数字都是由数字 0 到 9 构成，正好和长度为 10 的数组下标 0，1，2……，9 顺序一致，因此可以用下标对应的数组元素统计并存储相应数字出现的次数。

```
1    /*li06_03.c :统计数字出现次数*/
2    #include<stdio.h>
3    int main()
4    {
5         unsigned int m,n,i;
6         int digit[10]={0};
7         scanf("%u",&m);  n=m;
8         while (m)                      /*循环实现一个整数的数位分解*/
9         {   i=m%10;
10            digit[i]++;
11            m=m/10;
```

例 6.3 讲解

```
12      }
13      if(n==0)  digit[0]=1;
14      for(i=0;i<10;i++)
15            printf("%d\t",i);
16      printf("\n");
17      for(i=0;i<10;i++)
18           printf("%d\t",digit[i]);
19      return 0;
20  }
```

运行程序：

```
12330329<回车>
0       1       2       3       4       5       6       7       8       9
1       1       2       3       0       0       0       0       0       1
```

说明

本例输入的数存储在变量 m 中，m 选取 unsigned int 以扩大可以测试的数据范围。数组 digit[10]用于存储数 m 中各个数字 0，1，2……，9 出现的次数。

最值问题在实际应用中也非常常见，例如求得某门课程成绩的最高分、购物篮中最贵的物品等。因为比较的也是同一类类型数据，可以用数组解决此类问题。

【例 6.4】用函数完成数组中最大值的求解。

例 6.4 讲解

```
1   /* li06_04.c: 最值求解 */
2   #include <stdio.h>
3   #define N 10                          /*数组的长度*/
4   void printarr(int a[],int n);/ *输出一维数组所有元素*/
5   int maxnum(int a[],int n);    / *求一维数组中最大元素并返回*/
6   int main()
7   {
8       int array[N],i,n; /*定义数组，i 控制下标，n 控制元素实际个数*/
9       int max,min;      /*存最大、最小元素值，类型与元素类型一致*/
10      do
11      {    printf("Please input n(1<=n<=10):\n");
12           scanf("%d",&n);
13      }while (n<1||n>N);              /*保证读入的 n 满足 1≤n≤N*/
14      printf("Please input %d elements:\n",n);
15      for (i=0;i<n;i++)
16           scanf("%d",&array[i]);
17      printarr(array,n);              /*调用 printarr 函数输出数组的 n 个元素*/
18      max=maxnum(array,n);        /*调用 maxnum 函数求出最大元素值并赋值*/
19      printf("max element:%d\n",max);         /*输出最大元素值*/
20      return 0;
21  }
22  /*函数功能：   输出一维数组
23    函数参数：   两个形式参数分别表示待输出的数组、实际输出的元素个数
24    函数返回值：无*/
25  void printarr(int a[],int n)
26  {
27      int i;
28      printf("The elements are:\n");
29      for (i=0;i<n;i++)
30            printf("%5d",a[i]);
31      printf("\n");
32  }
33  /*函数功能：   求一维数组中最大的元素
34    函数参数：   第 1 参数对应待传递的数组，第 2 个整型参数表示数组的实际长度
35    函数返回值：最大值*/
36  int maxnum(int a[],int n)
37  {
```

```
38        int i,max;
39        max=a[0] ;                  /*假定第 1 个元素是最大值*/
40        for (i=1;i<n; i++)          /*从第 2 个元素到第 n 个元素与当前的最大值比较*/
41            if (a[i]>max)
42                max=a[i];           /*当前元素值若大于 max，则将值赋给 max 变量*/
43        return max;
44    }
```

运行程序：

```
Please input n(1<=n<=10):
7<回车>
Please input 7 elements:
4 7 9 5 3 2 7<回车>
The elements are:
   4    7    9    5    3    2    7
max element=9
```

本例使用函数实现数组元素的输出及最大数的查找。函数 void printarr(int a[ ],int n)、int maxnum(int a[],int n)形式参数的含义说明如下。

① int a[]是第 1 个形参，其对应的实际参数通常是主调用函数中定义的数组名。如本例 main()中的 printarr(array,n)，实际参数是 main 函数中定义的数组 array，对应形式参数 a[ ]看上去类似一个数组名（a 后的方括号不能省略），但实际上此处的形参 a 是一个指针变量，这个知识将在 7.3 节中详细介绍。

② 第 2 个整型参数就表示数组实际参与运算的元素个数。通常，当向一个函数传递数组名时，将数组元素的实际个数也通过另一个参数传递给函数，这样的方式使得该函数可以处理有任意个元素的数组，功能更通用，使用更灵活。

③ 函数调用时应保证实参、形参一一对应，并结合函数返回值类型给出合适的调用方法。如：printarr(array, n);，此处 printarr( )是无返回值的函数，可以直接作为函数调用语句使用；max=maxnum(array, n);则需要返回一个整数值，赋值给 max 变量。

【例 6.4】的思考题：

仿照例中 maxnum 函数求解最大值的方法，定义 minnum 函数求出数组中的最小值，并输出。

6.2 二维数组

本节要点：

- 二维数组的定义、初始化和访问方法
- 二维数组的应用

C 语言不仅支持一维数组，也支持多维数组，最常见的是二维数组。二维数组具有两个下标值，可以表示数组在两个维度上的长度。例如，可以表示多个学生多门课程的成绩。

【例 6.5】输出如下矩阵，之后再输出所有对角线元素。

$$\begin{pmatrix} 1 & 4 & 7 \\ 2 & 5 & 8 \\ 3 & 6 & 9 \end{pmatrix}$$

分析：矩阵可以利用二维数组进行存储，其对角线则为该二维数组中行、列下标相同的那些元素，用双层循环访问并将对角线的元素存入一维数组中，最后统一输出。

```
1   /* li06_05.c: 二维数组在矩阵中的应用 */
2   #include<stdio.h>
3   #define N 3
4   int main()
5   {
6       int A[N][N]={{1,4,7},{2,5,8},{3,6,9}}; /*二维数组初始化*/
7       int Diag[N];
8       int i,j;
9       for (i=0;i<N;i++)
10      {
11          for(j=0;j<N;j++)
12              printf("%5d",A[i][j]);    /*逐行访问二维数组元素*/
13          printf("\n");
14      }
15      for(i=0;i<N;i++)
16          Diag[i]=A[i][i];            /*对角线的值存放到一维数组中*/
17      printf("Diag:\n");
18      for(i=0;i<N;i++)
19          printf("%5d",Diag[i]);
20      return 0;
21  }
```

例 6.5 讲解

运行程序，屏幕上显示为：

```
    1    4    7
    2    5    8
    3    6    9
Diag:
    1    5    9
```

本例将 3 行 3 列的矩阵存储到二维数组 A 中，而后通过嵌套循环输出该矩阵，再利用单层循环将矩阵的对角线元素赋值给一维矩阵 Diag 中。

这个例子涉及二维数组的定义、初始化和访问等语法，将在下文进行详细介绍。

6.2.1　二维数组的定义

二维数组定义的格式如下。

语法：

```
类型标识符　数组名[整型常量表达式 1] [整型常量表达式 2];
```

示例：

```
int score[3][2];
```

其中：

① **类型标识符**表示该数组中所存储的元素的类型，二维数组中各个元素的数据类型都是一致的；

② 常量表达式 1 和常量表达式 2 给出了二维数组中两个维度上的顺序关系。

“常量表达式 1”为**行数**，“常量表达式 2”为**列数**，这是与数学上的行列式相对应的。和一维数组一样，数组元素的行下标和列下标都是整型常量，值从 0 开始。因此，行、列下标值的范围分别是[**0,行数-1**]和[**0,列数-1**]。如例 6.5 中第 2 行第 1 列的元素表示为 A[1][0]，其值为 2。

二维数组可以看成是表达一个二维空间的结构，如数学上的矩阵。类似地，还可以定义三维数组表示一个立体空间。

6.2.2　二维数组的初始化

在内存中，存储空间是一维的，并非用一个二维空间来存储二维数组。C 语言采用“**行优先**”

的方式存储数组元素：即先存储第 1 行的元素，再依次存储第 2、3……行的元素。

例如，一个国际象棋的棋盘，可以用一个 8 行 8 列的二维空间表示，定义如下：

```
int checker[8][8];
```

该数组名为 checker，包含了 8×8=64 个元素，即 checker[0][0]、checker[0][1]、……、checher[0][7]、checker[1][0]、checker[1][1]、……、checher[7][7]，每个元素都相当于一个 int 类型的变量。这 64 个元素是连续存放的，并采用行优先的方式，其存储形式如图 6.2 所示。

二维数组元素
checker[0][0]
checker[0][1]
⋮
checker[0][7]
checker[1][0]
checker[1][1]
⋮
checker[7][7]

图 6.2　二维数组在内存中的存储

二维数组的初始化也是**依照存储顺序，即逐行逐列依次赋值**的。

（1）全部元素均初始化。

例如：

```
int grade[3][4]={{1,2,3,4},{5,6,7,8},{9,10,11,12}};
```

该方法将数组中的元素逐行给出。经过这样的初始化，数组中的元素所获得的值依次如下：grade[0][0]=1，grade[0][1]=2，……，grade[1][0]=5，grade[1][1]=6，……，grade [2][3]=12。

全部元素初始化时可写成如下等价形式：

```
int grade[3][4]={1,2,3,4,5,6,7,8,9,10,11,12};
```

即一次将全部值放在一对花括号中，系统会按照数组元素在内存中的排列顺序依次对元素初始化。

用分行的方式给二维数组初始化更加清晰。此时，可以把二维数组的每一行看成一个一维数组，分别初始化。

（2）对部分元素初始化。

例如：

```
int grade[3][4]={ 1,2,3,4,5,6 };
```

如果花括号内的数据少于定义时确定的数组元素个数，系统仍按内存顺序依次对元素初始化，后面没有初始化的元素默认值为 0，此时得到的初始化状态如图 6.3 所示。

也可以逐行进行部分元素的初始化，例如：

```
int grade[3][4]={{1,2},{3,4},{5,6}};
```

此时，里面的每对花括号代表一行，本行中未给定确定值的元素默认值为 0，其初始化状态如图 6.4 所示。

1	2	3	4
5	6	0	0
0	0	0	0

图 6.3　二维数组 grade 的初始化

1	2	0	0
3	4	0	0
5	6	0	0

图 6.4　二维数组 grade 的缺省初始化

注意

无论是采用哪一种方式进行部分元素初始化，都要求遵循从左到右依次的原则，以下的初始化方式是错误的：

```
int grade[3][4]={ 1, ,  ,4,5,6 }; 或 int grade[3][4]={{1, ,2},{3, ,4},{5, ,6}};
```

（3）省略行数。

与一维数组类似，在初始化时可以省略二维数组的行数，但是不能省略列数，系统将自动根据数据个数与列数计算出行数，满足：（行数-1）*列数 ＜ 数据个数 ≤ 行数×列数。例如：

```
int grade[][4]={1,2,3,4,5,6,7,8,9,10,11,12};  /*行数=12/4=3*/
```

```
int grade[][4]={1,2,3,4,5,6,7,8,9,10};  /*行数=10/4+1=3*/
int grade[][4]={1,2,3,4,5,6,7,8};  /*行数=8/4=2*/
```

6.2.3　二维数组的访问

二维数组中的每个元素是按行存储，且是同一类型的变量，只要利用两个循环控制变量分别表示行下标及列下标，即用嵌套循环就可以对数组进行访问，如例 6.5 中输出矩阵 A 的代码如下：

```
for (i=0;i<N;i++)
{
    for(j=0;j<N;j++)
        printf("%5d",A[i][j]);
    printf("\n");
}
```

通常使用如上方式，即**外层循环控制行下标，内层循环控制列下标，按行输出矩阵**。

【例 6.6】将一个 3 行 4 列的矩阵转置后变成一个 4 行 3 列的矩阵。

分析：为实现数组的转置，只要将数组 array_a 中的元素的每一列赋值给 array_b 的每一行就可以了。

```
1   /* li06_06.c: 矩阵转置*/
2   #include <stdio.h>
3   #include <time.h>
4   #include <stdlib.h>
5   #define  ROW 3                          /*原始矩阵的行数*/
6   #define  COL 4                          /*原始矩阵的列数*/
7   int main()
8   {
9       int array_a[ROW][ COL];             /*用来存储原始矩阵*/
10      int array_b[ COL][ROW];             /*用来存储转置后的矩阵*/
11      int i,j;
12      srand(time(NULL));                  /*使用系统时钟作为随机数种子*/
13      for(i=0;i< ROW;i++)
14      {
15              for(j=0;j< COL;j++)
16              array_a[i][j]=rand()%100+1;    /*生成[1,100]的随机数*/
17      }
18      printf("Before transpose:\n");
19      for(i=0;i< ROW;i++)                 /*控制行*/
20      {
21          for(j=0;j< COL;j++)             /*控制列*/
22              printf("%4d",array_a[i][j]);
23          printf("\n");
24      }
25      for(i=0;i< COL;i++)                     /*控制新矩阵的行*/
26          for(j=0;j< ROW;j++)                 /*控制新矩阵的列*/
27              array_b[i][j]=array_a[j][i]; /*注意 array_a 访问方法*/
28      printf("After transpose:\n");
29      for(i=0;i< COL;i++)
30      {
31          for(j=0;j< ROW;j++)
32              printf("%4d",array_b[i][j]);
33          printf("\n");
34      }
35      return 0;
36  }
```

例 6.6 讲解

运行程序，输出结果如下：

```
Before transpose:
  82  95  92  60
  45  65  86  72
```

```
  19 100  54  91
After transpose:
  82  45  19
  95  65 100
  92  86  54
  60  72  91
```

说明

① 用 define 方式定义符号常量 ROW 和 COL 分别对应于原始矩阵的行数和列数，便于程序的阅读和修改。关于宏定义的具体内容请参见 9.1.2 节。

② 本例中代码第 13～17 行采用了与例 6.5 类似的方法按行对数组 array_a 的各个元素进行赋值。代码的第 25～27 行则根据程序需要，用外层循环控制列下标，用内层循环控制行下标，实现逐列访问数组 array_a，实现了矩阵的转置。

③ 本例中首次用到了随机函数 rand，使得二维数组中的原始数据除了初始化和从键盘输入之外，又有了一种新的方式——调用随机函数获得随机值赋值给数组元素。如果要产生[a,b]范围内的随机整数，则可以使用式子：rand()%(b-a+1)+a 得到，本例中的 a 为 1，b 为 100，所以 rand()%100+1 产生的就是[1,100]范围内的整数。需要注意的是，rand 函数产生的是伪随机整数（每次运行得到的随机数都是确定的序列）。

④ 本例中配合函数 rand 还用到了另外两个函数：srand 和 time，为了产生数据的随机性更好，在第一次调用 rand 之前可以调用一次 srand 函数，其参数为 time(NULL)，即调用时间函数 time 来获取计算机系统的当前时钟。显然，每次运行程序系统时钟一定是不一样的，因此 time(NULL)得到不同的值，srand 也就获得了不同的结果，从而接下来调用 rand 函数获得的随机数序列将会随着每次运行调用时间的变化而有所区分。

⑤ 与一维数组元素的访问一样，二维数组元素访问时一定要注意避免下标越界的错误。

【例 6.6】的思考题：

如果二维数组的行、列数完全相同，即方阵的情况下，

① 程序要做怎样的改动就能实现方阵的转置？

② 只用一个数组是否就能实现？

6.2.4　二维数组的应用

二维数组除了在数学中的行列式、矩阵等中有应用，游戏中也常常可以见到。

【例 6.7】模拟扑克牌游戏中的发牌过程，随机将 52 张扑克发给两个玩家。

分析：扑克牌中每张牌都包含两个信息：花色（为黑桃、红桃、方块或者梅花）以及大小（为 2，3，4，5，6，7，8，9，10，J，Q，K 或者 A），可以用两个一维字符数组 kind 和 size 分别存储。发牌过程则用随机数抽取花色和大小，表示抽取出的一张牌，依次发给两个玩家。为了表示每张牌的状态（未发出、发给玩家 1 或玩家 2），再定义二维数组 card 存放该信息。

```
1    /* li06_07.c: 模拟发牌程序*/
2    #include <stdio.h>
3    #include <stdlib.h>
4    #include <time.h>
5    int main()
6    {
7         int card[13][4]={0};
8         const char kind[4]={3,4,5,6};/*分别对应♡、◇、♣、♠4 个花色*/
9         const char size[13]={'2','3','4','5','6','7','8','9','X',
                               'J','Q','K','A'};
10         int i,j,k;
11         int sig = 1;                          /*标记牌发给哪一个玩家*/
```

例 6.7 讲解

```
12          int total = 52;
13          srand(time(NULL));
14          while (total)
15          {
16              j=rand()%13;
17              k=rand()%4;
18              if (!card[j][k])                    /*每张牌只能发一次*/
19              {
20                  card[j][k]=sig;
21                  sig = - sig;
22                  total--;
23              }
24          }
25          printf("玩家 1: \n");
26          for(i=0;i<13;i++)
27          {
28              printf("%c : ",size[i]);
29              for(j=0;j<4;j++)
30              {
31                  if (card[i][j]== 1)
32                  printf("%5c",kind[j]);    /*输出玩家手中对应的花色*/
33              }
34              printf("\n");
35          }
36          printf("玩家 2: \n");
37          for(i=0;i<13;i++)
38          {
39               printf("%c : ",size[i]);
40               for(j=0;j<4;j++)
41               {
42                   if (card[i][j]== -1)
43                          printf("%5c",kind[j]);
44               }
45               printf("\n");
46          }
47          return 0;
48      }
```

运行程序：

```
玩家 1:
2:    ♡    ◇
3:    ♡    ♣
4:    ♡    ♣    ♠
5:    ◇
6:    ♡    ♠
7:    ◇
8:    ♡    ♣    ♠
9:    ♡    ◇    ♣    ♠
X:    ♠
J:    ♡    ◇
Q:    ♣    ♠
K:    ♡    ♠
A:    ♠
玩家 2:
2:    ♣    ♠
3:    ◇    ♠
4:    ◇
5:    ♡    ♣    ♠
6:    ◇    ♣
```

```
7:     ♡     ♣     ♠
8:     ◇
9:
X:     ♡     ◇     ♣
J:     ♣     ♠
Q:     ♡     ◇
K:     ◇     ♣
A:     ♡     ◇     ♣
```

说明

① 数组行列长度是根据实际需要确定的。如 card[13][4]表示的是扑克牌中 13 个数字和 4 个花色组合而成的 52 张牌。

② 数组如定义后不希望被修改，则可以定义成常量数组，即在数组名前加 const，如例中数组 kind[4]表示的 4 个花色和 size[13]表示的 13 个数字大小。当然，这两个常量数组都做了一定的处理，前一个数组 kind 利用 ASCII 码表示特殊字符来表示扑克牌的花色，而后一个数组 size 用字符'X'表示牌中的数字 10。

③ 变量 sig 用于标记每张牌发给了哪一个玩家，因本例只有两个玩家，所以可以用 1 和-1 来表示。

【例 6.7】的思考题：

如果希望把扑克牌按花色整理，程序要做怎样的改动呢？

该例中利用了二维数组的行列可以存储两个维度上的信息，同样的应用还常见于一个班级里多位学生多门课程成绩的存储，例如，float score[10][3]，就可以存储 10 位同学 3 门课的成绩。

当一个程序中存在多个函数时，也可以通过参数传递实现对同一个二维数组的访问。需要注意的是，**当形参是二维数组形式时，列数是必须给出的。**

【例 6.8】实现九九乘法表并输出用户要求的格式。

分析：main 计算了九九乘法表并将结果存储在二维数组中，而后根据需要调用输出函数分别实现输出全部和部分。

```
1    /* li06_08.c: 九九乘法表*/
2    #include <stdio.h>
3    /*函数功能:  输出全部的九九乘法表
4      函数参数:  待输出的二维数组
5      函数返回值: 无*/
6    void printAll(int num[][10])
7    {
8         int i,j;
9         for(i=1;i<10;i++)
10        {
11             for(j=1;j<10;j++)
12                 printf("%d*%d=%-4d",i,j,num[i][j]);        /*输出格式控制*/
13             printf("\n");                                /*输出一行后换行*/
14        }
15   }
16   /*函数功能:   输出九九乘法表的下三角部分
17     函数参数:   待输出的二维数组
18     函数返回值: 无*/
19   void printDown(int num[][10])
20   {
21        int i,j;
22        for(i=1;i<10;i++)
23        {
```

例 6.8 讲解

```
24            for(j=1;j<=i;j++)                        /*内层循环控制每行输出个数*/
25                  printf("%d*%d=%-4d",i,j,num[i][j]);
26            printf("\n");
27        }
28    }
29    int main()
30    {
31        int Nine[10][10]={0};
32        int i,j;
33        int choice;
34        for(i=1;i<10;i++)
35            for(j=1;j<10;j++)
36                Nine[i][j]=i*j;                 /*给九九乘法表每一项赋值*/
37        printf("     1    输出全部\n");
38        printf("     2    输出下三角部分\n");
39        printf("Please input your choice:");
40        scanf("%d",&choice);                    /*根据菜单提示输入选项*/
41        switch(choice)
42        {
43        case  1:
44            printAll(Nine);break;
45        case 2:
46            printDown(Nine);break;
47        default:
48            printf("Input error!\n");           /*选项出错予以提示*/
49        }
50        return 0;
51    }
```

运行程序：

```
     1    输出全部
     2    输出下三角部分
Please input your choice:
1<回车>
1*1=1    1*2=2    1*3=3    1*4=4    1*5=5    1*6=6    1*7=7    1*8=8    1*9=9
2*1=2    2*2=4    2*3=6    2*4=8    2*5=10   2*6=12   2*7=14   2*8=16   2*9=18
3*1=3    3*2=6    3*3=9    3*4=12   3*5=15   3*6=18   3*7=21   3*8=24   3*9=27
4*1=4    4*2=8    4*3=12   4*4=16   4*5=20   4*6=24   4*7=28   4*8=32   4*9=36
5*1=5    5*2=10   5*3=15   5*4=20   5*5=25   5*6=30   5*7=35   5*8=40   5*9=45
6*1=6    6*2=12   6*3=18   6*4=24   6*5=30   6*6=36   6*7=42   6*8=48   6*9=54
7*1=7    7*2=14   7*3=21   7*4=28   7*5=35   7*6=42   7*7=49   7*8=56   7*9=63
8*1=8    8*2=16   8*3=24   8*4=32   8*5=40   8*6=48   8*7=56   8*8=64   8*9=72
9*1=9    9*2=18   9*3=27   9*4=36   9*5=45   9*6=54   9*7=63   9*8=72   9*9=81
```

再次运行程序：

```
     1    输出全部
     2    输出下三角部分
Please input your choice:
2<回车>
1*1=1
2*1=2    2*2=4
3*1=3    3*2=6    3*3=9
4*1=4    4*2=8    4*3=12   4*4=16
5*1=5    5*2=10   5*3=15   5*4=20   5*5=25
6*1=6    6*2=12   6*3=18   6*4=24   6*5=30   6*6=36
7*1=7    7*2=14   7*3=21   7*4=28   7*5=35   7*6=42   7*7=49
8*1=8    8*2=16   8*3=24   8*4=32   8*5=40   8*6=48   8*7=56   8*8=64
9*1=9    9*2=18   9*3=27   9*4=36   9*5=45   9*6=54   9*7=63   9*8=72   9*9=81
```

再次运行程序：

```
     1    输出全部
     2    输出下三角部分
```

```
Please input your choice:
3<回车>
Input error!
```

说明

① main 函数中定义了一个存储九九乘法表乘积的数组 Nine[10][10]，它的行、列数都是 10，这样，可以直接利用下标为 1～9 进行九九乘法表的计算和输出，而下标为 0 的元素，即数组的第一行和第一列就不用了。

② 本例中函数 void printAll(int num[][10])和 void printDown(int num[][10])用于完成二维数组的输出，参数 int num[][10]指出要传递的是一个整型的二维数组，和二维数组初始化一样，列数不能省略。调用时，只要将二维数组名作为实参即可。这种调用方法涉及的原理请参考本书 7.2.2 节。

6.3 数组常用算法介绍

本节要点：

- 数组元素的插入与删除
- 数据元素的查找和排序

实际应用中常涉及大量同类型数据的查找、插入、删除和排序等操作，这些都是数组中的常用算法，本节将逐一介绍这些算法。

6.3.1 数组元素查找

查找算法是为了获得待查询元素在数组中是否存在、如果存在其具体位置的信息。最简单的方法就是从第一个元素开始依次与待查找的元素进行比较，如果相等就查找成功，输出元素及对应下标；如果与所有元素都比较结束仍没有相等的元素，则输出“元素不存在”的提示信息。

【例 6.9】从键盘上输入 n(1≤n≤10)个整数作为数组 a 的元素值，再读入一个待查找的整数 x，在 a 数组中查找 x，如果存在输出它的下标，否则提示："Not present! "。

```
1    /* li06_09.c: 数组元素查找*/
2    #include <stdio.h>
3    #define SIZE 10
4    int find(int a[],int n,int x);              /*函数声明*/
5    int main()
6    {
7         int array[SIZE],i=0,n,x;
8         int pos;
9         do
10        {    printf("Please input n(1<=n<=%d):",SIZE);
11             scanf("%d",&n);
12        }while (n<1||n>SIZE);                  /*保证读入的 n 满足 1≤n≤SIZE*/
13        printf("Please input %d elements:",n);
14        for (i=0;i<n;i++)
15             scanf("%d",&array[i]);            /*读入数组元素*/
16        printf("Please input x be searched:");
17        scanf("%d",&x);                        /*读入待查找数据*/
18        pos=find(array,n,x);                   /*调用函数完成查找*/
19        if(pos<n)
20            printf("value=%d, index=%d\n",x,pos);
21        else
```

例 6.9 讲解

```
22              printf("Not present!\n");
23          return 0;
24      }
25      /*函数功能：完成一维数组的查找算法
26        函数参数：  3 个形式参数分别对应于待查找的数组、数组的有效元素个数以及
27                    待查找的值
28        函数返回值：返回查询结果，若查询成功返回数组元素所在下标，不成功则返回
29                    数组长度值 n*/
30      int find(int a[],int n,int x)
31      {
32          int i=0;
33          while(i<n)              /*循环条件为：如果未找到且未搜索完元素*/
34          {
35              if (x==a[i])        /*如果查找成功，i 的值正好是元素下标*/
36                  break;
37              i++;
38          }
39          return i;
40      }
```

运行此程序：

```
Please input n(1<=n<=10): 4<回车>
Please input 4 elements: 98  -45  34  72 <回车>
Please input x be searched :34 <回车>
value=34, index=2                         /*查找成功，输出元素值以及其下标*/
```

再次运行程序：

```
Please input n(1<=n<=10): 3<回车>
Please input 3 elements: 45 72 15<回车>
Please input x be searched: 5<回车>
Not present!                              /*查找不成功，给出相应的提示信息*/
```

说明

本例实现的是最简单的顺序查找方法，这种算法对数组元素的初始序列值无任何要求，即不要求元素值有序。最糟糕的情况下要比较 *n* 次（数组长度），效率不高。为提高查找效率，可以用其他的查询算法，如二分法等。

【例 6.9】的思考题：

设计一个简单的猜数字游戏：产生 1～20 的 10 个整数放入数组中，然后读入一个整数 x 为所猜的数，如果 x 是数组中的元素，猜字成功，否则不成功。

6.3.2　插入数组元素

插入是指在原有序列中插入一个新的值。有的时候是指定位置的插入，更多情况下是向有序数组中插入一个数组元素，使得插入后的数组仍保持原序。

插入算法的一般步骤如下。

① **定位：**即确定新元素的插入位置。在给定插入位置的插入算法中该步骤可以省略；但是如果是向有序数组中插入，则首先必须寻找待插入的位置，即得到新元素插入的下标 i。

② **移位：**插入位置有两种，一种是在已有的任一数据元素的前面插入；第二种在数组的最后位置插入，这种情况下不需要移位。如果数组原来有 n 个元素，则共有 n+1 个可能的插入位置。

对于第一种位置的情况，需要移位，方法是：将下标为 n−1 的元素到下标为 i 的元素依次做赋值给后一个元素的操作，这样下标 i 位置上的元素事实上已经复制到了下标为 i+1 的位置上，因此可以被待插入元素所覆盖。

③ **插入**：在下标为 i 的位置上插入新元素，即作一次赋值操作，将待插入数据赋值给下标为 i 的数组元素。

【例 6.10】整型数组 a 中的元素值已按非递减有序排列，再读入一个待插入的整数 x，将 x 插入数组中，使 a 数组中的元素仍然保持非递减有序排列。

```
1    /* li06_10.c: 数组元素插入 */
2    #include <stdio.h>
3    #define SIZE 7
4    void print(int a[],int n);
5    void insert(int a[],int n,int x);
6    int main( )
7    {
8         int array[SIZE]={12,23,34,45,56,67};/*用 6 个递增数值初始化
                                                  数组元素*/
9         int x;
10        print(array,SIZE-1);         /*输出插入前数组元素*/
11        printf("Please input x be inserted:");
12        scanf ("%d",&x);             /*读入待插入的值 x*/
13        insert(array,SIZE-1,x);      /*插入*/
14        print(array,SIZE);           /*输出插入后数组元素，长度加 1*/
15        return 0;
16   }
17   /*函数功能：   完成一维数组的输出
18     函数参数：   两个形式参数分别表示待输出的数组、实际输出的元素个数
19     函数返回值：无返回值
20   */
21   void print(int a[],int n)
22   {
23        int i;
24        printf("The array is:\n");
25        for (i=0;i<n;i++)
26             printf("%5d",a[i]);
27        printf("\n");
28   }
29   /*函数功能：      完成一维数组的插入算法
30     函数参数：      3 个形式参数分别对应于待插入的数组、现有元素个数、待插入元素
31     函数返回值：无返回值
32   */
33   void insert(int a[],int n,int x)
34   {
35        int i,j;
36        for (i=0;i<n&&a[i]<x;i++);/*定位：查找待插入的位置 i，循环停止时的 i 就是*/
37        for (j=n-1;j>=i;j--)       /*移位：用递减循环移位，使 i 下标元素可被覆盖*/
38             a[j+1]=a[j];
39        a[i]=x;                    /*插入：数组的 i 下标元素值赋值为插入的 x*/
40   }
```

例 6.10 讲解

运行程序：

```
The array is:
   12   23   34   45   56   67
Please input x be inserted: 50<回车>
The array is:
   12   23   34   45   50   56   67
```

① 程序实现时要注意，插入数据要有空余的空间，因此定义数组时其长度一定要大于数组的初始有效元素个数。

② 元素移位的操作过程是用递减循环实现的，后移就是做形如 a[j+1]=a[j]的赋值。本例中具体执行过程如图 6.5 所示（图（b）中灰底斜体的 56 将被覆盖）。

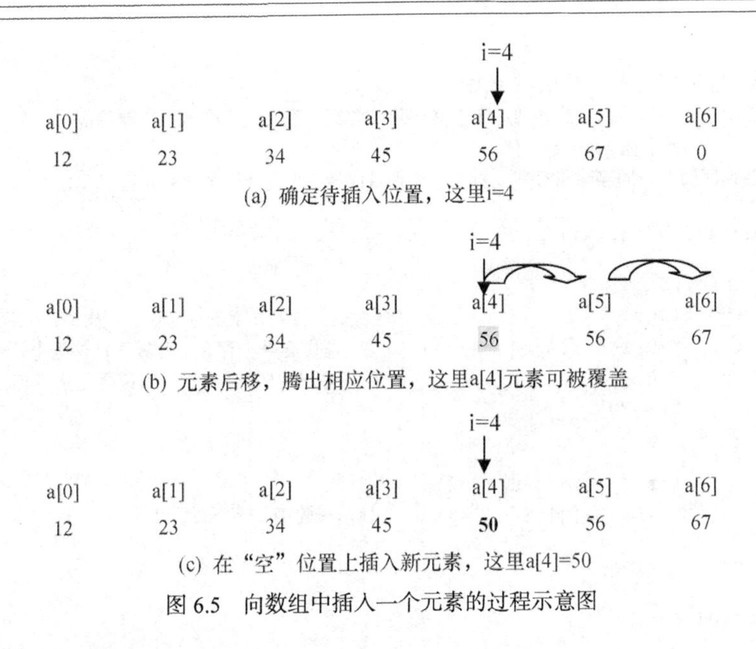

(a) 确定待插入位置，这里i=4

(b) 元素后移，腾出相应位置，这里a[4]元素可被覆盖

(c) 在“空”位置上插入新元素，这里a[4]=50

图 6.5 向数组中插入一个元素的过程示意图

6.3.3 删除数组元素

内存空间中的数据只能修改，不能“擦除”。所谓“删除”其实是通过将需要删除的元素“覆盖”完成的，也就是将待删除元素后面的元素依次赋值给前一个元素。

删除算法的一般步骤如下。

① **定位**：即确定待删除元素的下标。此步骤通过循环将数组中的元素与待删除的值 x 做是否相等的比较，找到相等元素后停止循环，此时的下标 i 就是待删除的位置。当然，也可能比较完所有元素后不存在值等于 x 的元素，则表示不能执行删除操作，不进行下面的②和③两步。

② **移位**：如果待删除的元素下标为 i，则通过一个递增型循环，从 i 下标开始一直到 n−2 下标依次将元素前移（形如：a[j]=a[j+1]），从而达到覆盖下标 i 原有值的效果。

③ **个数减 1**：第②步结束之后，下标 n−2 和下标 n−1 两个位置上的元素为同一个值，即原来的最后一个元素有两个副本。此时，只能通过将有效元素个数 n 的值减 1 的方式，使得下标 n−1 的元素变成一个多余的不再被访问的元素，从而达到删除的最终效果。

下面通过例 6.11 来演示删除数组元素的完整过程。

【例 6.11】 整型数组 a 中有若干个元素，再读入一个待删除的整数 x，删除数组中第 1 个等于 x 的元素，如果 x 不是数组中的元素，则显示："can not delete x!"。

```
1	/* li06_11.c: 删除数组元素*/
2	#include <stdio.h>
3	#define SIZE 5
4	/*函数功能：	完成一维数组的输出
5	  函数参数：	表示待输出的数组、数组元素个数
6	  函数返回值：无返回值
7	*/
8	void print(int a[],int n)
9	{
10		int i;
11		printf("The array is:\n");
12		for (i=0;i<n;i++)
13				printf("%5d",a[i]);
14		printf("\n");
```

例 6.11 讲解

```
15  }
16  /*函数功能：完成从一维数组中删除特定元素
17    函数参数：3 个形式参数分别对应于待删除的数组、现有元素个数、待删除的
18          元素值
19    函数返回值：返回删除是否成功标志，1 表示成功，0 表示待删除的元素不存在
20  */
21  int delArray(int a[],int n,int x)
22  {
23      int i,j;
24      int flag=1;                  /*是否找到待删元素的标志位，1 找到，0 未找到*/
25      for (i=0;i<n &&a[i]!=x;i++) ; /*查找 x 是否存在，此处循环体为空语句*/
26      if (i==n)                    /*循环停止时如果 i==n，则说明元素不存在*/
27          flag=0;
28      else
29      {
30          for (j=i;j<n-1 ;j++)
31              a[j]=a[j+1];         /*前移覆盖 i 下标的元素*/
32      }
33      return flag;
34  }
35  int main( )
36  {
37      int array[SIZE]={23,45,34,12,56};     /*初始化数组*/
38      int x;
39      print(array,SIZE);                    /*输出删除前的数组*/
40      printf("Please input x be deleted:\n");
41      scanf("%d",&x);                       /*读入待删除的 x*/
42      if(delArray(array,SIZE,x))            /*调用 delArray 删除元素 x*/
43          print(array,SIZE-1);              /*如果成功，输出删除后的数组元素*/
44      else
45          printf("can not delete x!\n");    /*否则给出未删除的提示信息*/
46      return 0;
47  }
```

第一次运行此程序：

```
The array is:
   23   45   34   12   56
Please input x be deleted: 34<回车>
The array is:
   23   45   12   56
```

再次运行此程序：

```
The array is:
   23   45   34   12   56
Please input x be deleted: 90 <回车>
can not delete x!
```

注意元素移位的操作过程，这个过程与插入不同，是用递增循环实现的，前移就是做形如 a[j]=a[j+1]的赋值。本例中具体执行过程如图 6.6 所示，图（a）中灰底斜体的 34 是被删除的元素，需要被覆盖。最后会有两个 56 存在于数组中，因此将 n 值减 1。

本程序只能实现删除第 1 个值等于 x 的元素，如果存在多个与 x 值相同的元素，则需要改进方法。

【例 6.11】的思考题：

如果要删除数组中所有等于 x 的元素，并且输出删除前和删除后的数组，程序应该做怎样的改动?

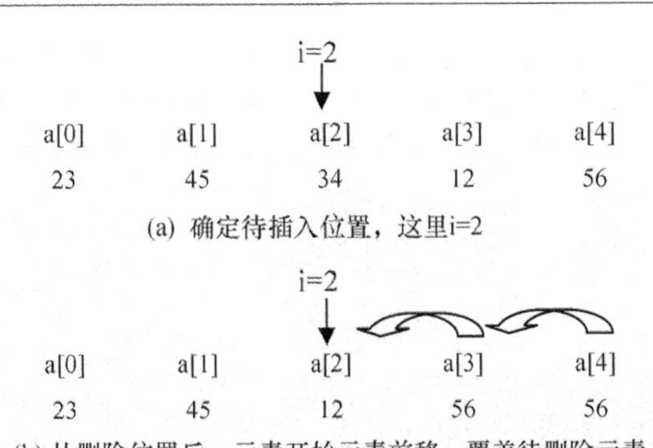

(a) 确定待插入位置，这里i=2

(b) 从删除位置后一元素开始元素前移，覆盖待删除元素

图 6.6　从数组中删除一个元素的过程示意图

6.3.4　数组排序

排序是通过元素位置的调整使得数组的所有元素按特定顺序存放，如数组中的元素按非递增或非递减的顺序排列。排序算法是数组中的常用经典算法。

排序可以用很多种方法实现，本节只介绍其中的一种——**冒泡排序**。

冒泡排序的算法思想是:在排序过程中对元素进行两两比较,越小的元素会经由交换慢慢“浮”到数组的前面（低下标处），像气泡一样慢慢浮起，由此得名。假设对长度为 n 的数组进行冒泡排序，算法可以描述如下。

① 第 1 趟冒泡：从数组 n−1 下标的元素到 0 下标元素遍历，比较相邻元素对，如果后一个元素小于前一个元素，则交换。第一趟结束时，最小元素“浮起”到达 0 下标位置。

② 第 2 趟冒泡：从数组 n−1 下标的元素到 1 下标元素遍历（因为 0 下标的已是最小元素，已经到位，无需再参加比较），比较相邻元素对，如果后一个元素小于前一个元素，则交换。第二趟结束时，本趟最小元素到达 1 下标位置。

依此类推，最多 n−1 趟冒泡（n 是元素个数），便可以完成排序。

【例 6.12】从键盘上输入 n(1≤n≤10)个整数，用冒泡法将元素按从小到大的顺序排序，然后输出排序后元素。

```
1    /* li06_12.c: 数组排序 */
2    #include <stdio.h>
3    #define SIZE 10
4    /*函数功能:  完成一维数组的输出
5      函数参数:  表示待输出的数组、实际输出的元素个数
6      函数返回值: 无返回值
7    */
8    void print(int a[],int n)
9    {      int i;
10         printf("The array is:\n");
11         for (i=0;i<n;i++)
12                printf("%5d",a[i]);
13         printf("\n");
14   }
15   /*函数功能:  完成一维数组的冒泡排序算法
16     函数参数:   两个参数分别是待排序数组及当前元素个数
17     函数返回值: 无返回值
18   */
19   void BubbleSort(int a[], int n)
20   {
21        int i, j,temp;
```

例 6.12 讲解

```
22        for (i = 0; i < n-1; i++)        /*共进行 n-1 趟排序*/
23            for (j =n-1; j>i ; j--)     /*递减循环，从后往前比较*/
24                if (a[j ] < a[j-1])   /*两两比较，若后一个元素小则交换该组相邻元素*/
25                {
26                    temp=a[j-1];
27                    a[j-1]=a[j];
28                    a[j]=temp;
29                }
30    }
31    int main()
32    {
33        int array[SIZE],i=0,n;
34        do
35        {    printf("Please input n(1<=n<=%d):",SIZE);
36             scanf("%d",&n);
37        }while (n<1||n>SIZE);                /*保证读入的 n 满足 1≤n≤SIZE*/
38        printf("Please input %d elements:",n);
39        for (i=0;i<n;i++)
40             scanf("%d",&array[i]);          /*读入数组元素*/
41        BubbleSort(array,n);                 /*调用函数完成排序*/
42        print(array,n);
43        return 0;
44    }
```

运行程序：

```
Please input n(1<=n<=10):  4<回车>
Please input 4 elements: 4  3  1  5 <回车>
The array is:
  1   3   4   5
```

说明

本例共进行了 3 趟冒泡排序，其中前两趟排序的过程实现如图 6.7 所示。

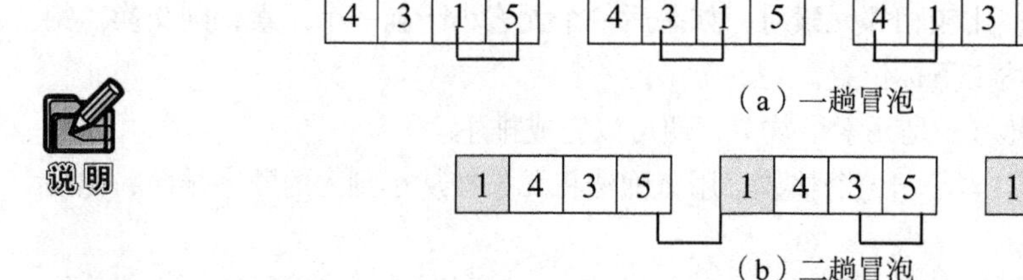

（a）一趟冒泡

（b）二趟冒泡

图 6.7　冒泡排序图示

【例 6.12】的思考题：

冒泡排序算法中，对每一趟排序无论数据是否有序都会进行比较，影响算法效率，试着改进算法以减少排序趟数，并输出算法中排序的总趟数是多少。

6.4　本 章 小 结

本章主要讲解了 C 语言中常用的数组类型，包括一维数组和二维数组。分别阐述了数组的定义、初始化和访问方法，并就一维数组和二维数组给出了典型的应用案例，帮助读者理解数组的使用场景。本章最后介绍了一维数组的常见算法，包括：数组的插入、删除、查询和排序算法，这些算法在实际编程中得到广泛的应用。

习　题　6

一、单选题

1. 以下定义语句错误的是________。

   A. int x[ ][3]={{0},{1},{1,2,3}};

   B. int x[4][3]={{1,2,3},{1,2,3},{1,2,3},{1,2,3}};

   C. int x[4][ ]={{1,2,3},{1,2,3},{1,2,3},{1,2,3}};

   D. int x[ ][3]={1,2,3,4};

2. 下列一维数组初始化正确的是________。

   A. int a[5]={1,2} ;　　B. int a[2]={1,2,3,4,5};

   C. int a[5]={ , ,1,2} ;　　D. int a{5}={1,2,3,4,5};

3. 若定义 int m[10]={9,4,12,8,2,10,7,5,1,3};，则 m[m[4]+m[8]]的值是________。

   A. 8　　B. 12　　C. 10　　D. 7

4. 若有定义：int a[2][3];，以下选项中对 a 数组元素引用正确的是________。

   A. a[2][!1]　　B. a[2][3]　　C. a [0][3]　　D. a[1>2][!1]

5. 若定义 int a[][4]={1,2,3,4,5,6,7,8};，a[1][0]的值是________。

   A. 3　　B. 4　　C. 5　　D. 1

6. 若有定义 int b[5][7];，根据数组存储顺序，b[0][0]为第 1 个元素，则第 10 个元素是________。

   A. a[2][5]　　B. b[2][4]　　C. b[1][2]　　D. b[1][5]

7. 下列程序执行后的输出结果是________。

```
#include <stdio.h>
int main()
{
     int a,b[3];
     a=0; b[0]=3;
     printf("%d,%d",b[0],b[1]);
     return 0;
}
```

   A. 3,0　　B. 3　0　　C. 0,3　　D. 3,不定值

8. 如下程序执行后输出为________。

```
#include <stdio.h>
int main()
{
     static int a[3][3];
     int i,j;
     for (i=0;i<3;i++)
              for (j=0;j<3;j++)
                    a[i][j]=a[j][i]+i*j;
     printf("%d,%d",a[1][2],a[2][1]);
     return 0;
}
```

   A. 2,2　　B. 2,4　　C. 4,2　　D. 不确定值，不确定值

9. 有以下 C 程序：

```
#include <stdio.h>
#define N 20
void fun(int a[],int n,int m)
```

```
{
    int i,j;
    for(i=n;i<m;i++)
        a[i]=a[i+1];
}
int main()
{
    static int i,a[N]={1,2,3,4,5,6,7,8,9,10};
    fun(a,2,10);
    for(i=0;i<10;i++)
            printf("%d",a[i]);
    return 0;
}
```

程序运行后的输出结果是________。

A. 1345678910　　　　B. 13456789100

C. 1245678910　　　　D. 12456789100

10. 以下程序编译运行后输出为________。

```
#include <stdio.h>
double F(int x)
{
    return(3.14*x*x);
}
int main()
{
    int a[3]={1,2,3};
    printf("%5.2f\n",F(a[1]));
    return 0;
}
```

A. 3.14　　B. 12.56　　C. 28.26　　D. 编译出错

二、读程序写结果

1. 当输入 ***a<回车> bc<回车> def<回车>***时，写出下面程序的输出结果。

```
#include<stdio.h>
 int main()
 {
    char X[6];
    int i;
    for(i=0;i<6;i++)
        X[i]=getchar();
    for(i=0;i<6;i++)
        putchar(X[i]);
    return 0;
 }
```

2. 写出程序的运行结果。

```
#include<stdio.h>
 int main()
 {
    int X[6][6]={0};
    int i,j;
    for(i=1;i<6;i++)
        for(j=1;j<6;j++)
            X[i][j]=(i/j)*(j/i);
    for(i=0;i<6;i++)
    {
        for(j=0;j<6;j++)
            printf("%5d",X[i][j]);
        printf("\n");
    }
    return 0;
 }
```

3. 写出程序的运行结果。

```
#include<stdio.h>
int fun(int s[],int t[])
{
     int i,j=0;
     for(i=0;i<10;i++)
           if(i%2)
           {
                t[j]=s[i];
                j++;
           }
     return j;
}
int main()
 {
    int X[10]={1,2,3,4,5,6,7,8,9,10};
    int Y[10];
    int m,i;
    m=fun(X,Y);
    for(i=0;i<m;i++)
         printf("%5d",Y[i]);
    printf("\n");
    return 0;
 }
```

4. 写出程序的运行结果。

```
#include<stdio.h>
 int main()
 {
    int X[4][4]={{11,2,31,14},{5,16,7,4},{18,9,6,10},{17,1,3,12}};
    int i,j,k,t;
    for(i=0;i<4;i++)
         for(j=0;j<4;j++)
              for(k=j+1;k<4;k++)
              {
                   if (X[i][j]>X[i][k])
                   {
                        t=X[i][j];
                        X[i][j]= X[i][k];
                        X[i][k]=t;
                   }
              }
    for(i=0;i<4;i++)
    {
         for(j=0;j<4;j++)
              printf("%5d",X[i][j]);
         printf("\n");
    }
    return 0;
 }
```

三、填写程序完成要求功能

1. 完成下面程序，给一维数组输入数据后，找出下标为偶数的元素的最小值并输出。

```
#include <stdio.h>
int main()
{
     int a[10],min;
     int i;
     for(i=0;i<10;i++)
          _______①_______;
     min=a[0];
     for(i=2;i<10;_______②_______)
          if(_______③_______)
```

```
                min=a[i];
    printf("%d",min);
    return 0;
}
```

2. 下面程序完成：输入指定数据给数组 x，输出格式如下，请填空完成程序。

4

3 7

2 6 9

1 5 8 10

```
#include <stdio.h>
int main()
{
    int x[4][4],n=0;
    int i,j;
    for(j=0;j<4;j++)
        for(i=3;i>=j;____④____)
        {
            n++;
            x[i][j]=______⑤______;
        }
    for(i=0;i<4;i++)
    {
        for(j=0;_____⑥_____;j++)
            printf("%3d",x[i][j]);
        printf("\n");
    }
    return 0;
}
```

3. 以下程序求得二维数组 a 的每行最大值，并存储在数组 b 中，请将程序补充完整。

```
#include <stdio.h>
void fun(int ar[][4], int bar[],int m,int n)
{
    int i,j;
    for(i=0;i<m;i++)
     {
        ____⑦____;
        for(j=1;j<n;j++)
            if(ar[i][j]>bar[i])
                bar[i]=ar[i][j];
    }
}
int main()
{
    int a[3][4]={{12,41,36,28},{19,33,15,27},{3,27,19,1}},b[3],i;
     _____⑧_____;
    for(i=0;i<3;i++)
          printf("%4d",b[i]);
    printf("\n");
    return 0;
}
```

四、编程题

1. 编程从键盘上输入 20 个整数，求去掉最大值和最小值以后那些元素的平均值。

2. 编程随机生成 40 个小写字母并赋值给一个字符数组，统计该数组中各个小写字母出现的次数并输出。

3. 编写函数判断 *n* 阶矩阵是否对称，对称时返回 1，不对称时返回 0。主函数中定义矩阵并调用该函数进行判断。

4. 编写函数 fun，求出 a 到 b 之内能被 7 或者 11 整除，但不能同时被 7 和 11 整除的所有正数，并将它们放在数组中，函数返回这些数的个数。编写 main 函数，输入 a，b 的值并调用函数进行运算。

5. 编程打印如下形式的杨辉三角形（编程提示：用二维数组存放杨辉三角形中的数据）。

```
1
1   1
1   2   1
1   3   3    1
1   4   6    4  1
1   5  10   10  5  1
```

6. 利用公式 $Cij=\sum_{k=1}^{n} Aik * Bkj$ 求 ***A***、***B*** 两个矩阵的乘积并输出结果矩阵（要求：***A*** 矩阵列数=***B*** 矩阵行数）。***A*** 和 ***B*** 矩阵中元素的初值要求调用 rand 函数产生 1～10 的随机整数。

7. 算算是第几天。给定一个日期，数据格式为 YYYY-MM-DD，输出这个日期是该年的第几天。可以将每月的天数存放在数组 int b[13] = {0,31,28,31,30,31,30,31,31,30,31,30,31};中。

第 7 章 指针

计算的目的不在于数据，而在于洞察事物。

The purpose of computing is insight, not numbers.

——理查德·哈明（Richard Wesley Hamming），图灵奖得主

学习目标：

- 掌握指针变量的定义和使用方法
- 理解指针和数组的关系，会用指针访问数组
- 掌握指针在函数中应用的方法
- 掌握利用指针进行动态内存空间管理的方法

指针（Pointer）是 C 语言中最富特色的内容，是 C 语言的精髓所在。第 1 章提到，内存单元的编号叫作地址（Address），也称为指针。指针可以直接访问计算机内存，开发底层的程序，使得 C 这种高级程序设计语言也能完成低级语言的工作。灵活运用指针，可以编写出简洁、高效、紧凑的程序，可以提高程序的运行速度，降低程序的存储空间，也可以有效地表示和实现复杂的数据结构。

指针的作用就类似于图 7.1 中的信箱编号，如 101、102、103……，而指针指向的数据内容就类似于信箱中的信件，比如某某的信。通过信箱编号（指针）就可以找到对应的信件（数据）。

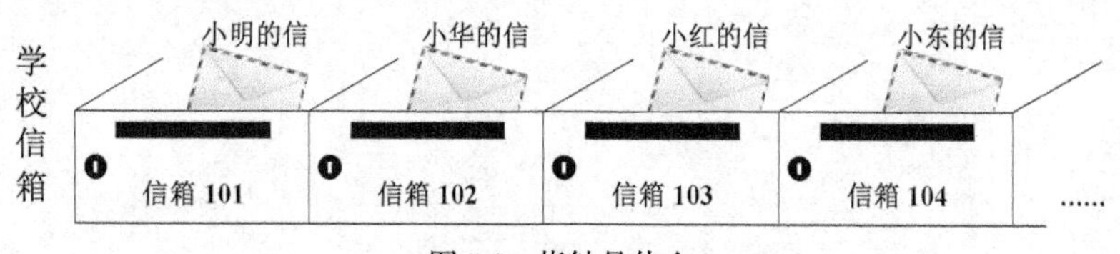

图 7.1　指针是什么

7.1 指针变量

本节要点：

- 区分变量的地址和变量的值
- 通过指针变量可以进行间接访问
- 指针变量可以参与的运算

指针值也可以存入特定类型的变量中，这样的变量在 C 语言中就是**指针变量**，有时为了方便

简称为指针。但实际上应该弄清楚，指针与整型数据一样也有常量和变量之分。

7.1.1　变量地址和变量的值

第 1 章中我们提到，为了对内存空间进行有效管理，计算机为存储空间中的每一个字节（8 个二进制位）分配一个编号，通常叫作"**编址**"，这个编号就是我们常说的**内存地址（简称地址）**。编址时保证内存中的每一个字节都有独一无二的地址号。

变量以它所占据的那块内存的第一个字节的地址（即起始地址）来表示该变量在内存中的地址。例如执行以下语句：

```
int x=10;
printf("x=%d\t%p\n", x, &x);
```

输出结果为：

```
x=10 0028FF1C
```

说明

① 每个变量有唯一的地址，表示在内存中的位置。如图 7.2 所示，整型变量 x 占用从 0028FF1C～0028FF1F 四个字节的内存空间，变量 x 的地址就是 0028FF1C。

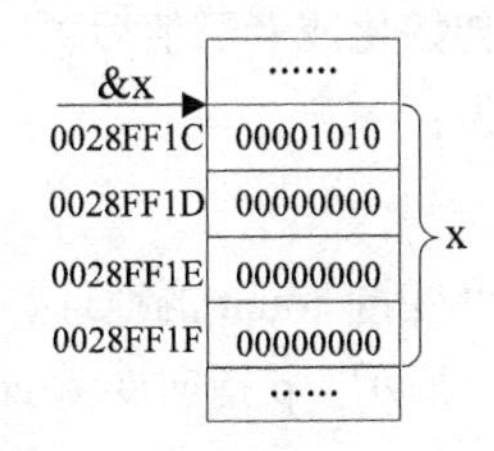

图 7.2　变量存储示意图

② 每个变量的值存储在变量地址表示的那段内存空间中。变量 x 的值 10 就以二进制的形式存放在编译器为 x 分配的 4 个空间里。通过变量名可以直接访问变量的值。

③ 本例中显示的地址值是 64 位操作系统下 Visual Studio 2010 下的运行结果，编译环境和操作系统都可能影响到显示的地址值，因为地址是系统自动分配的。

为了更好地表示和使用变量的地址，C 语言中专门引入了一种数据类型——**指针类型**，用以存放变量的地址值。指针的功能强大，可以为程序中特定的操作（如动态内存的分配）提供支持，也可以改善程序的效率，比如在不同函数之间可以共享同一段内存空间从而避免了大量数据的传递等。

7.1.2　指针变量的定义和访问

1. 指针变量的定义

指针变量是用于保存地址值的变量。定义形式如下。

语法：

```
基类型标识符 *指针变量名 1[,*指针变量名 2,…… *指针变量名 n];
```

示例：

```
int *p, *q;
```

其中：

① **基类型标识符**代表该指针变量可以指向的变量的类型，即该指针变量中存储的地址值所对应的内存空间中数据的类型，对应空间中只能存这种类型的数据；

② "*"是定义指针变量时的说明符，"基类型标识符*"表示**指针类型**，示例中 p 和 q 所属类型都是 int *，这表明 p 和 q 都是用于保存 int 类型变量的地址值的指针变量。

2. 指针变量的初始化和赋值

和普通变量一样，定义后的指针变量里存储的是随机值，该随机值所指向的内存空间未必是允许程序正常访问的空间。因此，指针变量定义以后应及时给予一个合法的值，避免在编程中使用具有随机值的指针变量。指针变量获得值的方式可以有以下几种。

（1）指针变量可以通过初始化或者赋值操作获得地址值。

例如用一个指针变量指向整型变量 x，可以用下面两种方式实现。

```
int x=10;
```

方法 1：

```
int *p=&x;  /*初始化方法*/
```

方法 2：

```
int *p;      /*先定义指针变量*/
p=&x;        /*然后用变量地址值给指针变量赋值*/
```

这时，指针变量 p 的基类型是 int，其中存放的是整型变量 x 的地址，也就是说指针变量 p 指向变量 x。两者的关系如图 7.3（a）所示。

（2）作为一个变量，指针在初始化或者赋值后可以改变它的值。

例如指针变量 p 可以重新赋值：

```
int count=20;
p=&count;
```

指针变量 p 中存放的就是整型变量 count 的地址，也就是 p 指向了变量 count。此时，内存中 x、count 和 p 的关系如图 7.3（b）所示。p 指向变量 count 后，就和变量 x 没有关系了。

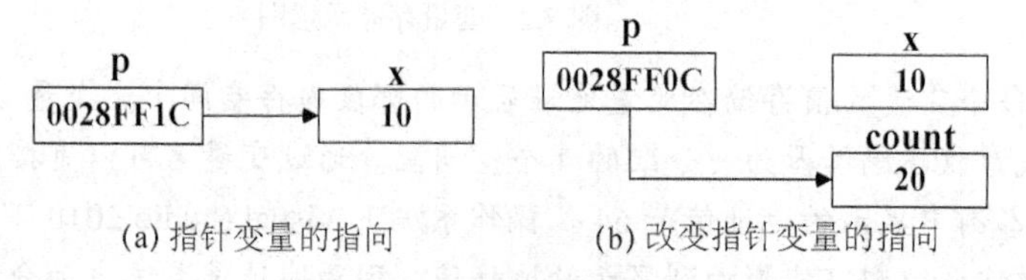

(a) 指针变量的指向　　(b) 改变指针变量的指向

图 7.3　指针变量的指向及改变

（3）基类型相同的指针变量之间也可以相互赋值。

例如：

```
int *p,*q;
p=&count;       /*用变量的地址赋值*/
q=p;            /*基类型相同的指针变量相互赋值*/
```

指针变量的赋值和初始化都必须是同类型变量的地址，如果类型不匹配，虽然编译器未必报语法错误，但是通过指针间接访问值的时候会发生错误。如：

```
int x=10;
double *pd=&x;   /*地址类型不一致，不能这样赋值*/
```

3. 直接访问和间接访问

当需要对变量进行操作，如获得变量的值，通常只需要使用变量名就可以直接得到其对应内存单元中的值了，如 count++，就是把 count 对应的内存单元的值增加 1，这称为变量的**直接访问（直接引用、直接寻址）**方式。指针变量的引入，提供了新的变量访问方式——**间接访问（间接引用、间接寻址）**。下面用例子加以说明。

【**例 7.1**】定义整型变量和指向它的指针变量，输出它们的起始地址和值。

```
1     /* li07_01.c: 定义指针变量示例 */
```

```
2       #include <stdio.h>
3       int main()
4       {
5           int count=10;
6           int *p=&count;     /*定义指针变量并初始化*/
7           printf("\t address\t\tvalue\n");
8           printf("count:\t%10p\t%10d\n",&count,count);
            /*变量 count 的地址和值*/
9           printf(" p:\t%10p\t%10p\n",&p,p); /*指针变量 p 的地址和值*/
10          printf(" \n change count: \n");
11          count=20;
12          printf("p=%10p\t*p=%10d\n ",p,*p);
13          /*用指针变量 p 访问变量 count 的地址和值*/
14          return 0;
15      }
```

例 7.1 讲解

运行程序，输出结果为：

```
        address              value
count:  0028FF1C               10
 p:     0028FF18          0028FF1C

change count:
p=0028FF1C               *p=20
```

图 7.4 给出了 count 和 p 这两个变量的存储示意图。编译时，系统会为每个变量分配存储空间，变量的值就存放在这个空间中。例中，整型变量 count 的地址为 0028FF1C，值为 10，count 变量的地址可以通过运算符&求得。类似地，指针变量 p 的地址也可以用&求得，其地址是 0028FF18，其中存放的值为 0028FF1C，是 count 变量的地址，也就是指针变量 p 指向普通变量 count。

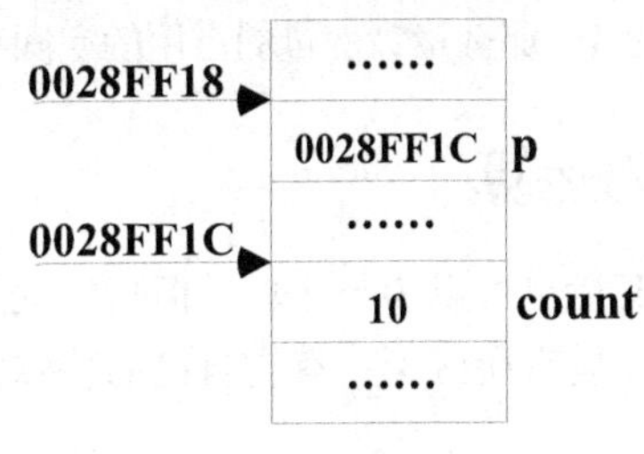

图 7.4　存储示意图

要对变量 count 进行操作有以下两种方法。

（1）直接访问。

用变量名直接得到要操作的内存单元的内容，即直接访问。

程序中用变量名 count 得到地址为 0028FF1C 的整型变量内存空间中的内容（变量的值）。又如例中 count=20；，将这段内存空间存储的内容修改为 20，count 变量的值就是 20 了。

（2）间接访问——通过*运算符实现。

通过指向变量的指针变量得到要操作的内存单元的内容，即间接访问。

程序中定义了指针变量 p 并用变量 count 的地址初始化，这样指针变量 p 就指向变量 count 所在的内存空间。这时用间接访问运算符“*”来通过地址间接得到该地址中存储的内容，即*p 可以得到这段空间存储的内容——变量 count 的值。

直接访问和间接访问都可以访问到内存空间中存储的内容，但两者实现的原理有所不同。直接访问是直接得到变量所在存储空间的内容，而间接访问则是通过地址间接得到对应存储空间的内容。打个比方，变量 count 所在的存储空间是抽屉 A，里面放着一本书。指针变量 p 所在的存储空间是抽屉 B，里面放着抽屉 A 的钥匙。那么使用直接访问的方式为：打开抽屉 A 得到书，相当于直接得到存储空间中的内容。而间接访问呢？打开抽屉 B 得到存放在里面的抽屉 A 的钥匙，再打开抽屉 A 后才能得到书。对应到程序中，用 count 可以得到其中存放的整型值 10，这是直接访问，而*p 得到整型值 10 就是间接访问了。

从这个过程也可以看出，**间接访问运算符“*”的运算对象只能是指针（即地址）**，非地址的间接访问不仅不合法且没有任何意义。

4. 非法指针

通过指针可以直接访问到内存单元，这种方式可以为程序带来一定的便利性，但是使用过程中也容易出现错误。需要特别注意的是：**使用指针变量的过程中需要始终关注该指针变量的指向，避免出现非法使用指针的情况。**

如下例是常见的错误：

```
int *p;
*p=100;
```

这里试图将值 100 存放在指针 p 指向的内存空间，但是 p 指向哪里呢？变量 p 没有初值，所以是个随机值。也就是说，程序试图向一个未知的空间里写入数据，这会造成不可预知的错误。

因此，我们常常在定义指针变量时将其初始化为 NULL（实际上就是 0），这是一个特殊的指针值，表示指针未指向任何存储空间。例：

```
double *pd=0;
float *pf=NULL;   /*NULL 是一个标准规定的宏定义，表示指针不指向任何存储空间*/
```

7.1.2 节的思考题：

变量都有各自的存储空间，空间的大小和变量的数据类型有关，例如 int 类型的变量占用的空间可以用 sizeof(int)求出，通常为 4，那么指针变量的占用的空间有多大？和指针的基类型有关吗？

7.1.3　指针变量的运算

和所有变量一样，指针变量也可以参与运算，但指针变量的值是地址值，使得指针变量能参与的运算和运算结果与普通变量有所区别，有它自己的特殊性。

1. “&”和“*”

“&”和“*”两个运算符都是单目运算符，优先级相同，结合方向都是自右而左。

“&”——取地址运算符。其操作数是变量，包括普通变量和指针变量，得到的是变量的地址。

“*”——间接引用运算符（也称指针运算符）。其操作数必须是地址值，大部分情况下是指针变量，得到该地址对应空间中存放的内容。对普通变量进行间接引用运算是错误的。

例如：

```
int x=10;
int *p=&x;
```

这样，指针变量 p 指向变量 x，p 的值就是 x 的地址值&x。另一方面，*p 表示通过 p 进行间接访问，可以得到 x 的值。

这两个运算符可以在一起使用，由于优先级相同，需要按照自右向左的方向结合，如：

&*p，相当于&(*p)，先计算*p，得到变量 x，再执行&操作得到&x，因此&*p、&x 和 p 三者的值是一样的。

&x，相当于(&x)，先计算&x，得到 x 的地址，再执行间接访问，得到 x 的值，因此*&x 和 x 是一样的。

但是，这两个运算符在使用时要注意对运算对象的要求，比如&*x 则是错误的，因为 x 不是指针变量，不能先进行间接访问。

区分运算符"*"有 3 种应用场合，举例如下：

```
double area;
int x=10;
int *p=&x; /*定义指针变量 p 时的一个说明符，而不是一个运算符*/
(*p)++; /*间接引用运算符，是单目运算符*/
area = 3.14 *x *x;            /*作为乘法运算符，是双目运算符*/
```

2. 算术运算

指针变量可以参与算术运算，但是有一定的特殊性。

① 指针变量是用于存储地址值的变量，两个指针变量即使基类型相同，也不能进行相加的操作，因为两个地址值相加的结果没有任何意义。

② 指针变量能进行自加、自减或者加减一个整数的运算，但是不同于普通变量的增减，**指针变量的增减是以指针变量的基类型所占字节大小为单位的**，即每次增减 1，地址值变化是 1 个基类型所占的存储空间的字节数。例如：

对 int 类型指针加 1，地址值实际增加了 sizeof(int)个字节；

对 float 类型指针加 2，地址值实际增加 2*sizeof(float)个字节；

对 double 类型指针减 3，地址值实际减少了 3*sizeof(double)个字节

……

例如，图 7.5 所示的一段整型变量存储空间，若基类型为 int 的指针 p 值为 0028FF04，那么 p 指针就指向了 0028FF04 这个存储单元，执行 p+1 或 p++后 p 的值变为 0028FF08，即 p 指针指向 0028FF08 了这个存储单元。而基类型为 int 的指针 q 具有值 0028FF10，q 就指向了 0028FF10 这个存储单元，如果执行 q-1 或者 q--，则 q 的值为 0028FF0C，即 q 指向了 0028FF0C 这个存储单元了。

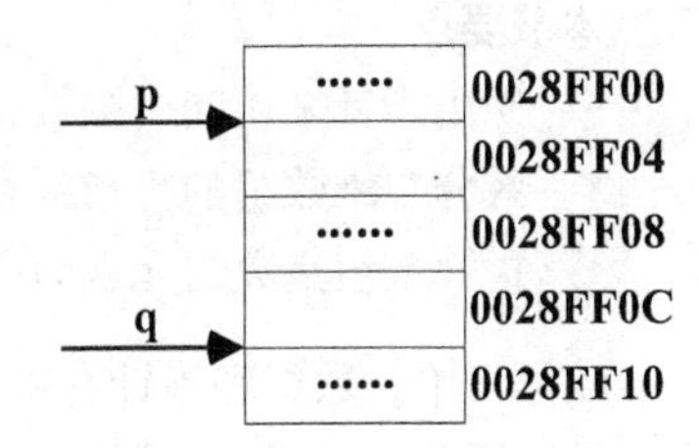

图 7.5　指针算术运算示意图

① 基类型的含义。

指针变量的基类型在定义时给出，表示指针指向的变量的类型，如：

```
float *fp;  /*指针 fp 的基类型是 float */
char *cp;  /*指针 cp 的基类型为 char*/
```

② 基类型决定了编译器对该地址指向的空间的处理方式，即处理时以什么数据类型来进行。如例 7.1 中指针变量 p 的基类型为 int，当对该指针指向的内存空间进行操作时系统会按照 int 类型变量的方式进行，如语句 printf("p=%10p\t*p=%10d\n ",p,*p);中的*p，运行时首先找到 p 值（一个地址值）所对应的存储单元，然后顺次取出 sizeof(int)个字节中的内容，如在例 7.1 中取出 0028FF1C、0028FF1D、0028FF1E、0028FF1F 这 4 个字节中的内容，最后按照 int 类型的方式将其处理为整数值，即 count 的值。

若此时定义的是 double *dp=&count;　/*错误！类型不一致*/

指针变量 dp 的基类型是 double，表明其指向的是一个 double 类型数据，但是上面却用 int 类型变量的地址为其赋值，系统对此空间的数据按照 double 类型处理，其值不具备任何实际意义，甚至可能出现访问错误。

③ **两个同类型的指针变量之间还可以做减法，得到的整型数如 n**，同样表示的是这

两个指针变量的地址值相差 n*sizeof(基类型)个字节。如图 7.5 所示的两个基类型为 int 的指针变量 p，q，执行 q-p 得到 3，两者相差 3*sizeof(int)，即 12 个字节。

不管指针变量参与什么运算，运算后的结果应保证指针变量指向的空间是能访问的，并且存放的是和该指针变量基类型一致的变量。

3. 关系运算符

指针变量参与的关系运算可用于比较地址变量的大小，如果指针 p 存储的地址值小于指针 q 存储的地址值，那么关系表达式 p<q 的值为 1。

又如下面代码片段：

```
int *p;
......
if (p==NULL)   /*判断指针是否没有指向*/
……
```

NULL 作为特殊的值表示指针是没有指向的，在某些特定的应用中，比如单向链表会利用这个值表示链表的结束，访问时就需要判断指针的值是否是 NULL。

7.2 指针与数组

本节要点：

- 使用指针来访问一维数组
- 区分二维数组的行指针和列指针两个概念
- 指针数组是数组元素为一级指针变量的数组

C 语言中，数组和指针有密切的关系。数组是一组相同类型数据的集合，它在内存中是连续存放的。因此，和指针的间接访问类似，如果知道数组存放的首地址和数组元素的数据类型，就能通过地址访问到后续所有的元素。

7.2.1 指针与一维数组

1. 数组名的实质

一个数组包含若干相同数据类型的数组元素，这些元素相当于变量，各自有存储空间和相应的地址，而且在内存中是连续存放的，占据若干个相同大小的存储空间。

C 语言规定，用数组名表示数组第一个元素的地址，也就是这段连续空间的起始地址——数组首地址，因此数组名实质上是一个指针常量（地址常量）。

【例 7.2】对已知数组输出数组中各元素的地址，并求出所有元素的平均值。

```
1     /* li07_02.c: 数组名间接访问数组元素示例 */
2     #include <stdio.h>
3     int main()
4     {
5        double score[5]={90.5,91.0,92.0,93.5,94.0};
6        int i;
7        double sum=0.0;               /*求和变量初始化*/
8        printf("The address of the array:%10p\n",score);
9        printf("The address and value of each element:\n");
10       for (i=0;i<5;i++)
```

例 7.2 讲解

```
11            printf("score[%d]:\t%p\t%5.2f\n",i,&score[i],score[i]); /*输出元素地址和值*/
12      for(i=0;i<5;i++)
13           sum += *(score+i);          /*通过数组名间接访问数组元素的值*/
14      printf("the average of score is:%5.2f\n",sum/5);
15      return 0;
16   }
```

运行程序，结果如下：

```
The address of the array:  0028FED8
The address and value of each element:
score[0]:        0028FED8        90.50
score[1]:        0028FEE0        91.00
score[2]:        0028FEE8        92.00
score[3]:        0028FEF0        93.50
score[4]:        0028FEF8        94.00
the average of score is:92.20
```

从输出结果中我们发现数组名 score 表示的是地址值，并且和&score[0]是一致的，也就是数组名代表该数组的首地址。和变量的地址一样，数组首地址在编译时由系统分配并且在程序运行过程中都是不变的，所以是一个指针常量。

由于数组名 score 是一个指针常量，因此可以作为间接访问运算符“*”的运算对象，可以用*score 输出 score[0]的值。score 是基类型为 double 的指针常量，那么 score+1 表示在数组起始地址上加上 sizeof(double)个字节，即 8 个字节，因此 score+1 实质上就是&score[1]，就是数组的第 2 个元素 score[1]的地址，通过*(score+1)可得到 score[1]的值。依次类推，通过间接引用方式得到*(score+2)、*(score+3)、*(score+4)，即元素 score[2]、score[3]、score[4]的值。数组元素的地址和值的表示方式具体如图 7.6 所示。

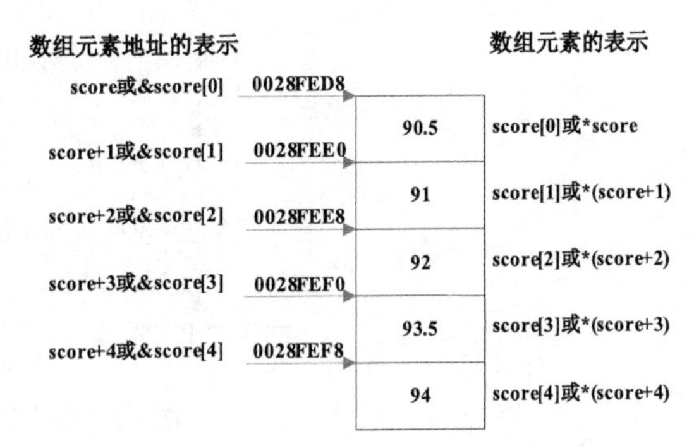

图 7.6　一维数组元素及地址的表示方式

2. 指针访问一维数组

数组名是指针常量，通过数组名可以访问连续存储的元素，但是该指针常量不能改变。为了更加灵活地访问数组元素，我们还可以定义一个指针变量（**指针变量的基类型和数组元素类型一致**）来指向数组，并通过移动指针来访问各个数组元素。

【例 7.3】修改例 7.2，用指针变量访问一维数组，输出数组中所有元素的平均值。

```
1    /* li07_03.c: 指针访问数组元素示例 */
2    #include <stdio.h>
3     int main()
4     {
5         double score[5]={90.5,91.0,92.0,93.5,94.0};
6         double *p=score;    /*将数组名 score 赋值给指针变量 p*/
7         int i;
8         double sum=0.0;
9         printf("The array is:\n");
10        for (i=0;i<5;i++)
11              printf("score[%d]:\t%5.2f\t%5.2f\n",i,score[i],*(p+i));    /*移动下标*/
12        for(p=score;p<score+5;p++)          /*移动指针*/
13              sum += *p;
14        printf("the average of score is:%5.2f\n",sum/5);
15        return 0;
16   }
```

例 7.3 讲解

运行程序，结果如下：

```
The array is:
score[0]:         90.50   90.50
score[1]:         91.00   91.00
score[2]:         92.00   92.00
score[3]:         93.50   93.50
score[4]:         94.00   94.00
the average of score is: 92.20
```

说明

① 数组元素的访问可以通过移动下标或移动指针进行，如图 7.7 所示。

② 移动下标时，指针变量 p 的值始终是数组起始地址，通过 p+i 的运算得到要访问数组的各个元素的地址，然后用间接引用*(p+i)得到各个数组元素的值。这是因为，用 score 初始化了 p 且 p 的值一直没有改变，所以可以将 p 看作 score，因此*(p+i)和 p[i]这两种表示等同于*(score+i)和 score[i]，均表示下标为 i 的元素。

③ 移动指针时，指针变量 p 做自增运算，每次自增后 p 就指向下一个数组元素，每一次的*p 表示当前指针所指向空间里的元素，这种访问效率比较高。

例 7.3 中还需要注意的是：当循环完成时，指针指向数组存储空间后的内存空间，也就是 score+5 的位置，如果此时再用这个指针变量进行间接访问，就超出数组的边界，会产生不可预知的错误。

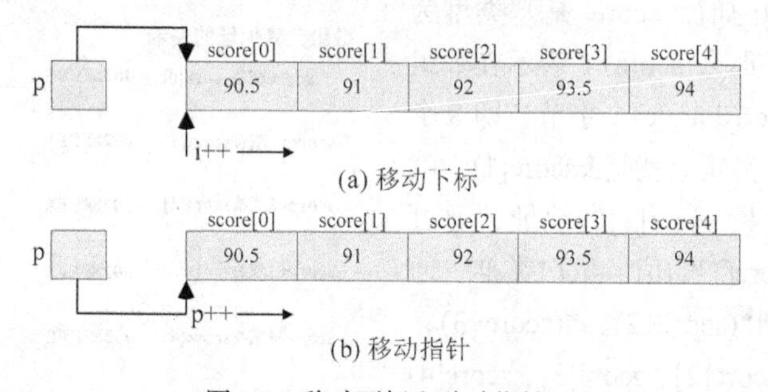

图 7.7　移动下标和移动指针

7.2.1 节的思考题：

数组元素可以用数组名或者指向该数组的同类型的指针来访问，若有以下定义：

```
float  fArray[10];
float *fp=fArray+2;
```

填写表 7.1，按要求给出相应的表示方法。

表 7.1　数组元素的表示方法

用指针变量 fp 表示		用数组名 fArray 表示	
间接访问	下标法	间接访问法	下标法
fp	&fp[0]	fArray+2	&fArray[2]
*fp			
	&fp[6]		
		* (fArray+2)+6	
			fArray[9]

7.2.2　指针与二维数组

1. 二维数组的行指针和列指针

与一维数组类似，二维数组元素在内存中存储时也是将各个元素按照顺序依次存储，且遵循

“行优先”原则。如定义 int a[3][2]，存储顺序为：先存储第 1 行的 a[0][0]，a[0][1]，然后是第 2 行的 a[1][0]，a[1][1]，然后是第 3 行的 a[2][0]，a[2][1]，如图 7.8 所示。

a[0][0]	a[0][1]	a[1][0]	a[1][1]	a[2][0]	a[2][1]

图 7.8　二维数组元素的存储形式

如图 7.9 所示，二维数组 a 可看作包含 a[0]、a[1]、a[2]这 3 个元素的数组。此时，指针常量的运算 a+1 就表示从指向 a[0]变成指向 a[1]，正好跨过第 0 行两个元素 a[0][0]、a[0][1]指向第 1 行首个元素 a[1][0]。因此，二维数组名表示的是一个**行地址**。每次移动，移动一行，所以 a、a+1 和 a+2 分别指向二维数组的第 0 行、第 1 行和第 2 行。

此外，a[0]、a[1]和 a[2]又可以看作是 3 个长度为 2 的一维整型数组名，比如 a[0]表示包含 a[0][0]、a[0][1]这两个元素的一维数组名，而每个一维数组实质上就是二维数组的一行。a[i]+j (i=0,1,2；j=0,1) 表示一个**列地址**，每次移动，移动一列。

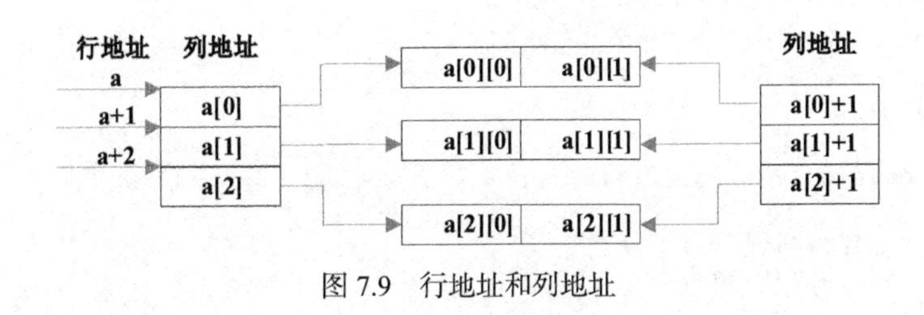

图 7.9　行地址和列地址

【例 7.4】二维数组中的地址及运算。

```
1    /* li07_04.c: 二维数组地址和运算示例 */
2    #include<stdio.h>
3    int main()
4    {
5        int a[3][2];
6        printf("%p\t%p\n", a, a+1);     /*二维数组名为行地址*/
7        printf("%p\t%p\n", a[0], a[0]+1); /*二维数组的列地址*/
8        printf("%p\t%p\n", &a[0], &a[0]+1); /*二维数组的行地址*/
9        printf("%p\t%p\n", &a[0][0], &a[0][0]+1); /*二维数组的列地址*/
10       return 0;
11   }
```

例 7.4 讲解

运行程序，得到以下输出结果：

```
0028FF08        0028FF10
0028FF08        0028FF0C
0028FF08        0028FF10
0028FF08        0028FF0C
```

运行结果中，尽管 a，a[0]的值都是二维数组的起始地址，为&a[0][0]，但是分别加 1 后，却指向不同的地址，这是因为它们有不同的基类型：

① a[0], &a[0][0]　基类型是 int，是列地址；

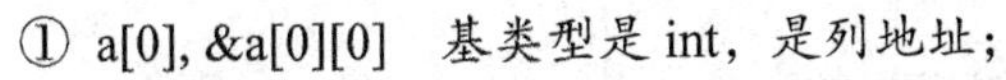
② a, &a[0]　　　基类型是 int[2]（长度为 2 的一维整型数组），是行地址。

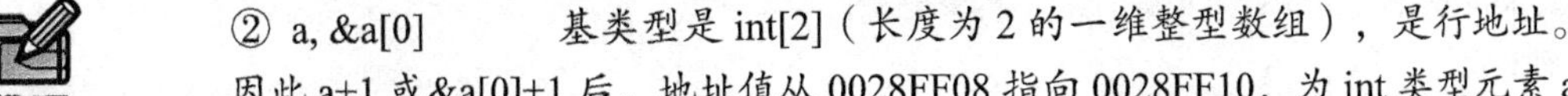
因此 a+1 或&a[0]+1 后，地址值从 0028FF08 指向 0028FF10，为 int 类型元素 a[0][0]、a[0][1]所占用的 8 字节空间，是数组的一行；而 a[0]+1 或&a[0][0]+1，地址值从 0028FF08 指向 0028FF0C，为 int 类型元素 a[0][0]所占用的 4 字节空间，是数组的一列。

二维数组中的行地址、列地址、元素的不同表示方法，参见表 7.2。

表 7.2　　　　二维数组中的行地址、列地址和元素的常见表示

类　型	表 示 形 式	含　义	地 址 运 算
行地址	a+i 或&a[i]	第 i 行的地址	a+i+1 指向下一行
列地址	*(a+i)+j 或 a[i]+j	第 i 行第 j 列的元素地址	*(a+i)+j +1 指向下一个元素
元素	*(*(a+i)+j)或 a[i][j]	第 i 行第 j 列的元素	N/A

二维数组中的行、列地址可以通过相应的运算进行相互转换：**行地址转为列地址，加“*”号，列地址转为行地址，加“&”号**。下面将分别介绍通过一级指针变量（列指针）和行指针变量（行指针）两种方式来访问二维数组元素。

2. 用一级指针变量访问二维数组元素

由于二维数组的元素还是连续存放的，所以一个 m 行 n 列的二维数组可以看作长度为 m*n 的一维数组。很容易想到，我们可以使用一个一级指针变量来保存二维数组的某个列地址（通常是第 0 行第 0 列元素的地址），然后通过移动该指针来访问各个元素。

【例 7.5】一级指针变量访问二维数组元素。

```
1    /* li07_05.c: 指针访问二维数组元素示例 */
2    #include<stdio.h>
3    int main()
4    {
5         int a[3][2]={1,2,3,4,5,6};
6         int i;
7         int *p=&a[0][0];
8         for(i=0;i<6;i++)
9         {
10             printf("%p\t%d\n",p+i,*(p+i)); /*通过指针访问各个元素*/
11        }
12        return 0;
13   }
```

例 7.5 讲解

运行程序，结果如下：

```
0028FEF0        1
0028FEF4        2
0028FEF8        3
0028FEFC        4
0028FF00        5
0028FF04        6
```

本例中数组 a 是由 6 个类型为 int 的元素组成的，占据 6*sizeof(int)个连续的字节。同时定义了基类型为 int 的指针变量 p，并使其指向数组的第 1 个元素 a[0][0]，而表达式 p+1，将移动 sizeof(int)个字节，即指向 a[0][1]。依次类推，通过循环就可以依次访问 a[0][0]、a[0][1]、a[1][0]、a[1][1]……。

3. 用行指针变量访问二维数组元素

二维数组中有两个不同类型的地址值：行地址和列地址，通过这两个地址都可以访问二维数组的各个元素。如果要在函数中传递行地址，就需要用到**行指针变量**。行指针变量的定义格式如下。

语法：

```
类型标识指示符 （*指针变量名）[整型常量表达式]；
```

示例：

```
int (*p)[2];
```

示例中定义的行指针变量 p，它指向的是长度为 2 的一维整型数组，其基类型是 int [2]，这样执行 p+1 时，指针移动 2*sizeof(int)个字节。

如果用这样的指针变量指向列长度为 2 的二维数组，指针每次加 1 就相当于移动一行。

例如：

```
int (*p)[2];
int a[3][2]= {1,2,3,4,5,6};
p=a;        /*二维数组名赋值给行指针变量*/
```

这时，行指针变量 p 等价于二维数组数组名 a，有以下等价表达式：

```
p+i 等价于 a+i             (i=0,1,2)
p[i]等价于 a[i]            (i=0,1,2)
p[i][j]等价于 a[i][j]      (i=0,1,2, j=0,1)
```

二维数组中行指针、元素地址和值的访问形式如图 7.10 所示(图中“≡”符号表示“等价于”)。

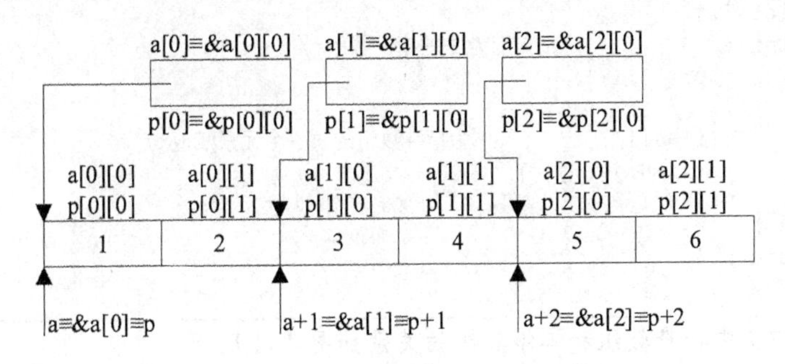

图 7.10　行指针变量与二维数组

【例 7.6】修改例 7.5，用行指针变量来访问二维数组元素。

```
1     /* li07_06.c: 行指针变量访问二维数组元素示例 */
2     #include<stdio.h>
3     int main()
4     {
5          int a[3][2]={1,2,3,4,5,6};
6          int i,j;
7          int (*p)[2];
8          p=a;
9          for(i=0;i<3;i++)
10        {
11           for(j=0;j<2;j++)
12             printf("%p\t%d\n", p[i]+j, p[i][j]);      /*通过行指针访问各个元素*/
13         }
14         return 0;
15    }
```

例 7.6 讲解

① 函数形参 p 定义成行指针，在函数中 p[i][j]就相当于 main 函数的 a[i][j]。

② 元素访问方式还可以同数组名 a 一样，也可以等价地写成：*(*(p+i)+j)实现间接访问。

该程序的运行结果和例 7.5 一致，不再赘述。

*7.2.3　指针数组

指针数组，就是数组元素为一级指针变量的数组。定义形式如下。

语法：

```
类型标识符 *指针变量名[整型常量表达式];
```

示例：

```
int  *p[3];
```

该示例中定义了一个长度为 3 的指针数组 p，数组元素都是基类型为 int 的指针变量。数组名 p 表示指针数组的起始地址。指针数组的元素是一级指针变量。

例 7.7 中把二维数组每行首元素的列地址赋值给指针数组元素，然后通过这些指针数组元素来访问对应每行的二维数组元素。字符指针数组还可以用来处理多个字符串，有兴趣的读者可以查阅相关书籍进行学习。

【**例 7.7**】修改例 7.5，用指针数组来访问二维数组元素。

```
1    /* li07_07.c: 指针数组访问二维数组元素示例 */
2    #include<stdio.h>
3    int main()
4    {
5        int a[3][2]={1,2,3,4,5,6};
6        int i,j;
7        int *p[3];    /*定义长度为 3 的指针数组*/
8        for(i=0;i<3;i++)
9        {
10           p[i]=a[i];          /*为指针数组的每一个元素赋值*/
11           for(j=0;j<2;j++)
12           printf("%p\t%d\n", p[i]+j, *(p[i]+j));
13       }
14       return 0;
15   }
```

例 7.7 讲解

说明

例 7.7 中指针数组和二维数组的关系如图 7.11 所示。

定义指针数组后，数组的每个元素都是 int 型指针变量，而 a[i](i=0,1,2)表示二维数组第 i 行首元素的列地址。用 a[i]为 p[i]赋值后，使得 p[i]指向了二维数组的第 i 行的第 1 列元素。这样，用*(p[i]+j)就可以等效表示二维数组的元素 a[i][j]。为 p[i]赋值，有以下几种等价的表达式：

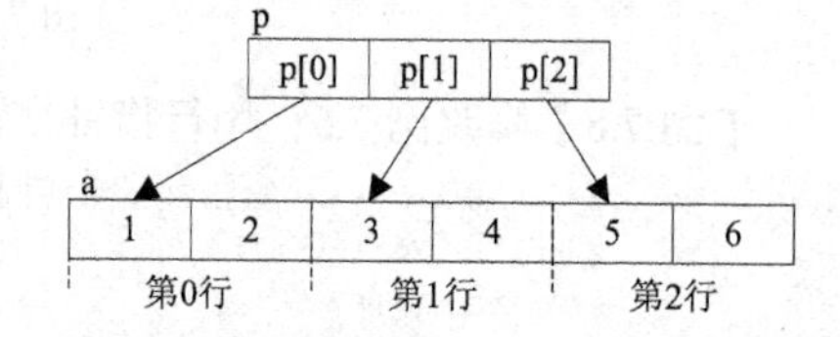

图 7.11　指针数组 p 和二维数组 a 的关系

```
p[i]=*(a+i);
p[i]=&a[i][0];
p[i]=a[i];
```

7.3　指针与函数

本节要点：

- 函数调用时有传值和传地址两种方式
- 指针作为函数形参可以返回多个值
- 函数调用结束可以返回一个指针

指针与函数的结合是指针最重要的应用之一，本节我们探讨指针变量在函数中的应用。

7.3.1　传值与传地址

函数调用过程中，数据从实参传递给形参，是把实参的值单向复制到形参中。如果实参给形参传递的是地址值，则称为**地址调用**，简称为**传地址**；否则称为**值调用**，简称为**传值**。

传值调用要求形参为普通类型的变量（值形参）而不是指针变量；而传地址调用要求形参为指针变量（第 6 章里数组形式的形参实质上就是指针形参变量），因为只有指针变量才能接受地址值，并且对应的实参必须是地址值。

表 7.3 中给出了试图实现两个数交换的两种方法，分别用传值和传地址来实现数交换函数，下面通过该例子来分析地址调用和值调用的区别。

表 7.3　　　　　　　　　　传值和传地址的实现代码

传　　值	传　地　址

#include<stdio.h>
void SwapByValue(int,int);　/*值形参*/
int main()
{　int a=3,b=4;
　SwapByValue (a,b); /*实参为两个 int 变量*/
　printf("a=%d,b=%d\n",a,b);
　return 0;
}
void SwapByValue (int x,int y)
{　int tmp;　/*交换两个值参变量的值*/
　tmp=x;
　x=y;
　y=tmp;　/*直接访问，交换 x，y*/
　printf("x=%d,y=%d\n",x,y);
}
	#include<stdio.h>
	void SwapByAddress(int*,int*); /*地址形参*/
	int main()
	{ int a=3,b=4;
	　SwapByAddress (&a,&b);/*实参为变量地址*/
	　printf("a=%d,b=%d\n",a,b);
	　return 0;
	}
	void SwapByAddress(int *px,int *py)
	{　int tmp;　/*交换两个指针变量所指向的值*/
	　tmp=*px;
	　*px=*py;
	　*py=tmp; /*间接访问交换*px,*py 指向的空间*/
	　printf("*px=%d,*py=%d\n",*px,*py);
	}

<运行结果> x=4,y=3 a=3,b=4	<运行结果> *px=4,*py=3 a=4,b=3

主函数有两个变量 a 和 b，其值分别为 3 和 4，分别以传值和传地址两种不同的方法调用函数，希望交换 a 和 b 的值。通过比较表 7.3 中的代码，我们发现以下几点。

① 传值函数中，x 和 y 的值交换了，但是 SwapByValue 函数执行完返回 main 函数后，a 和 b 的值没有交换。如图 7.12 所示，main 函数中的实参 a 和 b，与 SwapByVlaue 函数的形参 x 和 y 占用的是两组不同的空间，具有不同的作用域。参数传递时，实参 a 和 b 的值分别复制到形参 x 和 y 中；SwapByVlaue 函数执行时，交换了形参 x 和 y 的值；当 SwapByVlaue 函数调用结束时，形参 x 和 y 的空间释放，而整个过程中实参 a 和 b 的值没有交换。

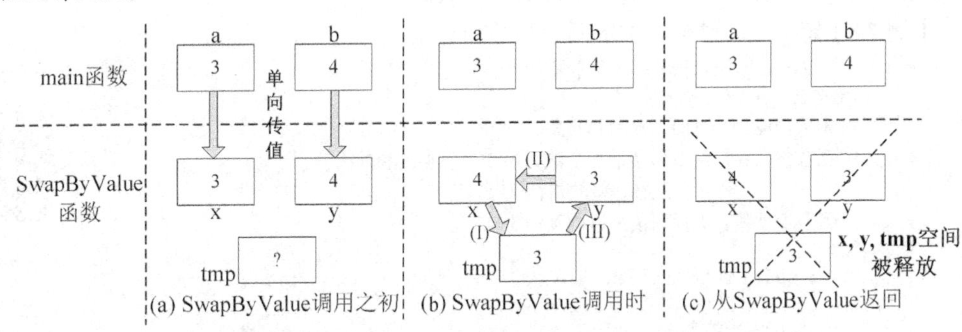

图 7.12　以传值方式调用 SwapByVlaue 函数

② 传地址函数中，*px 和*py 的值相互交换，而且函数执行完返回 main 函数后，a 和 b 的值也进行了交换。如图 7.13 所示，main 函数中的实参是&a 和&b，即 a 和 b 的地址，SwapByAddress 函数的形参 px 和 py 为指针变量，拥有自己的存储空间。函数调用时，两个指针形参被初始化为&a 和&b，即 px 和 py 分别指向 main 函数的变量 a 和 b 所在的空间；SwapByAddress 函数执行时，用间接访问方式交换了*px 和*py 的值，而*px

和*py 访问的正是 main 函数中的变量 a 和 b，因此交换*px 和*py 就是交换了 a 和 b 的值。

传地址调用通过把主调函数中变量地址作为实参传递给被调函数的指针形式的形参，并在被调函数执行时通过对指针形参的间接引用来访问主调函数的变量。**本质上，通过这种方式是把主调函数中变量的作用域扩展到被调函数中。**

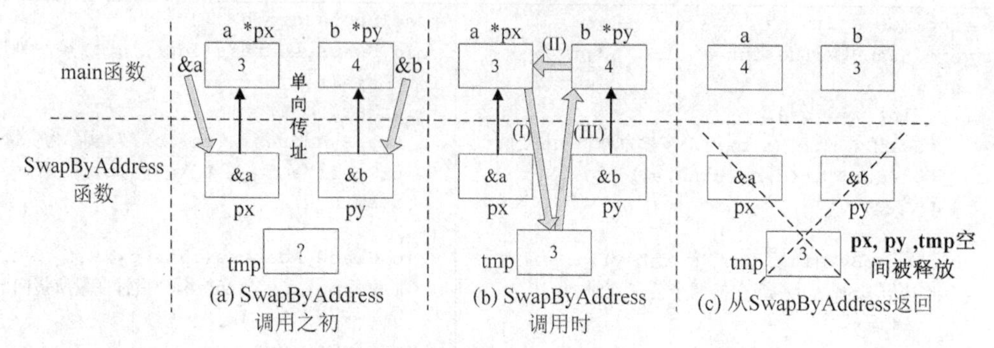

图 7.13　以传地址方式调用 SwapByAddress 函数

表 7.3 的思考题：

如果将 SwapByAddress 的函数体改为如下代码会怎么样？

```
void SwapByAddress(int *px,int *py)
{     int *tmp;     /*交换两个指针变量的值*/
      tmp=px;
      px=py;
      py=tmp;     /*直接访问，交换 px 和 py 的值*/
      printf("*px=%d,*py=%d\n",*px, *py);   }
```

7.3.2　指针作形参返回多个值

每次函数调用最多只能通过 return 语句显式地返回一个结果，而在很多问题中可能需要返回多个结果，这就无法完全依靠 return 语句来实现了。上面所介绍的传地址方式可以利用指针形参的间接引用来改变对应实参变量的值，从而达到将多个计算结果返回给主调函数的目的。例 7.8 中给出了通过指针作为形参返回多个值的简单实例。

【**例 7.8**】定义一个函数，求解两个数的和与差。

```
1    /* li07_08.c：指针作为形参示例 */
2    #include<stdio.h>
3    /*函数功能：计算两个数的和与差
4      函数参数：前两个形参是两个数，第 3 个形参是和的指针，
5                第 4 个形参是差的指针
6      函数返回值：无返回值，返回类型为 void
7    */
8    void calculate(int x, int y, int * sum, int *diff)
9    {
10       *sum=x+y;
11       *diff=x-y;
12   }
13   int main( )
14   {
15        int a=3,b=4;
16        int sum, diff;
17        calculate(a, b, &sum, &diff);
18        printf("%d 与%d 的和是：%d\n", a ,b, sum);
19        printf("%d 与%d 的差是：%d\n", a, b, diff);
```

例 7.8 讲解

```
20          return 0;
21    }
```

说明

例 7.8 定义的 calculate 函数并没有 return 语句，而和与差两个结果都通过指针形参隐式地返回给主函数。

通常情况下，当一个函数需要返回的值不止一个时，也可以通过返回值返回其中一个，其余需要返回的结果则可以通过设定指针形参，然后在主调函数中传入相应变量的地址来对应，这样主调函数的那些传地址的变量就可以获得对应指针形参通过间接引用方式改变后的值。

*7.3.3　返回指针的函数

在 C 语言中允许一个函数的返回值是一个指针（即地址值），这种返回指针值的函数称为**指针（型）函数**。函数原型的一般形式如下。

语法：

```
类型名 * 函数名（参数表）;
```

示例：

```
int * smaller(int *x, int *y);
```

示例中 smaller 函数的返回类型为“int *”，即返回值是一个基类型为 int 的指针。下面通过例 7.9 来理解一下这种函数。

【**例 7.9**】用返回指针的方式得到两个数中较小的数。

```
1     /* li07_09.c: 函数返回指针示例 */
2     #include <stdio.h>
3     int *smaller(int *x, int *y);
4     int main()
5     {
6          int a, b, *s;
7          printf("Enter two integer values:\n");
8          scanf("%d%d", &a, &b);
9          s= smaller(&a, &b);          /*函数返回为地址值，给指针变量赋值*/
10         printf("The smaller value is %d.\n", *s);
11         return 0;
12    }
13    /*函数功能:    找出两个数中的较小数
14      函数参数:    两个形式参数分别是两个数的指针
15      函数返回值: 较小数的指针
16    */
17    int *smaller(int *x, int *y)
18    {
19         if (*y< *x)
20               return y;
21         return x;
22    }
```

例 7.9 讲解

运行此程序，屏幕上显示为：

```
Enter two integer values:
```

用户从键盘输入为：*10　20<回车>*

程序输出结果为：

```
The smaller value is 10.
```

说明

函数返回的地址值可以给主调函数中同类型的指针变量赋值。但是要注意的是，返回的不能是被调函数中自动局部变量的地址，因为当被调函数执行结束后，该变量已被释放，而通过返回的地址再访问已被释放的变量内存空间，这样做是非法的。

【例 7.9】的思考题：

如果将例中 smaller 函数的函数体改为如下代码：

```
int *smaller(int *x, int *y)
{
    int m;
    m=*x>*y?*y:*x;
    return &m;
}
```

此时程序是否存在问题？

7.4 应用举例

本书第 6 章中介绍了数组作函数参数的用法，由于数组名表示的是地址值，所以作为实参传递给形参时，本质上就是传地址——传入实参数组的首地址。而此时，既然形参能够接受实参地址值，那么形参必须是一个指针变量。因此在**函数形参表中，类似“int a[ ]”的形参本质上是 int *a，**之所以允许写成数组形式，是因为数组形式更加直观、容易理解，表示对应实参是和数组相关的地址。由于指针可以指向数组，程序中常常将指针、数组、函数结合应用，特别是在函数之间共享批量数据时最为常见。下面通过几个实例来展示这种灵活的应用。

7.4.1 批量数据的筛查

数组中连续存放相同类型的数据，利用指针移动可以更为灵活地访问存放在数组中的数据。在科学实验中，批量的结果数据中可能存在一些异常数据，需要找到它们并分析原因。例 7.10 给出了一个对批量数据进行异常数据筛查的例子，定义偏离平均值超过某个设定阈值的数据为异常数据，现在需要找到全部异常数据并输出。

【例 7.10】筛查并输出异常数据。首先计算所有数据的平均值，然后判断每个数据和平均值之间的偏差，偏差超过 T 的则认为是异常数据。

```
1     /* li07_10.c: 批量数据的筛查*/
2     #include <stdio.h>
3     #include <math.h>
4     #define NUM  15              /*待处理数组的长度*/
5     #define  T    5              /*偏移阈值*/
6     /*函数功能:    找出异常数据并输出
7       函数参数:    形式参数是一个指针
8       函数返回值: 无返回值
9     */
10    void Find (double *p,int n)
11    {    double average,sum=0;
12         int i,count=0;
13         for(i=0; i<n; i++)
14              sum+=*(p+i);
15          average=sum/n;
16          for(i=0; i<n; i++)
17          {
18            if(fabs(*(p+i)-average) > T)
19             {
20               printf("%5.2f\t", *(p+i));
21               count++;
22             }
23          }
```

例 7.10 讲解

```
24        printf("\n The number of abnormal data is : %d\n", count);
25    }
26    int main( )
27    {  double array[NUM]={17.5, 20.1, 23.1, 15, 17, 26, 30, 12, 18.2, 19.6, 10, 16.7,
28                          17.7, 16.5, 20};
29       Find(array,NUM);            /*筛查并输出异常数据*/
30       return 0;
31    }
```

程序输出结果为：

```
26.00   30.00   12.00   10.00
The number of abnormal data is : 4
```

说明

函数 Find 完成异常数据的判断和输出，函数原型为 void Find(float *p)，主函数调用 Find 函数时把 array 数组的地址传给了形参指针 p，这样在 Find 函数执行时就可以通过 p 来访问 array 数组的元素，函数体内所有的*(p+i)可以表示为 p[i]，p 可以作为一维数组名使用。

7.4.2　进制转换

我们在前面介绍过，进制转换问题可以采用递归算法来实现，通过逆序输出所求余数得到转换结果。对于进制转换问题，也可以将每一次求得的余数存放在一个数组中，然后对数组元素按下标从大到小逐个输出，这种方法更加简洁直观、易于理解，执行效率高。

【例 7.11】编写程序，完成从十进制到二进制的转换并输出。

分析：十进制转换成二进制，关键在于“不断地除 2 求余”，直到商为“0”，然后逆序输出。如果用非递归方法完成，需要能存下每一次求得的余数，最后再将求得的余数按逆序输出，所以需用数组存储余数，并用指针对数组元素进行访问及输出。

```
1    /* li07_11.c: 进制转换*/
2    #include<stdio.h>
3    int main()
4    {     int r[16];     /*定义数组存放转换后的二进制各位数值*/
5          int *p=r;     /*定义指针指向数组*/
6          int m;         /*存放待转换的整数*/
7          do
8          { printf("Input an integer which belong to 0~65535\n");
9            scanf("%d",&m);                /*输入待转换的整数*/
10         } while (m<0 || m>65535);
11         while(m!=0)
12          {    *p=m%2;
13               m=m/2;
14               p++;
15          }
16          printf("The binary is:");
17          p--;                             /*指向最后得到的那个余数*/
18          for ( ; p>=r ; p--)              /*逆序输出得到转换后的二进制值*/
19               printf("%d",*p);
20          return 0;
21   }
```

例 7.11 讲解

运行此程序，屏幕上显示为：

```
Input an integer which belong to 0~65535
用户从键盘输入为：65<回车>
```

程序输出结果为：

```
The binary is:1000001
```

再次运行程序，屏幕上显示为：

```
Input an integer which belong to 0~65535
用户从键盘输入为：70000<回车>
```

因输入的值超出规定范围，屏幕上继续显示为：

```
Input an integer which belong to 0~65535
用户从键盘输入为：2345<回车>
```

程序输出结果为：

```
The binary is:100100101001
```

本例中利用数组存储各个余数，求解过程中，通过指针变量的移动首先实现从前向后的存储，然后再从后往前输出，得到变换后的二进制数。

【例 7.11】的思考题：

① 如果将输出二进制数前的 p--这句话删除，程序将输出什么？

② 在程序的开始，为什么要限制输入的整数大小？

③ 如果用 r[i]而不用指针访问数组，应怎样修改程序？

④ 如果将求解二进制的各个数值和输出二进制这两个功能封装成函数，程序应该怎样修改呢？

7.4.3　选择法排序

排序是一维数组中最经典的常见操作，排序方法有很多种。本书第 6 章介绍过冒泡排序，本节将介绍另一种排序——简单选择排序。通过介绍该排序方法复习指针形参与数组实参的用法。

【例 7.12】从键盘输入 n (1≤n≤10) 个整数，定义排序函数（按升序排列）以及输出函数。

分析：选择法排序的算法思想如下。

① 有 n 个元素的数组一共需要进行 n−1 趟排序，为了方便地与数组下标一致，控制趟数的外层循环控制变量的值从 0 变化到 n−2。

② 每一趟的任务是找出本趟参加比较元素中最小元素所在的位置。第 i 趟进行时，默认最小元素位置为 i，然后通过一个内层循环，从 i+1 下标一直扫描到 n−1 下标，逐个比较得到最小元素的下标值。

③ 每趟结束时判断本趟得到的最小元素下标是否在 i 下标处，如果不在，则将这两个位置的元素做交换，保证本趟的最小元素到位。

例如：将 98，34，−45，73 这几个数用选择法排序，即 n=4，排序过程如表 7.4 所示，其中 k 控制排序的趟序号，index 存储本趟最小元素的下标。

表 7.4　　选择法排序执行过程

k	index	a[0]	a[1]	a[2]	a[3]	说　明
		98	34	−45	72	输入的数组元素初值
0	2	−45	34	98	72	第 0 趟在 a[0]~a[3]中找到最小元素下标为 2，将 a[2]与 a[0]交换
1	1	−45	34	98	72	第 1 趟在 a[1]~a[3]中找到最小元素下标为 1，index 等于 k 不交换
2	3	−45	34	72	98	第 2 趟在 a[2]~a[3]中找到最小元素下标为 3，将 a[3]与 a[2]交换

```
1     /* li07_12.c：选择法排序*/
2     #include <stdio.h>
3     /*函数功能：输入数组元素
4        函数参数：第 1 个形式参数是指向数组的指针，
5                  第 2 个是数组元素个数
6        函数返回值：无返回值
7     */
8     void Input(int *pa,int n)
9     {
10        int i;
11        printf("Please input %d elements:\n",n);
```

例 7.12 讲解

```
12         for (i=0;i<n;i++)    /*用 for 语句控制输入 n 个元素*/
13              scanf("%d",pa+i); /*可以用&pa[i]代替 pa+I*/
14    }
15    /*函数功能:   对 n 个数组元素排序
16      函数参数:   第 1 个形式参数是指向数组的指针，第 2 个是数组元素个数
17      函数返回值：无返回值
18    */
19    void sort(int *pa, int n)
20    {
21         int index, i, k, temp;
22         for (k=0;k<n-1;k++)          /*k 控制排序的趟数，以 0 到 n-2 表示所有趟*/
23         {
24              index=k ;               /*本趟最小位置存于 index，开始时为 k*/
25              for (i=k+1;i<n;i++)     /*通过内层循环找出本趟真正的最小元素*/
26                   if (pa[i]<pa[index])       /*将本趟最小元素的下标赋给 index*/
27                        index=i;
28              if (index!=k)           /*如果本趟最小元素没有到位*/
29              {      temp=pa[index];/*则通过交换使本趟最小元素到 k 下标处*/
30                     pa[index]=pa[k];
31                     pa[k]=temp;
32              }
33         }
34    }
35    /*函数功能：输出排序后的数组元素
36      函数参数：第 1 个形式参数是指向数组的指针，第 2 个是数组元素个数
37      函数返回值：无返回值
38    */
39    void Output(const int *pa,int n) /*输出数组元素*/
40    {
41        int i;
42        for (i=0;i<n;i++)                /*用 for 语句控制输出 n 个初始元素*/
43            printf("%5d",*(pa+i));    /*可以用 pa[i]代替*[pa+i]*/
44        printf("\n");
45    }
46    int main()
47    {    int a[10],n;                  /*定义数组，n 控制元素个数*/
48         do                            /*保证读人的 n 满足 1≤n≤10*/
49         {     printf("Please input n(1<=n<=10):\n");
50               scanf("%d",&n);
51         }while (n<1||n>10);
52         Input(a,n);                   /*调用函数，完成输入*/
53         printf("The original array is:\n");
54         Output(a,n);                  /*调用函数，输出原始数组*/
55         sort(a,n);                    /*调用函数，完成排序*/
56         printf("The sorted array is:\n");
57         Output(a,n);                  /*调用函数，输出排序后的数组*/
58         return 0;
59    }
```

运行此程序，屏幕上显示为：

Please input n(1<= n<=10):

4<回车>

Please input 4 elements:

98 -45 34 73<回车>

程序输出结果为：

```
The original array is:
```

```
98  -45  34  73
The sorted array is:
-45  34  73  98
```

说明

① 本程序由 4 个函数组成，前 3 个函数的第 1 个形参都是一个指针形参，对应实参是一维数组名，通过指针形参共享实参数组空间。

② Output 函数中的第 1 个形参前用 const 限定。这是因为本函数不能通过指针形参修改数组元素的值，加了 const 可以从语法上保证参数组内容不被修改。

③ 请读者体会选择法排序与冒泡法排序的区别，其他的排序方法读者可以仿照本例方法自行编程实现。

7.4.4 矩阵运算

二维数组是处理数学中矩阵问题的数据类型，矩阵中有多种运算：转置、求马鞍点、相加、加乘、查找特定元素等，本例给出了较为简单的求对角线元素和的实例。该例展示了如何用行指针变量作为形参来访问数组空间的内容。

【例 7.13】计算二维方阵的对角线和，用函数实现。

```
1   /* li07_13.c: 矩阵运算*/
2   #include <stdio.h>
3   #define COL   3
4   #define ROW   3
5   /*函数功能:    输出数组元素
6      函数参数:    形式参数是一个行指针变量
7      函数返回值: 无返回值
8   */
9   void Output(int (*pa)[COL],int row,int col)  /*形参等同于第 6 章 int pa[ ][COL]形式 */
10  {
11      int i, j;
12      for(i=0; i<row; i++)
13      {
14        for (j=0; j<col; j++)
15           printf("%d\t",pa[i][j]);
16        printf("\n");
17      }
18  }
19  /*函数功能:    计算数组对角线元素之和
20     函数参数:    形式参数是一个行指针
21     函数返回值: 返回对角体元素和
22  */
23  int Sum(int (*pa)[COL],int row)          /*形参等同于第 6 章 int pa[ ][COL]形式 */
24  {
25      int i;
26      int sum=0;
27      for(i=0; i<row; i++)
28            sum+=pa[i][i];              /*对角线元素进行累加*/
29      return sum;
30  }
31  int main()
32  {
33      int a[ROW][COL]={{5,6,7},{10,11,12},{15,16,17}};
34      Output(a,ROW,COL);                /*调用时用行指针 a 初始化行指针变量 pa*/
35      printf("\nThe sum of diagonal is: %d\n", Sum(a,ROW));
36      return 0;
37  }
```

例 7.13 讲解

运行程序，输出结果为：

```
5       6       7
10      11      12
15      16      17

The sum of diagonal is: 33
```

本例用行指针的方式在函数之间共享二维数组，也可以用下面 7.5.2 节中的二级指针方式来传递二维数组，读者在学习完下节内容后可以自行尝试修改。

*7.5 指针进阶

本节要点：

- const 和指针结合可以得到常指针、指向常量的指针、指向常量的常指针
- 二级指针是指向指针的指针
- 根据实际需要动态地分配存储空间——动态空间管理
- 指向函数的指针变量用于指向一个函数

指针是 C 语言中最富特色的数据类型，概念较多，应用灵活多变。

7.5.1 const 与指针的结合

一个指针变量可以操作两个存储单元的值，一是地址值，即指针变量自己的值，改变地址值，就可以改变指针的指向；二是指针变量指向的存储空间的值，也就是通过对指针进行间接访问得到的值。C 语言的标准库函数中有很多在指针类型的形参前加上 const 修饰，目的就是只运行函数读取该指针指向的内容而不修改其内容，保护数据的安全性。我们定义指针时根据 const 的位置可以得到不同常量：常指针、指向常量的指针、指向常量的常指针。

（1）常指针。

常指针表示指针值在经过初始化之后不允许修改的指针。定义形式如下。

语法：

```
基类型名 *const 指针名=地址值;
```

示例：

```
int a=10, b=20;
int *const p=&a;
*p =20;    /*合法，等同于 a=20;*/
p=&b;      /*非法，试图改变 p 的值，指向另一个变量*/
```

示例中定义了常指针 p，说明 p 只能用于读取而不能修改，因此定义时就必须初始化使其有确切的地址值。此后，只能修改*p 而不能修改 p 了。

（2）指向常量的指针。

指向常量的指针所指向的内容不允许通过该指针修改。定义形式如下。

语法：

```
基类型名 const * 指针名; 或者 const 基类型名 * 指针名;
```

示例：

```
int a=10, b=20;
int const * p=&a ;
*p=20;          /*非法，不能用*p 的方式改变 a 的值*/
```

```
p=&b;              /*合法，改变 p 的值，指向另一个变量 b*/
```

const 修饰*指针名，表示指针指向的内容不允许通过指针修改，但是指针本身是变量，可以改变。在这种定义下，只是限定了不能通过指针修改它所指向空间中的内容，所以语句*p=20; 是错误的。但是，可以通过直接引用方式对 a 的值做出修改，如语句 a=20; 则是正确的。

（3）指向常量的常指针。

对于指向常量的常指针，其指针本身以及指向的内容都不允许被修改。定义形式如下。

语法：

```
const 基类型名* const 指针名=地址值;
```

示例：

```
int a=10, b=20;
const int * const p=&a;
*p=20;             /*非法，不能用*p 的方式改变 a 的值*/
p=&b;              /*非法，不能改变 p 的值，指向另一个变量 b*/
```

两个 const 分别表示指针以及指针指向的内容都是常量，定义时就必须初始化使指针具有确定的地址值。程序运行过程中，指针及指针所指向的内容都只能用于读取，而不能修改。

上述 const 和指针结合的 3 种形式中，以第 2 种形式（指向常量的指针）最为常用，特别是在函数中，能对参数起到保护作用。例如：

```
void change(const int *p)
{…
     *p=20;             /*报错，因为 const 的限制，不能对 main 函数中的 a 进行修改*/
      printf("%d",*p);   /*函数中能读取值*/
 …
}

void main()
{
     int a=10;
     …
     change(&a);
     …
}
```

通常，在需要借助指针共享实参数组空间，但是又不希望通过该指针修改实参数组元素的场合（例如输出函数）会在指针形参前加入 const 定义为一个指向常量的指针来实现。

7.5.2 二级指针

指针变量作为一种变量，也有自己的值和地址，例如以下代码段：

```
int x=10;
int *p=&x;
```

变量 x 和 p 的关系可参见图 7.3（a），变量 p 的值为变量 x 的地址。此外，变量 p 也是有地址、有存储空间的，如果需要一个变量来保存指针变量 p 的地址，该怎么办呢？这时我们可以定义一个**二级指针**变量存放指针变量的地址，即**指向指针的指针**。定义形式如下。

语法：

```
类型标识符 **二级指针变量名;
```

示例：

```
int **c;
```

类型标识符确定了二级指针指向的指针变量的基类型为**类型标识符***。下面通过例 7.14 来说明二级指针的定义与使用。

【例 7.14】二级指针的定义和使用。

```
1     /* li07_14.c: 二级指针示例*/
2     #include<stdio.h>
3     int main()
4     {
5          int a=10;
6          int *b=&a;
7          int **c=&b;               /*定义二级指针 c*/
8          printf("a and b:\n");
9          printf("&a:%p\tb:%p\n",&a,b);
10         printf("a:%d\t\t*b:%d\n",a,*b);
11         printf("\nb and c:\n");
12         printf("&b:%p\tc:%p\n",&b,c);
13         printf("b:%p\t*c:%p\n",b,*c);
14         printf("\na and c:\n");
15         printf("a:%d\t**c:%d\n",a,**c);          /*间接访问得到变量值*/
16         return 0;
17    }
```

例 7.14 讲解

运行程序，输出结果为：

```
a and b:
&a:0028FF18      b:0028FF18
a:10            *b:10

b and c:
&b:0028FF14      c:0028FF14
b:0028FF18      *c:0028FF18

a and c:
a:10    **c:10
```

变量 b 是指针变量，指向整型变量 a。变量 c 是一个二级指针，c 中存放的是指针变量 b 的地址，即二级指针 c 指向指针变量 b。本例中 3 个变量 a、b、c 之间的关系如图 7.14 所示。例子中也可以看出，变量 a 的访问有以下 3 种形式。

① 直接访问，用变量名 a 实现。

② 间接访问，用*b 实现。

③ 二级间接访问，用**c 实现。二级指针变量 c 的定义语句 int **c=&b，使得*c 能得到变量 b 的值（也就是变量 a 的地址值），那么再进行一次间接访问就可以得到变量 a 的值。

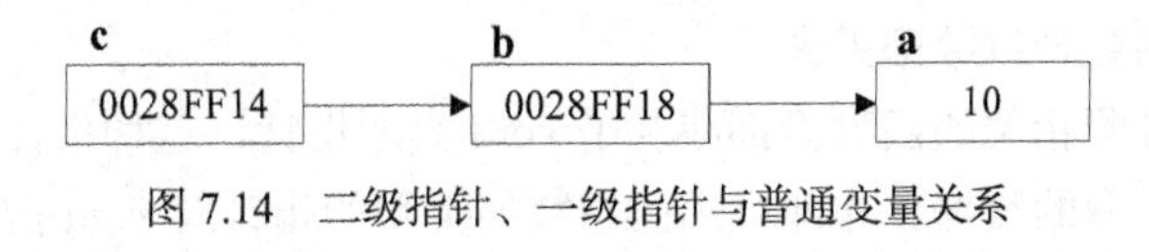

图 7.14　二级指针、一级指针与普通变量关系

7.5.3　指针与动态空间

一般在程序运行前，系统要为程序中定义的变量分配相应的空间以便在运行过程中实现数据的存储及处理。有时，这些数据的取值范围、需要多少个变量是能确定的，但在很多实际应用中，会希望根据实际情况来分配数量可变的内存空间。定义数组时，数组长度必须是常量，这就使得内存空间的分配和使用不够灵活。

这类问题的一种解决办法就是定义数组时，将数组长度定义得足够大，但是这样很可能浪费过多的存储空间；另一种解决方法就是根据实际需要动态地确定数组长度，避免空间的浪费，这就是本节将介绍的动态空间管理。

其基本思想是：根据实际需要，在运行过程中利用指针变量申请动态空间，在这些空间使用结束之后，再利用指针释放动态空间。

1. 动态空间管理函数

C 语言的动态内存的分配和释放由函数实现。ANSI C 标准定义了 4 个相关函数：malloc( )、calloc( )、free( )和 realloc( )。在程序中根据需要调用这些函数完成动态空间的分配和释放，使用时要包含头文件**<stdlib.h>**，各个函数的原型和作用如下。

（1）申请动态内存空间。

```
void* malloc(unsigned size);
```

或者

```
void* calloc(unsigned numElements, unsigned sizeOfElements);
```

函数 malloc 只有一个参数：size 表示所需总空间大小；函数 calloc 有两个参数：元素个数和每个元素所占空间大小。

不管是 malloc 还是 calloc，只要动态空间分配成功，都返回所分配动态空间的起始地址，类型为 void*。如果动态空间分配没有成功，返回值为 NULL（指针 0 值），这时应终止程序。

例如，建立一个长度为 n（n>0）的一维整型数组，可以用以下两种方式之一。

① 调用 malloc 函数分配空间。语句：int* p=(int*) malloc(n*sizeof(int))。

如果分配成功，指针 p 返回动态空间的首地址，p 指向的数组空间中的 n 个元素值均为随机值，即 p[0]到 p[n−1]都是随机值。

② 调用 calloc 分配申请空间。语句：int* p=(int*) calloc(n, sizeof(int))。

如果分配成功，指针 p 返回动态空间的首地址，p 指向的数组空间中的 n 个元素值均自动初始化为 0。

（2）释放动态空间。

```
void free( void *p);
```

函数 free 的功能是释放 p 指向的动态空间。执行后，系统可以把这部分空间重新分配给其他变量或进程使用。如前面通过 p 申请的动态一维数组，可以用 free(p);来释放动态空间。动态空间的生命周期从执行动态分配函数 malloc 或 calloc 开始，到执行 free 函数结束。

（3）改变动态空间大小。

```
void *realloc(void *p, unsigned int newsize);
```

函数 realloc 的功能是改变指针 p 指向空间的大小，变成 newsize 个字节。返回的是新分配空间的首地址，和原来分配的首地址不一定相同。该函数使用时应特别注意：**新的空间大小一定要大于原来的，否则会导致数据丢失。**

和动态空间分配相关的函数里都涉及了 void 类型指针，这种指针称为**通用指针（泛指针）**。它可以指向任意类型的数据，亦即可用任意数据类型的指针对 void 指针赋值。例如：

```
int a;
int * pi=&a;
void *pvoid;
pvoid = pi;
```

如果要将 pvoid 赋给其他类型指针，则需要强制类型转换，如：pi= (int*) pvoid，而不能用直接赋值方式，比如 pi= pvoid 就是错误的。

void 型指针常用于函数的形参或者返回值类型，使得函数具有更好的通用性。如，动态空间分配函数返回的都是 void 类型指针，它可以用来指向任何类型的数据空间，使用时，用强制类型转换使之适用于实际的需要。

2. 动态一维数组的应用

动态空间申请后，系统会分配若干连续空间，这段连续空间就可以作为一维数组来存放数据。下面通过例 7.15 来介绍动态一维数组的实际使用。

【例 7.15】用筛选法求 n 以内的所有质数（正整数 n 由键盘输入）。

分析：定义一个长度为 n+1 的数组，将 1 至 n 与数组的下标对应，作为筛选对象。下标“指向”的数组元素如果为 0，表示该下标是质数，如果是 1，则不是质数。具体步骤如下。

① 定义一个长度为 n+1 的整型数组 s，数组 s 相当于“筛子”，所有元素初始值为 0。

② 令 s[0]和 s[1]的值为 1，将 0 和 1 排除在质数之外。

③ 循环，下标 i 从 2 开始至 n 依次递增 1 进行筛选，只要某一个 s[i]的值为 0，则 i 一定是质数，这个 i 称为“筛眼”。将 i 的所有倍数下标所对应的数组元素值改为 1（因为这些数能被 i 整除，肯定不是质数），依次类推直至循环结束。

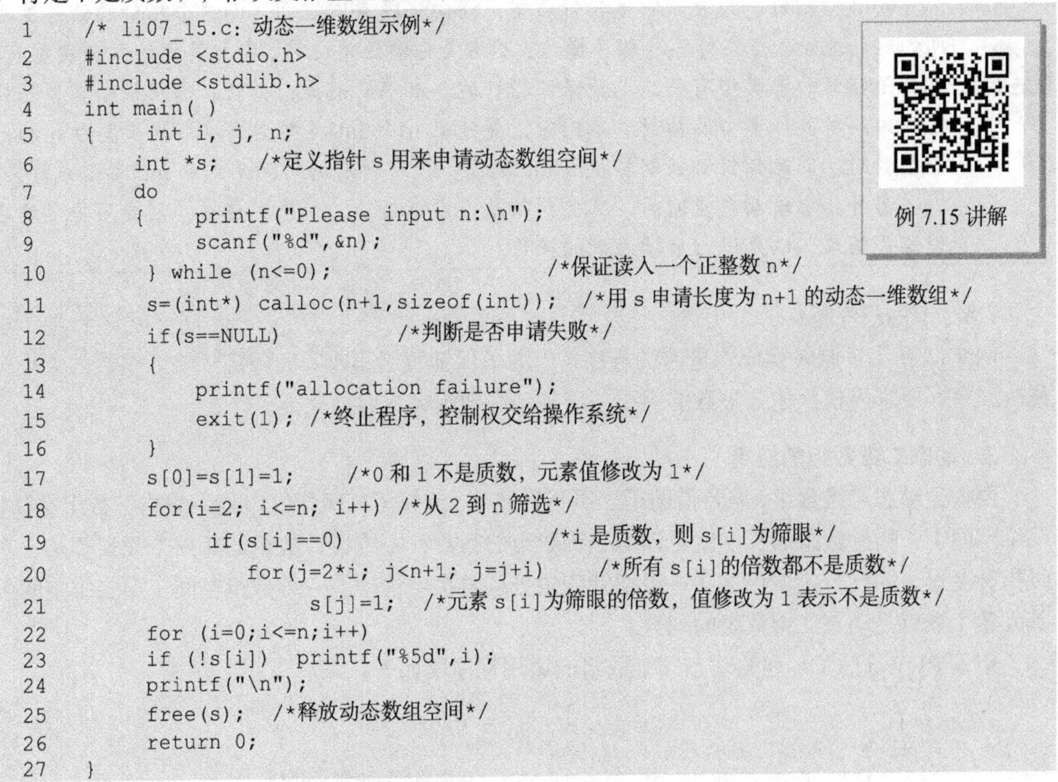

```
1   /* li07_15.c: 动态一维数组示例*/
2   #include <stdio.h>
3   #include <stdlib.h>
4   int main( )
5   {    int i, j, n;
6        int *s;    /*定义指针 s 用来申请动态数组空间*/
7        do
8        {    printf("Please input n:\n");
9             scanf("%d",&n);
10        } while (n<=0);                   /*保证读入一个正整数 n*/
11        s=(int*) calloc(n+1,sizeof(int));  /*用 s 申请长度为 n+1 的动态一维数组*/
12        if(s==NULL)           /*判断是否申请失败*/
13        {
14             printf("allocation failure");
15             exit(1);  /*终止程序，控制权交给操作系统*/
16        }
17        s[0]=s[1]=1;      /*0 和 1 不是质数，元素值修改为 1*/
18        for(i=2; i<=n; i++)  /*从 2 到 n 筛选*/
19             if(s[i]==0)                    /*i 是质数，则 s[i]为筛眼*/
20                  for(j=2*i; j<n+1; j=j+i)     /*所有 s[i]的倍数都不是质数*/
21                       s[j]=1;   /*元素 s[i]为筛眼的倍数，值修改为 1 表示不是质数*/
22        for (i=0;i<=n;i++)
23        if (!s[i])  printf("%5d",i);
24        printf("\n");
25        free(s);  /*释放动态数组空间*/
26        return 0;
27   }
```


图 7.15 表示了 n 等于 18 时的筛选过程。

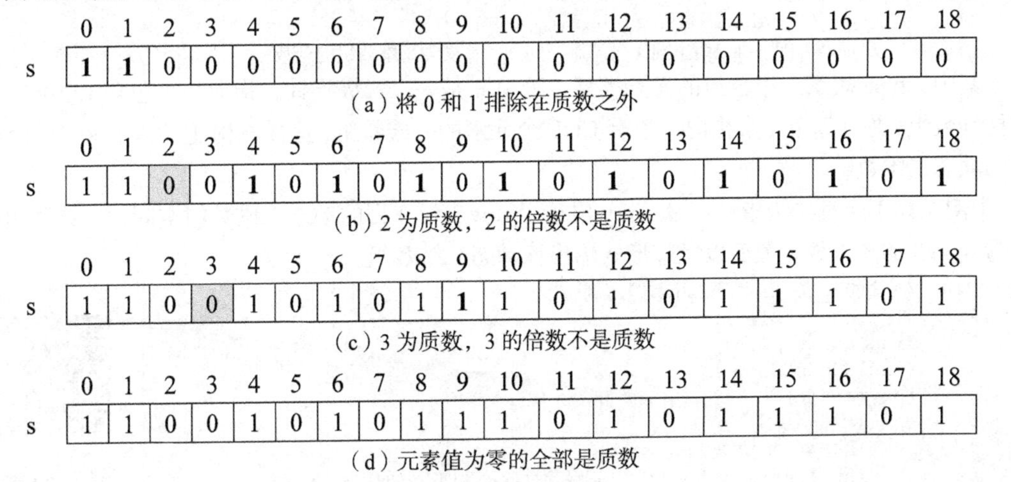

	0	1	2	3	4	5	6	7	8	9	10	11	12	13	14	15	16	17	18
s	1	1	0	0	0	0	0	0	0	0	0	0	0	0	0	0	0	0	0

（a）将 0 和 1 排除在质数之外

	0	1	2	3	4	5	6	7	8	9	10	11	12	13	14	15	16	17	18
s	1	1	0	0	1	0	1	0	1	0	1	0	1	0	1	0	1	0	1

（b）2 为质数，2 的倍数不是质数

	0	1	2	3	4	5	6	7	8	9	10	11	12	13	14	15	16	17	18
s	1	1	0	0	1	0	1	0	1	1	1	0	1	0	1	1	1	0	1

（c）3 为质数，3 的倍数不是质数

	0	1	2	3	4	5	6	7	8	9	10	11	12	13	14	15	16	17	18
s	1	1	0	0	1	0	1	0	1	1	1	0	1	0	1	1	1	0	1

（d）元素值为零的全部是质数

图 7.15 筛选法求质数

例子中n的值要求在运行时输入，所以需要根据n的值动态地确定数组的长度，用动态分配方法。

运行程序，提示信息为：

```
Please input n:
```

用户从键盘输入为：*18 <回车>*

程序输出结果为：

```
   2   3   5   7   11   13   17
```

例7.15中给出动态空间申请和使用的整个过程。特别注意的是，和动态空间相关的函数原型中定义的指针类型都是void*类型，在应用时要根据实际需求做强制类型转换。

void型指针，只表示它是指针类型，指向一段存储空间，而这个指针的值是这段空间的起始地址。当指针参与程序操作，不论是存储还是运算，都和具体的数据类型有关，也就是指针的基类型有关，这是保证指针运算准确的前提，因此，需用强制类型转换使它成为某种具体类型的指针。本例中，要分配n个int类型空间以存放长度为n的一维整型数组，因此指针都强制转换成int*类型，使得所有的访问形式和int*类型一样。

另外，申请动态空间后，需要判断是否申请成功，如果不成功，则要用一定的方式使程序结束，以免进行后续无效的操作。

7.5.3节的思考题：

例7.11在十进制转换成二进制的程序中，为了保证数组不越界，限定了输入整数的大小，请修改程序，要求可根据输入整数的大小，定义动态数组完成转换功能。

3. 动态二维数组的应用

要得到动态二维数组，需要借助于二级指针实现。首先用二级指针申请一维指针数组空间（第一维空间），指针数组的长度就是动态二维数组的行数；一维指针数组的每一个元素都是一个一级指针变量，因此，接着用这些一级指针变量分别再次申请动态一维数组空间（第二维空间），其元素个数就是动态二维数组的列数。

申请ROW行COL列的动态二维数组的通用程序段如下：

```
int i;
type **p;
p = (type **) malloc(ROW*sizeof(type *));
        /*动态分配指针数组的空间（第一维空间），长度为二维数组的行数*/
for (i = 0; i<ROW; ++i)
p[i] = (type *) malloc(COL*sizeof(type));
        /*动态分配一维数组空间（第二维空间），长度为二维数组的列数*/
```

其中，type表示二维数组的元素类型。这里p是一个二级指针，指向一个包含ROW个元素的指针数组，并且每个元素指向一个有COL个元素的一维数组，这样就构建了一个ROW行COL列的动态二维数组。

【例7.16】通过二级指针变量array申请了row行col列的动态二维数组空间，二维数组的元素为0～99的随机数。最后以矩阵形式输出该动态二维数组。

```
1    /* li07_16.c: 动态二维数组示例*/
2    #include<stdio.h>
3    #include<time.h>
4    #include<stdlib.h>
5    int main( )
6    {
7        int i, j, row, col;
8        int **array;     /*定义二级指针变量，即指针的指针*/
9        printf("Input row and col\n");
```

例7.16讲解

```
10        scanf("%d%d",&row,&col);    /*行、列数变量从键盘输入*/
11        array=(int **)malloc(row*sizeof(int *));    /*分配第一维空间，长度为行数*/
12        for (i=0;i<row;i++)               /*利用每一个一级指针元素再申请动态*/
13            array[i]=(int *)malloc(col*sizeof(int));  /*分配第二维空间，长度为列数*/
14        srand(time(0));                   /*生成随机种子*/
15        for (i=0;i<row;i++)
16            for (j=0;j<col;j++)
17                array[i][j]=rand( )%100; /*调用随机函数为二维数组的元素赋值*/
18        printf("Matrix is:\n");
19        for (i=0;i<row;i++)               /*以矩阵形式输出二维数组*/
20        {
21            for (j=0;j<col;j++)
22                printf("%6d",array[i][j]);
23            printf("\n");
24        }
25        for (i=0;i<row;i++)               /*首先通过一维指针数组的每个指针元素*/
26            free(array[i]);               /*释放动态二维数组的空间*/
27        free(array);                      /*再通过二级指针变量释放动态一维指针数组空间*/
28        return 0;
29    }
```

运行程序，提示信息显示为：

```
Input row and col
```

用户从键盘输入为：

3<回车>

4<回车>

程序输出结果为：

```
Matrix is:
    61    52    69    84
     5     7    31    41
    30    98    19    33
```

该程序每次运行的结果都不一样，因为每次都会调用系统时钟产生随机种子。图 7.16 是利用二级指针变量 array 申请动态二维数组空间的示意图，图中只有二级指针变量 array 所占的空间是编译时系统分配的，其余所有的空间均为程序运行时利用指针申请出来的动态空间，最后这些动态空间都通过 free 函数释放掉。

注意释放二维动态数组空间的顺序：先利用循环释放 array[i]所指向的动态一维数组空间，然后再用 free (array)释放掉 array 所申请到的一维指针数组空间。

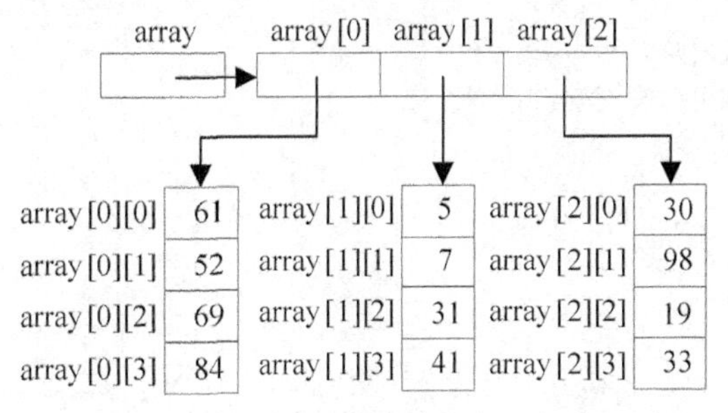

图 7.16　利用二级指针申请动态二维数组空间

7.5.4　指向函数的指针

C 语言中规定，一个函数的代码总是占用一段连续的内存区，而函数名就是该函数代码所占内存区的首地址（**入口地址**）。我们可以把函数的首地址赋值给一个指针变量，使得该指针变量指向这个函数，而后通过指针变量就可以找到并调用这个函数。这种指向函数的指针变量称为**函数指针**。定义的一般形式如下。

语法：

```
类型说明符 （*指针变量名）（形参表）;
```

示例：

```
int (*pf1)( );      /*表示 pf1 是一个指向函数的指针变量，该函数的返回值是整型*/
int (*pf2)(int x);  /*表示 pf2 是一个指向函数的指针变量，该函数的返回值是整型，且只有一个整型形参*/
```

其中：

① 类型说明符表示被指向函数的返回值类型；

② （*指针变量名）表示“*”后面的变量是函数指针变量，()表示这个指针是一个指向函数的指针；

③ 最后的括号里是形参表，形参表可以和普通函数一样有若干参数，也可以没有参数，仅表示为一个空括号。

示例中 pf1 和 pf2 都可以指向返回为 int 类型的函数，区别在于形参的匹配要求。当有形参表时，只能指向形参表一致的函数，如 pf2 只能指向返回值为 int 且仅有一个 int 类型形参的函数。如果没有形参表，对指向的函数是否有形参或形参的个数等没有要求，但是返回类型必须要一致，而 pf1 则可以指向任何一个返回值为 int 的函数。

【**例 7.17**】使用函数指针调用函数。

```
1    /* li07_17.c: 函数指针示例*/
2    #include <stdio.h>
3    int larger(int x, int y);
4    int smaller(int x, int y);
5    int main()
6    {
7       int a, b;
8       int (*pf)();                /*定义无参数的函数指针*/
9       printf("Enter two integer values:\n");
10      scanf("%d %d", &a, &b);
11      pf=larger;                  /*pf 指向函数 larger*/
12      printf("The larger value is %d. \n",(*pf)(a,b)); /*相当于调用 larger(a,b)*/
13      pf=smaller;      /*pf 指向函数 smaller*/
14      printf("The lsmaller value is %d.\n",(*pf)(a,b));  /*相当于调用 smaller(a,b)*/
15      return 0;
16   }
17   /*函数功能：   找出两个数中的较大数
18     函数参数：   两个形式参数分别是两个数
19     函数返回值：较大数
20   */
21   int larger(int x, int y)
22   {
23       if (y > x)
24       return y;
25       return x;
26   }
27   /*函数功能：   找出两个数中的较小数
28*    函数参数：   两个形式参数分别是两个数
29     函数返回值：较小数
30   */
31   int smaller(int x, int y)
32   {
```

例 7.17 讲解

```
33        if (y<x)
34            return y;
35        return x;
36    }
```

运行此程序，屏幕上显示为：

Enter two integer values:

用户从键盘输入为：*10   20<回车>*

程序输出结果为：

```
The larger value is 20.
The smaller value is 10.
```

指向函数的指针定义后，并不固定指向哪一个函数，只是表示定义了这样一个指向函数的指针，可用于存放函数的入口地址。

给函数指针赋值时，只要给出函数名而不必给出参数，如例中的：pf=larger。赋值就是把某函数的入口地址给它，它就指向该函数，例如 pf=larger 执行后，pf 就指向 larger 函数。

说明

使用函数指针调用函数时，只要将函数名用(*pf)代替即可，实参和用函数名调用是一样的，如(*pf)(a,b)就表示 larger(a,b)，**也可以用 pf(a,b)来调用函数。**

程序中定义的 pf 函数指针没有参数，所以可以指向返回值为 int 的任何函数。如果在程序中增加定义 int (*pf1)(int)，则赋值 pf1=larger 会出错，因为 larger 函数有两个形参，而 pf1 只有一个形参，形参个数不匹配。如果要定义含有形参的函数指针指向 larger 函数或者 smaller 函数，就需要定义为 int (*pf2)(int, int); 的形式。

此外，还需要注意的是，指向函数的指针变量用于指向一个函数，为一个函数的入口地址，所以它们做加减运算是无意义的。

7.6 本章小结

本章主要讲解了 C 语言中指针的相关知识：介绍了指针变量的基本概念、指针变量的定义、运算以及其他使用方法。读者需要熟练掌握利用一级指针变量来访问一维数组的方法。函数的形式参数可以为指针类型，返回值也可以是指针类型。读者应学习并理解如何通过指针来实现主调函数和被调函数之间的数据共享，理解第 6 章中数组与数组相关的形式参数本质上是一级指针变量形参或行指针变量形参。本章通过实例讲授指针的应用，包括批量数据的筛查、进制转换、选择法排序、矩阵运算。最后介绍了 const 和指针的结合、二级指针等更为复杂的指针形式，还介绍了利用一级、二级指针进行动态空间管理的方法。

习 题 7

一、单选题

1．如有定义 int a，*p=&a;，输入语句为 scanf("%d",________);或者 scanf("%d",________);，输出为 printf("%d",________);或者 printf("%d",________)。

A．&a,p,a,*p　　B．&a,&p,a,p　　C．a,&p,a,*p　　D．&a,p,a,p

2. 若有定义“int a=5, b=7, *p=&a;”，则执行语句“p=&b;”后，*p 的取值等同于________。

A. &a　　B. &b　　C. b　　D. a

3. 下列对指针 p 的操作，正确的是________。

A. int *p ; *p=2;　　B. int a[5]={ 1,2 ,3,4,5},*p=&a; *p=5;

C. int a,*p=&a;　　D.float a[5];　int *p= &a;

4. 若有说明：int a[ ]={15,12,−9, 28,5, 3 },*p=a;，则下列哪一种表达是错误的________。

A. .*(a=a+3)　　B. *(p=p+3)　　C. p[p[4]]　　D. *(a+*(a+5))

5. 若有下列定义：int a[3],*p=a,*q[2]={a,&a[1]} ;，则________不能正确表示&a[1]。

A. a+1　　B. q[1]　　C. ++p　　D. ++a

6. 设有下列语句，int n = 0, *p = &n, **q = &p;，则下面________是正确的赋值语句。

A. p = 1;　　B. *p = 2;　　C. q = p;　　D. *q = 5;

7. 以下程序有错，错误原因是________。

```
int main( )
{
     int *p,i;
     char *q,ch;
     p=&i;
     q=&ch;
     *p=40;
     *p=*q;
     …
     return 0;
}
```

A. p 和 q 的类型不一致，不能执行*p=*q;

B. *p 中存放的是地址值，因此不能执行*p=40;

C. q 没有指向具体的存储单元，所以*q 没有意义

D. q 有指向，但是没有确定的值，因此执行*p=*q;没有任何意义。

8. 下列程序段的输出结果是________。

```
void fun(int *x, int *y)
{ printf("%d %d", *x, *y); *x=3; *y=4;}
void main()
{ int x=1,y=2;
  fun(&y,&x);
  printf("%d %d",x, y);
}
```

A. 2 1 1 2　　B. 1 2 1 2　　C. 1 2 3 4　　D. 2 1 4 3

9. 有定义 int a[2][3]，(*p)[3]; p=a;，对 a 中数组元素值的正确引用是________。

A. *(p+2)　　B. *p[2]　　C. p[1]+1　　D. *(*(p+1)+2)

10. 若 char a[7]={'p','r','o','g','r','a','m'};char *p=a;，表达式________能得到字符‘o’。

A. *p+2　　B. *(p+2)　　C. p+2　　D. p++,*p

11. 设有语句 int a[2][3]，下面哪一种表示不能表示元素 a[i][j]________。

A. *(a[i] + j)　　B. *(*(a+ i) + j)　　C. *(a + i*3 + j)　　D. *(*a + i*3 + j)

二、读程序写结果

1. 写出程序的运行结果。

```
#include <stdio.h>
void swap(int *a, int b)
{   int temp;
   temp=*a;
```

```
    *a=b;
    b=temp;
}
void  main()
{   int x=8,y=1;
    swap(&x,y);
    printf("%d,%d\n",x,y);
}
```

2. 写出程序的运行结果。

```
#include<stdio.h>
int main()
{
        int arr[4]={1,2,3,4};
        int b=10;
        int *p=arr;
        int i;
        p++;
        *p=100;
        printf("%d\n",*p);
        for (i=0;i<4;i++)
        printf("%5d",arr[i]);
        printf("\n");
        p=&b;
        printf("%d\n",*p);
        for (i=0;i<4;i++)
        printf("%5d",arr[i]);
        printf("\n");
        return 0;
}
```

3. 写出程序的运行结果。

```
#include <stdio.h>
void fun(int x,int *y)
{
        x+=*y;
        *y+=x;
}
int main( )
{
        int x=5,y=10;
        fun(x,&y);
        fun(y,&x);
        printf("x=%d,y=%d",x,y);
        return 0;
}
```

4. 写出程序的运行结果。

```
#include <stdio.h>
int fun(int (*s)[4],int n, int k)
{
         int m, i;
         m=s[0][k];
         for(i=1; i<n; i++)
         if(s[i][k]>m)
                m=s[i][k];
         return m;
}
int main()
{
        int a[4][4]={{1,2,3,4},{11,12,13,14},{21,22,23,24},{31,32,33,34}};
        printf("%d\n", fun(a,4,0));
        return 0;
}
```

5. 写出程序的运行结果。

```
#include <stdio.h>
int main( )
{
      int arr[10]={2,3,-9,5,7,0,4,-1,6,-7},*p;
      int sum=0;
      for (p=&arr[3];p<arr+10;)
           sum+=*p++;
      printf("sum=%d\n",sum);
      return 0;
}
```

三、程序填空题

1. 编程实现从键盘上输入若干个整数，存入动态数组，然后统计其中负数的个数，并计算所有正数之和。

```
#include <stdio.h>
#include <stdlib>
int main()
{     int i=0,count=0,sum=0,num;
      int *p;
      printf("%Input the number:");
      scanf("%d",&num);
      ______①______;
      do
      {
           ______②______;
           i++  ;
      }while (i<num);

      for (i=0;   i<num  ;i++)
      {
            if (______③______)
                 count++;
            else
            ______④______;
      }
      printf("negative number is:%d\n",count);
      printf("sum of positive is:%d\n",sum);
      free(p);
      return 0;
}
```

2. 求给定矩阵的主对角线之和并找出最大元素值。

```
#include <stdio.h>
int f(int a[3][3],int *max,int n)
{     int i,j,s=0;
      *max=a[0][0];
      for (i=0;i<n;i++)
      {  s+=______⑤______;
         for ( j=0;______⑥______;j++ )
         if (______⑦______)*max=a[i][j];
      }
      return s;
}
int main( )
{
      int a[3][3]={1,-2,9,4,-8,6,7,0,5};
      int max,sum;
      sum= f (a,     ⑧     );
      printf("sum=%d,max=%d\n",sum,max);
      return 0;
}
```

四、编程题

1. 编写函数判断 n 阶方阵是否对称，对称时返回 1，不对称时返回 0。主函数中定义矩阵并调用该函数进行判断。（编程提示：函数的形参可以是行指针或列指针。）

2. 寻找矩阵中的马鞍点。一个矩阵中的元素，若在它所在的行中最小，且在它所在的列中最大，则称为马鞍点。求一个 $n*m$ 阶矩阵的马鞍点，如果不存在马鞍点则给出提示信息。（编程提示：使用动态数组。）

3. 从键盘输入 n 个（$n \leqslant 10$）整数，用交换法进行排序（非递减有序），结果输出排序后的序列。说明：交换法排序的基本思想：n 个元素共需要 $n-1$ 趟，其中第 i（从 0 变化至 $n-2$）趟的任务是找出本趟中最小的元素放在下标为 i 的位置上。

4. 约瑟夫环问题：有 n 个人围成一圈。从第一个人开始报数（从 1 到 m 报数），凡报到 m 的人退出圈子，问最后留下的是原来的第几号的那个人？（编程提示：根据人数动态建立数组。假设每次从下标为 i 的元素开始数数，那么需要删除的下标为(i+m−1)%n，直到 n 为 1 就是留下的那个人。）

5. 有 n 个整数，现在将前面各数顺序向后移 m 个位置，最后 m 个数变成最前面 m 个数，并输出。（编程提示：定义函数，实现每次数组往后移动一个元素，最后一个放到数组前面，这样调用 m 次即实现数组后移 m 个数。）

第 8 章 字符串

让规范适应程序要比让程序适应规范容易。

It is easier to change the specification to fit the program than vice versa.

——艾伦·佩利（Alan J. Perlis），图灵奖得主

学习目标：

- 掌握字符串的定义和输入/输出方法
- 掌握用字符数组和字符指针处理字符串的方法
- 掌握字符串处理相关函数的方法

字符串是由 0 个或多个字符组成的序列，用于存储字母、数字、标点和其他符号组成的文本数据，如学号、姓名、书名等。

C 语言中没有特别设置字符串类型，而是利用字符数组或字符指针来处理字符串。本章重点介绍字符串的定义与初始化、输入输出，以及常用的字符串处理函数。灵活使用字符和字符串在编程中非常重要。

8.1 字符串的定义与初始化

本节要点：

- 采用数组和指针定义及表示字符串的方法
- 字符串中初始化和赋值问题

字符串常量是用一对双引号括起来的若干字符，如“Hello”。在内存中，系统会自动在其最后加上'\0'作为字符串的结束标志。而 C 语言基本类型中的 char 类型，仅能存储一个字符，因此字符串的操作一般通过**字符数组**和**字符指针**来实现。

8.1.1 用字符数组处理字符串

字符数组的定义格式与第 6 章其他类型的数组一样，例如如下定义：char ch[12];，表示定义了一个长度为 12 的字符数组，数组中的每一个元素都是字符。需要注意的是，**用字符数组存储字符串时，字符数组中必须以'\0'结尾**，否则就是单纯的字符数组。

和其他类型的数组一样，字符数组可以有一维数组和多维数组，常用一维数组存放一个字符串，二维数组存放多个字符串。

（1）逐字符初始化。

字符型数组在定义的同时，可以对其每个元素用字符进行初始化，例如：

```
char ch[10]= { 'H', 'i', ' ', 'w', 'o', 'r','l', 'd', '!', '\0'};
```

初始化时，如果元素个数小于数组的长度，则后面的元素自动初始化为空字符'\0'。如

```
char ch[12]={ 'H', 'i', ' ', 'w', 'o', 'r','l', 'd', '!'};
```

则该字符数组中的状态如图 8.1 所示。

ch[0]	ch[1]	ch[2]	ch[3]	ch[4]	ch[5]	ch[6]	ch[7]	ch[8]	ch[9]	ch[10]	ch[11]
H	i		w	o	r	l	d	!	\0	\0	\0

图 8.1 字符数组部分赋值存储示意图

二维字符数组的定义和初始化也是同样的，如：

```
char ch[][6]={{ 'a', 'b'},{ 'c','d', 'e'},
{ 'f','g', 'h', 'i'},{'j', 'k', 'l','m','n'}};
```

这里省略了一维下标，默认第一维为 4，但是第二维不可省略，如图 8.2 所示。

a	b	\0	\0	\0	\0
c	d	e	\0	\0	\0
f	g	h	i	\0	\0
j	k	l	m	n	\0

图 8.2 二维数组存储示意图

（2）用字符串常量初始化。

字符数组还可以用字符串常量来初始化，由于有了双引号定界符，所以可以省略花括号，如以下定义：

```
char ch1[14]={"Programming!"};或 char ch1[14]="Programming!";
char ch2[]={"Programming!"};或 char ch2[]="Programming!";
```

字符串常量"Programming!"在内存中实际占用的空间是 13 个单元，因为末尾有结束标记符。这样上述定义中字符数组 ch1 占用的空间是 14 个字节，最后还有一个'\0'，而字符数组 ch2 占用的空间是 13 个字节。从图 8.3 中可以看出两者的区别。

ch1

P	r	o	g	r	a	m	m	i	n	g	!	\0	\0

ch2

P	r	o	g	r	a	m	m	i	n	g	!	\0

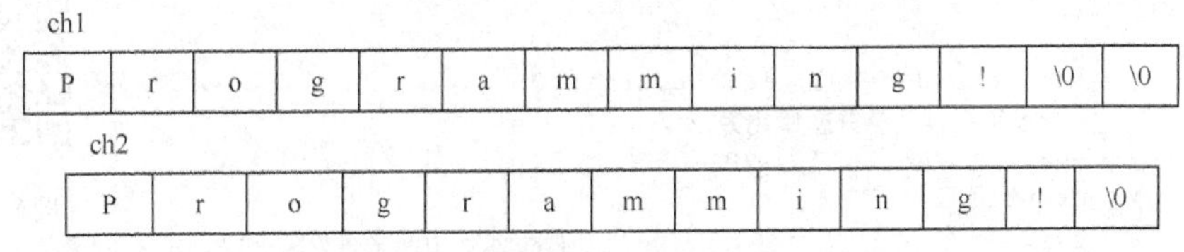

图 8.3 字符串初始化后数组存储示意图

二维字符数组的初始化也可以用字符串常量，如：

```
char cColor[4][7]={ "white", "red", "orange", "pink"};
```

二维字符数组 cColor 中字符存储如图 8.4 所示，可见，cColor 可用于存储 4 个长度最大为 7（包括'\0'在内）的字符串。

w	h	i	t	e	\0	
r	e	d	\0			
o	r	a	n	g	e	\0
p	i	n	k	\0		

图 8.4 二维字符数组存储示意图

8.1.2 用字符指针处理字符串

首先来看字符指针与字符串的关系。如：

```
char *ps;
ps="Programming!"              /*字符指针变量，指向一个字符串常量*/
```

此时，字符指针 ps 指向字符串常量"Programming!"——将字符串常量在内存中的首地址赋值给了指针变量 ps，这样，根据字符串的首地址即可找到整个字符串的内容，所以可以用字符串的首地址来引用一个字符串，这样的指针称为**串指针**。其存储如图 8.5 所示。

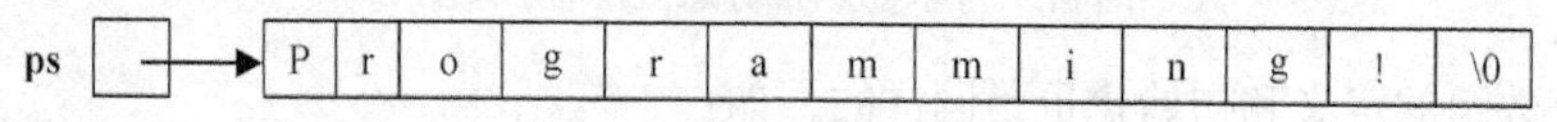

图 8.5 字符指针存储示意图

因为 ps 是指针变量，因此可以改变它的值，也就是改变它的指向，对上面的 ps 可以重新赋值如下：

```
ps="Hello world!"              /*字符指针变量，指向另一个字符串常量*/
```

这样，ps 重新获得了"Hello world!"字符串在内存中的首地址，指向"Hello world!"了。

如果是字符数组，因为数组名是指针常量，不能被赋值，因此下面的使用方式不正确：

```
char ch1[14]={"Hello world!"};
ch1="Programming!"             /*错误，因为 ch1 是字符数组名，是指针常量*/
```

字符指针当然也可以用于处理字符数组中的字符串，而且数组和指针关系紧密，特别在数组的各种处理中，指针更是提供了灵活多变的方法，如动态数组、数组在函数中的应用等。关于这一部分内容请回顾 7.2 节内容。

因此，字符指针可以指向字符串，除了用数组下标访问，还可以用指针实现对字符串的操作。

【例 8.1】输入一行文字（不带空格），统计其中字母、数字以及其他字符各有多少？

分析：从键盘输入字符串放在一个字符数组中，用一个字符指针遍历该数组，对字符指针所指向的当前字符进行判断来统计其中字母、数字以及其他的字符的个数。

```
1   /* li08_01.c: 字符统计示例*/
2   #include <stdio.h>
3   int main()
4   {
5         int  character=0,digit=0,other=0;
6          /*设置统计变量并初始化为 0*/
7         char *p="Hello!",s[20];
8         printf("%s\n",p);
9         p=s;                        /*字符指针 p 指向字符数组 s*/
10        printf("input string:\n");
11        scanf("%s",s);                       /*从键盘输入字符串放在数组 s 中*/
12        while (*p!='\0')               /*判断字符串是否结束*/
13        {
14              if ( ('A'<=*p && *p<='Z') || ('a'<=*p && *p<='z'))
15                          ++character;
16              else  if((*p<='9')&&(*p>='0'))
17                          ++digit;
18              else
19                          ++other;
20              p++;          /*指针移动，指向字符串的下一个字符*/
21         }
22         printf(" character:%d\n digit:%d\n other: %d\n",character,digit,other);
23         return 0;
24  }
```

例 8.1 讲解

运行此程序，屏幕上显示为：

```
Hello!
input string:
```

用户从键盘输入为：

我的学号是 B1010101<回车>

程序输出结果为：

```
character:1
digit:7
other: 10
```

① 程序定义的字符指针 p，初始化指向字符串常量"Hello!"，然后通过代码第 9 行赋值语句 p=s，改变指针变量的值指向字符数组 s，这样就可以用循环体中的语句 p++;移动 p 指针，从而以*p 形式访问字符数组 s 的各个元素并加以判断。

② 输入中有中文字符，由于一个中文字符占连续两个字节，相当于 2 个 char 类型的值，因此对 5 个中文字符统计出的其他字符数是 10 个。

8.2　字符串的常用操作

本节要点：

- 字符串处理函数的定义和使用方法
- 字符串处理技巧

字符串存储在字符数组中，所以数组的操作方法都适用于字符数组——可以用字符数组的下标或者指向字符串的字符指针访问和处理字符数组的各个元素。

8.2.1　字符串的输入和输出

输入和输出字符串主要有两种方式，如下所示。

有如下字符数组的定义：

```
char str_a[10],str_b[10];
char i;
```

（1）方法 1：用格式控制字符%s 整体输入/输出字符串。

例如：

```
scanf("%s%s",str_a, str_b);    /*str_a、str_b是数组名，代表字符串的首地址，前面不再加&符*/
printf("%s\t%s \n",str_a,str_b);/*输出字符串*/
```

若输入：*How are you?<回车>*

则输出：How are

① scanf 可以同时接收几个字符串，每个字符串对应一个格式控制符%s。

② printf 可以同时输出几个字符串，但是输出字符串后不会自动换行，如果希望换行，需要输出转义字符\n。

③ 用%s 的形式输入字符串时，字符串中不能出现空格符、回车和制表符（TAB），因为它们都是 scanf 默认的输入分隔符，如本例读入后相当于：char str_a[10]= "How", str_b[10]="are"，所以才会输出 How are 而非 How are you?。

如果需要输入带空格的串，就需要方法 2 来解决了。

注意

字符数组与字符串不是同一概念，只是在 C 语言中，借助于字符数组来处理字符串，如果字符数组中没有'\0'元素则不能认为是字符串。

【例 8.2】字符数组的输出。

分析：可以用字符初始化字符数组，也可以用字符串初始化字符数组。需要注意的是：字符数组在存储字符串时，尾部一定要有'\0'。

```
1    /* li08_02.c: 字符数组示例*/
2    #include<stdio.h>
3    int main()
4    {
5        char ch1[]={'H','e','l','l','o',' ','w','o','r','l','d','!'};
6        char ch2[]={"Hello world!"};
7        printf("%s",ch1);
8        printf("\n");
9        printf("%s",ch2);
10       printf("\n");
11       return 0;
12   }
```

例 8.2 讲解

此例中看似用一个字符数组存放了一个字符串"Hello world!"。当通过单步跟踪调试程序时，在调试窗口中会看到如图 8.6（a）所示的变量值，串尾出现了“烫”字符，为什么呢？

（a）ch1 中初始化为“Hello world!”

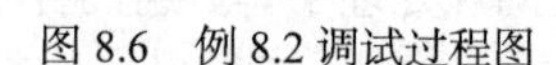

（b）ch2 中初始化为“Hello world!”

图 8.6　例 8.2 调试过程图

说明

为了准确表达一个字符串，C 语言规定了一个**字符串结束标记符**，以空字符'\0'来代表。而程序中代码第 5 行 char ch1[]={'H','e','l','l','o',' ','w','o','r','l','d','!'};，字符数组 ch1 中没有以'\0'结尾，因此 ch1 仅是一个字符数组，存储的是字符，而不是字符串。因而不能用格式控制字符%s 整体输出。

当代码第 6 行 char ch2[]={"Hello world!"};时，同样的数组存放的是"Hello world!"。第 13 个字符元素中填充的是'\0'，即字符串结束标记符。再进行单步跟踪就不会出现图 8.6（a）所示的情况，而显示如图 8.6（b）所示，没有乱码出现。

换句话说，在一个字符数组中，当遇到空字符'\0'时，就表示字符串结束，由它前面的字符组成字符串。

注意

对字符数组初始化时，用单个字符逐一初始化数组元素和用字符串整体初始化是有差别的。如，char ch2[]={"Hello world!"};与 char ch1[]={'H','e','l','l','o',' ','w','o','r','l','d','!'};是不等价的。前者在内存中占用 13 个字节，最后以'\0'结束；而后者只占用 12 个字节，没有以'\0'结束。

（2）方法 2：用系统提供的 gets 和 puts 函数完成字符串的输入/输出。

函数原型：

```
int puts(const char *ps);     /*在显示器上输出字符串 ps，串结束符被转换为换行符，成功输出字符串，并返回输出的字符数*/
```

```
char *gets(char *ps);          /*从键盘输入一个字符串，按回车键结束*/
```

例如：

```
gets(str_a);                   /*str_a 是一个已经定义的字符数组*/
puts(str_a);                   /*输出字符串*/
```

若输入：*How are you?<回车>*

```
则输出：How are you?
```

gets 和 puts 函数是 C 语言提供的标准函数，使用时要包含头文件 stdio.h。puts 函数遇到'\0'结束，并将'\0'转换为'\n'，也就是能自动进行换行的处理。而用 gets 函数读取字符串时，字符串连同换行符（即回车符）会依次读入指针形式参数 ps 指向的字符数组，并将换行符\n 转为串结束符\0。

8.2.1 节的思考题：

参考 gets 和 puts 函数的原型和功能，自己编程实现字符串的读取和输出。

二维字符数组用于存放多个字符串，根据 7.3.2 节介绍的指针和二维数组的关系我们知道，每一行就是一个字符串，可以用列指针对字符串进行整体的操作。

【例 8.3】利用二维字符数组读入、输出多个字符串。

分析：二维字符数组的每一行都是一个字符串，即对若干个字符串进行输入、输出操作。

```
1    /* li08_03.c：二维字符数组示例*/
2    #include<stdio.h>
3    int main( )
4    {
5           char  a[5][7];            /*通过 a 管理 5 个字符串*/
6           int i;
7           for(i=0;i<5;i++)
8                   gets(a[i]);       /*a[i]是指向字符串的指针*/
9           for(i=0;i<5;i++)
10                  puts(a[i]);       /*a[i]是指向字符串的指针*/
11          return 0;
12   }
```

例 8.3 讲解

运行此程序，用户从键盘输入：

File <回车>Edit<回车>View<回车>Run<回车>Tools<回车>

屏幕输出为：

```
File
Edit
View
Run
Tools
```

如图 8.7 所示，二维数组 a 可以看成由 a[0]、a[1]、a[2]、a[3]、a[4]这 5 个指向一维字符数组的字符指针组成，因此可以用于字符串的读写。

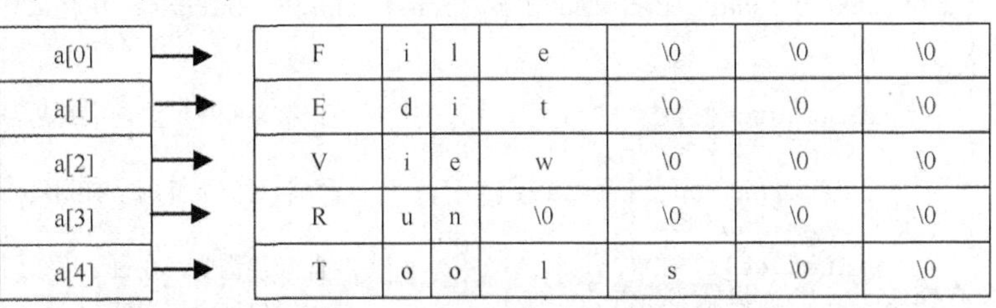

图 8.7　二维字符数组和指针的关系

管理多个字符串还可以定义 char *pa[5]，即含有 5 个字符指针的指针数组，并赋值如下：

```
for(i=0;i<5;i++)
    pa[i]=a[i];
```

这样，每一个 pa[i]都指向了一个字符串的首地址。

如果仅定义 char *pp;后就执行 gets(pp);是错误的，因为此时指针 pp 的指向还不确定，将读入的字符串试图存放到不确定的存储空间，这是必须避免的操作。

8.2.2 字符串处理的常用函数

在编写程序时，经常会对字符串进行操作，诸如字符串大小写转换、求字符串的长度、复制字符串等，这些操作都可以用字符串函数来解决。C 语言标准库函数专门提供了这一系列的字符串处理函数，包括在系统头文件 string.h 中。在编写过程中合理使用这些函数可以有效地提高编程效率。本节将对一些常用的字符串处理函数进行介绍。

（1）字符串长度的获取。

在使用字符串的时候，经常需动态获取字符串的长度，虽然可以通过循环来计算字符串的长度，但这样的方法相当麻烦。可以直接调用 strlen 函数来获得字符串的长度。该函数的原型如下：

```
unsigned int strlen(const char *str);
```

功能：计算字符串的有效字符个数的函数，串结束符不计算在内，函数返回值是串长度。

该函数源代码如下：

```
1    unsigned int strlen(const char *str)
2    {
3        int i=0;
4        while(str[i]) i++;       /*判断字符串结束标志，如果未结束，有效字符个数加 1*/
5        return i;
6    }
```

字符串有效字符个数不包括最后的串结束标志'\0'，比实际的存储空间大小要小 1。

（2）字符串复制。

在字符串操作中，字符串复制是比较常见的操作，对于字符数组，无法用赋值号 “=” 将一个字符串常量或其他表示字符串的字符数组或字符指针赋值给它，此时需要通过字符串复制函数来完成此项任务。该函数的原型如下：

```
char* strcpy(char *destination,const char *source);
```

功能：字符串复制函数，将源字符串 **source** 复制到目标字符串 **destination** 中。返回值是目标字符串指针 **destination**。

该函数源代码如下：

```
1    char* strcpy(char *destination, const char *source)  /*注意两个指针形参的区别*/
2    {
3        int i=0;
4        while(source[i]!='\0')                /*以被复制串的当前字符是否是串结尾标志为条件*/
5        {
6            destination[i]=source[i++];    /*复制对应下标的字符到目标串*/
7        }
8        destination[i]='\0';               /*此句很重要，在目标串结尾加上串结尾标志*/
9        return(destination);               /*返回目标串首地址*/
10   }
```

注意两个形式参数的不同，形参 source 用 const 加以修饰，表示所指向的被复制的字符串在函数中是不能被修改的。

循环执行后，源串除了串结束标志'\0'外，其余字符都赋值给目标串相应元素，为了使目标串保持字符串的性质，需要添加第 8 行语句 destination[i]='\0'; 为目标串加上结束标志。

两个字符串复制的过程可以参见图 8.8。

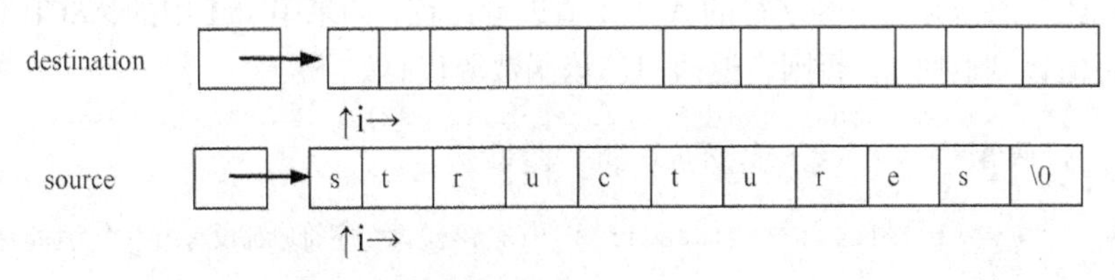

图 8.8　串复制 strcpy 示意图

在复制前一定要确认 destination 指向的字符串存储空间满足 source 字符串的空间大小要求，避免出现数组越界情况。

（3）字符串连接。

字符串连接函数实际上就是完成两个字符串相加的效果，即一个字符串连接在另一字符串的末尾，构成一个新的字符串。该函数原型如下：

```
char* strcat(char * destination,const char * source);
```

功能：完成字符串连接，将源字符串 source 接到目标串 destination 的尾部，返回值是连接后的字符串 destination 指针。注意，使用该函数前应确认 destination 指向的空间要能容下衔接以后的整个字符串。该函数源代码如下：

```
1    char* strcat(char *destination, const char *source)  /*注意两个指针形参的区别
2    {
3        int i=0;
4        while(*(destination+i)!='\0')   /*等效于 while(destination[i]!='\0')*/
5            i++ ;                       /*循环结束时，i 指向目标串结尾处*/
6        while(*source!='\0')            /*将第 2 个串的内容复制到第 1 个串 i 下标开始处*/
7            *(destination+i++)=*source++;
8        *(destination+i)='\0';          /*在目标串最后加上结束标志*/
9        return(destination);            /*返回目标串地址*/
10   }
```

第 7 行语句*(destination+i++)相当于：destination[i++]=*(source++);，将 source 串中字符赋值给 destination 串中相应位置，然后各自指向下一个字符。

具体过程如图 8.9 所示。

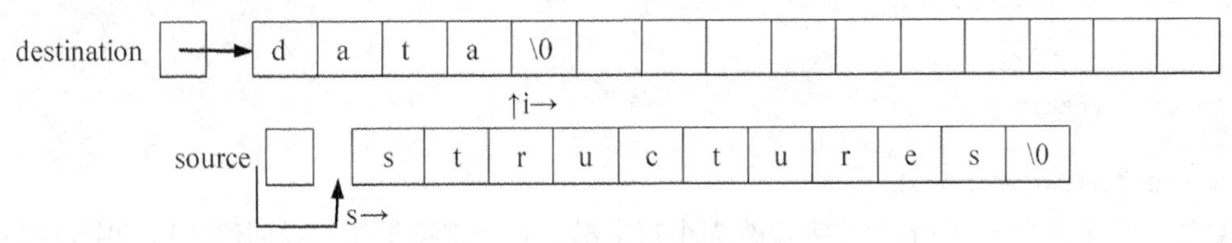

图 8.9　串连接 strcat 示意图

（4）字符串比较。

字符串比较函数，比较字符串 str1 和 str2，返回一个整型数来确认 str1 小于（或等于或大于）str2。

比较两个字符串的大小，实际上是逐个比较对应下标的字符大小，即比较两个字符对应的 ASCII 值大小，以串中第一对不相等的两个字符的大小决定整串的大小关系，其中，字符结尾标记'\0'（也就是 0）小于任何一个字符（1～255）。所以两个字符串相等，一定是串长相等且对应位置的字符一一对应相等。

该函数原型如下：

```
int strcmp(const char *str1,const char *str2);
```

功能：比较两个字符串大小，若全部相等，则函数返回值为 0；如果遇到对应的字符不等，则停止比较，依据对应不等字符的 ASCII 值进行比较，如果串 str1 中的 ASCII 值大于串 str2 中的对应字符值，则返回 1；否则，返回-1。该函数源代码如下：

```
1    int strcmp(const char *s1,const char *s2)
2    /*两个指针形参完全一样，不允许修改实参值*/
3    {    int i=0 ;
4        while(s1[i]!='\0'&&s2[i]!='\0') /*两个字符串都没有结束作为循环控制条件*/
5        {
6         if(s1[i]!=s2[i])/*比较对应下标的字符，如果不相等则结束循环*/
7              break;
8         i++;               /*如果对应下标字符相等，则下标加 1，继续比较*/
9        }
10        if(s1[i]>s2[i])    /*循环结束时，比较对应下标的字符*/
11           return(1);     /*如果第 1 个串对应字符大，则返回 1*/
12        else if(s1[i]<s2[i])    /*如果第 1 个串对应字符小，则返回-1*/
13           return(-1);
14        else
15           return(0);     /*相等返 0*/
16    }
```

表达式 s1>s2 在语法上也是正确的，但是此时并不是用于比较两个字符串的大小，因为 s1 与 s2 在编译过程中解释为两个字符串的首地址，即 s1>s2 比较的是两个字符串起始地址的大小，没有实际意义。因此，比较字符串的大小一定要调用 strcmp 函数。

（5）字符串大小写转换。

在编程中，通常会遇到大小写字母混合使用，当需要转换时，可以使用 strupr 函数和 strlwr 函数一次性完成，方便快捷。

① char* strupr(char *str);。

功能：将字符串 str 中的小写字母改为大写字母，其余字符不变，返回修改后的字符串 str 指针。该函数源代码如下：

```
1    char* strupr(char *str)
2    {
3       char *p = str;
4       while (*p)
5       {
6          if(*p >= 'a' && *p <= 'z')
7            *p -= 32;
8          p++;
9        }
10      return str;
11   }
```

② char* strlwr(char *str);。

功能：将字符串 str 中的大写字母改为小写字母，其余字符不变，返回修改后的字符串 str 指针。该函数源代码如下：

```
1    char* strlwr(char *str)
2    {
3       char *p = str;
```

```
4        while (*p)
5        {
6          if(*p >= 'A' && *p <= 'Z')
7             *p + =32;
8          p++;
9        }
10     return str;
11   }
```

下面通过示例进一步熟悉字符串处理函数的使用方法。

【例 8.4】字符串处理函数的应用示例。

```
1     /*li08_04.c: 字符串处理函数示例*/
2     #include<stdio.h>
3     #include<string.h>
4     int main( )
5     {
6          char str[20]=" Programming";
7          char cstr[20];
8          char tmp[20];
9          int i;
10         printf("Input a string:\n");
11         gets(cstr);
12         if (strcmp(str,cstr)>0)               /*字符串比较，小的字符串放在 str 中*/
13         {
14               strcpy(tmp,str);
15               strcpy(str,cstr);
16               strcpy(cstr,tmp);
17         }
18          strcat(cstr,"**");                   /*在 cstr 后加上字符** */
19          i=strlen(cstr);
20          if(i+strlen(str)<20)
21          {
22               strcat(cstr,str);               /*将 str 连接到 cstr 后*/
23               puts(cstr);
24          }
25          else
26               printf("Strcat can't be executed!\n");
27          strupr(cstr);
28          puts(cstr);
29          return 0;
30    }
```

例 8.4 讲解

运行此程序，屏幕上显示为：

```
Input a string:
```

用户从键盘输入为：*C<回车>*

程序输出结果为：

```
C** Programming
C** PROGRAMMING
```

再次运行程序，屏幕上显示为：

```
Input a string:
```

用户从键盘输入为：*Just do it<回车>*

程序输出结果为：

```
Strcat can't be executed!
JUST DO IT**
```

说明

字符串处理函数中，参数都是指向字符串的字符指针，指针操作时要时刻关注指针的指向。另外，因为字符串都保存在字符数组中，要注意数组越界的问题。本程序在做字符串连接操作时，对连接后的字符串长度做了相应的判断，这是非常必要的。

8.3 应 用 举 例

本节要点：

- 如何进行回文的判断
- 如何统计单词出现次数
- 如何进行密码验证
- 如何实现字符串的排序

1. 回文的判断

所谓**回文**，就是去掉空格之后的字符串是中心对称的。

【例 8.5】从键盘输入任意一个字符串，判断该字符串是否为回文。

分析：判断一个字符串是否是回文的算法思想如下。

① 表示下标的变量 i 和 j 分别“指向”字符串的首尾元素。

② 如果 i 小于 j，则重复步骤③，否则执行步骤④。

③ 如果 i 指向的是空格符，则 i 值加 1，直到指向非空格符为止；如果 j 指向的是空格符，则 j 值减 1，直到指向非空格符为止。然后比较 i 和 j 指向的字符，如果不同，则返回 0，表明不对称，如果相同，则 i 值加 1，j 值减 1，然后返回步骤②。

④ 返回 1，表明字符串对称。

根据以上算法思想，定义一个判断回文的函数，主函数中读入一个字符串，调用该函数，根据判断结果输出相应的提示信息。

例 8.5 讲解

```
1    /*li08_05.c：回文判断示例*/
2    #include<stdio.h>
3    #include<string.h>
4    #define MAX 80
5    int Palindrome (const char *str);      /*判断回文的函数原型*/
6    int main( )
7    {
8         char str[MAX],ch;
9         do           /*该循环用于控制是否需要多次判断串是否为回文*/
10        {
11             printf("Input a string:\n");
12             gets(str);
13             if(Palindrome(str))      /*调用函数判断是否为回文，输出不同的结论*/
14                  printf("It is a palindrom.\n");
15             else
16                  printf("It is not a palindrom.\n");
17             printf("continue?(Y/N)\n");   /*询问是否要继续判断回文*/
18             ch=getchar( );                /*输入一个字符，通常是'Y'或'N'*/
19             getchar();                    /*跳过刚刚输入的回车符*/
20        }while (ch!='N'&&ch!='n');         /*如果既不是 N 也不是 n 表示需要继续判断*/
21         return 0;
22   }
23   /*函数功能：      判断字符串是否为回文
24     函数入口参数：指向常量的字符指针，指向待判断的字符串
25     函数返回值：   整型，1 表示是回文，0 表示不是
26   */
27   int Palindrome(const char *str)        /*const 用于保护实参*/
```

```
28   {
29       int i=0,j=strlen(str)-1;          /*对应于算法步骤①*/
30       while(i<j)        /*对应于算法步骤②*/
31       {
32           while(str[i]==32)         /*对应于算法步骤③，32 是空格字符的代码*/
33               i++;
34           while(str[j]==32)
35               j--;
36           if(str[j]==str[i])
37           {  i++;   j--;
38           }
39           else  return(0);           /*对应字符不同，则返回 0，表示不是回文*/
40       }
41      return(1);    /*对应于算法步骤④，循环停止，i>=j，所有的 str[j]==str[i]*/
42   }
```

运行此程序，屏幕上显示的提示为：

```
Input a string:
```

用户从键盘输入为：*asdsa<回车>*

屏幕上显示的结果及提示为：

```
It is a palindrom.
continue?(Y/N)
```

用户从键盘输入为：*y<回车>*

屏幕上显示的提示为：

```
Input a string:
```

用户从键盘输入为：*as dfd sa<回车>*

屏幕上显示的结果及提示为：

```
It is a palindrom.
continue?(Y/N)
```

用户从键盘输入为：*y<回车>*

屏幕上显示的提示为：

```
Input a string:
```

用户从键盘输入为：*abcde<回车>*

屏幕上显示的结果及提示为：

```
It is not a palindrom.
continue?(Y/N)
```

用户从键盘输入为：

n<回车>

程序中，利用下标 i、j 分别从字符串的首尾向中间移动，判断对应字符元素是否相等。其中，用 str[j]==32 判断字符元素是否为空格，还可以写成 str[j]==' '。

2. 统计单词出现次数

在一段文字中去统计给定单词出现的次数是字符串中一种较为常见的操作，Word 软件中的“查找”功能与此类似，只不过“查找”功能是直接将光标定位到待查找元素在正文中的位置处。

【例 8.6】找出给定单词在一段文字中出现的次数，假定原文中的任意分隔符均不会连续出现。

分析：因为原文不会出现连续的分隔符，可以认为一旦出现分隔符就表示是前后两个单词的分界点。因此，算法利用这点对原文进行分割，分离出一个个单词，然后进行大小的比较就可以了。

```
1    /*li08_06.c: 单词统计示例*/
2    #include<stdio.h>
3    #include<string.h>
4    /* 函数功能：     查询一个句子中子串出现的次数
5       函数入口参数：2 个指向常量的字符指针，
6                     分别指向句子和待查询的子串
7       函数返回值：   整型，表示子串出现的次数
8    */
9    int search(const char *ps, const char *pf)
10   {
11       int count=0,i=0;
12       char dest[20];              /*存储句子中的一个单词*/
13       while(*ps)                  /*判断字符串是否结束*/
14       {
15           i=0;
16           while((*ps>='a'&&*ps<='z')||(*ps>='A'&&*ps<='Z'))
17           {
18               dest[i++]=*ps++;
19           }                       /*这个循环用于分词，每个词存在数组 dest 中*/
20           dest[i]='\0';           /*单词结束后一定要加串结尾标记*/
21           ps++;                   /*指向句子的下一个字符*/
22           if(strcmp(dest,pf)==0)  /*比较是否是待统计的单词*/
23               count++;
24       }
25       return count;
26   }
27   int main()
28   {
29       char source[200];
30       char key[15];
31       puts("Input the source sentence:");
32       gets(source);
33       puts("Input the key word:");
34       gets(key);
35       printf("There are %d key words in this sentence.\n",search(source,key));
36       return 0;
37   }
```

例 8.6 讲解

运行此程序，屏幕上显示为：

```
Input the source sentence:
```

用户从键盘输入为：

```
If you are a fan of cartoons,don't miss the Chinese film I am a Wolf.<回车>
```

屏幕上继续显示为：

```
Input the key word:
```

用户从键盘继续输入为：

```
a<回车>
```

程序输出结果为：

```
There are 2 key word in this sentence.
```

说明

本例旨在熟悉字符串的输入和输出，并运用字符串比较函数来检查关键字，注意在查找过程中指针变量的变化。此外，特别要注意的是每次读出一个单词，应该在后面添加字符串结束符号。

3. 密码问题

在实际开发中，经常会遇到要设置用户名及用户密码的问题。这是个简单而又实用的问题。

【例 8.7】要求用户输入密码，以“#”作为结束标志。按一定规则进行解密后，若与预先设定

的密码相同，则显示“pass”，否则发出警告。

分析：密码的判断可以用函数完成。当然两个字符串的比较可以用 strcmp 函数，但是因为需要对密码进行解密的操作，为了能访问字符串的各个字符元素，需要用循环语句直接进行字符的比较。

主函数除了让用户输入密码，还应根据函数的返回值给出相应的输出。

```
1   /*li08_07.c：密码输入示例*/
2   #include <stdio.h>
3   char passwd[]="NJUPT";          /*设定的密码*/
4   /*函数功能：     判断密码与预设密码是否一致
5     函数入口参数：字符指针，指向用户输入的密码
6     函数返回值：   整型，表示密码正确与否，1 正确，0 错误
7   */
8   int check(char *ps)
9   {
10       int i=0;
11       int flag=1;                           /*设定标志位*/
12       for ( ; *ps!='\0'&&flag ; ps++)  /*字符串结束标志的应用*/
13       {
14           if (*ps>='a' && *ps<='z')
15               *ps=*ps-32;                  /*解密规则*/
16           if (*ps!=passwd[i])              /*只要有一个字符不吻合，flag=0，终止循环*/
17               flag=0;
18           else
19           i++;
20       }
21        return flag;
22   }
23   int main()
24   {
25       char str[10];
26       int i=0;
27       printf("Input your password:\n");
28       while( (str[i]=getchar() ) != '#')         /*逐字符读入，'#'作为结束标志*/
29       {
30           i++;
31       }
32       str[i]='\0';                          /*增加字符串结束标志*/
33       if (check(str))
34           printf("Pass!\n");
35       else
36            printf("Error!\n\a\a\a"); /*发出警报声*/
37      return 0;
38   }
```

例 8.7 讲解

运行此程序，屏幕上显示为：

```
Input your password:
```

用户从键盘输入为：*njupt #<回车>*

程序输出结果为：

```
Pass!
```

再次运行程序，屏幕上显示为：

```
Input your password:
```

用户从键盘输入为：*well#<回车>*

程序输出结果为：

```
Error!
```

本例中，密码检验规则的实现在 check 函数中，如果规则有变，只需要修改函数，其他部分不用改动。check 函数中使用的字符串结束的判断方法，是常用的方法。

main 函数中，用循环实现对字符数组的逐个读入，当读入的字符为'#'时退出循环。当然也可以用 gets(str)实现字符串的整体输入。

【例 8.7】的思考题：

例题中，程序运行时，输入的密码能显示出来，可以用“*”代替实际密码。编写程序，输入用户名和密码，当用户名正确时并判断密码是否正确，正确给出提示，如输入 3 次错误，程序退出。（提示，用 getch 函数代替 getchar 函数输入单个字符，不在显示器回显输入内容。）

4. 字符串的排序

打开一本英文字典，里面的单词是按照英文字母顺序来排列的，如果我们自己设计一个单词本，也希望以字母的顺序排列，以方便查询，这就涉及到多个字符串的排序问题。

多个字符串排序，前面介绍的冒泡排序、选择排序都可以用，只不过参加排序的是字符串。而每一个字符串是用一维数组或一级指针来管理的，这样，就使得字符串的排序比一批整数的排序复杂。

【例 8.8】多个字符串的排序。将主函数中给定的多个字符串按由小到大的顺序排序，输出排序后的结果。

分析：本例实际要完成的是排序操作，只是排序的对象变成了字符串。下面的实现采用选择法排序，排序思想不再赘述。

定义二维字符数组管理多个字符串，每一个串是用一个一维的字符数组来实现的。这时，待排序的字符串这样定义：

```
char string[][10]={"FORTRAN","PASCAL","BASIC","C"};
```

排序函数需要进行一定次数的交换字符串的操作。

```
1    /*li08_08：字符串排序示例*/
2    #include <stdio.h>
3    #include <string.h>
4    /*函数功能：       对多个字符串排序
5      函数入口参数：  列长度为 10 的行指针，
6                      用来接受实参传递过来的二维字符数组
7      函数返回值：    无
8    */
9    void sort(char (*str)[10] , int n)
10    {
11       char temp[20];
12       int  i, j , k;
13       for (i=0;i<n-1;i++)
14       {
15           k=i;
16           for (j=i+1;j<n;j++)
17               if (strcmp(str[k],str[j])>0)   /*比较字符串大小*/
18                  k=j;                        /*得到本趟最小字符串的下标*/
19           if (k!= i)                  /*交换字符串内容，保证本趟最小串到位*/
20           {
21               strcpy(temp,str[i]);
22               strcpy(str[i],str[k]);
23               strcpy(str[k],temp);
24           }
25       }
26   }
27   int main()
28    {
```

例 8.8 讲解

```
29          char string[][10]={"FORTRAN","PASCAL","BASIC","C"};
30            /* 二维字符数组存储 4 个字符串 */
31          int  i , nNum=4;
32          sort(string , nNum);
33          for (i=0;i<nNum;i++)
34                printf("%s\n" , string[i]);
35                    /*string[i]表示二维字符数组中第 i 个字符串的首地址*/
36          return 0;
37      }
```

该方法中定义的是二维字符数组，数组名是指针常量，不可以改变其指向，但可以改变存储的内容。在排序过程中，用 strcpy 交换存储空间的内容。排序前后的存储示意图如图 8.10 所示。

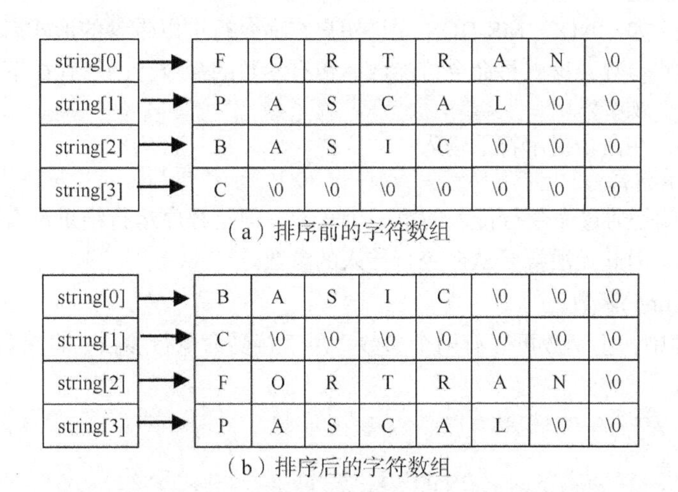

图 8.10　字符数组排序存储示意图

多个字符串还可以通过定义一维字符指针数组实现，请查阅相关参考书。对此题，有兴趣的读者可以尝试用一维字符指针数组完成排序。

*8.4　带参的 main 函数

本节要点：

- main 函数中两个形参的含义
- 命令行执行方式传实参给 main 中的形式参数

之前程序的 main 函数均不带形式参数，事实上，main 函数也可以有形式参数，其参数个数固定是两个，各有意义。main 函数是程序运行的入口函数，因此其调用方式将涉及命令行环境下运行程序，用命令行传递实参给 main 函数的形式参数。

首先，简单介绍一下命令行。

（1）命令行。

假设有一个非常简单的 C 语言源程序：simple.c，代码如下：

```
#include <stdio.h>
int main( )
{
```

```
    printf("One world one dream!\n");
    return 0;
}
```

在 VS 2010 下经过编译、链接后生成 simple.exe 可执行文件。有以下两种方式运行该文件。

① 编译环境中运行：这是通常采用的方法。即在 VS 2010 环境下直接选择二级菜单项“开始执行（不调试）”执行 simple.exe，得到输出。

② 命令行中运行：回到操作系统的仿 DOS 界面下，进入 simple.exe 所在的文件夹，然后在命令提示符下输入：

```
simple<回车>
```

同样可以执行 simple.exe 运行程序，这就是命令行。当然，这条命令中只有命令名，即 simple，而没有实际参数。

有些操作系统，如 UNIX、MS-DOS 允许用户在命令行中以带参的形式启动程序，程序按照一定的方式处理这些参数，这就是命令行参数。带有参数的命令行的形式如下：

```
命令名  实参 1  实参 2  …  实参 n
```

如对上述程序，在命令提示符下输入：

```
simple  world<回车>
```

那么，world 就是通过命令行传入的第一个实参，但是程序运行结果没有变化，因为该程序的主函数没有形参，因此无法接受从命令行传入的参数。

（2）带参的 main( )函数。

在 C 语言程序中，主函数可以有两个参数，用于接受命令行参数，带参数的 main 的函数原型为：

```
int main(int argc,char **argv);
```

或者

```
int main(int argc,char *argv[ ]);
```

这里，第 1 个形参 argc 用来接收命令行参数（包括命令本身）个数；第 2 个形参 argv 接收以字符串常量形式存放的命令行参数（命令本身作为第 1 个实参传给 argv[0]）。

例如上面提到的调用：*simple world<回车>*

这时，形参 argc 的值为 2，argv[0]的值为“simple”，argv[1]的值为“world”。

【例 8.9】编写程序，将所有的命令行参数（不包括命令本身）在屏幕的同一行输出。

```
1    /*li08_09.c: main 函数命令行参数示例*/
2    #include <stdio.h>
3    int main(int argc,char **argv)
4    {
5          int i;
6          for (i=1;i<argc;i++)
7       /*下标 0 对应的是命令行字符串本身，根据题意不输出*/
8            printf("%8s",argv[i]);
9          printf("\n");
10         return 0;
11   }
```

例 8.9 讲解

该程序经过编译、链接后生成了 complex.exe 文件，将它先复制到 E 盘根目录下，然后在 DOS 提示符后输入命令行，得到输出结果。

```
E:\>complex One world one dream<回车>       /*这是输入的命令行*/
     One    world      one   dream         /*这是输出结果*/
```

输入以上命令行后，main 函数的形参中的值如图 8.11 所示。

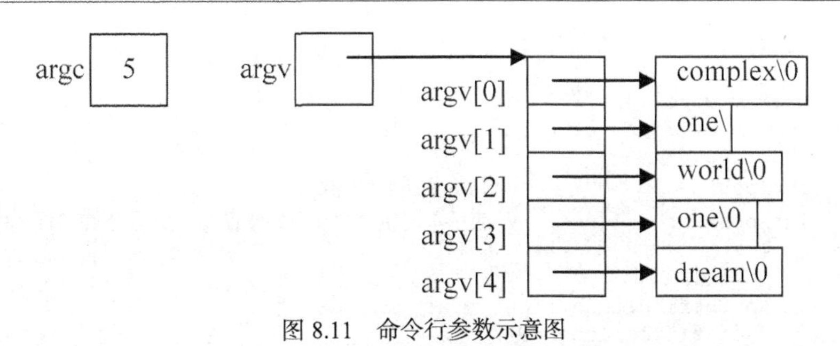

图 8.11　命令行参数示意图

注意 使用命令行的程序不能在 VS 2010 环境下直接执行，必须回到命令行状态，输入命令行才可以。

8.5　综合应用实例——单词本管理

本节要点：

- 菜单实现方法
- 函数之间的关系和参数传递

实际应用中离不开字符串的操作，字符串的存储依赖于数组，第 6 章中数组的操作方法都可以用在字符数组中，而第 7 章用指针访问数组的方法也适用于字符数组。本章最后给出一个综合示例，对若干个字符串进行多种操作，让读者可以进一步理解字符串的操作。

【例 8.10】编写程序完成单词本的管理，包括在单词本中新增单词、删除单词、查询单词和显示所有单词的功能。

分析：本案例要求实现单词新增、删除、查询和显示 4 个功能，可以定义 4 个函数完成相应的功能。主函数中通过菜单设置调用不同的函数完成不同的功能。功能模块如图 8.12 所示。

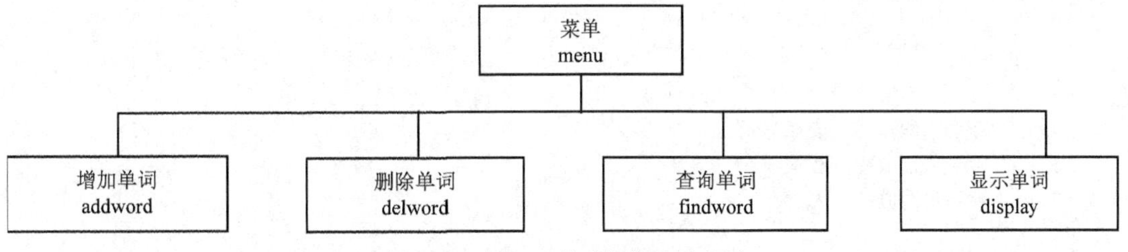

图 8.12　例 8.10 的功能模块示意图

多个单词存放在二维字符数组中，为了在函数之间共享单词，用行指针变量作为形参进行传址操作。

```
1    /*li0810.c：单词本管理示例*/
2    #include<stdio.h>
3    #include <string.h>
4    #define SIZE 100          /*最多可存储的单词数目*/
5    int addword(char p[][20],int n);
6    int findword(char p[][20],int n, char *f);
7    int delword(char p[][20],int n,char *f);
8    void display(char p[][20],int n);
9    void menu();
```

例 8.10 讲解

```
10  int main()
11  {
12      char myword[100][20];
13      char word[20];
14      char choice;
15      int count=0;            /*初始单词数目为 0*/
16      int pos=-1;             /*表示单词在单词本中的位置，-1 表示不在单词本中*/
17      do {
18          menu();
19          printf("Please input your choice: ");
20          scanf("%c",&choice);
21          getchar();          /*去掉多余的回车字符*/
22          switch(choice)
23          {
24              case '1':
25                      count=addword(myword,count);
26                        /*输入单词，并返回当前单词数目*/
27              break;
28              case '2':
29                      printf("Please input what you are looking for:");
30                      gets(word);
31                      pos=findword(myword,count,word);
32                              /*查找单词在单词本中的位置*/
33                      if (pos!=-1)
34                          printf("It's the %d word\n",pos+1);
35                      else
36                          printf("It's not in myword list!\n");
37                      break;
38              case '3':
39                      printf("Please input what you want to delete:");
40                      gets(word);
41                      count=delword(myword,count,word);
42                      break;
43              case '4': display(myword,count);/*显示所有单词*/
44                      break;
45              case '0':  choice=0; break;
46              default:
47                       printf("Error input,please input your choice
                                again!\n");
48          }
49      }while (choice);
50      return 0;
51  }
52
53  /*函数功能：      菜单显示
54    函数入口参数：无
55    函数返回值：    无
56  */
57  void menu( )
58  {
59      printf("                    -------- 1. 增加单词 --------\n");
60      printf("                    -------- 2. 查询单词 --------\n");
61      printf("                    -------- 3. 删除单词 --------\n");
62      printf("                    -------- 4. 显示单词 --------\n");
63      printf("                    -------- 0. 退    出 --------\n");
64      return;
65  }
66  /*函数功能：      从键盘上输入单词并统计单词个数
67    函数入口参数：两个形式参数分别是行指针变量和单词个数变量
68    函数返回值：    整型，读入的单词个数
```

```
69   */
70   int addword(char p[][20],int n)
71   {
72          int i,j;
73          int pos=-1;
74          char flag='y';                                /*是否继续输入单词的标志*/
75          char tmp[20];
76          while (flag=='y'||flag=='Y')
77         {
78              if (n==SIZE)
79              {
80                     printf("Word list is full\n");      /*单词表已满，不能再增加*/
81                     break;
82              }
83             else
84              {
85                     printf("Input your word:");
86                     gets(tmp);
87                     pos=findword(p,n,tmp);         /*判断待增加的单词是否已经存在*/
88                     if (pos!=-1)
89                     {
90                          printf("the word exits!\n");
91                          break;
92                     }
93                     else
94                     {
95                          if(n)/*如果单词本中已有单词，需要按字典顺序插入单词*/
96                          {
97                                  for (i=0;i<n&&strcmp(tmp,p[i])>0;i++);
98                                          /*查找待插入的位置 i，循环停止时的 i 就是*/
99                                  for (j=n;j>i;j--)
100                                         /*用递减循环移位，使 i 下标元素可被覆盖*/
101                                         strcpy(p[j],p[j-1]);
102                                 strcpy(p[i],tmp);
103                                         /*数组的 i 下标元素值为插入新增单词*/
104                                 n++;
105                         }
106                         else                        /*插入第 1 个单词*/
107                         {
108                              strcpy(p[0],tmp);
109                               n=1;
110                          }
111               }
112               printf("Another word?(y/n):");
113               scanf("%c",&flag);
114               getchar();                       /*去掉多余的回车字符*/
115          }
116    }
117    return n;
118    }
119    /*函数功能:       从多个单词里寻找某一个单词是否存在以及对应位置
120       函数入口参数: 3 个形式参数分别是行指针变量、单词个数变量、待查找单词的字符串
121       函数返回值:   整型，如果找到，返回找到的单词的下标，如果找不到返回-1
122    */
123    int findword(char p[][20],int n, char *f)
124    {
125              int i;
126              int pos=-1;
127              for(i=0;i<n;i++)
128              {
129                    if(!strcmp(p[i],f))               /*单词本中有待查字符*/
```

```
130                 {
131                       pos=i;
132                       break;
133                 }
134             }
135             return pos;
136     }
137     /*函数功能:      从多个单词的词库中删除某一个指定的单词
138       函数入口参数: 3 个形式参数分别是行指针变量、单词个数变量、待删除单词的字符串
139       函数返回值:    整型，返回删除之后的单词个数
140     */
141     int delword(char p[][20],int n,char *f)
142     {
143         int i;
144         int pos=-1;
145         pos=findword(p,n,f);                 /*查找单词在单词本中的位置*/
146         if (pos==-1)
147               printf("It's not in myword list!\n");
148         else
149        {
150               for(i=pos;i<n-1;i++)
151             {
152                   strcpy(p[i],p[i+1]);
153             }
154             n=n-1;
155        }
156        return n;
157     }
158     void display(char p[][20],int n)
159     {
160         int i;
161         if (n)
162         {
163             for(i=0;i<n;i++)
164             puts(p[i]);
165         }
166         else
167            printf("There is no word in myword list!\n");
168     }
```

运行该程序，得到菜单提示：

```
-------- 1. 增加单词 --------
-------- 2. 查询单词 --------
-------- 3. 删除单词 --------
-------- 4. 显示单词 --------
-------- 0. 退    出 --------
Please input your choice: 1 <回车>              / *首次运行增加单词*/
Input your word:good<回车>                      / *输入单词 good*/
Another word?(y/n):y<回车>                      /*选择继续输入*/
Input your word: bad<回车>                      / *输入单词 bad*/
Another word?(y/n):n<回车>
-------- 1. 增加单词 --------
-------- 2. 查询单词 --------
-------- 3. 删除单词 --------
-------- 4. 显示单词 --------
-------- 0. 退    出 --------
Please input your choice: 4 <回车>              /*选择显示所有单词的功能*/
bad
good
-------- 1. 增加单词 --------
```

```
-------- 2. 查询单词 --------
-------- 3. 删除单词 --------
-------- 4. 显示单词 --------
-------- 0. 退    出 --------
Please input your choice: 2<回车>                          / *选择查询功能*/
Please input what you are find:bad<回车>
It's the 1 word
-------- 1. 增加单词 --------
-------- 2. 查询单词 --------
-------- 3. 删除单词 --------
-------- 4. 显示单词 --------
-------- 0. 退    出 --------
Please input your choice: 1<回车>                          /*选择增加单词功能，并按序插入*/
Input your word:great<回车>
Another word?(y/n):n<回车>
-------- 1. 增加单词 --------
-------- 2. 查询单词 --------
-------- 3. 删除单词 --------
-------- 4. 显示单词 --------
-------- 0. 退    出 --------
Please input your choice: 4 <回车>                         /*再一次选择显示所有单词的功能*/
bad
good
great
-------- 1. 增加单词 --------
-------- 2. 查询单词 --------
-------- 3. 删除单词 --------
-------- 4. 显示单词 --------
-------- 0. 退    出 --------
Please input your choice:3 <回车>                          /*选择删除单词的功能*/
Please input what you want to delete:good <回车>
-------- 1. 增加单词 --------
-------- 2. 查询单词 --------
-------- 3. 删除单词 --------
-------- 4. 显示单词 --------
-------- 0. 退    出 --------
Please input your choice: 4 <回车>                         /*再一次选择显示所有单词的功能*/
bad
great
-------- 1. 增加单词 --------
-------- 2. 查询单词 --------
-------- 3. 删除单词 --------
-------- 4. 显示单词 --------
-------- 0. 退    出 --------
Please input your choice: 0<回车>                          /*退出程序*/
```

该程序有多个功能模块，分别由相应的函数调用完成，main 函数的主要作用就是进行各个函数的调用和组合。

这里面有一个需要保持一致的变量——单词本中单词的数量，因此只要进行增、删操作都要修改变量的值。

本程序编写过程中要注意如下一些细节问题。

① addword 函数首次添加一个单词作为数组的第一个元素，后面再增加单词时要注意检查拟增加的单词是否已存在，如果已存在则不加入以避免重复。另外，增加单词后为保证原来的顺序性，首先要用循环确定插入的位置，注意字符串比较函数 strcmp 的运用。

② 为保证程序的完备性，必须做相应的判断，如 addword 函数中对单词数量的判断，避免数组越界。又如，delword 函数中要判断需要删除的单词是否在单词本中，不在的话无法进行删除操作，要给出相应的提示。

③ 注意程序中多次用到 getchar()函数，这是为了减少多余字符的输入。因为程序运行过程中需要从键盘输入数据，如菜单的选项等，每次输入都会以回车符作为输入的结束，而字符输入函数如 gets()、scanf("%c")也会把回车当成正常的字符读入，这样可能无法得到需要的数据。因此每次输入后将这个不必要的回车符用 getchar();“吃掉”，免得对后续操作造成影响。

④ 本例中字符串的插入、查询、删除、遍历和第 6 章数组的操作方法是一样的，但要注意，字符串处理时必须用<string.h>中的字符串处理函数，如 strcpy、strcmp 等函数。

为了保证程序的正确性，应该对程序的各个可能分支进行测试，但限于篇幅，本例仅给出程序运行的部分结果。

8.6 本章小结

本章主要讲解了 C 语言中字符串的相关知识。C 语言中一般通过字符数组和字符指针进行字符串的操作。本章介绍了对字符串进行输入、输出、访问等操作的方法，以及常用的字符串处理函数。并列举了回文判断、统计单词出现次数、密码验证、字符串排序这 4 个字符串应用实例。最后，本章给出了一个综合范例——单词本管理，希望读者能够进一步理解字符串的操作，理解字符数组、字符指针在函数中的应用方法。

习 题 8

一、单选题

1. 下列程序段运行后，i 的正确结果为________。

```
int i=0;
char *s="a\041#041\\b";
while( *s++ )    i++;
```

A. 5　　B. 8　　C. 11　　D. 12

2. 以下不能正确进行字符串初始化的语句是________。

A. char str[]={"good!"};　　B. char *str="good!";

C. char str[5]="good!";　　D. char str[6]={ 'g', 'o', 'o', 'd', '! ', '\0'};

3. 以下语句用来判断字符串 str1 是否大于 str2，正确的表达式是________。

A. if (str1>str2)　　B. if (strcmp (str1,str2))

C. if (strcmp (str1,str2)>0)　　D. if (strcmp (str2,str1)>0)

4. strlen("a\012b\xab\\bcd\n")的值为________。

A. 9　　B. 10　　C. 11　　D. 13

5. 假设已定义 char a[10];　char *p;，下面的赋值语句中正确的是________。

A. p = a;　　　　　　B. a = "abcdef";

C. *p = "abcdef";　　　　D. p = *a;

6. 有说明：char ch[20] ,*str=ch ;，下列哪条语句不正确________。

A. ch="teacher" ;　　　　B. str= "teacher" ;

C. strcpy(ch, "teacher") ;　　　　D. strcpy(str, "teacher") ;

7. 下面程序段的运行结果是________。

```
#include<stdio.h>
 int main()
 {
      char s[]="123",t[]="abcd";
      if (*s>*t)
           printf("%s\n",s);
      else
           printf("%s\n",t);
      return 0;
 }
```

A. 123　　　　B. abcd　　　　C. a　　　　D. 程序有错

二、程序修改题

1. 下面给定的程序中，函数 Count 的功能是：分别统计从键盘读入的一个字符串中大写字母、小写字母以及数字字符的个数。

例如输入串：Liu's Mobile phone is:13813813818,OK!

则应输出结果：upper=4,lower=15,number=11

请改正程序中的错误，不得增行或减行，也不得更改程序的结构。

```
#include <stdio.h>
void Count(char *s,int a,int b,int c)
{
  while (*s)
  {
      if (*s>='A'&& *s<='Z')
            a++;
      else if (*s>='a'&& *s<='z')
                b++;
      else if (*s>='0'&& *s<='9')
                c++;
      else  s++;
  }
}
int main( )
{
  char s[100];
  int upper=0,lower=0,number=0;
  scanf("%s",s);
  Count(s,&upper,&lower,&number);
  printf("upper=%d,lower=%d,number=%d\n",upper,lower,number);
  return 0;
}
```

2. 下列程序要求输入两个字符串，比较大小，将较大串复制到第 3 个串中，然后对第 3 个串中的每个字符间增加一个空格输出。修改要求：不增加或减少程序行，不增加变量的定义。先在有错的行下面划线，然后给出修改后的代码。

```
#include <stdio.h>
#include <string.h>
int main( )
{ char str1[20],str2[20],str3[ ],c;
```

```
    unsigned int i;
      printf("input the original two strings:\n");
    gets(str1) ;
    gets(str2 );
      if (str1>str2 )
              str3=str1;
    else  str3=str2;
    for (i=0;i<=strlen(str3); i++)
    {
        c=*(str3+i);
        printf("%c ",c);
          return 0;
    }
}
```

三、读程序写结果

1. 以下程序的输出结果是________。

```
#include <stdio.h>
int main()
{
    char b[]="Hello,you! ";
    b[5]=0;
    printf("%s \n", b );
    return 0;
}
```

2. 以下程序的输出结果是________。

```
#include<stdio.h>
 int main()
 {
        char s[]="12a021b230";
        int i;
        int v0,v1,v2,v3,vt;
        v0=v1=v2=v3=vt=0;
        for (i=0;s[i];i++)
        {
             switch(s[i]-'0')
             {
                  case 0: v0++;
                  case 1: v1++;
                  case 2: v2++;
                  case 3: v3++;break;
                  default: vt++;
             }
        }
        printf("%3d%3d%3d%3d%3d\n",v0,v1,v2,v3,vt);
        return 0;
}
```

3. 以下程序输入“I love”和“I DO NOT LOVE”的输出结果分别是________。

```
#include<stdio.h>
#include<string.h>
int main()
{
    char str[20]="programming";
    char cstr[20];
    int i;
    gets(cstr);
    i=strlen(cstr);
    if(i+strlen(str)<20)
         strcat(cstr,str);
    else
         printf("strcat fail!\n");
    puts(cstr);
    strupr(cstr);
```

```
        puts(cstr);
        strlwr(cstr);
        puts(cstr);
        return 0;
    }
```

4. 以下程序运行后，如果从键盘上输入以下字符串，程序的输出结果是________。

```
C++<回车>
BASIC<回车>
QuickC<回车>
Ada<回车>
Pascal<回车>
    #include <stdio.h>
    #include <string.h>
    int main( )
    {
       int i;
       char str[10],temp[10];
       gets ( temp );
       for (i=0;i<4;i++)
       {
          gets(str);
          if(strcmp(temp,str)<0)
              strcpy (temp,str);
       }
      puts( temp);
      return 0;
    }
```

5. 以下程序运行后输出结果是________。

```
    #include <stdio.h>
    int main()
    {
        char str[2][6]={"sun","moon"};
        int i,j;
        int len[2];
        for(i=0;i<2;i++)
        {
            for(j=0;j<6;j++)
                if(str[i][j]=='\0')
                {
                    len[i]=j;
                    break;
                }
            printf("%d\n",len[i]);
        }
        return 0;
}
```

四、编程题

1. 编写程序，输入一个长整型数，将其转换为十六进制，以字符串形式输出。（提示：可以定义 char s[]="0123456789ABCDEF"以帮助输出十六进制字符。）

2. 编写一个程序，从键盘读入一串字符，用函数完成：将其中的小写字母转化为大写字母，要求采用指针编写。

3. 编程实现字符串的逆置。输出逆置前、后的字符串。

4. 输入一个字符串，过滤掉所有的非数字字符，得到由数字字符组成的字符串并输出。

5. 编程输入主串和子串，并输入插入位置，然后将子串插入到主串的指定位置。

第9章 编译预处理与多文件工程程序

程序是写来给人读的，只是偶尔让机器执行一下。

Programs must be written for people to read, and only incidentally for machines to execute.

——哈若德·艾柏森（Harold Abelson），计算机科学家

学习目标：

- 掌握三种编译预处理指令
- 掌握多文件工程程序的组织方式
- 掌握模块化程序设计的基本方法

编译预处理是**指令**，不是语句，因此不以“;”结尾。并且编译预处理是编辑与编译之间的一步，因此不占用运行时间。一个程序如果有很多函数，通常按功能分类，每一类函数放在一个源文件中。在大型程序开发中通常采用多文件工程，即一个工程包含多个源文件。本章将分别介绍编译预处理与多文件工程程序的相关概念。

9.1 编译预处理

本节要点：

- 文件包含、宏定义、条件编译等编译预处理命令的正确使用
- 无参和带参宏定义的替换过程

前面1.3.3小节介绍过，C语言的源程序编辑结束之后，在被编译之前，要进行预处理。所谓**编译预处理（Preprocessor）**就是编译器根据源程序中的编译预处理指令对源程序文本进行相应操作的过程。编译预处理的结果是一个删除了预处理指令、仅包含C语言语句的新的源文件，该文件才被正式编译成目标代码。编译预处理指令都以“#”开头，它不是C语言语句，结尾不带“;”号，例如：前面我们用到的#include等就是编译预处理指令。C语言的编译预处理指令主要包括3种：**文件包含（Including Files）**、**宏定义（Macro Definition）**和**条件编译（Conditional Compilation）**。

9.1.1 文件包含

一个C源程序最前面的部分通常都是由文件包含指令组成的，而被包含的文件就称为**头文件（Header File）**。头文件是存储在磁盘上的外部文件，它主要的作用是保存程序中的声明，包括功能函数原型、数据类型的声明等。例如：我们最常用的标准输入/输出头文件stdio.h中给出了标

准输入/输出函数（如 scanf、printf 等）的函数原型声明；头文件 math.h 中给出了标准数学函数（如 sqrt、pow、fabs 等）的函数原型声明。

文件包含指令的一般格式如下。

语法：

```
#include <头文件名>
```

或

```
#include "头文件名"
```

文件包含指令的功能是：在编译预处理时，将所指定的头文件名对应的头文件的内容包含到源程序中。因此，通过#include <stdio.h>指令，程序就可以使用 scanf、printf 等函数进行标准格式输入、输出；要调用标准数学函数，必须在程序开头添加#include <math.h>指令。

以上两种文件包含指令功能相同，但头文件查找方式上有所区别。

<**头文件名**>表示按标准方式查找头文件，即到编译系统指定的标准目录（一般为\include 目录）下去查找该头文件，若没有找到就报错。这种格式多用于包含**标准头文件**。

"**头文件名**"表示首先到当前工作目录中查找头文件，若没找到，再到编译系统指定的标准目录中查找。这种格式多用于包含**用户自定义的头文件**。

需要指出的是，头文件 stdio.h、math.h、string.h 等是由编译系统给定的，称为标准头文件，在这些标准头文件中只给出了函数的原型声明，而函数真正的完整定义、实现代码是放在库文件.LIB 或动态链接库.DLL 文件中的（出于对版权的保护，系统中提供函数的源码不对用户开放），当用户程序用到哪一个函数时，从.LIB 或.DLL 文件中找到相应定义，与当前程序的目标文件进行链接而成为一个可执行文件；在 C 语言中，程序员也可以根据需要自己定义头文件，称为用户自定义头文件，头文件的文件扩展名一般为“.h”，用户自定义头文件中可以保存用户自定义的函数原型和数据类型声明等，对应的函数定义及实现代码定义在与**主文件名一致**的“.c”文件中。这种编程方式在多文件工程程序中有广泛应用，具体例子见 9.2 节。

9.1.2 宏定义

宏定义将一个标识符定义为一个**字符串**。在编译预处理时，源程序中的该标识符均以指定的字符串来代替。因此，**宏定义**也称为**宏替换**。宏定义指令又分为**无参宏指令**和**带参宏指令**两种。

1. 无参宏指令

无参宏指令的一般格式如下。

语法：

```
#define  <标识符>  <字符串>
```

在 C 程序中，**无参宏指令（无参宏定义）**通常用于数字、字符等符号的替换，可以提高程序的通用性和易读性，减少不一致和拼写错误。在本书 2.3.5 节中介绍的符号常量，就是无参宏指令的典型应用。下面我们再举一例。

【**例 9.1**】无参宏指令应用示例。

```
1    /*li09_01.c: 无参宏定义示例*/
2    #include<stdio.h>
3    #define PI 3.14159                    /*无参宏定义 1，符号常量*/
4    #define ISPOSITIVE >0                 /*无参宏定义 2*/
5    #define FORMAT "Area=%f\n"            /*无参宏定义 3*/
6    #define ERRMSG  "Input error!\n"      /*无参宏定义 4*/
7    int main( )
8    {
```

例 9.1 讲解

```
9        double r;
10       scanf("%lf", &r);      /*输入圆的半径*/
11       if(r ISPOSITIVE)       /*若 r>0 则输出圆的面积，否则报错*/
12               printf(FORMAT, PI*r*r);
13       else
14               printf(ERRMSG);
15       return 0;
16   }
```

运行此程序，

若用户从键盘输入为：*1<回车>*

则输出结果为：

```
Area=3.141590
```

若用户从键盘输入为：*-1<回车>*

则输出结果为：

```
Input error!
```

说明

① 上例中，第 3 行至第 6 行定义了 4 个无参宏，分别是标识符 PI、ISPOSITIVE、FORMAT 和 ERRMSG。通常宏定义中的标识符采用大写字母。在编译预处理时，编译器将源程序所有的宏定义标识符进行替换，即 PI 替换为“3.14159”，ISPOSITIVE 替换为“>0”，FORMAT 替换为“"Area=%f\n"”，ERRMSG 替换为“"Input error!\n"”。宏替换完成后，程序才正式进行编译、链接和运行。

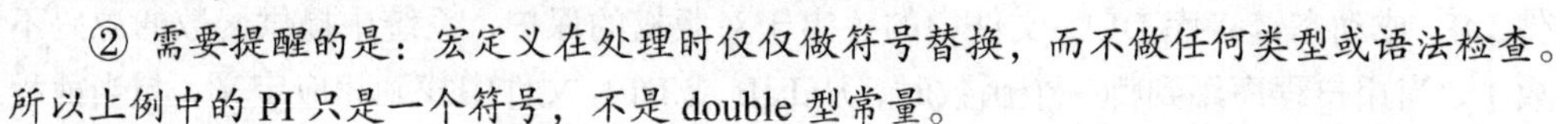

② 需要提醒的是：宏定义在处理时仅仅做符号替换，而不做任何类型或语法检查。所以上例中的 PI 只是一个符号，不是 double 型常量。

【例 9.1】的思考题：

若在本例宏定义命令的后面都加上“;”号，程序是否还能正确编译？

2. 带参宏指令

带参宏指令的一般格式如下。

语法：

```
#define  <标识符>  ( <参数列表> )  <字符串>
```

在 C 程序中，带参宏指令通常用于简单的函数计算的替换。

【例 9.2】带参宏指令应用示例。

```
1    /*li0902.c：带参宏定义示例*/
2    #include<stdio.h>
3    #define SUB(a,b)  a-b             /*带参宏定义*/
4    int main()
5    {
6        int a=3, b=2;
7        int c;
8        c=SUB(a,b);                   /*替换为：c=a-b； */
9        printf("%d\n",c);
10       c=SUB(3,1+2);                 /*替换为：c=3-1+2； */
11       printf("%d\n",c);
12       return 0;
13   }
```

例 9.2 讲解

运行此程序，输出结果为：

```
1
4
```

说明

① 与无参宏指令类似，带参宏指令中的参数传递也仅仅是一个符号替换过程，这与普通函数实参、形参之间的值传递机制有本质区别。上例中第 9 行语句 c=SUB(3,1+2);将替换为 c=3−1+2，其计算结果为 4，而不是我们期望的 0。

② 为了防止这样的错误，可以在宏定义时通过给参数加“( )”的方法来解决，即：#define SUB(a, b) (a) − (b)，则 c=SUB(3,1+2);替换为 c=(3) − (1+2);，其结果为 0。

【例 9.2】的思考题：

若上例增加语句 c=SUB(6, 2*3);，则运行后 c 的值为多少？

3. 取消宏定义指令

所有宏定义指令（无参和带参）所定义的宏标识符都可以被取消，用取消宏定义的指令完成该功能。**取消宏定义指令**的一般格式如下。

语法：

```
#undef  <标识符>
```

示例：

```
#undef  PI  /*表示取消标识符 PI 的宏定义*/
```

宏定义提高了编程的灵活性，也方便程序的调试。读者可进一步查阅资料，熟练掌握这一方法。

9.1.3　条件编译

一般情况下，源程序中所有的行都参加编译。但是条件编译指令可以使得编译器按不同的条件去编译源程序不同的部分，产生不同的目标代码文件。也就是说，通过条件编译指令，某些源程序代码要在满足一定条件下才被编译，否则将不被编译，这一指令可用于调试程序。另外，在头文件中一般都通过使用条件编译避免重复包含的错误。

条件编译指令有两种常用格式。

（1）条件编译指令格式 1。

语法：

```
#ifdef  <标识符>
    <程序段 1>
[#else
    <程序段 2> ]
#endif
```

该条件编译指令的含义是：若<**标识符**>已被定义过，则编译<**程序段 1**>；否则，编译<**程序段 2**>。其中，方括号[ ]中的**#else** 部分的内容是可选的。

条件编译指令在多文件、跨平台的大型程序开发中有很重要的作用，感兴趣的读者可以自行查阅相关资料。

这里，我们举一个简单而实用的例子：在程序调试过程中，我们往往希望程序输出一些中间结果；一旦程序调试完成，我们又希望将这些中间结果输出语句删除。利用条件编译指令可以很方便地实现这一要求。

例 9.3 讲解

【例 9.3】条件编译指令应用示例。

```
1    /*li09_03.c: 条件编译指令示例*/
2    #include<stdio.h>
3    #include<math.h>
4    #define DEBUG              /*宏定义指令*/
5    int main()
6    {
```

```
7        double a, b, c;
8        double s, area;
9        scanf("%lf%lf%lf",&a, &b, &c);
10   #ifdef DEBUG            /*条件编译指令*/
11       printf("DEBUG: a=%f, b=%f, c=%f\n",a,b,c);
12   #endif
13       s=(a+b+c)/2;
14   #ifdef DEBUG            /*条件编译指令*/
15           printf("DEBUG: s=%f\n",s);
16   #endif
17      area=sqrt(s*(s-a)*(s-b)*(s-c));
18      printf("Area=%f\n",area);
19      return 0;
20   }
```

运行此程序，

若用户从键盘输入为： *3.0　4.0　5.0<回车>*

则输出结果为：

```
DEBUG: a=3.000000, b=4.000000, c=5.000000
DEBUG: s=6.000000
Area=6.000000
```

① 上例利用海伦公式计算三角形的面积，根据调试语句输出的中间结果，我们就容易看到程序的运行过程，发现程序中可能存在的错误。

② 当调试完成后，只要删除 DEBUG 的宏定义指令，条件编译指令中的输出语句也就不再被编译了。最终的程序将只输出三角形的面积值。

（2）条件编译指令格式 2。

语法：

```
#ifndef  <标识符>
    <程序段 1>
[#else
    <程序段 2> ]
#endif
```

这里，**#ifndef** <标识符>与前面的**#ifdef** <标识符> 的判别正好相反，表示<标识符>是否未定义过。该指令在多文件工程程序中可以用来防止重复包含头文件，具体在 9.2 节介绍。

9.2 多文件工程程序

本节要点：

- 外部变量与外部函数、静态全局变量与静态函数之间的区别
- 多文件工程程序中模块的合理划分

迄今为止，本书所介绍的程序实例都是单文件工程程序，即将程序代码全部放在一个源文件（扩展名为.c）中。**单文件工程程序（Project with a Single Source File）**适用于小型程序的开发。但是，随着程序功能越来越多，越来越复杂，将所有代码集中到一个源文件中显然不合适。因此，需要用多个文件共同完成程序。在**多文件工程程序（Project with Multiple Source Files）**中，程序代码按一定的分类原则被划分为若干个部分，也称为**模块（Module）**，并分别存放在不同的源文件中。多文件工程程序体现了软件工程的基本思想，其主要优势有以下几点。

（1）程序结构更加清晰。

将不同的数据结构和功能函数模块放在不同的源文件中，便于程序代码的组织管理；同时，不同的模块可以单独拿出来供其他程序再次使用，提高了软件的可重用性（Reusability）。

（2）便于程序的分工协作开发（Cooperative Development）。

在软件工程中，大型程序的开发不是一个人能单独完成的，而是需要多人合作完成。多文件工程程序能很方便地将各个模块分配给多人分工协作开发，提高了软件的开发效率。

（3）便于程序的维护（Maintenance）。

当程序修改或升级时，往往需要对其进行重新编译。单文件工程程序每次重新编译都是对整个程序进行的，费时费力；而多文件工程程序只需要对已修改的源文件进行编译即可，这样就节省了大量时间，提高了软件维护效率。

9.2.1　多文件工程程序的组织结构

多文件工程程序的**组织结构（Organization Structure）**比较灵活，采用不同的程序设计方法会产生不同的程序结构。但是，从模块化程序设计的基本规律出发，要使一个多文件工程程序具有良好的组织结构，我们必须遵循以下程序组织原则。

（1）将不同的功能和数据结构划分到不同的模块中。

根据程序设计需求，将代码按功能及其数据结构进行分类，不同类型的程序代码放在不同的源文件（扩展名为.c）中。

（2）将函数的定义和使用相分离。

函数是具有通用性、需要反复使用的程序，在使用之前做函数原型声明即可。将函数的定义从程序其他代码中分离出来，单独存放，有利于函数功能的重用。

（3）将函数的声明和实现相分离。

也就是说，将函数的原型声明放在一个头文件中（扩展名为.h），将函数的具体实现放在另一个与头文件同名的源文件中（扩展名为.c）。这样，当程序需要使用某函数时，只要将该函数的头文件用#include 命令包含进来就可以了，非常便捷。

下面我们举例说明。

【例 9.4】设计一个多文件工程程序，其功能是计算圆和矩形的面积和周长。

分析：根据多文件工程程序的组织原则，我们将程序“自顶向下”划分为 3 个模块（如图 9.1 所示）：主模块（main.c）是程序的主要入口，负责参数输入、其他模块调用和结果输出等；圆形模块（circle.c）定义了计算圆形面积和周长的函数，相应的函数声明存放在头文件 circle.h 中；矩形模块（rectangle.c）定义了计算矩形面积和周长的函数，相应的函数声明存放在头文件 rectangle.h 中。所以本程序是一个由 5 个文件共同构成完整工程的程序，这样的工程组织结构清晰、易于理解，也便于今后对功能进行扩展和维护。

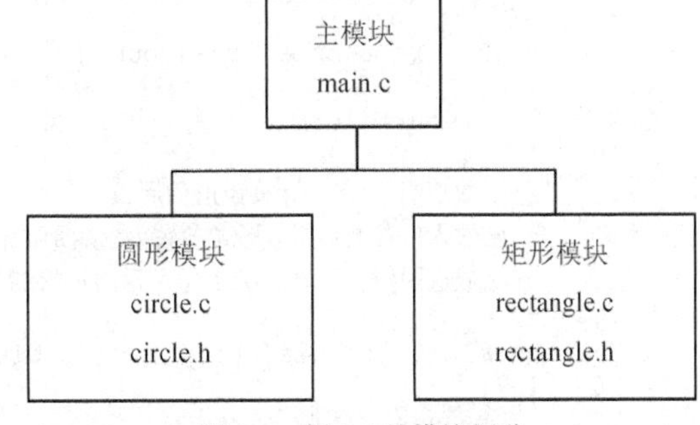

图 9.1　例 9.4 的模块划分

circle.h 文件的内容：

```
1    /*circle.h 的代码*/
2    #ifndef CIRCLE                          /*条件编译，防止重复包含头文件*/
```

```
3    #define CIRCLE
4      double circle_area(double r);           /*计算圆面积函数的原型*/
5      double circle_perimeter(double r);      /*计算圆周长函数的原型*/
6    #endif
```

circle.c 文件的内容：

```
1    /*circle.c 的代码*/
2    #include<stdio.h>
3    double const pi=3.14159;                  /*定义只读变量 pi*/
4
5    /*函数功能:       计算圆的面积
6      函数入口参数：1 个形式参数表示圆的半径
7      函数返回值:     double 型，返回圆的面积
8    */
9    double circle_area(double r)
10   {
11       return  pi*r*r;
12   }
13   /*函数功能:       计算圆的周长
14     函数入口参数：1 个形式参数表示圆的半径
15     函数返回值:     double 型，返回圆的周长
16   */
17   double circle_perimeter(double r)
18   {
19       return  2*pi*r;
20   }
```

rectangle.h 文件的内容：

```
1    /*rectangle.h 的代码*/
2    #ifndef RECTANGLE    /*条件编译，防止重复包含头文件*/
3    #define RECTANGLE
4      double rectangle_area(double w, double h);       /*计算矩形面积函数的原型*/
5      double rectangle_perimeter(double w, double h);/*计算矩形周长函数的原型*/
6    #endif
```

rectangle.c 文件的内容：

```
1    /*rectangle.c 的代码*/
2    #include<stdio.h>
3    /*函数功能:       计算矩形的面积
4      函数入口参数：2 个形式参数表示矩形的长和宽
5      函数返回值:     double 型，返回矩形的面积
6    */
7    double rectangle_area(double w, double h)
8    {
9        return  w*h;
10   }
11   /*函数功能:       计算矩形的周长
12     函数入口参数：2 个形式参数表示矩形的长和宽
13     函数返回值:     double 型，返回矩形的周长
14   */
15   double rectangle_perimeter(double w, double h)
16   {
17      return  2*(w+h);
18   }
```

main.c 文件的内容：

```
1    /*main.c 的代码*/
2    #include<stdio.h>
3    #include "circle.h"       /*包含圆模块的头文件*/
4    #include "rectangle.h" /*包含矩形模块的头文件*/
```

例 9.4 讲解

```
5    int main()
6    {
7        double r, w, h;
8        printf("Input radius:\n");
9        scanf("%lf", &r);                                      /*输入圆的半径*/
10       printf("Circle area=%f\n", circle_area(r));            /*输出圆的面积*/
11       printf("Circle perimeter=%f\n", circle_perimeter(r));  /*输出圆的周长*/
12       printf("Input width and height:\n");
13       scanf("%lf%lf", &w, &h);                               /*输入矩形的长和宽*/
14       printf("Rectangle area=%f\n", rectangle_area(w,h));    /*输出矩形的面积*/
15       printf("Rectangle perimeter=%f\n", rectangle_perimeter(w,h));
16       /*输出矩形的周长*/
17       return 0;
18   }
```

运行此程序，屏幕上显示：

```
Input radius:
```

若用户从键盘输入为：*1.0 <回车>*

则输出结果及屏幕提示为：

```
Circle area=3.141590
Circle perimeter=6.283180
Input width and height:
```

若用户从键盘继续输入为：*2.0　3.0 <回车>*

则输出结果为：

```
Rectangle area=6.000000
Rectangle perimeter=10.000000
```

① 上例中，main.c 中的第 2 行语句头文件包含指令#include "circle.h"和第 3 行语句#include "rectangle.h"使用了双引号，自定义的头文件和 main.c 都存放在当前工作目录中。

② 头文件 circle.h 和 rectangle.h 中都使用了条件编译指令#ifndef … #define … #endif，这保证了头文件中的内容在同一模块中只出现一次，从而防止了函数被重复声明的错误。

编译多文件工程程序时，必须将所有源文件（扩展名为.c）都添加到工程中，才能生成正确的可执行文件。这是因为.h 文件中只有函数的原型声明，并没有具体的实现，具体实现是放在对应的同名.c 文件中的，所以必须将.c 文件一并放入工程。本例中，main 函数使用#include "circle.h"做了文件包含，当 main 函数中调用 circle_area 函数时，头文件中只有该函数的声明，如果不将 circle.c 文件放入工程中，将无法找到该函数的定义及实现部分，导致出错。

9.2.2　外部变量与外部函数

在多文件工程程序中，不同文件之间往往需要共享信息。那么，在一个文件中定义的变量或函数如何能被其他文件所使用呢？在 C 语言中，我们可以通过**外部变量（External Variable）**和**外部函数（External Function）**声明来实现这一目标，具体格式如下：

```
extern  <变量名>;
extern  <函数声明>;
```

其中，extern 为关键字；<**变量名**>所对应的变量必须是另一文件中定义的全局变量（定义在所有函数之外的变量）；<**函数声明**>是另一文件中的函数原型声明。无论是变量还是函数都只能定义一次，但可以在不同文件中使用 extern 进行外部声明。

【例 9.5】外部变量与外部函数示例。

设有一个多文件工程程序，共有 3 个源文件，其中，源文件 A.c 中定义了全局变量 int x，源文件 B.c 定义了函数 fb()，源文件 C.c 中定义了函数 fc()。现在 A.c 希望调用函数 fb()和 fc()，则可以在 A.c 中添加这两个外部函数声明实现这一功能；另外，函数 fb()和 fc()都希望访问全局变量 x，只要在 B.c 和 C.c 中对 x 进行外部变量声明即可。

A.c 文件的内容：

```
1    /*A.c 的代码*/
2    #include<stdio.h>
3    extern void fb();        /*外部函数声明*/
4    extern void fc();        /*外部函数声明*/
5    int x=0;                 /*全局变量定义*/
6    int main( )
7    {
8         printf("x=%d\n",x);
9         fb( );
10        fc( );
11        x++;
12        printf("x=%d\n",x);
13        return 0;
14   }
```

例 9.5 讲解

B.c 文件的内容：

```
1    /*B.c 的代码*/
2    #include<stdio.h>
3    extern int x;    /*外部变量声明*/
4    void fb()
5    {
6        x++;
7        printf("fb() is called, x=%d\n",x);
8    }
```

C.c 文件的内容：

```
1    /*C.c 的代码*/
2    #include<stdio.h>
3    extern int x;    /*外部变量声明*/
4    void fc()
5    {
6        x++;
7        printf("fc() is called, x=%d\n",x);
8    }
```

运行此程序，输出结果为：

```
x=0
fb() is called, x=1
fc() is called, x=2
x=3
```

从程序的运行结果可以看到，全局变量 x 在 3 个文件 3 个函数中的变化是连续的，事实上，x 在内存中只有一份副本，无论哪一个函数访问它，都是访问的同一个变量，x 在 A.c 文件中定义，要在 B.c 和 C.c 文件中访问，必须做外部变量声明。

【例 9.5】的思考题：

若 B.c 文件中删除外部变量声明语句“extern int x;”，程序是否还能正确编译？

9.2.3 静态全局变量与静态函数

在多文件工程程序中，有时需要限制所定义的变量或函数只能在本文件中使用，而其他文件却不能访问。使用**静态全局变量（Static Global Variable）**和**静态函数（Static Function）**声明就能实现这一功能，具体格式如下：

```
static  <全局变量定义>;
static  <函数定义>;
```

其中，static 为关键字；静态全局变量和静态函数必须在其定义时声明，static 不可省略，它们的使用范围仅限于本文件，具有文件作用域。

对于例 9.5，若在 A.c 中变量 x 的定义前加上关键字 static，改为 static int x=0; 则 x 就变成了静态全局变量，只能在 A.c 内被访问，文件 B.c 和 C.c 就无法访问了（无论是否进行外部变量声明 extern int x;）。此时，程序编译就会出错。同样的，若在 B.c 和 C.c 中的函数 fb()和 fc()定义的前面加上 static，则 A.c 就无法调用它们了，程序编译也不能通过。

这个问题，请读者自己修改例 9.5 上机测试。

9.3　应用举例——多文件结构处理数组问题

本节要点：

- 模块化程序设计思想
- 数组的输入、输出、统计、查找

本章最后，给出一个综合应用程序，让读者进一步理解多文件工程程序的组织结构。

【例 9.6】设计一个多文件工程程序，实现对一维数组的输入、输出、统计、查找等。

分析：该程序多文件组织结构如图 9.2 所示，整个工程由 7 个文件组成。

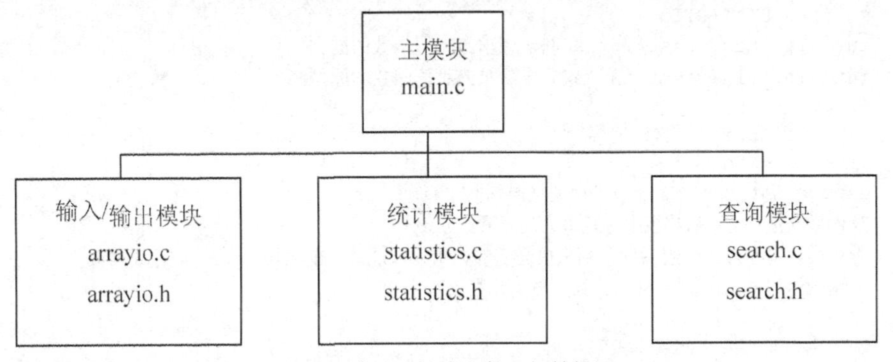

图 9.2　例 9.6 的多文件组织结构图

其中，主模块（main.c）主要负责数组定义、用户接口、函数调用等功能；输入/输出模块（arrayio.c）主要负责数据的输入和输出；统计模块（statistic.c）主要负责统计数组的最大值和最小值；查询模块（search.c）主要负责数据的查找。相应的函数原型声明在对应的头文件中。

```
1    /*arrayio.h 文件的内容*/
2    #ifndef ARRAYIO    /*条件编译防止重复包含头文件*/
3    #define ARRAYIO
4    void input(int a[]);/*数据输入函数的原型*/
5    void output(const int a[]);/*数据输出函数的原型*/
6    #endif
7    /* arrayio.c 文件的内容*/
8    #include<stdio.h>
9    extern int n;        /*外部变量声明*/
```

例 9.6 讲解

```
10  /*函数功能:        输入数组的元素
11    函数入口参数：数组指针，用来接受实参数组的首地址
12    函数返回值:    无
13  */
14  void input(int a[])
15  {
16       int i;
17       do {
18            printf("Please input n (1<=n<=10)\n");
19            scanf("%d", &n);
20       } while(n<1 || n>10);
21       printf("Please input %d elements\n",n);
22       for(i=0;i<n;i++)
23            scanf("%d", &a[i]);
24  }
25  /* 函数功能:    输出所有元素
26     函数入口参数：数组指针，用来接受实参数组的首地址，前面加 const 防止误修改
27     函数返回值: 无
28  */
29  void output(const int a[])
30  {
31       int i;
32       if(n==0) {
33            printf("There is no data in the arrary\n");
34       }
35       printf("The array is:\n");
36       for(i=0;i<n;i++)
37            printf("%d   ",a[i]);
38       printf("\n");
39  }
40  /* statistic.h 文件的内容*/
41  #ifndef STATISTIC              /*条件编译防止重复包含头文件*/
42  #define STATISTIC
43  int find_max(const int a[]);/*求最大值函数的原型*/
44  int find_min(const int a[]);/*求最小值函数的原型*/
45  #endif
46  /* statistic.c 文件的内容 */
47  #include<stdio.h>
48  extern int n;       /*外部变量声明*/
49  /*函数功能:      从数组中寻找最大的元素
50    函数入口参数：数组指针，用来接受实参数组的首地址，前面加 const 防止误修改
51    函数返回值:    int 型，找到的最大元素值
52  */
53  int find_max(const int a[])
54  {
55      int max,i;
56      if(n==0) {
57           printf("There is no data in the arrary\n");
58           return -1;
59      }
60      max=a[0];
61      for(i=1;i<n;i++)
62           if(a[i]>max)
63                max=a[i];
64      return max;
65  }
66  /*函数功能:      从数组中寻找最小的元素
67    函数入口参数：数组指针，用来接受实参数组的首地址，前面加 const 防止误修改
68    函数返回值:    int 型，找到的最小元素值
69  */
```

```
70   int find_min(const int a[])
71   {
72        int min,i;
73        if(n==0) {
74             printf("There is no data in the arrary\n");
75             return -1;
76        }
77        min=a[0];
78        for(i=1;i<n;i++)
79             if(a[i]<min)
80                  min=a[i];
81        return min;
82   }
83   /* search.h 文件的内容*/
84   #ifndef SEARCH              /*条件编译防止重复包含头文件*/
85   #define SEARCH
86   int search(const int a[]);/*数据查询函数的原型*/
87   #endif
88   /* search.c 文件的内容 */
89   #include<stdio.h>
90   extern int n;      /*外部变量声明*/
91   /*函数功能:      从数组中寻找指定的元素是否存在及下标
92     函数入口参数:数组指针，用来接受实参数组的首地址，前面加 const 防止误修改
93     函数返回值:   int 型，找到指定元素的下标值，如果找不到，返回-1
94   */
95   int search(const int a[])
96   {
97        int x,i;
98        if(n==0) {
99             printf("There is no data in the arrary\n");
100            return -1;
101       }
102       printf("Please input a data to search\n");
103       scanf("%d", &x);
104       for(i=0;i<n;i++)
105            if(a[i]==x)
106                 break;
107       if(i<n)
108            return i;
109       else
110       {
111                 printf("Not find!\n");
112            return -1;
113       }
114  }
115  /* main.c 文件的内容*/
116  #include<stdio.h>
117  #include "arrayio.h"    /*包含输入输出模块头文件*/
118  #include "statistic.h" /*包含统计模块头文件*/
119  #include "search.h"     /*包含查询模块头文件*/
120  int n=0;                /*全局变量，数组当前的元素个数*/
121  static void menu();     /*静态函数*/
122  int main()
123  {
124       int a[10];
125       int i;
126       int max, min, index;
127       do {
128                 menu();
129                 printf("Please input your choice: ");
130                 scanf("%d",&i);
```

```
131                 switch(i)
132                 {
133                     case 1: input(a);              /*输入数据*/
134                         break;
135                     case 2: output(a);                /*输出数据*/
136                         break;
137                     case 3: max=find_max(a);      /*求最大值*/
138                         printf("Max=%d\n",max);
139                             break;
140                     case 4: min=find_min(a);     /*求最小值*/
141                         printf("Min=%d\n",min);
142                             break;
143                     case 5: index=search(a);/*查找数据*/
144                             printf("Index=%d\n",index);
145                         break;
146                     case 0: break;
147                     default:
148                             printf("Error input,please input your choice again!\n");
149                 }
150         }while (i);
151         return 0;
152     }
153     /*函数功能：    显示菜单
154       函数入口参数：无
155       函数返回值：  无
156     */
157     void menu( )
158     {
159             printf("-------- 1. 输入数据 --------\n");
160             printf("-------- 2. 输出数据 --------\n");
161             printf("-------- 3. 求最大值 --------\n");
162             printf("-------- 4. 求最小值 --------\n");
163             printf("-------- 5. 查找数据 --------\n");
164             printf("-------- 0. 退    出 --------\n");
165             return;
166     }
```

运行该程序，输出结果为：

```
-------- 1. 输入数据 --------
-------- 2. 输出数据 --------
-------- 3. 求最大值 --------
-------- 4. 求最小值 --------
-------- 5. 查找数据 --------
-------- 0. 退    出 --------
Please input your choice: 1 <回车>
Please input n (1<=n<=10)
5 <回车>
Please input 5 elements
12 31 9 26 43 <回车>
-------- 1. 输入数据 --------
-------- 2. 输出数据 --------
-------- 3. 求最大值 --------
-------- 4. 求最小值 --------
-------- 5. 查找数据 --------
-------- 0. 退    出 --------
Please input your choice: 2 <回车>
The array is:
12  31  9  26  43
```

```
-------- 1. 输入数据 --------
-------- 2. 输出数据 --------
-------- 3. 求最大值 --------
-------- 4. 求最小值 --------
-------- 5. 查找数据 --------
-------- 0. 退   出 --------
Please input your choice: 3 <回车>
max=43
-------- 1. 输入数据 --------
-------- 2. 输出数据 --------
-------- 3. 求最大值 --------
-------- 4. 求最小值 --------
-------- 5. 查找数据 --------
-------- 0. 退   出 --------
Please input your choice: 4 <回车>
min=9
-------- 1. 输入数据 --------
-------- 2. 输出数据 --------
-------- 3. 求最大值 --------
-------- 4. 求最小值 --------
-------- 5. 查找数据 --------
-------- 0. 退   出 --------
Please input your choice: 5 <回车>
Please input a data to search
9 <回车>
index=2
-------- 1. 输入数据 --------
-------- 2. 输出数据 --------
-------- 3. 求最大值 --------
-------- 4. 求最小值 --------
-------- 5. 查找数据 --------
-------- 0. 退   出 --------
Please input your choice: 5 <回车>
Please input a data to search
900 <回车>
Not find!
Index=-1
-------- 1. 输入数据 --------
-------- 2. 输出数据 --------
-------- 3. 求最大值 --------
-------- 4. 求最小值 --------
-------- 5. 查找数据 --------
-------- 0. 退   出 --------
Please input your choice: 0 <回车>
```

整个程序结束运行。

① 上例中，头文件 arrayio.h、search.h 和 statistic.h 中都用到了形如“#ifndef…#define…#endif”的条件编译命令，以防止重复包含头文件。

② 在源文件 arrayio.c、search.c 和 statistic.c 中都进行了外部变量声明“extern int n;”，以使用源文件 main.c 中定义的表示数组当前元素个数的全局变量 n。

③ 在源文件 main.c 中通过包含头文件 arrayio.h、search.h 和 statistic.h，以实现对其他模块中定义的各种数组操作函数（如函数 input、output、search、find_max、find_min）

的使用。

④ 在源文件 main.c 中还声明了一个静态函数“static void menu();”，说明 menu()函数只能在 main.c 中被访问，而不能被其他文件模块调用。

⑤ 除了 input 函数，其余各函数中的数组形式参数 int a[ ]（实质上是 int *a）的前面都加了关键字 const 进行限制，使得形参 a 在被调用函数中只能用来访问数组的元素而不能修改数组的元素，这是为了保护对应实参数组的内容。但是 input 函数中的形式参数 int a[]之前就一定不能加 const，因为该函数的作用就是通过形参 a 来读入对应实参数组 a 的元素。

多文件工程程序体现了“自顶向下、逐步分解、分而治之”的**模块化程序设计（Modular Programming）**思想。对于一个复杂程序的开发，我们通常需要采用模块分解与功能抽象方法，自顶向下，有效地将一个较复杂的程序系统设计任务分解成许多易于控制和处理的子任务，从而便于开发和维护。建议读者在以后的编程实践中，自觉运用多文件工程来组织程序，掌握合理的程序模块划分方法，不断提高程序设计水平。

9.4 本章小结

本章主要讲解了 C 语言中编译预处理与多文件工程的相关知识：需要掌握两种文件包含方式的区别，掌握无参及带参宏的定义及使用，了解条件编译；了解多文件结构工程的构建，了解外部变量与外部函数的使用，了解静态全局变量与静态函数的特点。

本章最后给出了一个综合范例——希望读者能够进一步理解多文件工程程序的组织结构，掌握模块化程序设计的基本方法。

习　题　9

一、单选题

1. C 语言编译系统对宏定义的处理________。

   A. 和其他 C 语句同时进行　　B. 在对 C 程序语句正式编译之前处理

   C. 在程序执行时进行　　D. 在程序链接时处理

2. 以下对宏替换的叙述，不正确的是________。

   A. 宏替换只是字符的替换

   B. 宏替换不占用运行时间

   C. 宏标识符无类型，其参数也无类型

   D. 宏替换时先求出实参表达式的值，然后代入形参运算求值

3. 以下叙述不正确的是________。

   A. 一个#include 命令只能指定一个被包含头文件

   B. 头文件包含是可以嵌套的

   C. #include 命令可以指定多个被包含头文件

   D. 在#include 命令中，文件名可以用双引号或尖括号括起来

4. 下列关于外部变量的说法，正确的是________。

A. 外部变量是在函数外定义的变量，其作用域是整个程序

B. 全局外部变量可以用于多个模块，但需用 extern 重新在各模块中再定义一次

C. 全局外部变量可以用于多个模块，extern 只是声明而不是重新定义

D. 静态外部变量只能作用于本模块，因此它没有什么实用价值

5. 下列关于多文件工程程序的组织原则中，不正确的是________。

A. 将函数的定义和使用相分离

B. 将函数的声明和实现相分离

C. 将不同的功能和数据结构划分到不同的模块中

D. 多文件工程程序中模块的数量越多越好

6. 以下叙述中正确的是________。

A. 预处理命令行必须位于 C 源程序的起始位置

B. 在 C 语言中，预处理命令行都是以“#”开头

C. 每个 C 源程序文件必须包含预处理命令行：#include <stdio.h>

D. C 语言的预处理不能实现宏定义和条件编译功能

7. 关于编译预处理，下列说法正确的是________。

A. 含有函数原型的头文件和函数的定义都可以出现在多个模块中

B. 用户自定义头文件时使用条件编译指令可以避免重复包含

C. 在#include<头文件名>格式中，编译预处理程序直接到当前目录查找头文件

D. 在#include"头文件名"格式中，编译预处理程序最后到当前目录查找头文件

8. 宏定义#define G 9.8 中的宏名 G 表示________。

A. 一个单精度实数　　B. 一个双精度实数

C. 一个字符串　　D. 不确定类型的数

9. 对于以下宏定义：

```
#define M  1+2
#define N  2*M+1
```

执行语句“x=N;”之后，x 的值是________。

A. 3　　B. 5　　C. 7　　D. 9

10. 对于以下宏定义：

```
#define M(x)   x*x
#define N(x, y)   M(x)+M(y)
```

执行语句 z=N(2, 2+3);后，z 的值是________。

A. 29　　B. 30　　C. 15　　D. 语法错误

二、读程序写结果

1. 写出下面程序的运行结果。

```
#include<stdio.h>
#define X 5
#define Y X+1
#define Z Y*X/2
int main( )
{
    int a;
    a=Y;
    printf("%d, ", Z);
    printf("%d \n", --a);
```

```
    return 0;
}
```

2. 写出下面程序的运行结果。

```
#include<stdio.h>
int main( )
{
    int b=7;
    #define b 2
    #define f(x) b*x
    int y=3;
    printf("%d, ", f(y+1));
    #undef  b
    printf("%d, ", f(y+1));
    #define b 3
    printf("%d, ", f(y+1));
    return 0;
}
```

三、编程题

1. 定义一个带参数的宏 DAYS_FEB (year)，以计算给定年份 year 的二月共有几天。

2. 对于用户输入的一个正整数，设计程序实现以下功能。

① 判断该数是否为正整数。若该数不是正整数，则显示错误并退出程序。

② 判断该数是否为质数。若该数不是质数，则输出其所有质因子。

③ 判断该数是否是“完全数”，即该数所有的真因子（即除了自身以外的约数）的和，恰好等于它本身。

请用多文件工程实现上述程序（注意模块的合理划分）。

第 10 章 结构、联合、枚举

计算机科学中的任何问题都可以通过引入另一个间接层来解决。

Any problem in computer science can be solved with another level of indirection.

——大卫·韦勒（David Wheeler），图灵奖得主

学习目标：

- 掌握结构体类型的定义方法，结构体变量的定义、访问和使用
- 理解联合类型的定义方法、联合变量的定义和访问方式
- 理解枚举类型的定义方法、枚举变量的定义和访问方式
- 了解单链表的递归定义及基本操作，如建立、遍历、插入、删除等

除了基本的数据类型外，C 语言还允许用户根据实际需要自定义数据类型，以表示复杂的数据对象。本章将介绍如何利用已有的基本数据类型构造新的复合或构造数据类型，包括结构体、联合体、共同体和链表。重点阐述构造数据类型的定义、变量定义和使用，以及与指针、数组的组合使用。

10.1 结 构 体

本节要点：

- 结构体类型的定义
- 结构体类型变量的定义、赋值和访问
- 结构体指针和数组的使用

编程时，可利用基本数据类型描述单个数据对象，利用数组类型描述多个同一类型的数据。但当所描述的对象同时包含多个属性和特征，可能同时涉及多种数据类型时，应如何描述呢？如一个学生对象，可能同时包含姓名、学号、性别和成绩等多方面的信息。此时，可能会考虑利用多个基本数据类型表示该数据对象，如可用字符数组表示姓名，整型变量表示学号，字符型变量表示性别（'F'为女，'M'为男），实型变量表示成绩。

那如何同时表示多个学生对象呢？基于已学知识，一种容易想到的方式是使用数组。假设一共有 10 个学生，则使用如下数组进行刻划：

```
int ID[10];                    /* 学号数组 */
char Name[10][20];             /* 姓名数组，每行对应一位学生姓名 */
char Sex[10];                  /* 性别数组 */
double Score[10];              /* 成绩数组 */
```

但是这种方式的问题在于：将每个学生对象的信息分开表示和存储，类似于将机器的每个零件拆开后分开保存，缺乏信息描述的完整性。为此，C 语言提供了**结构体（Structure）类型**，将每个对象作为一个整体进行描述。

10.1.1 结构体类型的定义

结构体类型是一种构造数据类型。将多种数据类型“整合”在一起，构造出一种新的数据类型，以满足实际需求。

1. 结构体类型的定义

结构体类型的定义形式如下。

语法：

```
struct 结构体类型名
{
      类型 1     成员 1;
      类型 2     成员 2;
      ......
      类型 n     成员 n;
};
```

其中，“struct”是定义结构体类型的关键字，“结构体类型名”是用户自定义的结构体类型的名称。花括号里包含若干个变量，称为**结构体类型的成员（Structure Member）**。每一个成员都有一个名字和相应的数据类型，用于描述对象的一个属性，各成员的类型任意，可以相同，也可以不同。右大括号后必须以分号结束，作为结构体类型定义的结束标志。定义完成后，“**struct 结构体类型名**”代表一种新的数据类型。

示例：

① 定义一个日期类型，分别包含年、月、日信息。

```
struct Date
{
      int year;       /*年*/
      int month;      /*月*/
      int day;        /*日*/
};
```

struct Date 是一个新创建的结构体类型，包含 3 个同类型的成员：year、month、day，分别表示年、月、日。

② 定义一个学生类型，分别包含学号、姓名、性别和成绩信息。

```
struct Student
{
      int ID;                /*学号*/
      char Name[20];         /*姓名*/
      char Sex;              /*性别*/
      double Score;          /*成绩*/
};
```

结构体类型 struct Student 包含多个成员，类型各不相同。其中 ID 为整型，表示学号；Name 为字符串或字符型数组，表示姓名；Sex 为字符型，表示性别；Score 为实型，表示成绩。

注意

结构体类型的定义仅仅声明了一种新的数据类型，并未定义变量，因此编译器不会为其分配内存空间，正如不会为 int 和 char 等基本数据类型分配内存空间一样。

2. 用 typedef 为结构体类型起别名

在 C 语言中提供了关键字 typedef 为一个已存在的数据类型定义别名。因此，可利用 typedef

为已定义的结构体类型定义别名，使形式上更加简洁。定义方式分为以下两种。

（1）先定义结构体类型，再为该类型定义别名。

在结构体类型定义完成后，可通过以下方式为其定义别名：

```
typedef 原类型名 新类型名;
```

例如：

```
typedef struct Date Date;          /*Date 成了 struct Date 的类型别名*/
typedef struct Student STU;        /* STU 成了 struct Student 的类型别名*/
```

（2）在定义结构体类型的同时给出其别名。

还可在定义结构体类型的同时给出别名，例如在定义结构体类型 struct Date 时，定义别名 Date：

```
typedef struct Date            /*在类型定义的前面加关键字 typedef*/
{
    int year;
    int month;
    int day;
} Date;                        /*Date 是 struct Date 的类型的别名*/
```

别名可直接用于表示该结构体类型。因此，下面两条语句等价，都可用于定义结构体类型的变量，但第 2 种形式更为简洁。

```
struct Student stu1,stu2;
STU stu1,stu2;
```

typedef 仅仅为一个已存在的数据类型定义了一个别名，并未产生新的数据类型。

3. 结构体类型的嵌套

结构体类型中的成员可以是任何类型，包括结构体类型。如果一个结构体类型中包含另一个结构体类型作为成员，则称为**嵌套的结构体（Nested Structure）**。例如，在 struct Student 类型中增加一个成员 birthday 表示学生的生日，则该结构体类型的定义可以修改为：

```
struct Student
{
     int ID;                   /*学号*/
     char Name[20];            /*姓名*/
     struct Date birthday;     /*新增加的生日，属于一个已定义的结构体类型*/
     char Sex;                 /*性别*/
     double Score;             /*成绩*/
};
```

在结构体类型 struct Student 中，成员 birthday 也是一个结构体类型，用于描述生日信息。

在上述定义中，struct Date 必须是一个已定义的结构体类型，作为成员类型，结构体类型 struct Data 的定义必须在 struct Student 的定义之前完成。

10.1.2　结构体变量

当定义了一个结构体类型后，与 int、char 等基本数据类型一样，可定义相应的结构体类型变量，也可以与指针、数组等结合，定义出更复杂的结构体数组、结构体指针等。本节先介绍最基本的结构体变量。

1. 结构体变量的定义

定义一个结构体变量的语法与定义基本数据类型变量一致，如下。

语法：

```
结构体类型名　变量名;
```

示例：

```
Date day1;                /*Date 是 struct Date 的类型别名*/
```

Date 是已定义的结构体类型，day1 是一个类型为 Date 的结构体变量。注意：Date 作为一个结构体类型，不占内存空间；而 day1 作为该结构体类型的变量，编译器会为其分配内存空间。图 10.1 展示了结构体变量 day1 的内存分配状况。

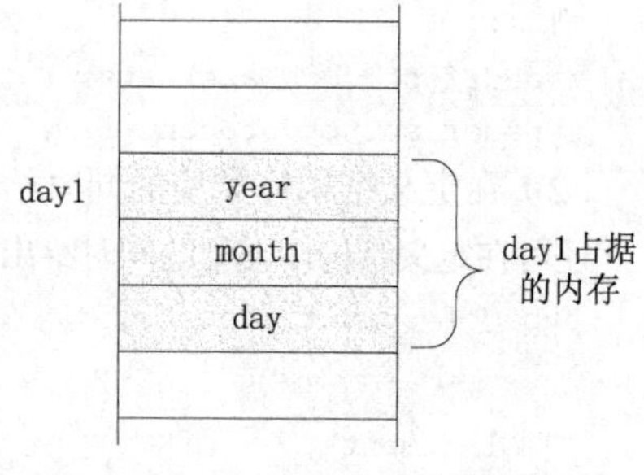

图 10.1　day1 在内存中的存储状况

通常来说，一个结构体变量占据的内存空间至少是该结构体所有成员所占据内存空间的总和，且由于“内存对齐”等原因，有可能会占据更大的空间。关于“内存对齐”的概念，本书不做介绍，读者可查找相关资料。

此外，还可在定义结构体类型的同时定义该类型的变量，形式如下。

语法：

```
struct 结构类型名
{
     类型 1     成员 1;
     类型 2     成员 2;
     ……
     类型 n     成员 n;
} 变量名;
```

示例：

```
struct Date
{
     int year;       /*年*/
     int month;     /*月*/
     int day;        /*日*/
} day2;
```

上例在定义了结构体类型“struct Date”的同时定义了该结构体类型的变量 day2。其中结构体类型名称“Date”也可以省略，从而直接定义结构体类型的变量。

2. 结构体变量的赋值

结构体变量的赋值主要有以下 2 种途径。

（1）定义时直接初始化。

在定义结构体变量的同时，可为其整体赋值，例如：

```
Date day1 = { 2014, 11, 30}; /* day1 的 year、month、day 分别赋值 2014、11、30*/
Date day2={2015,1};           /* 相当于 Date day2 = { 2015, 1, 0}; */
```

花括号中的值将被依次赋给结构体变量中各成员。如果值缺省，则默认为 0。还可以利用同类型且已有值的结构变量对其整体初始化，如：

```
Date day3 = day1;        /* 用 day1 给 day3 初始化，day1 已做过初始化 */
```

若结构体类型为嵌套结构体，则需利用另一个花括号为其中的结构体类型成员赋值。例如：

```
STU st1={1003, "Liu", { 1997, 3, 12 }, 'F',  82};  /*生日成员被赋值{1997, 3, 12 }*/
```

（2）定义后赋值。

在结构体变量定义后，可利用同类型且已有值的结构体变量对其整体赋值。例如：

```
Date day4;               /* 定义 day4 变量 */
day4 = day2;             /* 用 day2 给 day4 赋值，day2 已做过初始化*/
```

或为结构体变量中每个成员依次赋值，此时需对各成员依次访问。在 C 语言中，提供了**点运**

算符“.”访问结构体变量中的成员。

语法：

```
结构变量名.成员名
```

示例：

```
day4.year = 2014;
day4.month = 12;
day4.day = 1;
```

当存在结构体嵌套时，需要多次使用运算符“.”。注意：出现在运算符“.”前的必须是一个结构体变量名或类型为结构体的成员名，不能是结构体类型名。

下面的例 10.1 展示了结构体类型的定义以及结构体变量的定义与访问。

【例 10.1】结构体变量定义及其使用。

例 10.1 讲解

```
1    /*li10_01.c: 结构体变量示例*/
2    #include <stdio.h>
3    #include <string.h>
4    struct Date              /* 定义结构体类型 struct Date */
5    {
6        int year;            /* 年 */
7        int month;           /* 月 */
8        int day;             /* 日 */
9    };
10   typedef struct Date Date;            /* 为结构体类型 struct Date 起别名 Date */
11   struct Student                       /* 定义结构体类型 struct Student */
12   {
13       int ID;              /* 学号 */
14       char name[20];  /* 姓名 */
15       Date birthday;  /* 生日 */
16       char sex;            /* 性别: 'M'表示男; 'F'表示女 */
17       double score;   /* 成绩 */
18   };
19   typedef struct Student Student;   /* 为结构体类型 struct Student 起别名 Student */
20   int main( )
21   {
22       Student s1 = { 1001, "Zhu", { 1991, 3, 12 }, 'F', 78 };  /* 定义时直接初始化 */
23       Student s2, s3, s4;
24   /*从键盘读入，对每个成员依次赋值，生日的年月日数据读入要用两次点运算符 */
25       scanf( "%d%s%d%d%d%c%lf", &s2.ID, s2.name, &s2.birthday.year,
26               &s2.birthday.month, &s2.birthday.day, &s2.sex, &s2.score );
27       s3 = s1;             /* 用同类型变量来赋值 */
28       /* 以下对每个成员依次赋值 */
29       s4.ID = 1004;
30       strcpy( s4.name, "Liu" );
31       s4.birthday.year = 1992;
32       s4.birthday.month = 7;
33       s4.birthday.day = 5;
34       s4.sex = 'F';
35       s4.score = 80;
36        /* 以下输出结构体变量各个成员的值，注意生日中年、月、日数据要用两次点运算符 */
37       printf( "%d %s %d.%d.%d %c %lf\n", s1.ID, s1.name, s1.birthday.year,
38               s1.birthday.month, s1.birthday.day, s1.sex, s1.score );
39       printf( "%d %s %d.%d.%d %c %lf\n", s2.ID, s2.name, s2.birthday.year,
40               s2.birthday.month, s2.birthday.day, s2.sex, s2.score );
41       printf( "%d %s %d.%d.%d %c %lf\n", s3.ID, s3.name, s3.birthday.year,
42               s3.birthday.month, s3.birthday.day, s3.sex, s3.score );
43       printf( "%d %s %d.%d.%d %c %lf\n", s4.ID, s4.name, s4.birthday.year,
44               s4.birthday.month, s4.birthday.day, s4.sex, s4.score );
45       return 0;
```

```
46    }
```

运行此程序，若输入为：*1002 Tang 1993 11 26M 87 <回车>*

输出结果为：

```
1001 Zhu 1991.3.12 F 78.000000
1002 Tang 1993.11.26 M 87.000000
1001 Zhu 1991.3.12 F 78.000000
1004 Liu 1992.7.5 F 80.000000
```

① 除初始化外，不能对结构体进行整体的读/写操作，只能按成员依次操作，因此下列语句都是错误的。

```
s4 = { 1004, "Liu", { 1992, 7, 5 }, 'F', 80 };/* 错误：除初始化外，不能整体赋值 */
scanf( "%d%s%d%d%d%c%lf", &s1 );                /* 错误：不能整体输入 */
printf( "%d %s %d.%d.%d %c %lf\n", s1);       /* 错误：不能整体输出 */
```

② 结构体 Student 中的成员 birthday 也是结构体类型，因此对 birthday 中的年、月、日进行访问时使用了两层点“.”运算符，如 s1.birthday.year、s1.birthday.month 等。

③ 从键盘读入数据时，s2.ID、s2.birthday.year、s2.sex、s2.score 等前面均需加上“&”运算符，表示取这些成员的地址。而 s2.name 是字符数组，本身就代表数组首地址，因此无须再加“&”运算符。

【例 10.1】的思考题：

如果 struct Student 中一个学生有 5 门课程的成绩，结构体类型定义该如何修改？

10.1.3　结构体指针

结构体指针是指基类型为结构体的指针，即可指向结构体类型变量的指针，其定义方式如下。

语法：

```
结构体类型名  * 指针变量名;
```

示例：

```
struct Student *p;        /* 定义学生结构体类型的指针变量 */
Data *q;                  /* 定义日期结构体类型的指针变量 */
```

定义结构体指针后，可用已存在的结构体变量的地址对其赋值，例如：

```
q=&day1;                  /* 使 q 指向已定义的结构体变量 day1 */
```

可通过结构体指针访问结构体变量中的成员。C 语言中提供了**箭头运算符“->”**访问结构体的成员，访问方式如下。

语法：

```
结构指针 -> 结构成员
```

示例：

```
q -> year                 /* 等价于 day1.year */
```

当然，从语法上来说，**“(*结构指针). 结构成员”**的形式也是可以的，但不推荐使用。

下面的例子介绍了结构体指针的定义与使用，并且和通过点运算符访问成员的方式进行比较。

【例 10.2】结构体指针定义及其使用。

```
1     /*li10_02.c: 结构体指针示例*/
2     #include <stdio.h>
3     #include <string.h>
4     struct Date
5     {
6          int year;        /* 年 */
7          int month;       /* 月 */
```

例 10.2 讲解

```
8       int day;                    /* 日 */
9   };
10  typedef struct Date Date;       /* 为结构体类型 struct Date 起别名 Date */
11  struct Student                  /* 定义结构体类型 struct Student */
12  {
13      int ID;                     /* 学号 */
14      char name[20];              /* 姓名 */
15      Date birthday;              /* 生日 */
16      char sex;                   /* 性别: 'M'表示男: 'F'表示女 */
17      double score;               /* 成绩 */
18  };
19  typedef struct Student Student;  /* 为结构体类型 struct Student 起别名 Student */
20  int main( )
21  {
22      Student s1, *p;             /* 定义 Student 类型的变量和指针*/
23      p = &s1;                    /* 定义结构体变量的地址赋值给结构体指针*/
24      s1.ID = 2001;               /* 通过结构体变量用点运算符直接为成员赋值 */
25      /* 通过指针访问结构体变量的各个成员 */
26      strcpy( p->name, "Liang" ); /*注意年、月、日的访问，后一个用点运算符*/
27      p->birthday.year = 1978;
28      p->birthday.month = 4;
29      p->birthday.day = 20;
30      p->sex = 'M';
31      p->score = 100;
32      printf( "%d %s %d.%d.%d %c %.2f\n", p->ID, p->name, p->birthday.year,
33              p->birthday.month, p->birthday.day, (*p).sex, (*p).score );
34      return 0;
35  }
```

运行此程序，输出结果为：

```
2001 Liang 1978.4.20 M 100.00
```

运算符“->”前面只能是结构体指针，运算符“.”前面只能是结构体变量。本例中，p 是结构体指针，s1 是结构体变量，birthday 成员是结构体变量。因此，访问 year 成员时，可以用 p->birthday.year 或 s1.birthday.year 或(*p).birthday.year，但不可以用 p->birthday->year 或 s1->birthday.year 的形式。

10.1.4 结构体数组

结构体数组是指数组元素的类型为结构体类型的数组。一维结构体数组的定义方式如下。

语法：

```
结构体类型名  数组名[常量表达式];
```

示例：

```
struct Student st[10];/* 定义 10 个元素的学生结构体数组 */
Data da[10];          /* 定义 10 个元素的日期结构体数组 */
```

结构体数组中的每个元素都是一个结构体类型的变量，因此，通过结构体数组来访问某个结构体数组元素的成员时，可以有以下 3 种方法。

① 结构数组名[下标].结构成员。

② (结构数组名+下标) -> 结构成员。

③ (*(结构数组名+下标)).结构成员。

结构数组名[下标]与(*(结构数组名+下标))均为数组中指定下标的结构体变量，因此，后面结合“.”运算符进行成员访问。而“数组名+下标”实际是元素的地址，因此结合“->”运算符访问成员。

实际上，后两种方式由于可读性较差，所以很少使用，尤其是最后一种。

【例 10.3】结构体数组定义及其使用。

例 10.3 讲解

```
1    /*li10_03.c: 结构体数组示例*/
2    #include <stdio.h>
3    #include <string.h>
4    struct Date
5    {
6         int year;                    /* 年 */
7         int month;                   /* 月 */
8         int day;                     /* 日 */
9    };
10   typedef struct Date Date;         /* 定义类型的别名 Date */
11   struct Student                    /* 定义学生结构体类型 */
12   {
13        int ID;                      /* 学号 */
14        char name[20];               /* 姓名 */
15        Date birthday;               /* 生日 */
16        char sex;                    /* 性别: 'M'表示男: 'F'表示女 */
17        double score;                /* 成绩 */
18   };
19   typedef struct Student Student; /*为结构体类型 struct Student 起别名 Student */
20   int main( )
21   {
22        /* 定义结构体数组并初始化 */
23        Student st[3] = {{ 1001, "Zhang", {1992, 5, 21}, 'F', 83 },{ 1002, "Wang",
24                         {1993, 6, 18}, 'M', 66 } };
25        int i;
26        /*用第 1 种方式访问结构体成员，st[2]各个成员的初值原来均默认为 0*/
27        /*现对其成员一一赋值*/
28        st[2].ID = 1003;
29        strcpy( st[2].name, "Li" );
30        st[2].birthday.year = 1993;
31        st[2].birthday.month = 7;
32        st[2].birthday.day = 22;
33        st[2].sex = 'M';
34        st[2].score = 65;
35        /* 用第 2 种方式访问结构体成员 */
36        for ( i=0 ; i<3 ; i++ )
37        {
38             printf( "%d %s %d.%d.%d %c %f\n", (st+i)->ID, (st+i)->name,
39             (st+i)->birthday.year, (st+i)->birthday.month, (st+i)->birthday.day,
40             (st+i)->sex, (st+i)->score );
41        }
42        return 0;
43   }
```

运行该程序，输出结果为：

```
1001 Zhang 1992.5.21 F 83.000000
1002 Wang 1993.6.18 M 66.000000
1003 Li 1993.7.22 M 65.000000
```

本例中定义了一个含有 3 个元素的结构体数组 st，但只初始化了前 2 个元素的值。因此，第 3 个元素的值会被全部置为 0。用第 1 种访问结构体数组成员的方式，对元素的成员一一赋值使其有意义。输出时采用的是第 2 种访问方式，注意理解结构体变量与结构体指针的区别。

【例 10.3】的思考题：

如果在该题中定义一个结构体指针 p，即：

```
Student * p;
```

那么如何通过 p 来给 st[2]赋值，如何通过 p 来输出整个数组的内容？

10.1.5　向函数传递结构体

除了定义结构体类型的指针和数组外，还可以将结构体作为函数的参数，向函数传递结构体信息。传递方式主要分为以下 3 种。

（1）传递结构体成员。

在函数调用过程中，如果只需传递结构体中的部分成员，则可以直接将该成员作为函数实参。此时，函数的形参与实参中结构体成员类型相同。传递方式与普通变量的传递并无区别，属于简单的传值调用。

（2）传递结构体变量。

在函数调用过程中，可将结构体变量作为函数的实参，向函数传递完整的结构体内容。此时，函数形参是同类型的结构体变量，用于接收实参中各成员的值。在函数内，可利用“.”运算符访问各结构体成员。传递方式同样属于传值调用。

利用传值调用方式进行参数传递时，函数内对形参中结构体成员的修改不会影响实参中结构体成员的值。想要对实参中结构体成员的值进行修改，则需利用传地址调用的方式。

（3）传递结构体地址。

可将结构体指针或结构体数组的首地址作为函数实参，向函数传递结构体地址。此时函数形参为同类型的结构体指针，传递方式属于传地址调用。在函数内可利用指针修改实参中结构体成员的值。

【例 10.4】向函数传递结构体示例。

```
1   /*li10_04.c: 函数传递结构体示例*/
2   #include <stdio.h>
3   #include <string.h>
4   struct Student
5   {
6       int ID;             /* 学号 */
7       char name[20];      /* 姓名 */
8       double score;       /* 成绩 */
9   };
10  typedef struct Student Student;
11  /* 函数功能:    更新结构体成员值，传值调用
12     函数参数:    结构体类型的变量
13     函数返回值：无返回值
14  */
15  void renew_value1( Student st )              /* 传值调用方式 */
16  {
17      st.ID=1003;
18      strcpy(st.name, "Jean");
19      st.score=98;
20  }
21  /* 函数功能：更新结构体成员值，传地址调用
22     函数参数：结构体类型的指针
23     函数返回值：无返回值
24  */
25  void renew_value2( Student *pt )       /* 传地址调用方式 */
26  {
27      pt->ID=1004;
28      strcpy(pt->name, "Dell");
29      pt->score=98;
```

例 10.4 讲解

```
30    }
31    int main( )
32    {
33         Student st1={1001, "Tom", 95}, st2={1002, "Jack", 93};
34         /* 输出函数调用前结构体变量中各成员的值 */
35         printf("%d %s %f\n", st1.ID, st1.name, st1.score);
36         printf("%d %s %f \n", st2.ID, st2.name, st2.score);
37         renew_value1(st1);           /* 传值调用方式 */
38         renew_value2(&st2);          /* 传地址调用方式 */
39         /* 输出函数调用后结构体变量中各成员的值 */
40         printf("%d %s %f \n", st1.ID, st1.name, st1.score);
41         printf("%d %s %f \n", st2.ID, st2.name, st2.score);
42         return 0;
43    }
```

运行改程序，输出结果为：

```
1001 Tom 95.000000
1002 Jack 93.000000
1001 Tom 95.000000
1004 Dell 98.000000
```

函数 renew_value1 的形参为结构体类型的变量，因此实参为结构体类型的变量 st1。传递方式为传值调用，因此，在函数内修改结构体成员的值，st1 中成员值并没有发生改变；函数 renew_value2 的形参为结构体类型的指针，接收实参中结构体变量的地址&st2。传递方式为传地址调用，因此，在函数内可利用指针修改 st2 中成员的值。

10.1.6　结构体应用——学生成绩排名

【例 10.5】从键盘读入不超过 10 个学生的信息，每个学生的信息包括学号、姓名、一门课程的成绩，并按成绩由高到低的顺序输出这些学生的完整信息。

分析：根据题目描述，每个学生包含 3 个属性，因此需要定义结构体类型。同时，由于有不止一个学生的信息，应当用数组来处理。因此，本程序中需要用结构体数组来表示所有学生的信息。

根据题意，需要提供输入、输出以及按成绩排序这 3 大主要功能，因此定义 3 个函数，函数的形式参数是结构体指针，而实参是 main 函数中定义的结构体数组名。

排序的方法可以利用第 6、7 章介绍过的冒泡法或选择法，只是在排序过程中具体比较的是学生记录的成绩成员值。

```
1     /*li10_05.c: 结构体应用示例*/
2     #include <stdio.h>
3     struct Student
4     {
5          int ID;        /* 学号 */
6          char name[20];/* 姓名 */
7          double score; /* 成绩 */
8     };
9     typedef struct Student Student;
10    int Input( Student [ ] );    /* 从键盘读入数组元素，并返回数组长度 */
11    void Sort( Student [ ], int len );/* 对数组前 len 个元素进行排序 */
12    void Output(const Student [ ], int len );/* 输出数组的前 len 个元素 */
13    int main( )
14    {
15         Student st[10];
16         int num;
17         num = Input( st );            /*调用函数读入结构体数组的元素*/
18         Output( st, num);             /*调用函数输出排序前的结构体数组的元素*/
```

例 10.5 讲解

```
19        Sort( st, num );                /*调用函数对数组中元素根据分数进行排序*/
20        Output( st, num );              /*调用函数输出排序后的结构体数组的元素*/
21        return 0;
22    }
23    /*函数功能：  读入一维结构体数组的各个成员的值并返回元素个数
24      函数参数：  1个形式参数表示待输入的结构体数组
25      函数返回值：int 型，返回已读入的元素个数
26    */
27    int Input( Student s[ ] )                       /*读入学生信息*/
28    {
29        int i, n;
30        do
31        {
32            printf("Enter the sum of students: \n");
33            scanf("%d", &n);
34        } while ( n<=0 || n>10 );
35        for ( i=0 ; i<n ; i++ )
36        {
37            printf("Enter %d-th student : ", i+1);
38            scanf("%d%s%lf", &s[i].ID, s[i].name, &s[i].score);
39        }
40        return n;
41    }
42    /*函数功能：      对一维结构体数组根据分数成员的值进行由大到小的排序
43      函数参数：      2个形式参数表示结构体指针以及待排序的元素个数
44      函数返回值：    无返回值
45    */
46    void Sort( Student st[ ], int len )    /* 选择法排序 */
47    {
48        int i, k, index;
49        Student temp;
50        for ( k=0 ; k < len-1 ; k++ )
51        {
52            index = k;
53            for( i=k+1 ; i<len ; i++ )
54                if ( st[i].score > st[index].score )/*比较2个数组元素的分数成员*/
55                    index = i;
56            if ( index != k )
57            {
58                temp = st[index];
59                st[index] = st[k];
60                st[k] = temp;
61            }
62        }
63    }
64    /*函数功能：  完成一维结构体数组的输出
65      函数参数：  2个形式参数分别表示待输出的数组、数组的实际元素个数
66      函数返回值：无返回值
67    */
68    void Output(const Student s[ ], int len )           /*输出学生信息*/
69    {
70        int i;
71        printf("学号    姓名        成绩\n");
72        for ( i=0 ; i<len ; i++ )
73        {
74            printf("%4d   %-8s  %.0f\n", s[i].ID, s[i].name, s[i].score);
75        }
76    }
```

运行此程序，屏幕显示为：

```
Enter the sum of students:
```

用户从键盘输入为：*5<回车>*

```
Enter 1-th student : 1001 Tom 85<回车>
Enter 2-th student : 1002 Jack 93<回车>
Enter 3-th student : 1003 Jean 67<回车>
Enter 4-th student : 1004 Dell 89<回车>
Enter 5-th student : 1005 Kate 78<回车>
```

程序输出结果为：

```
学号    姓名        成绩
1001    Tom         85
1002    Jack        93
1003    Jean        67
1004    Dell        89
1005    Kate        78
学号    姓名        成绩
1002    Jack        93
1004    Dell        89
1001    Tom         85
1005    Kate        78
1003    Jean        67
```

① 除 main 函数外，本例中还定义了输入函数 Input、排序函数 Sort、输出函数 Output，在 main 中调用相应的函数来完成所需的功能，代码较为清晰。

② 3 个自定义函数都有一个结构体"数组"作为形参，由第 7 章可知，该形参本质上是一个结构体指针，因此"Student s[ ]"也可写为"Student *s"。函数调用时，由主调函数向其传递数组名（实际上是实参数组的首地址），在自定义函数中可以对整个结构体数组进行操作。

③ 注意 const 在形式参数表中的使用。为了保护对应的实参数组不被修改，输出函数 Output 中的指针形式参数前加了 const 限定，而输入函数 Input 和排序函数 Sort 本来的任务就是要改变结构体数组中元素的内容，因此不能加 const 进行限定。

④ 如果每个学生不止 1 个成绩，假如有 5 个成绩，则需要将 score 成员定义为含 5 个元素的一维数组来存储 5 个分数。关于这样的结构体类型及变量的使用，请读者参考第 12 章的综合示例。

*10.2 联　　合

本节要点：

- 联合类型的定义
- 联合类型变量的定义、赋值和访问

编程时可能会碰到这样一种情况，需要将多种数据组合在一起，成为一个整体。但在使用时，每次只会使用其中一种数据，即同一时刻只有一种数据起作用。例如，描述学生成绩时，成绩可能是整形、浮点型或字符型（等级制），但一门课程通常只使用一种类型；描述一个人的婚姻状况时，可能未婚、已婚或离异，但同一时刻只存在一种状态。在描述这种情形时，可以将这个数据综合体定义成一个**联合（Union）**，有的文献中也称为**共用体**。

1. 联合类型的定义

联合类型定义的方式与结构体类型定义类似，只是关键字不一样，形式如下。

语法：

```
union 联合名
{
    类型 1      成员 1;
    类型 2      成员 2;
    ……
    类型 n      成员 n;
};
```

其中，“union”是定义联合的关键字，“联合名”是用户自定义的联合类型的名称。“union 联合名”是该联合类型的完整类型名。**可以用 typedef 为联合类型定义别名**。各成员的类型可以相同，也可以不同。与结构体定义类似，联合定义语句结尾的分号不能省略。

例如定义一种类型，用于课程成绩的存放。各种课程的成绩可能是整型、实型或者字符型，但对一门具体的课程而言，其分数类型是确定的，只有一种。因此，我们可以把成绩定义为联合类型。

```
union Score                  /*定义一个联合类型*/
{
    int i;
    double d;
    char c;
};                           /*必须以分号结束*/
typedef union Score Score;   /*用 typedef 进行重新命名*/
```

2. 联合类型变量的定义

定义一个联合变量的方法如下。

语法：

```
联合类型名　变量名;
```

示例：

```
Score sc;
```

其中，“Score”为联合类型名，sc 为新定义的联合变量。

定义之后，编译器为联合变量 sc 分配内存空间。sc 在内存中的存储示意如图 10.2 所示。

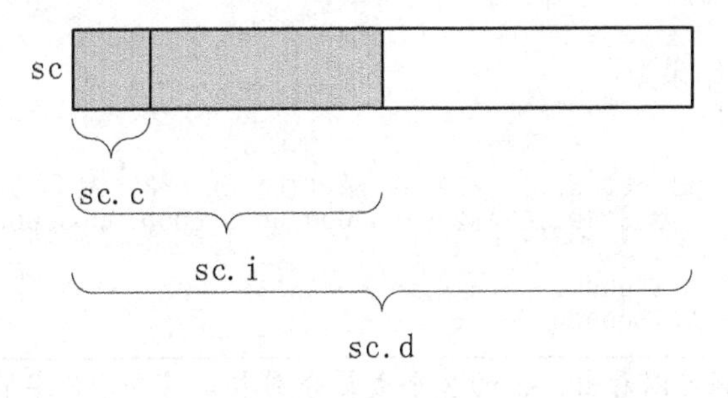

图 10.2　sc 存储示意图

在内存存储方面，联合变量与结构体变量具有本质的不同。结构体变量中每一个成员都有各自独立的内存空间，其占有的内存至少是所有成员占据内存的总和。而联合变量所有成员共享同一段内存空间，其占有内存是所需内存最大的那个成员的空间。联合变量这种占有内存的方式，决定了它每次只能有一个成员起作用，也就是最后赋值的那个成员。联合类型的这些特征可以概括为“空间共享，后者有效”。

在访问联合变量中的成员时，也使用“.”运算符：

语法：

```
联合变量名.成员名
```

由于各成员空间共享，联合变量的使用有一些特殊。联合不能整体赋值和输出，在初始化时也只能初始化第一个成员，例如：

```
sc.i = 88;                  /* 合法 */
sc.d = 78.5;                /* 合法 */
sc = { 88,78.5,'A' };       /* 不合法 */
Score sc = {88} ;           /* 合法 */
Score sc = { 88,78.5,'A' }; /* 不合法 */
```

此外，联合不能作为函数的参数。

【例 10.6】联合类型使用示例。

```
1     /*li10_06.c: 联合使用示例*/
2     #include<stdio.h>
3     union Score
4     {
5          int i;
6          double d;
7          char c;
8     };
9     typedef union Score Score;
10    int main( )
11    {
12         Score sc;
13         printf( "sizeof(Score) is %d\n", sizeof(Score) );
14         printf( "sizeof(sc) is %d\n", sizeof(sc) );
15         printf( "sizeof(sc.i) = %d, sizeof(sc.d) = %d,
16         sizeof(sc.c) = %d\n", sizeof(sc.i),
17                 sizeof(sc.d), sizeof(sc.c) );
18         sc.i = 88;
19         printf( "sc.i = %d, sc.d = %f, sc.c = %c\n", sc.i, sc.d, sc.c );
20         sc.d = 78.5;
21         printf( "sc.i = %d, sc.d = %f, sc.c = %c\n", sc.i, sc.d, sc.c );
22         sc.c = 'C';
23         printf( "sc.i = %d, sc.d = %f, sc.c = %c\n", sc.i, sc.d, sc.c );
24         return 0;
25    }
```

例 10.6 讲解

运行此程序，输出结果为：

```
sizeof(Score) is 8
sizeof(sc) is 8
sizeof(sc.i) = 4, sizeof(sc.d) = 8, sizeof(sc.c) = 1
sc.i = 88, sc.d = -9255959211743299000000000000000000000000000000000000000000000
0.000000, sc.c = X
sc.i = 0, sc.d = 78.500000, sc.c =
sc.i = 67, sc.d = 78.500000, sc.c = C
```

① 从本例可以看出，sc 的 3 个成员分别占 4 字节、8 字节和 1 字节，但是 sc 总共的字节数为 8 字节，等于占用空间最大的 double 型成员 d 的字节数。

② 当对其中一个成员赋值后，起作用的成员为当前被赋值的成员。此时，其他成员也可以访问，只是将内存中的 0、1 序列按当前访问成员的数据类型来解释，有时会出现意想不到的输出结果。

此外，联合还可以与结构体联合使用。例如在描述学生信息时，学生分为普通学生和转专业学生，每个学生只能处于一种状态。除姓名、成绩等信息外，如果是普通学生，只需了解学号信息，而转专业学生则需要原学号和原专业信息。可将学生信息结构体定义如下：

```
struct Transfer{                        /*转专业学生信息结构体*/
```

```
    int ID_transfer;                        /*学号*/
    char *major_orginal;                    /*原专业*/
};
union Transfer_state{                       /*学生状态信息联合*/
    int ID_normal;                          /*普通学生学号*/
    struct Transfer tansfer_inf;            /*转专业学生学号和原专业*/
};
struct Student{
    union Transfer_state ID;
    char name[10];
    int score;
    int if_transfer;                        /*是否为转专业标记*/
};
```

结构体 struct Student 中第 1 个成员是一个联合类型 union Transfer_state，其中包含两个成员，分别表示普通学生的学号信息和转专业学生的相关信息，每个时刻只有一个成员起作用。而转专业学生的相关信息又由结构体 struct Transfer 描述，包括原学号和原专业信息。信息结构可由图 10.3 描述：

<table>
<tr><td colspan="6">学生信息（struct Student）</td></tr>
<tr><td colspan="3">转专业状态（union Transfer_state）</td><td rowspan="3">姓名</td><td rowspan="3">成绩</td><td rowspan="3">是否转专业标记</td></tr>
<tr><td>否</td><td colspan="2">是（struct Transfer）</td></tr>
<tr><td>学号</td><td>原学号</td><td>原专业</td></tr>
</table>

图 10.3　学生信息结构图

与结构体类型类似，联合类型也可以定义其指针、数组，因为实际编程中该类型用得并不多，故在此不做详细介绍，具体的定义与使用方法与结构体类似。

*10.3　枚　　举

本节要点：

- 枚举类型的定义
- 枚举类型变量的定义、赋值和访问

枚举（Enumeration）即一一列举之意，允许用户自定义一种构造数据类型，该类型具有有限的取值范围，可以逐一列举出来。该类型的使用目的是提高程序的可读性。

1. 枚举类型的定义

语法：

```
enum 枚举类型名 {枚举常量 1, 枚举常量 2, …, 枚举常量 n};
```

示例：

```
enum Seasons { Spring, Summer, Autumn, Winter };
```

其中，“enum”是定义枚举的关键字，“枚举类型名”是用户自定义的枚举类型的名称，“enum 枚举类型名”作为完整的枚举类型标识，也可以用 typedef 来定义类型别名。枚举常量 1、枚举常量 2……枚举常量 n 是 n 个**常量**，称为**枚举元素**或**枚举常量**，表示该类型可取值的范围。定义语句后分号不能省略。

示例中，“enum Seasons”是一个新创建的枚举类型，可能的取值包括 Spring、Summer、Autumn 和 Winter。

C 语言中，系统会为每个枚举元素对应一个默认整型值，通常从“0”开始，并顺次加 1。因此，Spring、Summer、Autumn 和 Winter 分别对应 0、1、2 和 3。

也可以在枚举类型定义时对元素的值进行指定，方式为：

```
enum Season { Spring=4, Summer=1, Autumn, Winter };
```

这样，枚举元素对应的整数就变为 4、1、2、3。对于没有赋值的元素，值依据前面已赋值的枚举常量元素值依次加 1。

2. 枚举类型变量的定义

语法：

```
枚举类型名　变量名;
```

示例：

```
enum Season day;
typedef enum Season Season;/* 定义别名后再定义变量 */
Season day;
```

对于枚举类型变量，赋值时可以赋以枚举类型数据和整型数据，输出时只能以整型方式输出，无法直接输出枚举常量。也可以通过输出与枚举常量写法一样的字符串间接输出枚举值。

枚举类型也可以定义数组、指针。下面的例子演示枚举数组的使用。

【例 10.7】枚举类型使用示例。

```
1     /*li10_07.c：枚举类型使用示例*/
2     #include <stdio.h>
3     enum Seasons { Spring=4, Summer=1, Autumn, Winter };
4     typedef enum Seasons Seasons;
5     int main( )
6     {
7          Seasons day[4] = { Summer };
8          int i;
9          day[1] = 2;
10         day[2] = 6;
11         for( i=0 ; i<4 ; i++ )
12         {
13              printf ( "day[%d]: %d ", i, day[i] );
14              switch( day[i] )
15              {
16              case  Spring:
17                  printf("Spring\n");
18                  break;
19              case  Summer:
20                  printf("Summer\n");
21                  break;
22              case  Autumn:
23                  printf("Autumn\n");
24                  break;
25              case  Winter:
26                  printf("Winter\n");
27                  break;
28              default:
29                  printf("Wrong!\n");
30              }
31         }
32         return 0;
33    }
```

例 10.7 讲解

运行此程序，输出结果为：

```
day[0]: 1 Summer
day[1]: 2 Autumn
day[2]: 6 Wrong!
day[3]: 0 Wrong!
```

① 本例中定义了一个枚举类型数组 day，只对第 0 个元素进行了初始化，后面 3 个元素都被初始化为 0。

② 对枚举变量赋值时，可以赋以枚举类型数据和整型数据。另外，从本例也可以看出，虽然枚举类型取值范围对应的整数只有 1～4，但赋值超出该范围时（“day[2] = 6;”），系统并不会进行错误检查。

③ 枚举类型变量可以以%d 形式输出，其他方式需要编写代码进行转换。

*10.4 链　　表

本节要点：

- 链表的递归定义
- 链表的基本操作

在编程中，我们常利用数组存储和处理大批量同类型的数据。数组使用起来直观、方便，但也存在以下几点问题。

① 在定义数组时，需要明确数组长度，即数组所占用的内存大小。但在程序运行前，可能无法预知数组的实际长度，因其通常由用户的输入所决定。一种常用的解决方案是使数组的定义长度超过实际需求，但这种做法容易造成空间浪费。

② 数组必须占有一块连续的内存空间。例如“int a[220];”，需占用 880 字节（220*4Byte）的连续内存空间。如果内存中没有这么大的连续空闲区域，则代码无法运行。如图 10.4 所示，内存中有 3 块空闲的区间，分别是 600 字节、800 字节和 400 字节，虽然总和超过了 880 字节，但是单块均不超过 880 字节，所以此时程序无法运行。

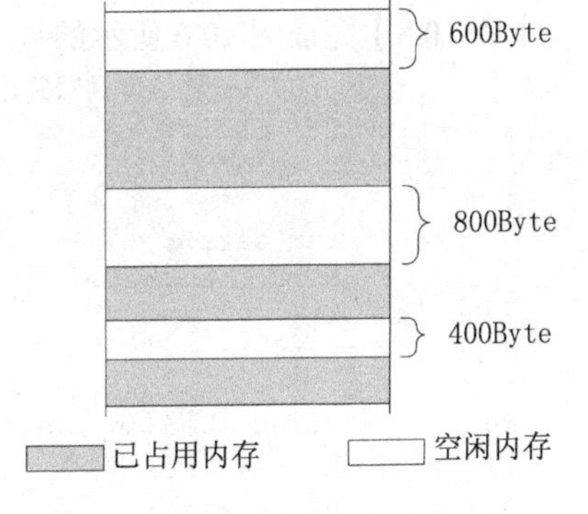

图 10.4　内存占用示例

③ 数组的插入和删除等操作需要移动大量数组元素，程序运行效率低。

针对上述问题，设计人员提出了一种解决方案——**链表（Linked Table）**。本节接下来的内容就将对链表进行简单介绍。

10.4.1　链表的概念

利用数组处理批量数据时，当程序处理完一个数据，只需将下标加 1 就可以处理下一个数据，当下标达到数组长度-1 时，程序就会知道所有数据都已处理完了。现在如果使用链表来存储这批数据，这些数据有可能散布在内存的不同地方。那么程序在处理时，如何找到下一个数据？又如何判断所有数据是否都已处理完？要回答这两个问题，需要从链表的组织方式入手来寻找答案。

链表的基本构成单位是结点。一个结点又由两部分组成：**数据部分和指针部分，**分别称为**数据域和指针域**。如图 10.5 所示，数据域用于存放待处理的数据，指针域则存放下一个数据的地址。

一个链表就是由这样一系列的结点所“链接”而成。图 10.6 给出了一个链表的例子，这个链表包含 1 个指针 head 和 3 个结点。head 里面存放了链表第 1 个结点的地址，也称为首地址，其实质是告诉程序这批数据的第 1 个数据在哪里。head 指针因此被称为**头指针，**这是链表中最重要的指针，是整个链表的入口，据此才能找到第 1 个结点，从而才能依次找到后面那些结点。3 个结点中分别存放了 3、4、6 这 3 个数据。第 1 个结点中存放了数据 3，并在指针部分存放了第 2 个结点的地址。同理，第 2 个结点除了存放数据 4 外，也在指针部分存放了下一个结点的地址。第 3 个结点存放了数据 6，因为它是最后一个结点，因此指针部分为空（NULL），表明它是最后一个数据。

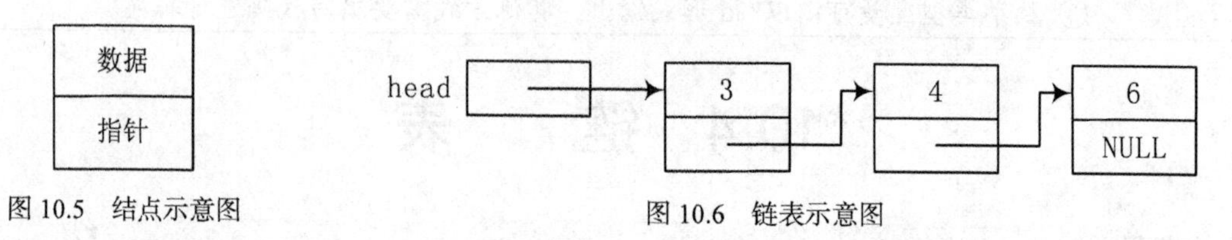

图 10.5　结点示意图

图 10.6　链表示意图

下面讨论链表的代码实现。首先来看结点的实现。从图 10.5 可以看出，一个结点至少包含两方面的内容：数据信息和指针信息，且数据类型不同。因此我们可以将其定义为一个结构体：

```
struct Node                        /* 结点的结构体类型定义 */
{
    int data;                      /* 结点的数据部分 */
    struct Node *next;             /* 结点的指针部分，这里的*一定不能丢失 */
};
```

在上述定义中，data 成员用于存放数据（此处假定存放的是 int 型数据，当然也可以根据实际需要修改），next 成员用于存放下一个结点的起始地址，其类型是 struct Node *。

【**例 10.8**】完成图 10.6 所示的链表的定义，并且输出链表中各结点的数据域的值。

```
1     /*li10_08.c: 链表定义示例*/
2     #include<stdio.h>
3     struct Node
4     {
5         int data;
6         struct Node *next;
7     };
8     int main( )
9     {
10        struct Node n1, n2, n3, *head, *p;
11        head = &n1;          /*直接将一个结构体变量 n1 的地址赋值给头指针*/
12        n1.data = 3;
13        n1.next = &n2;       /*直接将变量 n2 的地址赋值给 n1 的指针域
14                               使 n2 在 n1 后面*/
15        n2.data = 4;
16        n2.next = &n3;
17        n3.data = 6;
18        n3.next = 0;         /*直接将变量 n3 的地址赋值给 n2 的指针域
19                               使 n3 在 n2 后面*/
20        p = head;            /*工作指针 p 从头指针位置开始*/
21        while ( p != '\0' )  /*遍历链表，即一个结点一个结点地访问*/
22        {
23            printf("%d  ", p->data);    /*输出结点的数据域的值*/
24            p = p->next;                /*工作指针指向下一个结点处*/
25        }
26        printf("\n");
27        return 0;
28    }
```

例 10.8 讲解

运行此程序，输出结果为：

```
3  4  6
```

说明

① 本例主要展示了两个功能：建立链表和打印链表。

② 本例是链表建立的一个简单演示，只包含 3 个结点。在实际中，有可能要处理大批量的数据，并且数据的数量也可能在运行时动态地变化，因此无法采取本例中的方式，即事先为每个数据定义一个结构体变量作为结点，再将它们链接起来。而是在需要存储数据的时候向系统动态申请内存。每增加一个数据，程序就申请一个结点大小的内存空间，将数据存放进去，并将其添至链表中。下一节中将有详细说明。

③ 依次访问链表的各个结点称为链表的遍历。链表的构成方法决定了不可能随机访问任意一个结点，因此，无论是在链表中查找某一个元素值或是输出一个或多个元素值，都需要对链表进行遍历。其基本方法是：定义一个工作指针，假设指针名为 p，首先令其初值等于 head，然后用 p 指针控制循环，当其非空时访问 p 所指向结点的数据域信息，然后使 p 指针顺着链后移一位，如此下去，直到 p 指针为空的时候停止。本例中的 while 循环展示了这一方法，这在后面每一个示例中都需要用到，不再赘述。

④ 存储链表首地址的 head 指针极为重要，它是整个链表的入口，我们对链表进行的绝大部分操作都是从 head 指针开始入手的，并且在操作的过程中也要时刻注意 head 指针的维护。

10.4.2 链表的基本操作

链表的基本操作包括建立（批量存入数据）、打印（输出所有数据）、删除（在批量数据中删除指定数据）、插入（在批量数据中添加一个数据）等。本节将介绍这些基本操作的实现。

1. 链表的建立

链表的建立就是指从一个空链表开始，一个一个地添加新结点，直至所有的数据都加入该链表。

上一小节讲过，链表真正使用时，结点是动态产生的。当出现一个需要处理的数据时，首先动态申请一个结点空间，然后对结点的数据域进行赋值，再对结点的指针域进行处理，使该结点链入到整个单链表中。

按照新结点加入位置的不同，链表的建立大致有以下几种方法。

① 前插法：新结点每次都插入到链表的最开头，作为新链表的第一个结点；

② 尾插法：新结点每次都插入到链表的最后面，作为新链表的最后一个结点；

③ 序插法：新结点插入后保证结点域数据的有序性，该法需经搜索确定插入位置；

④ 定位法：新结点插入到链表中指定的位置。

本节主要介绍尾插法，其基本思想如下所示。

① 定义两个指针分别指向链表的第一个和最后一个结点，假设这两个指针名字为 head 和 tail。

② 初始化链表，即“head = tail = NULL;”，让两个工作指针均不指向任何地方。

③ 通过工作指针 p 申请一个动态结点空间，然后将数据赋值给动态结点的数据域，指针域及时赋值为空。

④ 生成一个新结点 p 之后， head 指针要根据原来链的情况进行不同的处理：如果原来是空链，则 head 等于 p；如果原来非空，则 head 不需要做任何处理。然后将 p 所指向的结点链到 tail 所指向的结点后面，体现“尾插”思想。最后将 p 赋值给 tail，保证 tail 始终指向当前链表的最后一个结点处。

⑤ 重复进行③、④两个步骤，直至结束。

下面的示例给出了用尾插法建立链表，再对该链表进行遍历输出所有的元素，最后利用遍历思想释放所有结点动态空间的完整过程。

【例 10.9】单链表的建立、打印与释放。

例 10.9 讲解

```
1   /*li10_09.c: 单链表示例*/
2   #include <stdio.h>
3   #include <malloc.h>
4   struct Node                         /* 定义链表结点的类型 */
5   {
6       int data;                       /* 数据域 */
7       struct Node *next;              /* 指针域 */
8   };
9   typedef struct Node Node;           /* 定义类型的别名为 Node，方便使用 */
10  Node * Create( );                   /* 创建一个新的链表 */
11  void Print ( Node * head );         /* 打印链表 */
12  void Release( Node * head );        /* 释放链表所占的内存空间 */
13  int main( )
14  {
15      Node * head;                    /* 定义头指针 head */
16      head = Create( );               /* 创建一个新的链表，返回头指针赋值给 head */
17      Print(head);                    /* 链表的遍历输出每个元素的值 */
18      Release( head );                /* 释放链表每个结点的存储空间 */
19      return 0;
20  }
21  /*函数功能:      创建一个单链表
22    函数入口参数：无
23    函数返回值:    链表的头指针
24  */
25  Node * Create( )
26  {
27      Node *head, *tail, *p;          /* head、tail 分别指向链表的头结点和尾结点 */
28      int num;
29      head = tail = NULL;             /* 链表初始化：空链表 */
30      printf( "请输入一批数据，以-9999 结尾：\n");
31      scanf( "%d", &num );
32      while( num != -9999 )           /* 用户数据输入未结束 */
33      {   /* 申请一块节点的内存用于存放数据 */
34          p = (Node *) malloc ( sizeof(Node) );
35          p->data = num;              /* 将数据存于新结点的 data 成员中 */
36          p->next = NULL;             /* 新结点的指针域及时赋为空值 */
37          if( NULL == head )          /* 如果原来链表为空 */
38          {    head = p;              /* 将 p 赋值给 head，p 是刚申请的第一个结点 */
39          }
40          else                        /* 如果原来链表非空 */
41          {
42               tail->next = p;        /* 将新结点链入尾部成为新的最后结点 */
43          }
44          tail = p;                   /* 更新 tail 指针，让其指向新的尾结点处 */
45          scanf( "%d", &num );        /* 继续读入数据 */
46      }
47      return head;                    /* 返回链表的头指针 */
48  }
49  /*函数功能:      遍历单链表输出每个结点中的元素值
50    函数入口参数：链表的头指针
51    函数返回值:    无
52  */
53  void Print ( Node * head )
54  {
55    Node * p;                         /* 定义工作指针 p */
```

```
56     p=head;                              /* p 从头指针开始 */
57     if( NULL== head )                    /* 如果链表为空输出提示信息 */
58     {
59          printf( "链表为空! \n" );
60     }
61     else
62     {
63          printf( "链表如下\n" );
64          while( p != NULL )              /* 用 p 来控制循环，p 为空指针时停止 */
65          {
66               printf( "%d  ", p->data );  /*输出 p 当前指向的结点的元素值 */
67               p=p->next;                   /* p 指向链表的下一个结点处 */
68          }
69     }
70     printf( "\n" );
71  }
72  /*函数功能:        释放单链表中所有的动态结点
73     函数入口参数:链表的头指针
74     函数返回值:    无
75  */
76  void Release( Node * head )             /* 仍使用遍历的方法扫描每一个结点 */
77  {
78       Node * p1, * p2;                   /* p1 用来控制循环，p2 指向当前删除结点 */
79       p1 = head;
80       while ( p1 != NULL )
81       {
82           p2 = p1;                       /* p2 指向当前删除结点处 */
83           p1 = p1->next;                 /* p1 指向链表下一个结点位置处 */
84           free(p2);                      /* 然后通过 p2 释放动态空间 */
85       }
86       printf( "链表释放内存成功! \n" );
87  }
```

运行此程序，屏幕上显示为：

请输入一批数据，以-9999 结尾：

用户从键盘输入为：*2 4 8 11 19 -9999 <回车>*

程序输出结果为：

```
2  4  8  11  19
链表释放内存成功!
```

说明

① 本例除 main 函数外，还包括 Create、Print、Release 这 3 个函数，功能分别是创建链表、打印链表和释放链表。

② 图 10.7（a）到图 10.7（c）展示了尾插法的完整过程。

初始化链表，执行“head = tail = NULL;”，如图 10.7（a）所示。

往链表中添加第 1 个结点时，执行“head = p; tail = p;”，如图 10.7（b）所示。

往链表中添加后续结点时，将当前尾结点的 next 指向该结点，即“tail->next = p;”，然后再将新结点的地址存入 tail 指针，“tail = p;”，如图 10.7（c）所示。

③ 链表打印（Print 函数）的基本思想与例 10.8 相同，主要是增加了链表是否为空的判断。

④ 链表释放（Release 函数）的作用是，当程序运行结束时，释放建立链表时所申请的内存空间。它的基本思想是：从第一个结点开始，首先保存该结点下一个结点的地址，再将该结点的内存空间释放。重复上述过程，直至链表结尾，仍然是通过遍历思想进行的。

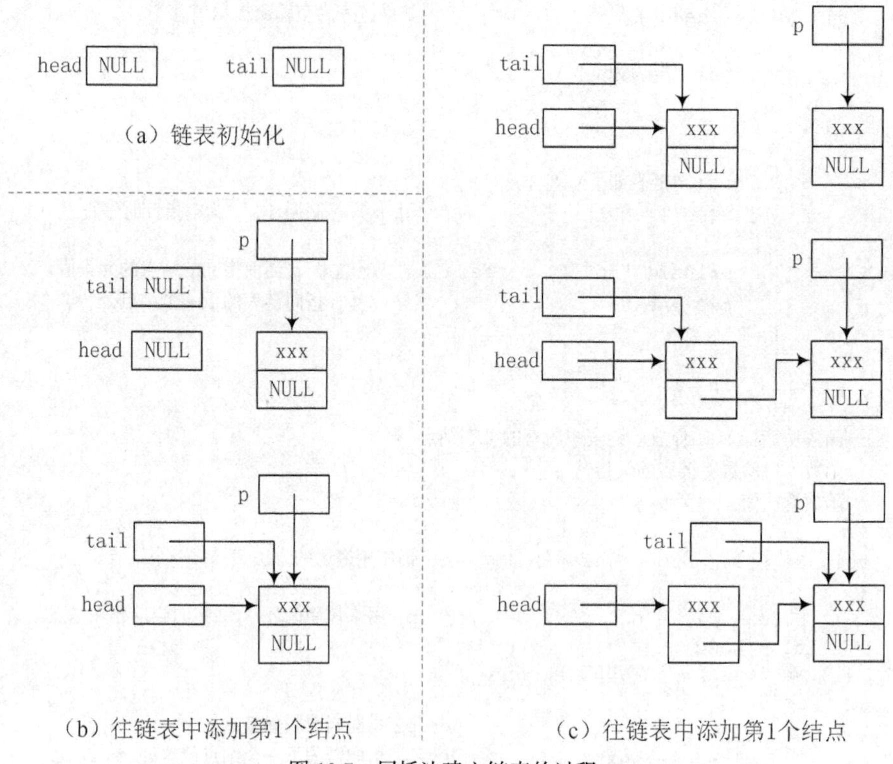

图 10.7　尾插法建立链表的过程

【例 10.9】的思考题：

修改 Create 函数，要求建立链表时，总是把新结点添加在链表的最前面，即用“前插法”建立链表。

2. 从链表中删除数据

从链表中删除一个数据时，除了头指针 head 之外，还需有 2 个工作指针，假设为 p2 和 p1，分别指向待删除结点的前一个位置以及待删除结点的位置。删除的完整过程有以下几个步骤。

① **定位**：如果链表不是空链表，则用遍历的思想，在链表中查找待删除数据所在的结点位置。有两种可能性：如果该数据存在，则将存有该数据的结点的位置保存到某一个指针中；如果该数据不存在，则提示用户，并返回。

② **脱链**：将待删除结点从链中“解”下来，如果该结点是链表中的第一个结点，则让 head 指针指向其下一个结点即可，即“head = p1->next;”；如果不是第一个结点，则让 p2 的 next 域指向待删除结点的下一个结点即可，即“p2->next = p1->next;”，这样就将 p1 所指向的结点从链表中脱离开来。

③ **释放**：无论是哪种情况，如果待删除的数据是存在的，最后一定要将 p1 所指向的结点空间释放掉，完成删除工作。

下面通过例 10.10 来演示一下删除结点的完整过程。

【例 10.10】 在例 10.9 的基础上，增加一个函数 Delete，实现数据的删除。

```
1	/*函数功能:		从单链表中删除指定的元素，返回新链的头指针
```

```
2       函数入口参数：  2 个形式参数依次为链表的头指针、待删除的元素值
3       函数返回值：    链表的头指针
4    */
5    Node * Delete( Node * head, int num ) /* num 为待删除数据 */
6    {
7       Node * p1, *p2;
8       if( NULL == head )                    /* 空链表判断 */
9       {
10          printf("链表为空! \n");
11          return head;
12      }
13      p1 = head;                 /* p1 用于查找待删除结点，从 head 指针开始 */
14      /*在链表中寻找指定数据，若不相等则循环 */
15      while( p1->next  && p1->data != num  )
16      {
17          p2 = p1;               /* 用 p2 记下原来 p1 的位置 */
18          p1 = p1->next;         /* p1 指针向后移动 */
19      }
20      if( p1->data == num )      /* 找到该数据 */
21      {
22          if( head == p1 )       /* 如果删除的是第 1 个结点 */
23          {
24               head = p1->next;  /* 则修改头指针 */
25          }
26          else                   /* 如果不是第 1 个结点 */
27          {
28               p2->next = p1->next;        /* 则执行此操作将 p1 从链中脱开 */
29          }
30          free( p1 );            /* 释放 p1 结点的内存空间 */
31          printf( "删除成功! \n" );
32      }
33      else                       /*循环终止时 p1->data != num 没找到 */
34      {
35          printf( "链表中无此数据! \n" );
36      }
37      return head;
38   }
```

例 10.10 讲解

将例 10.9 的主函数修改成如下代码：

```
1    int main( )
2    {
3         Node * head;          /* 定义头指针 head */
4         4int num;
5             /* 创建一个新的链表，返回头指针赋值给 head */
6         head = Create( );
7         /* 链表的遍历输出每个元素的值 */
8         Print(head);
9         printf( "请输入要删除的数：\n" );
10        scanf( "%d", &num );
11        head = Delete( head, num );
12        printf("删除%d之后的单链表：\n",num);
13        Print(head);
14        Release( head );           /*释放链表每个结点的存储空间*/
15        return 0;
16   }
```

运行此程序，屏幕上显示为：

```
请输入一批数据，以-9999 结尾：
```

用户从键盘输入为：*1 2 3 -9999 <回车>*

屏幕上接着显示为：

```
链表如下
1  2  3
请输入要删除的数：
```

用户从键盘输入为：*5　<回车>*

程序输出结果为：

```
链表中无此数据!
删除 5 之后的单链表：
链表如下
1  2  3
链表释放内存成功!
```

再次运行此程序，屏幕上显示为：

```
请输入一批数据，以-9999 结尾：
```

用户从键盘输入为：*1 2 3 -9999 <回车>*

屏幕上接着显示为：

```
链表如下
1  2  3
请输入要删除的数：
```

用户从键盘输入为：*3　<回车>*

程序输出结果为：

```
删除成功!
删除 3 之后的单链表：
链表如下
1  2
链表释放内存成功!
```

① 以上程序实际运行时还测试了删除 1 和 2 的情况，以此检验删除最前面的结点以及中间位置的结点得到的结果是否正确，再加上上面两种测试用例，表明该删除算法是完备和健壮的。

② 注意脱链的不同方法：若删除第 1 个结点时一定要修改 head 指针，如图 10.8(a)所示，执行 head=p1->next; ；如果删除的不是第 1 个结点，如图 10.8(b)所示，则 p2 指针就保存了该结点前一个结点的地址，让 p2->next 指向待删除结点的下一个结点即可，即“p2->next = p1->next;”。

③ 无论删除的是哪一个结点，最后一定要释放指针所指向的结点空间。

3. 向链表中插入数据

向链表中插入一个数据，有多种要求。有时是在指定位置进行插入；更多情况下，是要求在有序链表的基础上插入一个元素以保持原来的顺序性。

按序插入的方法一般有如下步骤。

① **定位**：需要通过遍历的方法逐个扫描结点，将待插入的值与链表中结点的值进行比较，从而确定新结点应该在什么位置进行插入。用指针变量记下这两个位置以方便插入。如果原来是空链表，则不必扫描比较。

② **生成**：用一个指针生成一个新结点，将待插入的数据放入结点的数据域中。

③ **插入**：将新结点插入在定位获得的两个指针位置之间，如果插入的结点是新的第 1 个结点，则一定要修改头指针 head。插入时需要修改两个指针的值，一是新结点的 next 域，另一个是 head 指针（如果插入的结点成为了新的第 1 个结点）或新结点在链表中前趋结点的 next 域。

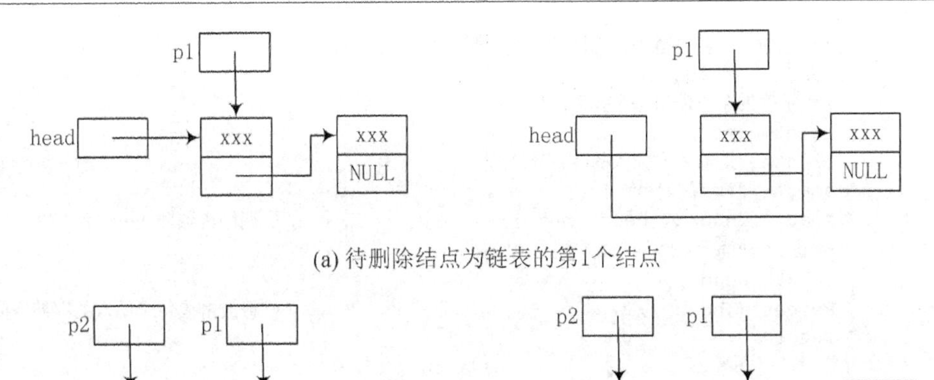

(a) 待删除结点为链表的第1个结点

(b) 待删除结点不是链表的第1个结点

图 10.8 结点删除过程

下面的示例演示了有序插入的完整过程。

【例 10.11】假定链表中的数据是按从小到大的顺序存放的，现要求在例 10.9 的基础上，增加一个函数 Insert，实现向链表中插入某一数据的功能，并保持插入后链表的数据依然按照从小到大的次序存放。

```
1    /*函数功能：      从单链表中插入指定的元素，返回新链的头指针
2      函数入口参数：2 个形式参数依次为链表的头指针、待插入的元素值
3      函数返回值：   链表的头指针
4    */
5    Node * Insert( Node * head, int num )/* 向链表中插入数据 num */
6    {
7        Node *p, *p1, *p2;
8        p = ( Node * ) malloc ( sizeof(Node) );/* 为待插入的数据申请一块内存 */
9        p->data = num;
10       p->next = NULL;
11       p1 = head ;
12       while (p1 && p->data > p1->data )/* 确定插入位置 */
13       {
14           p2 = p1;
15           p1 = p1->next;
16       }
17       if (p1 == head)    /* 插入位置在第 1 个结点之前或原链为空 */
18       {
19           head = p;
20       }
21       else  /* 插入位置在链表中间或末尾 */
22       {   p2->next = p;
23       }
24       p->next = p1;
25       printf( "数据插入成功!\n" );
26       return head;
27   }
```

例 10.11 讲解

将例 10.9 的主函数修改成如下代码：

```
1    int main( )
2    {
3        Node * head;           /* 定义头指针 head */
4        int num;
```

```
5          /* 创建一个新的链表，返回的头指针赋值给 head */
6          head = Create( );
7          /* 链表的遍历输出每个元素的值 */
8          Print(head);
9          printf("请输入要插入的数：\n");
10         scanf( "%d", &num );
11         head = Insert( head, num );                    /* 调用函数插入一个值 */
12         printf("插入%d之后的链表：\n",num);
13         Print( head );
14         Release( head );                               /* 释放链表每个结点的存储空间 */
15         return 0;
16     }
```

运行此程序，屏幕上显示为：

```
请输入一批数据，以-9999结尾：
```

用户从键盘输入为：*2 4 6　-9999 <回车>*

屏幕上接着显示为：

```
链表如下
2  4  6
请输入要插入的数：
```

用户从键盘输入为：*8 <回车>*

屏幕上显示输出结果为：

```
数据插入成功!
插入 8 之后的链表：
链表如下
2  4  6  8
链表释放内存成功!
```

① 上例运行只给出了一个示例，读者可以自己再运行一下，观察在链表的中间或是最前面插入一个结点时的输出情况。

② 插入时，分两种情况处理：如果原链表为空，或者待插入数据小于第 1 个结点的值，新结点应为链表的第 1 个结点，如图 10.9（a）所示，执行“head = p;”；否则，插入位置应在 p2 所指结点与 p1 所指结点之间，如图 10.9（b）所示，执行“p2->next = p;”，这里也包含了 p1 为空、p2 指向链表最后一个结点的特殊情况，如图 10.9（c）所示。

不管是哪种情况，最后统一执行“p->next = p1;”来修改新结点的指针域。

在链表中，有一个元素需要加入时就生成一个结点，不存在空间浪费的问题，也不存在数组中的下标越界的问题，链表的结点个数取决于可以使用的内存空间的多少。链表的建立、遍历、插入、删除、查找（在插入和删除中已有体现）是链表中最基本的操作，无论哪种操作，链表中的头指针都是最重要的信息，是访问整个链表的起点。

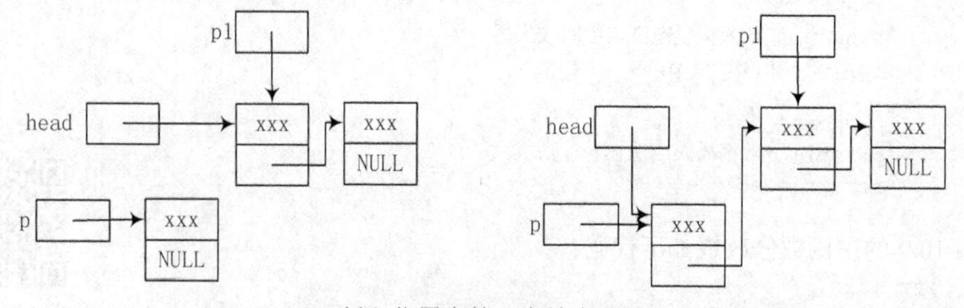

(a) 插入位置在第一个结点之前

图 10.9　结点插入过程示意图

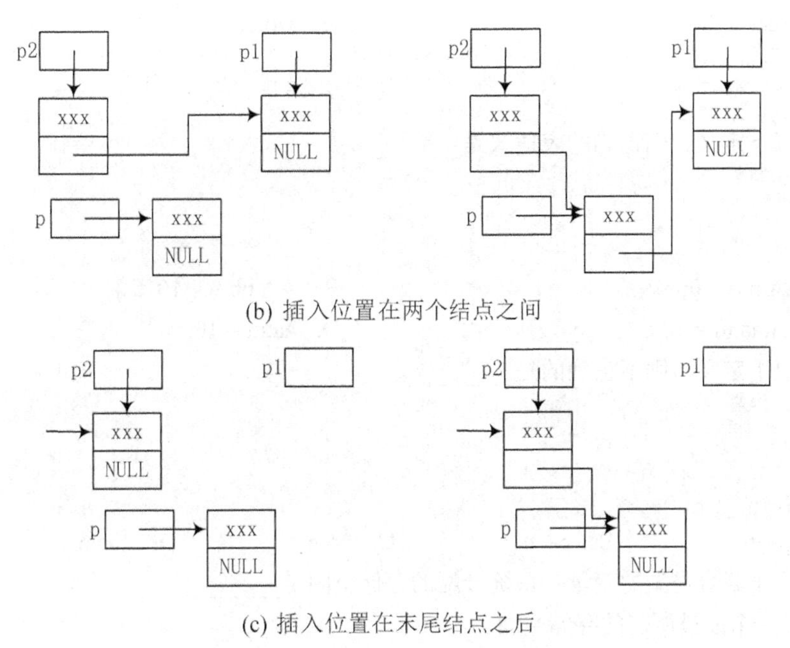

(b) 插入位置在两个结点之间

(c) 插入位置在末尾结点之后

图 10.9　结点插入过程示意图（续）

10.5　本 章 小 结

本章主要讲述了如何定义新的数据类型，包括结构体、联合、枚举以及链表，以描述复杂的数据对象。

读者首先需要理解各数据类型的应用场合。在结构体类型中，掌握结构体类型的定义、结构体变量的定义，以及结合指针、数组和函数的相关操作。以学生信息管理为例，介绍结构体类型的具体使用。了解联合和枚举类型，以及变量的定义与使用。掌握利用 typedef 为类型定义别名。最后，了解链表的递归定义，以及一些相关的基本操作，如链表的建立、插入、删除、查找、遍历等操作。

习　题　10

一、单选题

1. 对于一个结构体变量，系统分配的存储空间至少是________。

   A. 第一个成员所需的存储空间　　B. 最后一个成员所需的存储空间

   C. 占用空间最大的成员所需的存储空间　　D. 所有成员存储空间的总和

2. 以下定义不正确的是________。

   A. struct AA

```
{
   int m,n;
};
```

   B. struct AA

```
{
   int m,n;
}aa;
```

C. struct

```
{
  int m,n;
};
```

D. struct

```
{
  int m,n;
}aa;
```

3. 已有以下定义，则正确的表达式是________。

```
struct AA
{
      int m,n;
}aa;
```

A. AA.m = 10;　　B. AA bb = { 10, 5 };

C. AA.aa.m = 10 ;　　D. aa.m = 10;

4. 已有以下定义，则不正确的是________。

```
struct AA
{
      int  m ;
      char *n;
} aa={10, "abc"},*p=&aa;
```

A. *p->n　　B. p->n　　C. *p.n　　D. *aa.n

5. 对于一个联合类型的变量，系统分配的存储空间是________。

A. 第一个成员所需的存储空间

B. 最后一个成员所需的存储空间

C. 占用空间最大的成员所需的存储空间

D. 所有成员存储空间的总和

6. 以下枚举类型定义正确的是________。

A. enum color={red,yellow,blue};

B. enum color {red,yellow,blue};

C. enum color {“red”, “yellow”, “blue”};

D. enum Odd={1,3,5,7,9};

二、填空题

1. 有结构体定义如下：

```
struct str
{
    int ID;
    char name [ 20 ];
    struct { int year, month, day; }  birthday;
} Jerry;
```

将 Jerry 中的 month 赋值为 10 的语句为________。

2. 已有定义“struct { int m, n; } arr[2] = { { 11, 22 }, { 33, 44 } }, *ptr = arr;”，则表达式++ptr->m 的值为________，（++ptr）->m 的值为________。

3. 有枚举类型定义 enum color={red, orange=3, yellow, green, blue}，则 red 和 green 的值分别为________和________。

三、编程题

1. 利用结构体数组保存不超过 10 个学生的信息，每个学生的信息包括：学号、姓名和成绩，其中成绩包括高数、物理和英语成绩。计算每个学生的平均分并输出。

2. 实现用户对电影评分，包括不超过 10 部电影和 5 个用户，每部电影包括电影编号、名称和得分（1～5）。用户评分完成后，输出各电影的得分以及最受欢迎的电影。

3. 在本章例 10.8 的基础上，增加一个函数 Search，实现数据的查找。Search 函数的原型如下，其中 head 为链表的头指针，num 为待查找的数。如果找到，则返回存储该数据的结点地址，否则返回 NULL。

```
Node * Search( Node * head, int num );
```

4. 在本章例 10.8 的基础上，增加一个函数 Reverse，实现链表的逆置。Reverse 函数的原型如下，其中 head 为链表的头指针。该函数的返回值为新的头指针。

```
Node * Reverse( Node * head );
```

第11章 文件

最有效的调试工具是静下心来仔细思考，辅之审慎放置的输出语句。

The most effective debugging tool is still careful thought,coupled with judiciously placed print statements.

——布赖恩·克尼汉（Brian W. Kernighan），计算机科学家

学习目标：

- 了解C语言的文件及其分类
- 掌握C语言文件操作的基本步骤
- 掌握C语言文件读写的多种方法，会正确选择使用

在以上章节中，源程序处理的数据来源于键盘输入或赋值，如果需要输入大量的数据，则每次运行都要重新输入，非常麻烦；而且输出结果都显示到显示器上，数据无法永久保存。本章将介绍如何在源程序中读写其他的数据文件，使得内存中的数据与磁盘中的数据得以交互。如此，程序运行的结果可以以数据文件的形式永久保存在磁盘上；而磁盘中的数据文件又可以作为程序处理的数据来源，为程序提供了键盘输入或赋值之外的另一种数据获得途径。本章重点介绍文件操作的完整过程，以及4组读写方式所对应函数的具体用法。

11.1 文件与文件指针

本节要点：

- C语言中文件的两种类型——文本文件和二进制文件
- 对文件的两种基本操作——读文件和写文件
- 文件操作的基础和关键——FILE类型的指针

计算机以文件的形式来管理所有的软件和硬件资源，大家熟悉的文件有很多种，如音频文件、视频文件、图像文件、可执行文件、源代码文件、压缩文件等等，它们的后缀名称各异，用途、特征、打开方式也各不相同。尽管如此，从计算机的角度来看，它们本质上都是一致的，都可看作是**一系列的数据按照某种次序组织起来的数据流**，或者更简单地说，它们都是一些**数据的集合**，这就是**文件（File）**。

对于文件的操作有两种——**读（Read）**和**写（Write）**。

如果将数据从磁盘文件读取至内存，这个数据输入的过程就称为**读文件（Read File）**；反之，如果将数据从内存存放至磁盘文件上，这个数据输出的过程就称为**写文件（Write File）**。由此可

见，数据的输“入”和输“出”都是相对于内存而言的。

根据数据的组成形式，C 语言将文件分为两种：**文本文件（Text File）**和**二进制文件（Binary File）**。文本文件又称 **ASCII 文件**，它是一个**字符序列**，即文件中的内容以 ASCII 字符的形式存在。二进制文件是一个**字节序列**，即文件中的内容与其在内存中的形式相同（以二进制形式存在）。例如，一个 short 型的整数 127，在文本文件中存储的是'1'、'2'、'7'这 3 个字符的 ASCII 码，即 49、50、55，共占用了 3 个字节，这 3 个字节中的内容依次是：00110001、00110010、00110111。而在二进制文件中直接存的是 127 的等效二进制数，共占用 2 个字节，这两字节的内容是：00000000、01111111。因此同样的信息存于不同形式的文件时其存储形式不同。当然，如果存储的信息是字符，则文本文件和二进制文件内容一样，都存储字符对应的 ASCII 码。

对一个文件进行操作时，计算机会将该文件的相关信息，如文件状态、文件在内存中的缓冲区大小等，保存在一个结构体类型的变量中。

该结构体类型是系统预先定义的，名为 FILE，定义如下：

```
struct FILE
{
     short          level;             /* 缓冲区使用程度 */
     unsigned       flags;             /* 文件状态标志 */
     char           fd;                /* 文件描述符 */
     unsigned char  hold;              /* 若无文件缓冲区，则不读取数据 */
     short          bsize;             /* 缓冲区大小 */
     unsigned char*buffer;             /* 缓冲区位置 */
     unsigned char*curp;               /* 指向缓冲区当前数据的指针 */
     unsigned      istemp;             /* 临时文件指示器 */
     short         token;              /* 用于有效性检验 */
};
```

对一个文件进行操作时，程序员首先需要定义 1 个 FILE 类型的指针，也称为**文件指针，形如**：FILE * fp;。

随后，让 fp 指向该文件对应的文件结构体变量，就可以获取该文件的相关信息，进而进行文件的读写操作。

因此，文件指针是文件操作的基础和关键。

11.2　文件的打开和关闭

本节要点：

- 文件操作的完整过程（4 个步骤）
- 打开文件函数 fopen
- 关闭文件函数 fclose

在 C 语言中，文件操作的完整过程共有 4 个步骤，如下所示。

① 定义文件指针；

② 打开文件；

③ 对文件进行读写操作；

④ 关闭文件。

上一节中已经介绍了步骤①，本节将介绍②和④。

11.2.1 文件打开操作

打开文件就是将文件指针和待处理的文件相关联。

在 C 语言中，文件打开函数 fopen 的原型为：

```
FILE * fopen(char *filename,char *mode);
```

其中，filename 为需要打开的文件的名称，有时可包含文件路径；mode 为文件的打开方式，具体可见表 11.1。该函数的返回值为 FILE 类型的地址，如果文件打开失败，则返回值为空指针 NULL。

例如，要打开 D 盘 data 目录下的 file1.txt 文本文件以便进行读数据操作，可以使用如下语句：

```
fp = fopen( "D:\\data\\file1.txt", "r");
```

在使用 fopen 函数时需要注意以下几点。

① 由于文件不存在、磁盘空间满、磁盘写保护等各种原因，文件打开可能会失败。因此，打开文件后需要进行一定的判断，确保正确打开后才可以继续后面的读写操作。例如：

```
fp = fopen( "D:\\data\\file1.txt", "r");
if (!fp)
{
      printf("can not open file\n");
      exit(1);
}
```

条件!fp 等效于 fp==0 也就是 fp==NULL，表示打开失败，这意味着后续无法进行读写操作，一般给出提示信息后做退出处理。

② 第 1 个参数 filename 是欲打开的文件名，不含路径时，表示打开当前目录（程序所在工作目录）下的文件；如果含有路径，则表示文件所在的绝对路径，需要注意，路径中的斜杠应使用转义字符'\\'。

此外，该参数可以是字符串常量，也可以是能获得文件名的字符指针或一维字符数组名。

③ mode 是文件的打开方式，可取的参数范围如表 11.1 所示。

表 11.1 文件打开方式

文件打开方式	含 义
r	以输入方式打开一个文本文件
w	以输出方式打开一个文本文件
a	以输出追加方式打开一个文本文件
r+	以读/写方式打开一个文本文件
w+	以读/写方式建立一个新的文本文件
a+	以读/写追加方式打开一个文本文件
rb	以输入方式打开一个二进制文件
wb	以输出方式打开一个二进制文件
ab	以输出追加方式打开一个二进制文件
rb+	以读/写方式打开一个二进制文件
wb+	以读/写方式建立一个新的二进制文件
ab+	以读/写追加方式打开一个二进制文件

① “r”“w”“a”分别表示打开文本文件，并将进行读、写和追加这 3 种操作。若有后缀“+”，表示文件打开后可读可写，若有后缀“b”表示打开的是二进制文件而不是文本文件。

② 以“r”或“w”开头打开文件时，文件内部的位置指针指向文件的开始位置，意即从文件起始处开始读取数据；而以“a”开头打开文件时，文件内部的位置指针指向文件的末尾位置。（注意，位置指针不是上文所说的文件指针 fp，而是指示当前数据读/写位置的指针，每读/写一次，位置指针均会向后移动。）

③ 以“r”开头的任何方式打开文件的目的是打开一个已存在的文件，以便从中读取内容。如果该文件存在则成功打开；如果该文件不存在，则返回空指针 NULL，打开失败。

④ 以“w”开头的任何方式打开文件的目的是建立一个新文件。如果文件不存在，则建立一个新文件；如果文件已经存在，则会自动清空原文件内容，以一个空的新文件来覆盖旧文件，所以在实际编程时应当避免旧文件被误删的风险。

⑤ 以“a”开头的任何方式打开文件的目的是向一个已经存在的文件末尾追加更多的内容。如果该文件存在，则正常打开，位置指针在文件的末尾；如果该文件不存在，则此时相当于“w”开头的方式，将自动建立一个新文件，位置指针定位于文件的开头。

综上所述，在选用打开文件的方式时，需要综合考虑以下 3 点。

① 打开的文件类型是什么，以便决定是否需要“b”后缀。

② 打开文件的目的是什么，以便决定到底是“r”“w”还是“a”开头。

③ 打开文件之后的执行方式是什么，是单一的读或写操作，还是可读可写操作，以便决定是否需要后缀“+”。

11.2.2　文件关闭操作

当文件操作完毕后，就应当将其关闭。这是因为：文件打开后，可能有一些数据被缓冲在内存中，若不正常关闭，这些数据就不能真正写入到文件中，可能造成数据丢失。关闭文件后，文件指针将与当前文件切断联系。

文件关闭的函数是：

```
int fclose(FILE *fp);
```

其中 fp 是打开该文件时的指针。如果文件关闭成功，函数返回值为 0，否则返回一个 EOF（EOF 是一个定义在 stdio.h 中的符号常量，值为-1）。该函数虽然有返回值，但是在调用时常常忽略返回值，而只作为函数调用语句来调用，这与 printf 函数的调用类似。

例如，要关闭 f1 指针打开的文件，可以使用如下语句。

```
fclose( f1 ) ;
```

11.3　文 件 读 写

本节要点：

- 4 组文件读写函数
- 2 种判断文件是否结束的循环控制方式
- 通过范例程序演示 4 组文件读写函数的使用

文件正常打开后，就可对其进行读写操作了。这需要借助**文件读写函数**来实现。

针对不同情形，C 语言提供了多组读写函数，分别对应于字符读写、字符串读写、格式化读写和块数据读写等。

11.3.1　字符读写

字符读写函数包括 fputc 和 fgetc 两个函数，它们主要用于文本文件的读写。

（1）fputc——将字符写入文件。

函数 fputc 实现将指定的单个字符写入到指针打开的文件中，其原型如下：

```
int fputc( int c, FILE *fp );
```

其中，c 是要写入文件的字符，它虽被定义为整型，但只使用最低位的一个字节，fp 是文件指针。fputc 的功能是，将字符 c 写入 fp 所指向的文件。如果成功，位置指针自动后移一个字节的位置，并且返回 c；否则返回 EOF。

单字符逐个写入文件在实际生活中有非常广泛的应用。例如：爱淘一族在不同购物网站必须提供收货地址、姓名、手机号，如果每次都需要重新输入就非常麻烦，但是如果第一次输入就及时将内容存于收藏夹里（实际上就是保存为一个文件了），则以后只需要复制粘贴而不必重新输入。下面的例子将实现这一功能。

【例 11.1】将个人收货信息从键盘输入，以'#'结尾，内容存至文本文件 D:\CV.txt 中。

分析：该例本质上是从键盘读入一系列的字符并存入一个文本文件中，因此需要重复做两件事：首先用 getchar 函数从键盘读入一个字符，如果不是字符'#'则用 fputc 函数将该字符写入文件。此前需要定义文件指针、以只读方式打开文本文件，存文件结束后需关闭文件。

```
1     /* li11 01.c: fputc 函数调用示例 */
2     #include<stdio.h>
3     #include<stdlib.h>
4     int main( )
5     {
6          FILE *fp;              /* 首先定义文件指针 */
7          char ch;
8          fp = fopen( "D:\\CV.txt", "w" );  /* 以"w"方式打开文本文件 */
9          if ( fp == 0 )         /* 文件打开后需判断是否正确*/
10         {
11              printf( "file error\n" );
12              exit(1);
13         }
14          printf( "Enter a text ( end with '#' ):\n");
15          ch = getchar( );
16          while( ch != '#' )    /* 写文件操作 */
17          {
18              fputc(ch, fp);   /* 调用 fputc 将刚读的字符写到文件*/
19              ch = getchar( );
20          }
21          fclose(fp);           /* 关闭文件 */
22          return 0;
23    }
```

例 11.1 讲解

运行此程序：

```
Enter a text ( end with '#' ):          /*这一行是屏幕显示的内容，下面 4 行为输入*/
```

江苏省南京市栖霞区文苑路 9 号 237 信箱<回车>

李煜涛<回车>

189518999XX<回车>

#<回车>

输入结束后，屏幕无输出结果。此时可找到 D 盘下的 CV.txt 文件，打开即可看到刚才输入的前 3 行内容，分别对应于收货地址、收货人姓名、手机号。

【例 11.1】的思考题：

请读者将建立文件部分抽象成一个函数 void CreateFile(char *fName);，然后主函数中直接调用 CreateFile(**"D:\\CV.txt"**);即可，文件名也可从主函数中读入字符串提供。

（2）fgetc——从文件中读出一个字符。

函数 fgetc 实现读取位置指针当前所指向的字符并返回，其原型如下：

```
int fgetc( FILE *fp );
```

其中 fp 为文件指针。fgetc 的功能是，从 fp 所指向的文件中读取位置指针所指向的一个字符，如果成功则返回读取的字符，位置指针自动后移一个字节的位置；否则返回 EOF。

例 11.1 运行后建立了一个收货信息的文本文件 CV.txt，此时就可以用 fgetc 函数，从文件中逐个读出字符到内存，再进行显示或做其他处理（见例 11.2）。

【例 11.2】读取收货信息文件 D:\CV.txt 的内容，并原样输出至屏幕。

```
1    /* li11_02.c: fgetc函数调用示例*/
2    #include<stdio.h>
3    #include<stdlib.h>
4    int main( )
5    {    FILE *fp;
6         char ch;
7         fp = fopen( "D:\\CV.txt", "r" );    /* 打开文本文件 */
8         if( fp == 0 )                        /* 文件打开失败 */
9         {    printf( "file error\n" );
10             exit(1);
11        }
12        while( ( ch = fgetc(fp) ) != EOF ) /* 读文件操作 */
13        {    putchar(ch);                    /* 屏幕输出刚刚读出的字符内容 */
14        }
15        putchar( '\n' );
16        fclose(fp);                          /* 关闭文件 */
17        return 0;
18   }
```

例 11.2 讲解

运行此程序，则屏幕上显示收货信息文件的内容：

```
江苏省南京市栖霞区文苑路 9 号 237 信箱
李煜涛
189518999XX
```

① 在读文件操作中，本例使用了“while((ch = fgetc(fp)) != EOF)”循环。当发生读文件错误，或者已读到文件结尾时，fgetc 函数返回一个 EOF，循环就结束。

② 读文件时，需要注意判断何时读到文件结尾。除上述根据 fgetc 的返回值来判断外，C 语言还提供了一个 feof 函数，其原型为：

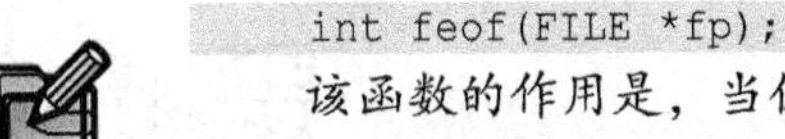

说明

```
int feof(FILE *fp);
```

该函数的作用是，当位置指针指向文件的末尾时，返回一个非 0 值，否则返回 0。因此，本例中的 while 循环，即第 12～14 句可用下列程序段等效代替：

```
ch = fgetc( fp ) ;              /* 需要在判断前先读取一个字符 */
while ( !feof( fp ) )           /*该条件表示位置指针未指向文件的末尾，文件没结束*/
{
     putchar(ch) ;              /*向屏幕输出文件中读取的当前字符*/
     ch = fgetc(fp) ;           /*继续从文件中读取当前字符*/
}
```

【例 11.2】的思考题：

请读者将读取文件内容并原样显示抽象成一个函数 void ReadFile(char *fName);，成为一个原样读取文本文件并显示的通用函数。主函数中直接调用 **ReadFile("D:\\CV.txt");**即可，文件名也可从主函数中读入字符串提供。

11.3.2 字符串读写

字符串读写函数包括 fputs 和 fgets 两个函数，它们主要也是用于文本文件的读写。

（1）fputs——将字符串写入文件。

函数 fputs 实现将指定的一个字符串写入到指针打开的文件中，其原型如下：

```
int fputs(const char *s, FILE *fp);
```

其中，s 是要写入的文件的字符串，fp 是文件指针。fputs 的功能是：将字符串 s 输出至 fp 所指向的文件（不含'\0'）。如果成功，位置指针自动后移，函数返回一个非负整数；否则返回 EOF。

（2）fgets——从文件读取字符串。

函数 fgets 实现从指针打开的文件中读取字符串到内存，其原型如下：

```
char *fgets(char *s, int n, FILE *fp);
```

其中，s 指向待赋值字符串的首地址，n 是控制读取个数的参数，fp 为文件指针。fgets 的功能是，从位置指针开始读取一行或 n−1 个字符，并存入 s，存储时自动在字符串结尾加上'\0'。如果函数执行成功，位置指针自动后移，并返回 s 的值，否则返回 NULL。

还是回到例 11.1 所建立的文本文件 CV.txt，在某购物群里购物，不仅需要提供收货地址、收货人的信息，还需要提供自己本次需要购买商品的详细信息，以方便卖家发货。此时需要在原来文件的基础上补充内容，下面的例 11.3 实现此功能。

【例 11.3】某购物群购物，要求在文件 **D:\CV.txt** 的基础上追加几行，每行是本次购买的每种产品的名称及数量，以从键盘输入“$”为结束并存入文件，最后输出统计的文件总行数以及文件的完整内容。

分析：根据题目要求，首先需要在原文件后追加内容（写操作），所以打开方式应当用"a"方式，又因为打开之后还需要重新读取文件的完整内容，这是读操作，所以打开方式后应当加“+”后缀，完整的文件打开方式是"a+"，写入结束后要使指针回到开头重新读取。

需要追加的 3 行内容如下：

挂钩−3 只

晒衣网−1 只

洗衣袋−1 只

```
1    /* li11_03.c: fputs,fgets 函数示例 */
2    #include<stdio.h>
3    #include<stdlib.h>
4    #include<string.h>
5    #define N 100
5    int main( )
7    {
8         FILE *fp;
9         char str[N];
10        int lines=0;
11        fp = fopen( "D:\\CV.txt", "a+" ); /* 以“追加”及可读可写的方式打开文件 */
12        if( fp == 0 )                      /* 如果文件打开失败 */
```

例 11.3 讲解

```
13      {
14           printf( "file error\n" );
15           exit(1);
16      }
17      gets(str) ;                          /* 从键盘上读入一个字符串代表一种商品 */
18      while( strcmp(str,"$")!= 0 )         /* 如果读入的不是“$”串则写入文件 */
19      {
20          fputs(str,fp) ;                  /* 将读入的字符串写入文件 */
21          fputc('\n',fp);                  /* 在该串末尾写入一个换行符 */
22          gets(str);                       /* 从键盘上继续读入一个字符串 */
23      }
24      rewind(fp) ;                         /* 让文件指针重新定位到文件开始位置 */
25      while (fgets(str,N,fp)!=NULL)        /* 从文件中读取一行内容放到 str 串中 */
26      {
27          printf("%s",str);                /* 原样输出该字符串 */
28          lines++;                         /* 行数加 1 */
29      }
30      fclose(fp);                          /* 关闭文件 */
31      printf("the file has %d lines.\n",lines);    /* 输出统计的行数 */
32      return 0;
33  }
```

运行此程序，先输入增加的 3 行内容，然后在第 4 行输入：*$<回车>*

屏幕上显示结果为：

```
江苏省南京市栖霞区文苑路 9 号 237 信箱
李煜涛
189518999XX
挂钩-3 只
晒衣网-1 只
洗衣袋-1 只
the file has 6 lines.
```

① 程序中在追加内容的操作结束后调用了 **rewind** 函数（24 行），因为追加内容操作结束后，当前位置指针已经位于文件的最后，而接下来需要从头读取文件的内容，因此需要将指针移动至文件开头，这就是 rewind 函数的作用，在 11.4 节中会介绍这个函数。

② 第 1 个 while 循环是实现键盘读入字符串然后调用 fputs 函数写入文件的操作，该函数写入的是字符串内容本身，不会自动写入换行符，因此在有换行需求时，需要自行向文件中用 **fputc('\n',fp);** 写入换行符，这样从键盘上读入的 3 行字符串在文件中也以 3 行形式存储。

【例 11.3】的思考题：

① 若将代码第 21 行变为注释，重新运行该程序，输入的内容不变，运行结果会怎样？

② 仍保持 21 行注释，将刚才改变后的文件恢复为原始 3 行的状态，如果输入的 3 行内容改为：*AA<回车> BB<回车> CC<回车>$ <回车>* ，再运行程序，结果又如何？注意 lines 值的区别，思考输入改变后 lines 值变化的原因。

③ 取消 21 行的注释，恢复原代码，也将文件恢复为未追加的 3 行状态，再将第 27 行修改为 **puts(str);**，然后运行程序，观察结果并解释。

④ 将第 25 到 29 行的循环修改为用 **while (!feof))** 作为循环控制条件，保证程序运行结果与原来的等效。

11.3.3 格式化读写

格式化读写函数包括 fprintf 和 fscanf 两个函数，它们也是用于文本文件的读写。

（1）fprintf——将内容写入文件。

函数 fprintf 实现将指定内容按格式要求写入到指针打开的文件中，其原型如下：

```
int fprintf( FILE *fp, const char* format, 输出参数 1, 输出参数 2… );
```

其中，fp 是文件指针，format 为格式控制字符串，输出参数列表为待输出的数据。fprintf 的功能是根据指定的格式（format 参数）发送数据（输出参数）到 fp 打开的文件。

printf 是 fprintf 的特殊形式，语句 printf("There are %d cats here.\n",2);与语句 fprintf(stdout,"There are %d cats here.\n",2);是完全等效的。事实上，stdout 就是默认的对应显示器的文件指针，不需要做特殊定义，输出内容自动输出到显示器这个特殊文件上。

因此，使用 fprintf 的方式与 printf 几乎是一样的，fprintf 函数中的格式控制方式不变，只需要在最前面加一个文件指针参数，输出内容就写入到文件指针打开的对应文件中而不是输出到显示器上。

（2）fscanf——从文件读取内容给变量。

函数 fscanf 实现按指定格式从指定文件中读取内容作为对应变量的值，其原型如下：

```
int fscanf( FILE *fp, const char* format, 地址 1, 地址 2…);
```

其中，fp 是文件指针，format 为格式控制字符串，地址列表为输入数据的存放地址。fscanf 的功能是根据 format 参数指定的格式从 fp 打开的文件读取数据存到地址参数指定的内存中。

scanf 是 fscanf 的特殊形式，若有变量定义：int a;，则语句 scanf("%d ",&a);与语句 fscanf(stdin, "%d ",&a);完全等效。事实上，stdin 是默认的对应键盘的文件指针，不需要做特殊定义，输入的内容来自于键盘这个特殊文件。

因此，使用 fscanf 的方式与 scanf 几乎是一样的，scanf 从键盘输入内容到变量，到了 fscanf 函数中控制方式不变，只需要在最前面加一个文件指针参数，则这些内容就通过指针打开的文件自动输入到变量。

下面通过一个例子来展示 fprintf 和 fscanf 这两个函数的用法。

【例 11.4】事先用记事本在 D 盘根目录下创建了一个文本文件 originalscore.txt，存放了学生的计算机考试成绩，具体信息如下，包含了 8 个学生的学号、姓名、分数和排名（初始排名均设为 0，最后一条记录输入完成后打回车键再保存文件）。

```
101  zhangli    91  0
102  wanghua    82  0
103  zhouwen    76  0
104  wujia      91  0
105  nikuang    98  0
106  zhuzhu     82  0
107  liqin      91  0
108  gedun      89  0
```

请从该原始文件中读出所有学生的信息，然后按考试成绩由高分到低分排名，并计算每个学生的名次，同分同名次，最后将排过名的记录再依次存入另一个文件中，同时显示到屏幕上。

源文件名和排名后的文件名均由键盘输入提供。

分析：

① 根据本题描述，需要定义一个结构体类型与原始记录相对应，显然该结构体含有 4 个成员，分别对应于学号、姓名、分数和排名。

② 因为本题涉及对所有学生记录按分数排序并求排名，因此从原始文件读出的信息必须存到结构体数组中。

③ 为使程序结构清晰，该程序的功能主要有读入文件内容、排序并求排名、保存到文件及显示。因此定义 3 个对应的函数来完成这 3 个功能，主函数依次调用这 3 个函数即可。

```
1    /* li11_04.c: fscanf, fprintf 函数示例 */
2    #include<stdio.h>
3    #include<stdlib.h>
4    #define N 100                     /*N 存放记录条数*/
5    typedef struct Student
6    {   int ID;                       /* 学号 */
7        char name[20];                /* 姓名 */
8        double score;                 /* 成绩 */
9        int rank ;                    /* 名次，初始为 0 */
10   }STU;                             /* 结构体类型的别名为 STU */
11   int ReadFile(char *fname,STU st[]) ;        /*从文件读出原始数据*/
12   void SortRank(STU st[],int n) ;             /*根据成绩排序并求名次*/
13   void WriteFile(char *fname,STU st[],int n); /*将排名次后的记录存文件并输出*/
14   int main( )
15   {     STU stu[N];                 /*定义一个结构体数组存放学生记录*/
16         char filename[50];          /*文件名*/
17         int num=0;
18         printf("Please input source file name:\n");
19         scanf( "%s", filename );/*读入原始数据文件名*/
20         num=ReadFile(filename,stu) ;      /*调用函数从文件读记录到结构体数组*/
21         SortRank(stu,num);          /*调用函数根据成绩排序并求名次*/
22         printf("Please input sorted file name:\n");
23         scanf( "%s", filename ) ;/*读入排序后的目标文件名*/
24         WriteFile(filename,stu,num) ;      /*将排名次后的记录存文件并输出*/
25         return 0;
26   }
27   /*函数功能： 从文本文件中读出所有记录的初始值
28     函数参数： 第 1 个形参为文件名，第 2 个形参为结构体指针
29     函数返回值：整型，返回从文件中实际读出来的记录条数
30   */
31   int ReadFile(char *fname,STU st[])
32   {     int i=0;                     /*此处 i 应初始化为 0*/
33         FILE *fp;                    /*定义文件指针*/
34         fp=fopen(fname,"r");         /*打开文本文件准备读入数据*/
35         if ( fp == 0 )               /*如果文件打开失败 */
36         {      printf( "source file error\n" );
37                exit(1);
38         }
39         /*下一条语句是从文件中读出第 1 条记录存入数组下标 0 处*/
40         fscanf( fp, "%d%s%lf%d", &st[i].ID, st[i].name, &st[i].score,&st[i].rank) ;
41         while( !feof(fp) )           /*当文件未结束时进入循环*/
42         {  i++;                      /*结构体数组的下标加 1 然后继续读入*/
43            fscanf( fp, "%d%s%lf%d", &st[i].ID, st[i].name, &st[i].score,&st[i].rank);
44         }
45          fclose(fp);                 /*关闭文件*/
46          return i;                   /*返回实际记录条数*/
```

例 11.4 讲解

```
47    }
48    /*函数功能：   根据分数进行由高分到低分排序，并求排名
49      函数参数：   第 1 个形参为结构体指针，第 2 个形参表示参加排序的记录条数
50      函数返回值：无返回值
51    */
52    void SortRank(STU st[],int n)
53    {     int i,j,k;
54          STU temp;
55          for (i=0;i<n-1;i++)               /*此处为简单选择法排序*/
56          {
57               k=i;                         /*k 保存本趟最大分数的结构体下标*/
58               for (j=i+1;j<n;j++)
59                    if (st[j].score >st[k].score )   /*比较的依据是结构体的分数成员*/
60                         k=j;               /*每趟的任务是找出分数最大元素的下标 k*/
61               if (k!=i)                    /*如果本趟最高分数记录不到位则交换*/
62               {
63                    temp=st[i];
64                    st[i]=st[k];
65                    st[k]=temp;
66               }
67          }                                 /*至此记录已按分数由高到低排序结束*/
68          st[0].rank=1;                     /*0 下标记录的名次是第 1 名*/
69          for (i=1;i<n; i++)                /*求其他记录的名次*/
70          {
71             if(st[i].score==st[i-1].score)      /*如果相邻元素的分数值相同*/
72                    st[i].rank=st[i-1].rank ; /*则名次相同*/
73             else
74                    st[i].rank=i+1;    /*否则名次值为下标值加 1*/
75          }
76    }
77    /*函数功能：   将完整的结构体记录都写入文本文件，同时在屏幕显示
78      函数参数：   3 个形式参数分别为文件名，结构体指针和记录条数
79      函数返回值：无返回值
80    */
81    void WriteFile(char *fname,STU st[],int n)
82    {
83          int i;
84          FILE *fp;
85          fp=fopen(fname,"w");            /*以 w 方式打开文本文件，准备写入内容*/
86          if ( fp == 0 )                  /*如果文件打开失败*/
87          {
88                printf( "create new file error\n" );
89                exit(1);
90          }
91          for (i=0;i<n;i++)               /*记录条数 n 确知时可以这样控制循环*/
92          {   /*下面 2 条语句以相同的格式将记录分别写入文件和屏幕显示*/
93               fprintf( fp, "%d %-8s\t%.2f%6d\n", st[i].ID, st[i].name, st[i].score,st[i].rank );
94               printf(  "%d %-8s\t%.2f%6d\n", st[i].ID, st[i].name, st[i].score,st[i].rank );
95          }
96          fclose(fp);                         /*关闭文件*/
97    }
```

运行该程序，屏幕显示为：

```
Please input source file name:    /*本行是提示输入的信息*/
d:\\originalscore.txt<回车>        /*本行为用户输入*/
Please input sorted file name:    /*本行是提示输入的信息*/
d:\\sortedScore.txt<回车>          /*本行为用户输入*/
105 nikuang     98.00     1       /*以下是显示结果*/
```

```
104 wujia        91.00      2
101 zhangli      91.00      2
107 liqin        91.00      2
108 gedun        89.00      5
106 zhuzhu       82.00      6
102 wanghua      82.00      6
103 zhouwen      76.00      8
```

打开 D 盘根目录下的文件 sortedScore.txt，其内容与屏幕显示的第 8 行是一样的，因为程序中用同样的格式加以控制，分别用 fprintf 和 printf 输出到文件和显示器上。

说明

① 第 40 和 43 行展示了 fscanf 函数的用法，第一参数为文件指针，则读入的数据来源就是该指针打开的文件，格式控制方式与键盘读入是类似的。注意：其中的 name 成员读入时前面不能加取地址符，因为 name 成员为字符数组名，也是字符指针常量，直接用于字符串的读取。

② 第 93 行展示了 fprintf 函数的用法，第一参数为指针，将内容按格式写入指针打开的文件中。第 93 和 94 行的输出格式控制串完全一样，对应的输出的内容也完全一样，因此文件中和屏幕上显示的内容及格式完全相同。

【例 11.4】的思考题：

① 如果将 95 行改为：fprintf(stdout, "%d %-8s\t%.2f%6d\n", st[i].ID, st[i].name, st[i].score, st[i].rank);，运行程序观察结果，结果与原结果相同吗？为什么？

② 如果排名规则改为：相同分数名次相同，下一个分数的名次直接加 1。也就是上例中 8 个学生的名次依次为：1、2、2、2、3、4、4、5，排名这段代码应如何修改？

③ 可以将除了 main 函数之外的 3 个函数的形式参数 STU st[] 修改为 STU *st 吗？

11.3.4　块数据读写

块数据读写函数包括 fwrite 和 fread 两个函数，它们主要用于二进制文件的读写。

（1）fwrite——将内容写入文件。

函数 fwrite 实现将指定起始位置开始的指定字节数的内容直接写入到指针打开的文件中，其原型如下：

```
int fwrite( const void *buffer, int size, int n, FILE *fp );
```

其中，buffer 表示要输出数据在内存中的首地址，size 为一个数据块的字节数，n 为数据块的个数，fp 为文件指针。fwrite 的功能是：从内存的 buffer 地址开始，将连续 n*size 个字节的内容原样复制到 fp 打开的文件中。该函数的返回值是实际写入的数据块个数。

（2）fread——从文件读取内容给变量。

函数 fread 实现读取文件当前位置开始的指定字节数的内容，然后直接存到内存指定的起始地址开始的内存空间里，其原型如下：

```
int fread( void *buffer, int size, int n, FILE *fp );
```

其中，buffer 表示要输入数据在内存中的首地址，size 为一个数据块的字节数，n 为数据块的个数，fp 是文件指针。fread 的功能是：从 fp 打开的文件的当前位置开始，连续读取 n*size 个字节的内容，存入 buffer 作为首地址的内存空间里。该函数的返回值是实际读入的数据块个数。

下面通过两个示例分别演示 fwrite 函数和 fread 函数的用法。

【例 11.5】有一批学生的数据，包括学号、姓名、考试成绩等信息，要求使用 fwrite 函数将其存入文件 D:\computer.dat 文件中。

分析：根据题意，结构体类型包含 3 个成员，分别对应于学号、姓名、考试成绩。而一批学生的数据肯定存于结构体数组中，本题的重点不是如何获取学生的信息，所以可以在定义结构体数组时直接初始化。需要以 wb 方式打开一个二进制文件，用 fwrite 一次写入所有记录即可。

```
1    /* li11_05.c: fwrite 函数示例 */
2    #include<stdio.h>
3    #include<stdlib.h>
4    typedef struct Student /* 定义结构体类型*/
5    {
6        int ID;             /* 学号 */
7        char name[20];      /* 姓名 */
8        double score;       /* 成绩 */
9    }STU2;
10   int main( )
11   {
12       FILE *fp;
13       STU2 stu[3] = {{ 1001, "Tom", 77 }, { 1002, "Jack", 93 }, { 1003, "Lisa", 86} };
14       fp = fopen( "D:\\computer.dat", "wb" ); /* 打开二进制文件，写方式 */
15       if ( fp == 0 )       /* 文件打开失败 */
16       {
17           printf( "file error\n" );
18           exit(1);
19       }
20       fwrite( stu, sizeof(STU2), 3, fp);    /*将 3 条记录一次性写入文件*/
21       fclose(fp);                           /*关闭文件*/
22       return 0;
23   }
```

例 11.5 讲解

运行该程序，屏幕无任何输出，结果存储在文件 D:\computer.dat 中。

① 第 20 行的语句：fwrite(stu, sizeof(STU2), 3, fp); 实现将以 stu 为起始地址的连续 3 条记录一次性写入文件中，该语句还有 2 种等效的实现方式：fwrite(stu, sizeof(stu), 1, fp); 或 for (i=0;i<3;i++)　fwrite(&stu[i], sizeof(STU2), 1, fp);　。不过后面这种方法需要提前定义变量 i。

② 由于生成的文件 D:\computer.dat 是一个二进制文件，直接打开时部分内容显示为乱码，所以还需要写一个程序来读取这个二进制文件的内容。

【例 11.6】使用 fread 函数读取文件 D:\computer.dat 文件的内容并输出至屏幕。

分析：首先需要定义一个与例 11.5 中一样的结构体类型，否则从文件中读出的时候就会因各字节代表的信息解释不同而导致错误。以 rb 方式打开文件，从已有文件读出内容时往往不知道具体的记录条数，所以采用逐条读取结合判断文件是否结束控制循环来读取所有的记录信息。读出的信息一般存于结构体数组中，虽然本题可以读出一条显示一条，但是对于批量数据的读取，建议使用结构体数组，方便后续的处理，例如后续可能需要对这批数据进行查找、排序等操作。

```
1    /* li11_06.c: fread 函数示例 */
2    #include<stdio.h>
3    #include<stdlib.h>
4    #define N 5
5    typedef struct Student
6    {
7        int ID;             /* 学号 */
8        char name[20];      /* 姓名 */
9        double score;       /* 成绩 */
10   }STU2;
11   int main( )
12   {
13       FILE *fp;
```

例 11.6 讲解

```
14        STU2 stu[N];
15        int i=0,num;
16        fp = fopen( "D:\\computer.dat", "rb" );  /* 打开二进制文件，读方式 */
17        if ( fp == 0 )  /* 文件打开失败 */
18        {
19              printf( "file error\n" );
20              exit(1);
21        }
22        fread( &stu[i], sizeof(STU2), 1, fp );  /* 读取一个数据块 */
23        while( !feof(fp) )                      /* 将所有记录读出放在数组中 */
24            fread( &stu[++i], sizeof(STU2), 1, fp );/* 读取一个数据块 */
25        num=i;                                  /* 用 num 记下记录条数 */
26        for (i=0; i<num; i++)                   /* 集中输出所有的元素 */
27              printf( "%d %-8s \t%.2f\n", stu [i].ID, stu [i].name, stu[i].score);
28        fclose(fp);
29        return 0;
30    }
```

运行此程序，输出结果为：

```
1001 Tom   77.00
1002 Jack  93.00
1003 Lisa  86.00
```

① 本例的结构体类型应当与例 11.5 中写入文件时的数据类型完全一致，否则在读出时各字节的意义不能完全对应，则可能出现无法解释的数据。

② 通过例 11.4、例 11.5 和例 11.6 可知，结构体类型的数据可以使用文本文件存储（用 fscanf 和 fprintf 进行读写），也可以使用二进制文件存储（用 fread 和 fwrite 进行读写）。

③ 本例的第 22 至 24 行完成了从文件中读取信息存入结构体数组，如果事先能确知文件中的记录数，本例中为 3，则这 3 行可以用一行来代替：fread(st, sizeof(STU2), 3, fp);。

【例 11.6】的思考题：

如果将第 22～24 行改为：while(!feof(fp))　fread(&stu[i++], sizeof(STU2), 1, fp);，运行程序观察结果，结果与原结果相同吗？为什么？

文件读写操作主要就是以上介绍的 4 对函数：fgetc 和 fputc、fgets 和 fputs、fscanf 和 fprintf、fread 和 fwrite，前 3 对主要用于文本文件的读写，最后 1 对用于二进制文件的读写。11.5 节将会通过一个应用举例综合运用这几对函数，对相同的数据进行不同的文件读写操作。

*11.4　位置指针的定位

本节要点：

- 文件位置指针的作用——文件的随机读写
- 与文件位置指针相关的 3 个函数：rewind、fseek、ftell

前面介绍了 4 组文件读写的函数，读写操作完成后，位置指针都会往文件末尾顺序移动相应的距离。从本质上说，这些操作均属于文件的顺序读写。

本节将介绍几个函数，可以对文件位置指针进行更改，从而实现文件的随机读写。

（1）rewind——文件位置指针回到文件开头。

通过 **rewind 函数**可实现使文件的位置指针回到文件开头，其原型如下：

```
void rewind ( FILE *fp );
```

其中 fp 为文件指针。该函数的作用是，使 fp 指向的文件的位置指针重新指向文件头，同时清除和文件流相关的错误和 eof 标记。

（2）fseek——改变文件位置指针的通用函数。

通过 **fseek 函数**可实现将文件的位置指针做任意方向任意距离的移动，其原型如下：

```
int fseek ( FILE *fp, long offset, int from );
```

其中，fp 为文件指针，offset 为移动的字节数，from 为移动的起始位置。该函数的作用是，将文件的位置指针从 from 开始移动 offset 字节。执行成功返回 0，执行失败返回非零值且文件指针还在原位置。from 的取值范围如下。

① 0 或者 SEEK_SET：起始位置为文件头。

② 1 或者 SEEK_CUR：起始位置为当前位置。

③ 2 或者 SEEK_END：起始位置为文件尾。

当 offset 为正数时，表示文件当前位置指针向文件末尾移动；当 offset 为负数时，则表示文件当前位置指针向文件起始位置移动。需要注意的是，offset 必须为长整型。

（3）ftell——确知文件位置指针相对于文件头的位置。

通过 **ftell 函数**可以确知文件位置指针相对于文件头的偏移字节数，其原型如下：

```
long ftell(FILE *fp);
```

其中 fp 为文件指针。该函数的作用是，返回位置指针相对于文件头的偏移字节数，如果出错，则返回-1L。该函数用于 fseek(fp,0,SEEK_END);之后，就可以得到文件的长度。

【例 11.7】修改文件内容（文件名由键盘输入），将文件中所有的小写字母改为大写字母。

分析：修改文件一定是针对一个已存在的文件进行的，打开文件后以读操作为主但还有写入需求，因此该文件打开方式应该为 **r+**。为达到题目要求，可以采用逐字符读入方式，对读入的字符判断是否为小写字母，如果是，则在原位置重新写入对应大写字母。由于读出一个字符时位置指针已经后移了一个字节，因此重新在原位置改写则要通过 fseek 函数将文件的位置指针从当前位置往文件头移动一个字节，然后再重新写入对应的大写字母到文件中。

```
1    /* li11_07.c: fseek 函数示例 */
2    #include<stdio.h>
3    #include<stdlib.h>
4    int main( )
5    {
6         FILE *fp;
7         char fname[20];
8         char ch;
9         printf("Please input file name:\n");
10        scanf("%s",fname);
11        fp = fopen( fname, "r+" );/* 打开文本文件，读写方式 */
12        if ( fp == 0 )              /* 文件打开失败 */
13        {    printf( "open file error\n" );
14             exit(1);
15        }
16        while( ( ch = fgetc(fp) ) != EOF)        /* 逐个读入文件中的字符 */
17        {    if ( ch >= 'a' && ch <= 'z')        /* 如果是小写字母字符 */
18             {      ch -= 32;                    /* 修改为对应的大写字母字符 */
19                    fseek ( fp, -1L, 1 );        /* 回退 1 个字节，到刚才字符位置 */
20                    fputc ( ch, fp );            /* 写入修改后的字符 */
21                    fflush( fp );                /* 清空缓冲区，将其中的内容输出 */
22             }
23        }
24        fclose(fp);
```

例 11.7 讲解

```
25        return 0;
26    }
```

运行该程序，输入一个文件名，例如：*d:\\sortedScore.txt<回车>*

屏幕没有任何输出，打开 d:\sortedScore.txt 文件，所有的小写字母均变成了大写字母。

11.5　应用举例——文件的综合操作

本节要点：

- 内存中相同的数据可以存储为二进制或文本文件
- 两种文件对应的读/写函数不同
- 键盘和显示器实质上是特殊的文件

【例 11.8】本例将给出对同一组结构体信息以文本文件和二进制文件进行操作的综合范例。以例 11.4 生成的 **d:\sortedScore.txt** 为原始数据文件，将该文本文件内容作为数据源，通过菜单选择执行多种功能：二进制文件的读写操作、文本文件的复制、文本文件的读出、屏幕显示所有记录信息等。

分析：该例中要完成多种操作，因此用函数对应于每一个功能，充分体现结构化程序设计的特点。以菜单方式显示，供用户屏幕输入操作选项，调用对应的函数，注意看注释内容。

例 11.8 讲解

```
1    /*li11_08.c: 文件应用的综合示例*/
2    #include <stdio.h>
3    #include <stdlib.h>
4    #include <string.h>
5    #define N 100
6    typedef struct Student
7    {
8        int ID;                                   /* 学号 */
9        char name[20];                            /* 姓名 */
10       double score;                             /* 成绩 */
11       int rank;                                 /* 名次 */
12   }STU;
13   void Menu( );                                 /*显示菜单*/
14   int ReadTextFile(char *fname,STU st[]) ;      /*从文本文件读出数据*/
15   void PrintScreen(STU st[],int n);             /*屏幕显示所有记录*/
16   int ReadBiFile(char *fname,STU st[]);         /*从二进制文件读出数据*/
17   void WriteBiFile(char *fname,STU st[],int n);   /*向二进制文件写入数据*/
18   void CopyFile(char *fname1,char *fname2) ;/*文本文件的复制*/
19   void Clear(STU st[],int n);                   /*清空结构体数组中各记录信息*/
20   int main( )
21   {
22        STU stu[N];                              /*定义一个结构体数组存放学生记录*/
23        char filename1[20],filename2[20];        /*文件名*/
24        int num=0;                               /*num 存放记录实际条数*/
25        int choice;                              /*用于读入菜单选项编号*/
26        do
27        {    Menu( );                            /*显示菜单*/
28             printf("input your choice:  ");
29             scanf("%d",&choice);                /*读入选项*/
30             switch(choice)                      /*根据选项执行对应功能*/
31             {case 1:  printf("Please input source text file name:  ");
32                       scanf( "%s", filename1 );     /*读入文本文件名*/
```

```
33                  num=ReadTextFile(filename1,stu);   /*读文件数据于结构体数组*/
34                  break;
35          case 2:  PrintScreen(stu,num);
36                  break;
37          case 3:  printf("Please input binary file name:  ");
38                  scanf( "%s", filename1 );      /*读入二进制文件名*/
39                  WriteBiFile(filename1,stu,num);  /*将数据写入二进制文件*/
40                  break;
41          case 4:  printf("Please input binary file name:  ");
42                  scanf( "%s", filename1 );          /*读入二进制文件名*/
43                  num=ReadBiFile(filename1,stu);   /*从二进制文件读出数据*/
44                  break;
45          case 5:  printf("Input two filenames:  ");
46                  scanf("%s%s",filename1,filename2);
47                  CopyFile(filename1,filename2);   /*复制文本文件*/
48                  break;
49          case 6:  Clear(stu,num);                /*清空结构体数组中数据*/
50                  break;
51          case 0:  printf("Exit!\n");
52                  break;
53          default: printf("Error input\n");
54          }
55      }while (choice);                           /*choice 为 0 时结束循环*/
56      return 0;
57  }
58  /*函数功能：   从文本文件读出数据
59    函数参数：   2 个形式参数分别为文件名和结构体指针
60    函数返回值：从文件中实际读出来的记录条数
61  */
62  int ReadTextFile(char *fname,STU st[])
63  {
64      int i=0;
65      FILE *fp;                                  /*定义文件指针*/
66      fp=fopen(fname,"r");                       /*打开文本文件准备读入数据*/
67      if ( fp == 0 )                             /*如果文件打开失败 */
68      {     printf( "source text file error\n" );
69            exit(1);
70      }
71      fscanf( fp, "%d%s%lf%d", &st[i].ID, st[i].name, &st[i].score,&st[i].rank);
72      while( !feof(fp) )                         /*当文件未结束时循环不断读出记录*/
73      {   i++;                                   /*下标加 1*/
74          fscanf( fp, "%d%s%lf%d", &st[i].ID, st[i].name, &st[i].score,&st[i].rank);}
75      fclose(fp);                                /*关闭文件*/
76      return i;                                  /*返回记录条数*/
77  }
78  /*函数功能：   将所有数据写入二进制文件
79    函数参数：   3 个形式参数分别为文件名、结构体指针、记录的条数
80    函数返回值：无返回值
81  */
82  void WriteBiFile(char *fname,STU st[],int n)
83  {     FILE *fp;
84      fp=fopen(fname,"wb");                      /* 写方式打开二进制文件 */
85      if ( fp == 0 )                             /* 如果文件打开失败 */
86      {     printf( "open binary file error\n" );
87            exit(1);
88      }
89      fwrite(st,sizeof(STU),n,fp);               /* 一次性写入 n 条记录 */
90      fclose(fp);
91  }
```

```
92   /*函数功能：   从二进制文件中读出所有记录信息
93     函数参数：   2 个形式参数分别为文件名和结构体指针
94     函数返回值：从文件中实际读出的记录条数
95   */
96   int ReadBiFile(char *fname,STU st[])          /* 从二进制文件读出数据 */
97   {    int i=0;
98        FILE *fp;                                /* 定义文件指针 */
99        fp=fopen(fname,"rb");                    /* 读方式打开二进制文件 */
100       if ( fp == 0 )                           /* 如果文件打开失败 */
101       {     printf( "open binary file error\n" );
102             exit(1);
103       }
104       fread(&st[i],sizeof(STU),1,fp);          /* 从文件中读出 0 下标记录 */
105       while( !feof(fp) )                       /* 当文件未结束时循环 */
106       {
107           i++;                                 /* 下标加 1 以备读入*/
108           fread(&st[i],sizeof(STU),1,fp);      /* 读一条记录 */
109       }
110       fclose(fp);                              /* 关闭文件 */
111       return i;                                /* 返回实际有效记录条数 */
112   }
113   /*函数功能：   屏幕显示所有记录信息
114     函数参数：   2 个形式参数分别为结构体指针和记录条数
115     函数返回值：无返回值
116   */
117   void PrintScreen(STU st[],int n)
118   {    int i;
119        for (i=0;i<n;i++)
120            printf(  "%d %-8s\t%.2f%6d\n", st[i].ID, st[i].name, st[i].score,st[i].rank );
121   }
122   /*函数功能：   文本文件原样复制
123     函数参数：   2 两个形式参数分别是源文件名和目标文件名
124     函数返回值：无返回值
125   */
126   void CopyFile(char *fname1,char *fname2)
127   {
128        FILE *fp1,*fp2;                          /*两个文件指针对应打开源和目标文件*/
129        char ch;
130        fp1=fopen(fname1,"r");                   /*以读方式打开源文件*/
131        fp2=fopen(fname2,"w");                   /*以写方式打开目标文件*/
132        if (fp1==0 || fp2==0)
133        {
134            printf("File open error\n");
135            exit(0);
136        }
137        while( ( ch = fgetc(fp1) ) != EOF )      /*从源文件读一个字符 */
138        {
139            fputc( ch, fp2 );                    /*将该字符原样写入目标文件*/
140        }
141        fclose( fp1 );                           /*关闭源文件*/
142        fclose( fp2 );                           /*关闭目标文件*/
143   }
144   /*函数功能：   显示菜单
145     函数参数：   无形式参数
146     函数返回值：无返回值
147   */
148   void Menu( )
```

```
149    {    printf("------0. 退出              ------\n");
150         printf("------1. 从文本文件中读取信息------\n");
151         printf("------2. 屏幕显示所有记录信息------\n");
152         printf("------3. 将信息写入二进制文件------\n");
153         printf("------4. 从二进制文件读取信息------\n");
154         printf("------5. 原样复制文件          ------\n");
155         printf("------6. 清空结构体数组的内容------\n");
156    }
157    /*函数功能:   清空结构体数组的内容
158      函数参数:   2 个形式参数分别为结构体指针和记录条数
159      函数返回值: 无返回值
160    */
161    void Clear(STU st[],int n)
162    {    int i;
163         for (i=0;i<n;i++)                       /*所有成员置 0 或置空串*/
164         {      st[i].ID=0;
165                strcpy(st[i].name,"");
166                st[i].score=0.0;
167                st[i].rank=0;
168         }
169    }
```

运行此程序，建议按下面的顺序运行，测试文件读写、复制等功能的正确性。

为了清晰起见，下面斜体字部分是用户从屏幕输入的内容。部分显示内容后在"/*…*/"内加一些说明以帮助读者理解。

```
------0. 退出          ------                /*显示菜单*/
------1. 从文本文件中读取信息------
------2. 屏幕显示所有记录信息------
------3. 将信息写入二进制文件------
------4. 从二进制文件读取信息------
------5. 原样复制文件      ------
------6. 清空结构体数组的内容------
input your choice:  1<回车>
Please input source text file name:  d:\\sortedScore.txt<回车>
------0. 退出          ------                /*显示菜单*/
------1. 从文本文件中读取信息------
------2. 屏幕显示所有记录信息------
------3. 将信息写入二进制文件------
------4. 从二进制文件读取信息------
------5. 原样复制文件      ------
------6. 清空结构体数组的内容------
input your choice:  2<回车>
105 nikuang     98.00     1                  /*显示的是文本文件中读出的记录信息*/
104 wujia       91.00     2
101 zhangli     91.00     2
107 liqin       91.00     2
108 gedun       89.00     5
106 zhuzhu      82.00     6
102 wanghua     82.00     6
103 zhouwen     76.00     8
------0. 退出          ------                /*显示菜单*/
------1. 从文本文件中读取信息------
------2. 屏幕显示所有记录信息------
------3. 将信息写入二进制文件------
------4. 从二进制文件读取信息------
```

```
------5. 原样复制文件      ------
------6. 清空结构体数组的内容------
input your choice:  3<回车>
Please input binary file name:  d:\\BiStu.dat<回车>
------0. 退出             ------              /*显示菜单*/
------1. 从文本文件中读取信息------
------2. 屏幕显示所有记录信息------
------3. 将信息写入二进制文件------
------4. 从二进制文件读取信息------
------5. 原样复制文件      ------
------6. 清空结构体数组的内容------
input your choice:  6<回车>                   /*清空结构体数组内容*/
------0. 退出             ------
------1. 从文本文件中读取信息------
------2. 屏幕显示所有记录信息------
------3. 将信息写入二进制文件------
------4. 从二进制文件读取信息------
------5. 原样复制文件      ------
------6. 清空结构体数组的内容------
input your choice:  2<回车>                   /*清空之后各记录的信息*/
0               0.00     0
0               0.00     0
0               0.00     0
0               0.00     0
0               0.00     0
0               0.00     0
0               0.00     0
0               0.00     0
------0. 退出             ------              /*显示菜单*/
------1. 从文本文件中读取信息------
------2. 屏幕显示所有记录信息------
------3. 将信息写入二进制文件------
------4. 从二进制文件读取信息------
------5. 原样复制文件      ------
------6. 清空结构体数组的内容------
input your choice:  4<回车>
Please input binary file name:  d:\\BiStu.dat<回车> /*文件名与刚创建的二进制文件相同*/
------0. 退出             ------              /*显示菜单*/
------1. 从文本文件中读取信息------
------2. 屏幕显示所有记录信息------
------3. 将信息写入二进制文件------
------4. 从二进制文件读取信息------
------5. 原样复制文件      ------
------6. 清空结构体数组的内容------
input your choice:  2<回车>
105 nikuang     98.00     1                   /*上一步数组已清零，证明这些是从二进制*/
104 wujia       91.00     2                   /*文件中刚刚读到结构体数组中的数据，*/
101 zhangli     91.00     2                   /*从而也证明向二进制文件中写数据正确*/
107 liqin       91.00     2
108 gedun       89.00     5
106 zhuzhu      82.00     6
102 wanghua     82.00     6
103 zhouwen     76.00     8
------0. 退出             ------              /*显示菜单*/
```

```
------1. 从文本文件中读取信息------
------2. 屏幕显示所有记录信息------
------3. 将信息写入二进制文件------
------4. 从二进制文件读取信息------
------5. 原样复制文件        ------
------6. 清空结构体数组的内容------
input your choice:  5<回车>
Input two filenames:  d:\\sortedScore.txt  d:\\target.txt<回车>
------0. 退出              ------            /*显示菜单*/
------1. 从文本文件中读取信息------
------2. 屏幕显示所有记录信息------
------3. 将信息写入二进制文件------
------4. 从二进制文件读取信息------
------5. 原样复制文件        ------
------6. 清空结构体数组的内容------
input your choice:  6<回车>                  /*再次清空结构体数组内容*/
------0. 退出              ------            /*显示菜单*/
------1. 从文本文件中读取信息------
------2. 屏幕显示所有记录信息------
------3. 将信息写入二进制文件------
------4. 从二进制文件读取信息------
------5. 原样复制文件        ------
------6. 清空结构体数组的内容------
input your choice:  2<回车>
0               0.00     0                   /*清空之后各记录的信息*/
0               0.00     0
0               0.00     0
0               0.00     0
0               0.00     0
0               0.00     0
0               0.00     0
0               0.00     0
------0. 退出              ------            /*显示菜单*/
------1. 从文本文件中读取信息------
------2. 屏幕显示所有记录信息------
------3. 将信息写入二进制文件------
------4. 从二进制文件读取信息------
------5. 原样复制文件        ------
------6. 清空结构体数组的内容------
input your choice:  1<回车>
Please input source text file name:  d:\\target.txt<回车>
------0. 退出              ------            /*显示菜单*/
------1. 从文本文件中读取信息------
------2. 屏幕显示所有记录信息------
------3. 将信息写入二进制文件------
------4. 从二进制文件读取信息------
------5. 原样复制文件        ------
------6. 清空结构体数组的内容------
input your choice:  2<回车>
105 nikuang     98.00     1                  /*显示复制后的文本文件内容，与原文件相同*/
104 wujia       91.00     2
101 zhangli     91.00     2
107 liqin       91.00     2
108 gedun       89.00     5
```

```
106 zhuzhu       82.00      6
102 wanghua      82.00      6
103 zhouwen      76.00      8
------0. 退出              ------          /*显示菜单*/
------1. 从文本文件中读取信息------
------2. 屏幕显示所有记录信息------
------3. 将信息写入二进制文件------
------4. 从二进制文件读取信息------
------5. 原样复制文件       ------
------6. 清空结构体数组的内容------
input your choice:  0<回车>
Exit!                                      /*结束运行*/
```

该程序中用到了与文件操作相关的一些函数，如下所示。

① ReadTextFile 函数实现从文本文件读取内容，存放到结构体数组中，并返回记录数，主要用到格式化读入 fscanf 函数。

② WriteBiFile 函数实现将结构体数组的内容写入到一个二进制文件中，主要用到块数据写函数 fwrite。

③ ReadBiFile 函数实现从二进制文件中读取数据存放到结构体数组中，并返回记录数，主要用到块数据读函数 fread。

④ CopyFile 函数实现文本文件的原样复制，采用的是从源文件逐字符读出再逐个写到目标文件中，主要用到的函数是 fgetc 和 fputc。

这 4 种文件操作对应的结构体数组是同一个。该程序充分展示了内存中相同的内容可以以不同的文件形式存储，在读写控制时注意正确使用相应函数。

此外还有以下 2 个函数。

⑤ PrintScreen 函数是用来验证读文件操作的正确性的，无论从文本文件还是二进制文件中读出所有记录之后，通过调用该函数将读出的内容原样显示以验证读数据的正确性。

⑥ Clear 函数的作用是清空结构体数组中每一条记录各个成员的值，置为 0 或空串。该函数存在的价值在于，程序会多次从不同的文件中读出数据然后显示，在每次读出数据之前，将原来结构体数组的内容清空，这样，读文件结束后再调用 PrintScreen 显示的内容就一定是刚刚从文件中读出的新的数据信息，而不是之前读其他文件保留在结构体中的内容。

整个程序的运行不需要从键盘输入数据，因为其最初的数据来源于例 11.4 所生成的 **d:\\sortedScore.txt** 文件，这里面存放了按名次排好序的记录，因此该程序运行的第一步应当选择菜单“1”执行，这样结构体数组中就有了有意义的记录值。

在实际编程中，如需批量从键盘输入信息时，都可以预先建立一个文本文件存储原始数据。

11.6 本章小结

本章主要讲解了 C 语言中文件的相关知识：C 语言中有文本文件和二进制文件这两种形式的文件，它们独立于源程序文件，但是可以通过在源程序中定义 FILE*类型的指针，再通过 fopen 函数建立指定磁盘文件与文件指针的关联，进而借助于文件读写函数完成内存中的数据与磁盘文件数据的交互。文件操作的最后需要及时关闭文件。

在具体读写文件时，需要根据文件的类别和访问的需要合理选择 fgetc/fputc、fgets/fputs、fscanf/fprintf、fread/fwrite 中的特定函数完成读写任务。

在需要进行随机读写时，注意正确的文件打开方式以及位置指针函数的使用。

本章最后通过一个综合范例，展示了任何数据既可以以文本文件也可以以二进制文件存储。

习 题 11

一、单选题

1. 关于文件，下列说法中正确的是________。
   A. C 语言中，根据数据的存放形式，文件可分为文本文件和二进制文件
   B. C 语言只能读写二进制文件
   C. C 语言中的文件由记录序列组成
   D. C 语言只能读写文本文件
2. 如果要对 E 盘 myfile 目录下的文本文件 abc.txt 进行读、写操作，文件打开方式应为________。
   A. fopen("e:\\myfile\\abc.txt", "wb"); B. fopen("e:\\myfile\\abc.txt", "r+");
   C. fopen("e:\myfile\abc.txt", "r"); D. fopen("e:\\myfile\\abc.txt", "rb");
3. 对“fread(arr, 36, 3, fp)”解释正确的是________。
   A. 从 fp 中读出整数 36，并存放至 arr 中
   B. 从 fp 中读出整数 36 和 3，并存放至 arr 中
   C. 从 fp 中读出 36 个字节的内容，并存放至 arr 中
   D. 从 fp 中读出 3 个 36 个字节的内容，并存放至 arr 中
4. 设已有一个结构体类型 ST，并定义一个结构体数组如下：

```
struct ST stu[30];
```

如果要将这个数组的内容全部写入文件 fp，以下方法中不正确的是________。
   A. fwrite(stu, sizeof(struct ST), 30, fp); B. fwrite(stu, 30*sizeof(struct ST), 1, fp);
   C. fwrite(stu, sizeof(stu), 30, fp); D. for (i=0 ; i<30 ; i++)

```
fwrite( stu +i, sizeof(struct ST), 1, fp );
```

5. 以下选项中，不能将文件位置指针移到文件开头的是______。
   A. rewind(fp); B. fseek(fp, 0, 0);
   C. fseek(fp, 1, SEEK_CUR); D. fseek(fp, SEEK_SET, SEEK_SET);

二、程序填空题

1. 以下程序功能是：统计并输出文件 num.dat 中正整数、负整数、零的个数。

```
#include <stdio.h>
#include <stdlib.h>
int main( )
{
    int positive=0,negative=0,zero=0,temp,x=0;
    FILE *fp;
    fp=fopen("num.dat","r");
    if(fp==NULL)
    {     printf("Cannot open the file!\n");
          exit(0);
    }
```

```
        while(!feof(fp))
        {
            fscanf(____①____);
            if(temp>0) positive++;
            else if(temp<0) negative++;
            else____②________;
        }
        ____③____;
        printf("positive=%d,negative=%d,zero=%d\n",positive,negative,zero);
        return 0;
    }
```

2. 读取 D 盘根目录下的文本文件 aaa.txt，将其中的小写字母以大写字母的形式显示，其余字符均按原样显示。

```
    #include <stdio.h>
    #include <stdlib.h>
    int main()
    {       char ch;
            FILE *fp;
            fp=____④____;
            if(fp==0)
            {       printf("file cannot be opened!\n");
                    exit(1);
            }
            ch=fgetc(fp);
            while(____⑤____)
            {   if(____⑥____)
                        ch-=32;
                putchar(ch);
                ch=fgetc(fp);
            }
            fclose(fp);
            return 0;
    }
```

三、编程题

1. 编写一个程序，将 D:\\abc.txt 文件（事先通过记事本建立）中的字母字符复制到 D:\\def.txt 文件中，其他字符在屏幕原样显示。

2. 某班有 10 个学生，事先用记事本将这 10 个学生的学号、姓名、数学成绩和英语成绩录入文本文件 original.txt，存于 D 盘根目录，然后读出这些记录，计算每个人的总分（数学成绩和英语成绩之和），并将所有学生的完整信息写到 D 盘根目录的文本文件 all.txt 中。

3. 以第 2 题的 original.txt 为原始数据，结构体也与第 2 题相同，计算总分后将所有学生的完整信息写到 D 盘根目录下的二进制文件 all2.dat 中，然后再从 d:\\all2.dat 中读出所有的信息显示在屏幕上。

*第 12 章 学生成绩管理系统的设计与实现

以代码行数来衡量程序设计的进度，就好比以重量衡量飞机的制造进度。

Measuring programming progress by lines of code is like measuring aircraft building progress by weight.

——比尔·盖茨（Bill Gates），微软公司创始人、软件工程师

学习目标：

- 学会用结构化程序设计思想设计一个综合性的程序
- 能够根据问题的求解需要定义合理的数据结构，并设计相应的算法
- 掌握多文件工程的实现方法，学会正确划分和定义各个模块

到上一章为止，C 语言的全部内容已经介绍完毕。其中，第 2、3 章讲解了 C 语言的基础知识：类型、常量、变量、表达式等，是编程中最基础的内容；第 4、5、9 章介绍的流程控制、函数、多文件工程等知识，提供了进行“自顶向下、逐步细化、模块化”程序设计的基本手段；第 6、7、8、10 章介绍了数组、指针、字符串、结构体和链表等各种构造数据类型，用于处理较复杂的数据；第 11 章文件的知识解决了数据的永久性存储问题。

本章将通过设计实现一个学生成绩管理系统，综合应用 C 语言的相关知识。

该系统管理若干学生的基本信息，以及学生的课程成绩、名次等信息，需实现以下功能。

① 读入学生信息并以数据文件的形式存储学生信息。

② 可以依学号顺序浏览学生信息。

③ 可以按学号增加、修改、删除学生的信息。

④ 计算每个学生的总分并进行排名。

⑤ 可以统计每门课的最高分、最低分以及平均分。

⑥ 可以按学号、姓名、名次等方式查询学生信息。

根据题目要求的功能，用结构化程序设计的思想，将系统分成 5 大功能模块—显示基本信息、基本信息管理、学生成绩管理、考试成绩统计、根据条件查询。各功能模块下又有不同的子模块，如图 12.1 所示。

为实现该系统，需要解决以下问题。

① 如何表现数据？用什么样的数据类型能正确、合理、全面地表示学生的信息？每个学生必须要有哪些信息？

② 如何存储数据？数据以怎样的形式保存在磁盘上，如何避免数据的重复录入？

③ 如何方便操作？怎样设计人机接口界面、菜单能给操作者最清晰的提示？

④ 如何抽象功能？这样一个系统要用到很多函数，怎样布局文件以及各函数，做到函数的接口尽可能简单明了、每个函数的功能尽可能单一清晰？

根据以上分析，本程序用多文件结构实现，完整的程序共包含以下 8 个文件。

① student.h 和 student.c 文件，定义结构体类型以及提供对结构体数组和变量的操作。

② file.h 和 file.c 文件，提供文件的建立、打开、保存操作，解决数据存储问题。

③ menu.h 和 menu.c 文件，定义各级菜单显示的内容，提供人机交互界面。

④ mainControl.h 和 mainControl.c 文件，定义系统核心的主控函数及主要功能函数。

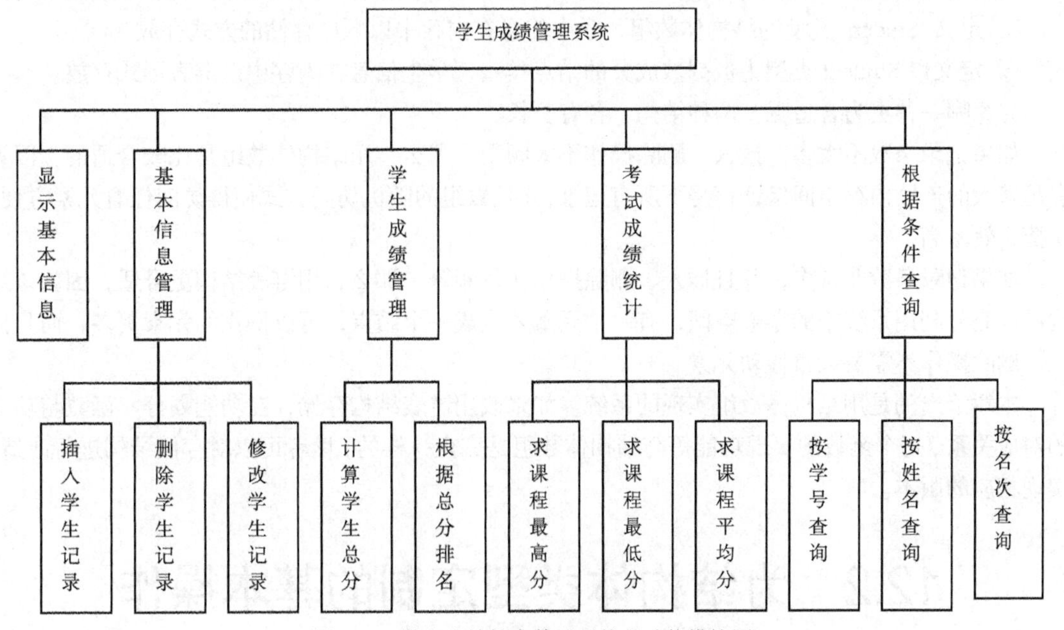

图 12.1　学生成绩档案管理系统的功能模块图

下面详细介绍系统各个文件的设计与实现，首先是数据类型的定义。

12.1　数据类型的定义

根据题目要求，一个学生的信息包含表 12.1 所示的几个方面。

表 12.1　学生信息的各个成员及类型

需要表示的信息	成员名	类型	成员值的获得方式
学号	num	long　长整型	输入提供
姓名	name	char [ ] 字符串	输入提供
性别	sex	char[ ]　字符串	输入提供
3 门课的成绩	score	int [ ]　一维整型数组	输入提供
总分	total	int　整型	根据 3 门课成绩计算
名次	rank	int　整型	根据总分计算

显然，将不同类型的成员作为同一个变量的不同成分，必须用结构体类型来定义。表示每个学生信息对应的结构体类型定义如下：

```
struct Student
{    long num;          /*学号*/
     char name[20];     /*姓名*/
     char sex[10];      /*性别*/
     int score[3];      /*3门课成绩*/
     int total;         /*总分*/
     int rank;          /*名次*/
};
typedef struct Student  Student ;
```

该系统需要处理一批学生的信息，因此，所有学生的信息在内存中的管理有以下两种可能的选择。

① 定义 Student 类型的结构体数组，学生信息在内存中以顺序存储的方式存放。

② 定义以 Student 类型为数据域成分的结点类型，学生信息在内存中以链表形式存放。

究竟哪一种更为合适呢？两种结构，各有所长。

如果记录条数不太多，插入、删除操作不太频繁，那么，用结构体数组是比较合适的，因为有足够大的连续内存空间保证存得下所有记录，并且数组的随机访问方式使得访问任意元素方便、快捷、效率高。

如果记录条数非常多，并且插入、删除操作比较频繁，那么，用链表结构更合适，因为该结构可以充分利用系统中的零散空间，有一个元素才生成一个结点，可以操作的元素更多，而且插入、删除操作不需要大量移动元素。

本章给出的是用结构体数组实现的系统。如果改用链表结构存储，在功能划分、函数与功能的对应关系、每个函数的实现功能等与结构体数组是完全一样的，读者可以对存储结构进行改造，实现相应的版本。

12.2 为结构体类型定制的基本操作

上一小节分析了该系统中用来表示学生信息的结构体类型的具体定义。为了完成系统既定的功能，需要对结构体数组或结构体变量进行相应的操作。这些操作以函数的形式实现，并将在各个模块中得到调用。

由图 12.1 系统功能模块图可知，需要实现下列基本操作的函数：读入一个或一批记录、输出一个或一批记录、查找、删除、修改、排序、求总分和名次、求课程的各种分数等。其中，在查找和排序函数中，还需要按一定的条件判断两个结构体变量是否相等，以及判断二者之间的大小关系等。

各函数的原型及功能说明如表 12.2 所示。

表 12.2 基于 Student 类型的结构体数组（变量）的函数及其功能说明

函 数 原 型	功 能 说 明
int readStu(Student stu[],int n);	读入学生记录的值，学号为 0 或读满规定条数时停止
void printStu(Student *stu , int n);	屏幕输出所有学生记录的值
void reverse(Student stu[],int n);	学生记录数组元素逆置
void calcuTotal(Student stu[],int n);	计算所有学生的总分
void calcuRank(Student stu[],int n);	根据总分计算学生的名次，允许有并列名次的情况
void calcuMark(double m[ ][3],Student stu[],int n);	求 n 个学生 3 门课的最高、最低、平均分，m 数组第一维表示哪门课，第二维表示最高、最低、平均分
void sortStu(Student stu[],int n,int condition);	按 condition 所规定的条件，采用选择法从小到大排序

续表

函 数 原 型	功 能 说 明
int searchStu(Student stu[],int n,Student s,int condition,int f[]) ;	根据条件查找数组中与 s 相等的各元素的下标并置于 f 数组中
int insertStu(Student stu[],int n,Student s);	向数组中插入一个元素，仍按学号有序存放结果
int deleteStu(Student stu[],int n,Student s);	从数组中删除一个指定学号的元素
int equal(Student s1,Student s2,int condition);	根据 condition 条件判断两个 Student 类型变量是否相等
int larger(Student s1,Student s2,int condition);	根据 condition 比较两个 Student 类型变量的大小

表格中各函数的原型声明和函数定义分别放在 student.h 和 student.c 两个文件中。这两个文件的内容如下：

```
1    /* student.h 文件的内容 */
2    #ifndef _STUDENT                    /*条件编译，防止重复包含的错误*/
3    #define _STUDENT
4    #define NUM 20                      /*定义学生人数常量，根据实际需要修改值*/
5    struct Student                      /*学生记录所属结构体类型的定义*/
6    {
7              long num;                 /*学号*/
8              char name[20];            /*姓名*/
9              char sex[10];             /*性别*/
10             int score[3];             /*3 门课成绩*/
11             int total;                /*总分*/
12             int rank;                 /*名次*/
13   };
14   typedef struct Student Student;     /*定义类型的别名 Student*/
15   #define sizeStu sizeof(Student)     /*一个学生记录所需要的内存空间大小*/
16   int readStu(Student *stu,int n); /*读入学生记录，学号为 0 或读满停止*/
17   void printStu(Student  *stu , int n);/*屏幕输出所有学生记录的值*/
18   int equal(Student s1,Student s2,int condition); /*根据condition判断s1与s2相等否*/
19   int larger(Student s1,Student s2,int condition);/*根据condition比较s1与s2的大小*/
20   void reverse(Student *stu,int n);     /*学生记录数组元素逆置*/
21   void calcuTotal(Student *stu,int n) ;/*计算所有学生的总分*/
22   void calcuRank(Student *stu,int n) ; /*根据总分计算学生的名次允许并列*/
23   void calcuMark(double m[3][3],Student *stu,int n);/*求3门课的最高分、最低分、平均分*/
24   void sortStu(Student *stu,int n,int condition);  /*根据条件用选择法从小到大排序*/
25   int searchStu(Student *stu,int n,Student s,int condition,int *f) ;/*根据条件查找数组*/
26   /*中与 s 相等的各元素，每一个与 s 相等元素的下标置于 f 数组中*/
27   int insertStu(Student *stu,int n,Student s); /*向数组中插入一个元素按学号有序存放*/
28   int deleteStu(Student *stu,int n,Student s) ; /*从数组中删除一个指定学号的元素*/
29   #endif
```

以上头文件中各函数的具体定义在 student.c 文件中，内容如下：

```
1    /*student.c 文件的内容*/
2    #include "student.h"
3    #include <stdio.h>
4    #include <string.h>
5    /*函数功能：从键盘读入学生的初始数据值
6    函数参数：   2 个形式参数分别为结构体指针和预设记录条数
7    函数返回值：从键盘上实际读入的记录条数
8    */
9    int readStu(Student  *stu ,int n)
10    {   int i,j;
11        for (i=0;i<n;i++)
```

```
12      {    printf("Input one student\'s information\n");
13           printf("num:  ");
14                scanf("%ld", &stu[i].num);
15           if (stu[i].num==0) break;
16           printf("name: ");
17           scanf("%s",stu[i].name);
18           printf("sex:  ");
19           scanf("%s",stu[i].sex);
20           stu[i].total=0;                    /*总分需要计算求得，初值置为 0*/
21           printf("Input three courses of the student:\n");
22           for (j=0;j<3;j++)
23                scanf("%d",&stu[i].score[j]);
24           stu[i].rank=0;                     /*名次要根据总分计算，初值置为 0*/
25      }
26      return i;                               /*返回实际读入的记录条数*/
27  }
28  /*函数功能：   输出所有学生记录的值
29    函数参数：   2 个形式参数分别为结构体指针和记录条数
30    函数返回值：无返回值
31  */
32  void printStu ( Student  *stu , int n)
33  {
34       int i,j;
35       for (i=0;i<n;i++)
36       {
37            printf("%8ld  ", stu[i].num);
38            printf("%8s", stu[i].name);
39            printf("%8s", stu[i].sex);
40            for (j=0;j<3;j++)
41                 printf("%6d",stu[i].score[j]);
42            printf("%7d",stu[i].total);
43            printf("%5d\n",stu[i].rank);
44       }
45  }
46  /*函数功能：   判断两个 Student 记录是否相等
47    函数参数：   3 个形式参数分别为待比较的两个结构体变量及比较条件
48    函数返回值：比较的结果，相等返回 1，不相等返回 0
49  */
50  int equal(Student s1,Student s2,int condition)
51  {
52       if (condition==1)             /*如果参数 condition 的值为 1，则比较学号*/
53            return s1.num==s2.num;
54       else if (condition==2)        /*如果参数 condition 的值为 2，则比较姓名*/
55       {    if (strcmp(s1.name,s2.name)==0)
56                      return 1;
57               else return 0;
58       }
59       else if (condition==3)        /*如果参数 condition 的值为 3，则比较名次*/
60               return s1.rank==s2.rank;
61       else if (condition==4)        /*如果参数 condition 的值为 4，则比较总分*/
62              return s1.total==s2.total;
63       else return 1;               /*其余情况返回 1*/
64  }
65  /*函数功能：   比较两个 Student 记录的大小
66    函数参数：   3 个形式参数分别为待比较的两个结构体变量及比较条件
67    函数返回值：比较的结果，第 1 个记录大于第 2 个则返回 1，否则返回 0
68  */
69  int larger(Student s1,Student s2,int condition)
70  {
71        if (condition==1)                      /*若 condition 的值为 1，则比较学号*/
```

```
72              return s1.num>s2.num;
73          else if (condition==2)                    /*若 condition 的值为 2，则比较总分*/
74              return s1.total>s2.total;
75          else return 1;                            /*其余情况返回 1*/
76      }
77      /*函数功能：  数组的元素逆置
78        函数参数：    2 个形式参数分别为结构体指针和记录条数
79          函数返回值：无返回值
80      */
81      void reverse(Student *stu,int n)
82      {
83          int i;
84          Student temp;
85          for (i=0;i<n/2;i++)                       /*循环次数为元素数量的一半*/
86          {     temp=stu[i];
87                stu[i]=stu[n-1-i];
88                stu[n-1-i]=temp;
89          }
90      }
91      /*函数功能：  计算所有学生的总分
92          函数参数：  2 个形式参数分别为结构体指针和记录条数
93          函数返回值：无返回值
94      */
95      void calcuTotal(Student *stu,int n)
96      {
97          int i,j;
98          for (i=0;i<n;i++)                         /*外层循环控制所有学生记录*/
99          {     stu[i].total =0;
100               for (j=0;j<3;j++)                   /*内层循环控制 3 门功课*/
101               stu[i].total +=stu[i].score[j];
102         }
103     }
104     /*函数功能：   根据总分计算排名，同分同名次
105         函数参数：  2 个形式参数分别为结构体指针和记录条数
106         函数返回值：无返回值
107     */
108     void calcuRank(Student *stu,int n)
109     {
110         int i ;
111         sortStu(stu,n,2);                         /*调用 sortStu 算法按总分由小到大排序*/
112         reverse(stu,n);                           /*再逆置，则按总分由大到小排序*/
113         stu[0].rank=1;                            /*第 1 条记录的名次一定是 1*/
114         for (i=1;i<n;i++)                         /*从第 2 条记录一直到最后一条循环*/
115         {
116               if (equal(stu[i],stu[i-1],4)) /*当前记录与其前一条记录总分相等*/
117                     stu[i].rank=stu[i-1].rank;  /*当前记录名次等于其前一条记录名次*/
118               else
119                     stu[i].rank=i+1;            /*不相等时当前记录名次等于下标号+1*/
120         }
121     }
122     /*函数功能：求 3 门课最高分、最低分、平均分
123         函数参数：第 1 个形参 m 第 1 维代表 3 门课，第 2 维代表最高分、最低分、
124                 平均分，第 2 个形参是结构体指针，第 3 个形参是记录条数
125         函数返回值：无返回值
126     */
127     void calcuMark(double m[3][3],Student stu[],int n)
128     {
129         int i,j;
```

```
130         for (i=0;i<3;i++)                              /*求 3 门课的最高分*/
132         {
132               m[i][0]=stu[0].score[i];
133               for (j=1;j<n;j++)
134                     if (m[i][0]<stu[j].score[i])
135                         m[i][0]=stu[j].score[i];
136         }
137         for (i=0;i<3;i++)                              /*求 3 门课的最低分*/
138         {
139               m[i][1]=stu[0].score[i];
140               for (j=1;j<n;j++)
141                     if (m[i][1]>stu[j].score[i])
142                         m[i][1]=stu[j].score[i];
143         }
144         for (i=0;i<3;i++)                              /*求 3 门课的平均分*/
145         {
146               m[i][2]=stu[0].score[i];
147               for (j=1;j<n;j++)
148                     m[i][2]+=stu[j].score[i];
149               m[i][2]/=n;
150         }
151    }
152    /*函数功能:   按 condition 规定的条件由小到大排序
153      函数参数:   3 个形参分别是结构体指针、记录条数、排序依据的条件
154      函数返回值：无返回值
155    */
156    void sortStu(Student *stu,int n,int condition)
157    {
158         int i,j,minpos;                              /*minpos 存本趟最小元素所在的下标*/
159         Student t;
160         for (i=0;i<n-1;i++)                          /*控制循环的 n-1 趟*/
161         {
162              minpos=i;
163              for (j=i+1;j<n;j++)                     /*寻找本趟最小元素所在的下标*/
164                    if (larger(stu[minpos],stu[j],condition))
165                         minpos=j;
166              if (i!=minpos)                          /*保证本趟最小元素到达下标 i 的位置*/
167              {     t=stu[i];
168                    stu[i]=stu[minpos];
169                    stu[minpos]=t;
170              }
171         }
172    }
173    /*函数功能:   按 condition 规定的条件，查找指定记录是否存在
174      函数参数:   5 个形参分别是结构体指针、记录条数、待查找的记录、查找条件、
175                 查找到的多个元素对应下标所存放的数组 f
176      函数返回值：查找到的记录条数
177    */
178    int searchStu(Student *stu,int n,Student s,int condition,int *f[ ])
179    {
180         int i,j=0,find=0;
181         for (i=0;i<n;i++)                                  /*待查找的元素为 s*/
182               if (equal(stu[i],s,condition))
183               {
184                     f[j++]=i;                              /*找到了将其下标放 f 数组中*/
185                     find++;                                /*统计找到的元素个数*/
186               }
187         return find;                                       /*返回 find，值为 0 表示没找到*/
188    }
189    /*函数功能:   向结构体数组中依学号递增插入一条记录
```

```
190     函数参数：   3 个形参分别是结构体指针、原来的记录条数、待插入的记录
191     函数返回值：插入后的实际记录条数
192   */
193   int insertStu(Student *stu,int n,Student s)
194   {     int i;
195         sortStu(stu,n,1);                         /*先按学号排序*/
196         for (i=0;i<n;i++)
197               if (equal(stu[i],s,1))          /*学号相同不能插入，保证唯一*/
198               {    printf("this record exist,can not insert again!\n");
199                    return n;
200               }
201         for (i=n-1;i>=0;i--)                      /*按学号从小到大有序*/
202         {
203               if (!larger(stu[i],s,1))        /*若 s 大于当前元素则退出循环*/
204               break;
205               stu[i+1]=stu[i];                    /*否则元素 stu[i]后移一个位置*/
206         }
207         stu[i+1]=s;                               /*在下标 i+1 处插入元素 s*/
208         n++;                                      /*元素个数增加 1*/
209         return n;                                 /*返回现有元素个数*/
210   }
211   /*函数功能：   从结构体数组中删除指定学号的一条记录
212     函数参数：   3 个形参分别是结构体指针、原来的记录条数、待删除的记录
213     函数返回值：删除后的实际记录条数
214   */
215   int deleteStu(Student *stu,int n,Student s)
216   {
217        int i,j;
218        for (i=0;i<n;i++)                             /*寻找待删除的元素*/
219              if (equal(stu[i],s,1))   break; /*若找到相等元素则退出循环*/
220        if (i==n)                                         /*如果找不到待删除的元素*/
221        {     printf("This record does not exist!\n");  /*给出提示信息然后返回*/
222              return n;
223        }
224        for (j=i; j<n-1; j++)           /*此处隐含条件为 i<n 且 equal(stu[i],s,1)成立*/
225             stu[j]=stu[j+1];           /*通过覆盖删除下标为 i 的元素*/
226       n--;                             /*元素个数减少 1*/
227       return n;                        /*返回现有元素个数*/
228   }
```

程序中的函数主要涉及输入、输出、查找、插入、删除、求最值、求平均等功能，这些功能的算法思想在第 6、7 章中都已介绍，这里只是将简单数据类型的变量换成了结构体数组成员的变量，但方法相同，因此不再赘述。

对其中的部分函数再做以下说明。

① **readStu** 和 **printStu** 函数分别实现读入和输出 n 个元素，当实参 n 为 1 时，这两个函数的功能就是读入和输出一个记录，程序可以正确执行。因此，这两个函数既适用于单个记录的输入/输出，也适用于批量记录的输入/输出。

② **equal** 函数定义了形式参数 **condition**，目的是使函数更为通用。因为程序中可能要用到多种判断相等的方式：按学号、按分数、按名次、按姓名，没有必要分别写出 4 个判断相等的函数。所以，通过 condition 参数来确定判断的方式，就可以用一个函数实现所有的情况，简化了程序。

③ **larger** 函数中形式参数 condition 的用法和意义与 equal 函数相同，在排序时主要采用根据学号或分数进行比较的方法，因此本函数中 condition 的取值只定义了两种。读者在实现程序时，

如果还有其他需要判断大小的情况，只要增加条件分支即可。

④ **calcuRank** 函数用来计算所有同学的名次。本函数要考虑总分相同的同学名次相同，并且在并列名次的情况下，后面同学的名次应该跳过空的名次号。例如：有两个同学并列第 5，则下一名同学应该是第 7 名而不是第 6 名，程序中使用双分支 if 来控制名次的赋值。

⑤ **searchStu** 函数用来实现按一定条件的查询。该函数将被查询模块所调用，查询的方式有学号、姓名、名次。本系统中，只有按学号查询得到的结果是唯一的，因为在进行插入、删除等基本信息的管理时已经保证了学号的唯一性；而按姓名及名次查询都有可能得到多条记录结果。因此，该函数中用 f 数组来存储符合条件的记录的下标，通过此参数将所有查询结果的下标返回给主调用函数，从而得出查询后所有符合条件的结果。函数的返回值是符合查询条件的元素的个数，这样便于主调用函数控制数组输出时的循环次数。

⑥ 函数 **calcuMark** 用来求 3 门课程的最高分、最低分、平均分，共有 9 个信息。因此，函数的形式参数表中用一个二维数组来返回这 9 个求解的结果：第一下标代表哪门课，第二下标的 0、1、2 分别对应于最高分、最低分及平均分。

上述函数的定义在 **Student** 类型数组（变量）之上，将在主控模块的各个子功能的相应位置得到调用。

12.3　用二进制文件实现数据的永久保存

在这个管理系统中，初次输入的学生数据信息需要保存到磁盘文件中，这样下次运行程序时无须再从键盘上输入大量数据，而是从已有的磁盘文件中直接将内容读取到内存。对内存中的数据处理结束后，一般也要把结果保存到磁盘文件中，实现对数据的永久保存。因此，一个管理系统往往需要文件的支持。

由于二进制文件的读取效率更高，本系统采用二进制文件实现对于 Student 类型记录的存取。

本系统提供与文件操作相关的函数有 3 个，各函数的原型及功能说明如表 12.3 所示。

表 12.3　　二进制文件处理的 3 个函数

函 数 原 型	功 能 说 明
int createFile(Student stu[ ]);	建立初始的数据文件
int readFile(Student stu[ ]);	将文件中的内容读出置于结构体数组 stu 中
void saveFile(Student stu[],int n);	将结构体数组的内容写入文件

表格中各函数的原型声明和函数定义分别放在 file.h 和 file.c 两个文件中。这两个文件的内容如下：

```
1    /*file.h 文件的内容*/
2    #ifndef _FILE                          /*条件编译，防止重复包含的错误*/
3    #define _FILE
4    #include "student.h"
5    int createFile(Student *stu);          /*建立初始的数据文件*/
6    int readFile(Student *stu);            /*将文件中的内容读出置于结构体数组 stu 中*/
7    void saveFile(Student *stu,int n) ;    /*将结构体数组的内容写入文件*/
8    #endif
```

以上头文件中各函数的具体定义在 file.c 文件中，内容如下：

```
1    /*file.c 文件的内容*/
2    #include <stdio.h>
3    #include <stdlib.h>
```

```
4    #include "student.h"
5    #include "file.h"
6    /*函数功能：  将文件中内容读出置于数组中
7      函数参数：  形参是结构体指针
8      函数返回值：从文件中读出的实际记录条数
9    */
10   int readFile(Student *stu )
11   {
12       FILE *fp;
13       int i=0;
14       if((fp=fopen("d:\\student.dat", "rb")) == NULL)    /*以读方式打开指定文件*/
15       {    printf("file does not exist,create it first:\n");/*若打开失败输出提示信息*/
16            return 0;                               /*然后返回 0*/
17       }
18       fread(&stu[i],sizeStu,1,fp);                 /*读出第 1 条记录*/
19       while(!feof(fp))                             /*文件未结束时循环*/
20       {
21           i++;
22           fread(&stu[i],sizeStu,1,fp);             /*再读出下一条记录*/
23       }
24       fclose(fp);                                  /*关闭文件*/
25       return i;                                    /*返回记录条数*/
26   }
27   /*函数功能：  将结构体数组内容写入文件
28     函数参数：  2 个形参分别是结构体指针、实际记录条数
29     函数返回值：无返回值
30   */
31   void saveFile(Student *stu,int n)
32   {    FILE *fp;
33       if((fp=fopen("d:\\student.dat", "wb")) == NULL) /*以写方式打开指定文件*/
34       {
35            printf("can not open file !\n");   /*若打开失败，输出提示信息*/
36            exit(0);                            /*然后退出*/
37       }
38       fwrite(stu,sizeStu,n,fp);                /*一次性向文件写入 n 条记录*/
39       fclose(fp) ;                             /*关闭文件*/
40   }
41   /*函数功能：建立初始的数据文件
42     函数参数：形参分别为结构体指针
43     函数返回值：返回写入文件的记录条数
44   */
45   int  createFile(Student *stu)
46   {    FILE *fp;
47       int n;
48       if((fp=fopen("d:\\student.dat", "wb")) == NULL) /*指定文件名，以写方式打开*/
49       {    printf("can not open file !\n");  /*若打开失败，输出提示信息*/
50            exit(0);                           /*然后退出*/
51       }
52       printf("input students\' information:\n");
53       n=readStu (stu,NUM);                     /*调用 student.h 中的函数读数据*/
54       fwrite(stu,sizeStu,n,fp);                /*将读入的所有记录全写入文件*/
55       fclose(fp);                              /*关闭文件*/
56       return n;                                /*返回记录条数*/
57   }
```

程序每次运行时，自动调用 readFile 函数打开文件，从文件中读取一条条记录信息到内存，并存于结构体数组中。如果此时文件还不存在，则首先调用建立初始文件的 createFile 函数，将从

键盘读入的一条条记录存入文件中；在程序每次运行结束退出之前，调用 saveFile 函数将内存中的所有记录保存到文件中。当然，以上函数也可以改用文本文件来实现。

12.4　用两级菜单提示用户选择

图 12.1 清晰地展示了本系统的全部功能结构，共分为两级，第一级提供 5 个主控模块，除了"显示基本信息"模块之外，其他 4 个模块还分别控制着若干个二级子模块。为了方便用户选择各个功能，系统需要提供清晰的菜单加以提示。

系统用到了 5 个菜单函数，表 12.4 列出了各函数的原型、对应的功能模块，以及将被哪一个功能函数（下一节介绍）所调用。

表 12.4　系统中的各个菜单具体信息

菜单	一级菜单	二级菜单（1）	二级菜单（2）	二级菜单（3）	二级菜单（4）
函数名	void menu();	void menuBase( );	void menuScore( );	void menuCount( );	void menuSearch( );
对应功能模块	学生成绩管理系统	基本信息管理	学生成绩管理	考试成绩统计	根据条件查询
主调用函数	main	baseManage	scoreManage	countManage	searchManage

表格中各菜单函数的原型声明和函数定义分别放在 menu.h 和 nemu.c 这两个文件中。

```
1    /*menu.h 文件的内容*/
2    #ifndef _MENU          /*条件编译，防止重复包含的错误*/
3    #define _MENU
4    void menu( );          /*顶层菜单函数*/
5    void menuBase( );      /*2.基本信息管理菜单函数*/
6    void menuScore( );     /*3.学生成绩管理菜单函数*/
7    void menuCount( );     /*4.考试成绩统计菜单函数*/
8    void menuSearch( );    /*5.根据条件查询菜单函数*/
9    #endif
```

以上各函数的定义在 menu.c 文件中，函数体主要由 printf 函数调用组成，内容如下：

```
1    /*menu.c 文件的内容*/
2    #include <stdio.h>
3    #include "menu.h"
4    void menu( )          /*顶层菜单函数*/
5    {
6            printf("******** 1. 显示基本信息 ********\n");
7            printf("******** 2. 基本信息管理 ********\n");
8            printf("******** 3. 学生成绩管理 ********\n");
9            printf("******** 4. 考试成绩统计 ********\n");
10           printf("******** 5. 根据条件查询 ********\n");
11           printf("******** 0. 退出         ********\n");
12   }
13   void menuBase( )      /*2.二级菜单：基本信息管理菜单函数*/
14   {
15           printf("%%%%%%%% 1. 插入学生记录 %%%%%%%%\n");
16           printf("%%%%%%%% 2. 删除学生记录 %%%%%%%%\n");
17           printf("%%%%%%%% 3. 修改学生记录 %%%%%%%%\n");
18           printf("%%%%%%%% 0. 返回上层菜单 %%%%%%%%\n");
19   }
20   void menuScore( )     /*3.二级菜单：学生成绩管理菜单函数*/
```

```
21    {
22            printf("@@@@@@@@ 1. 计算学生总分 @@@@@@@@\n");
23            printf("@@@@@@@@ 2. 根据总分排名 @@@@@@@@\n");
24            printf("@@@@@@@@ 0. 返回上层菜单 @@@@@@@@\n");
25    }
26    void menuCount( )      /*4.二级菜单：考试成绩统计菜单函数*/
27    {
28            printf("&&&&&&&& 1. 求课程最高分 &&&&&&&&\n");
29            printf("&&&&&&&& 2. 求课程最低分 &&&&&&&&\n");
30            printf("&&&&&&&& 3. 求课程平均分 &&&&&&&&\n");
31            printf("&&&&&&&& 0. 返回上层菜单 &&&&&&&&\n");
32    }
33    void menuSearch()      /*5.二级菜单：根据条件查询菜单函数*/
34    {
35            printf("######## 1. 按学号查询    ########\n");
36            printf("######## 2. 按姓名查询    ########\n");
37            printf("######## 3. 按名次查询    ########\n");
38            printf("######## 0. 返回上层菜单 ########\n");
39    }
```

12.5　主控模块的设计与实现

至此，基于结构体类型记录的各种操作、文件存取、菜单控制等模块及其对应的函数已完全实现，接下来通过流程控制及一些控制函数，整合并控制系统的各级功能。

系统控制模块主要定义了 7 个函数（不含 main 函数），其原型及功能说明如表 12.5 所示。

表 12.5　　主控模块中定义的函数及其功能说明

函 数 原 型	功 能 说 明
void printHead( );	打印学生信息的表头
int baseManage(Student stu[],int n);	基本信息管理，按学号进行插入、删除、修改
void scoreManage(Student stu[],int n) ;	学生成绩管理
void printMarkCourse(char *s,double m[3][3],int k);	打印分数通用函数，被 countManage 函数调用
void countManage(Student stu[],int n);	考试成绩统计
void searchManage(Student stu[],int n) ;	根据条件查询
int runMain(Student stu[],int n,int choice);	主控模块，选择执行一级菜单下的各项功能

表格中各函数的原型声明和函数定义分别放在 mainControl.h 和 mainControl.c(含 main 函数)两个文件中。

```
1    /*mainControl.h 文件的内容*/
2    #ifndef _MAINCONTROL
3    #define _MAINCONTROL
4    void printHead( );                              /*打印学生信息的表头*/
5    int baseManage(Student *stu,int n);        /*基本信息管理，按唯一学号插入删除修改*/
6    void scoreManage(Student *stu,int n);      /*学生成绩管理*/
7    void printMarkCourse(char *s,double m[3][3],int k);  /*打印分数通用函数*/
8    void countManage(Student *stu,int n);           /*考试成绩统计*/
9    void searchManage(Student *stu,int n) ;        /*该函数完成根据条件查询功能*/
10   int runMain(Student *stu,int n,int choice); /*主控模块，选择执行于一级菜单功能*/
```

```
11    #endif
```

图 12.2 展示了该程序所有函数之间的调用关系，共分为 4 层。图中位于方框内的函数是文件 mainControl.c 中所定义的函数，其余函数来自于工程中的其他文件。

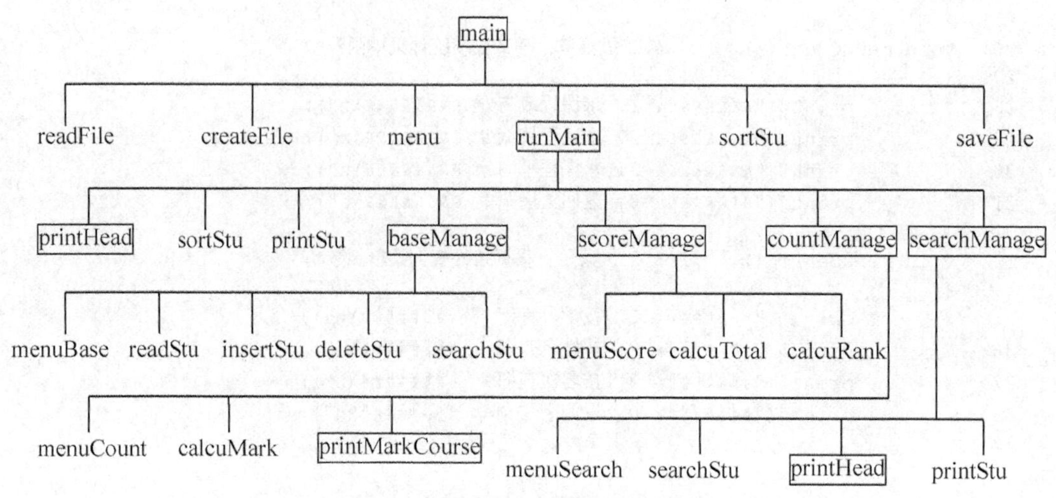

图 12.2　程序所有函数调用关系示意图

最后，看一下文件 mainControl.c 的完整内容：

```
1     /*mainControl.c 文件的内容*/
2     #include<stdio.h>
3     #include"file.h"
4     #include"student.h"
5     #include "menu.h"
6     #include "mainControl.h"
7     /*函数功能:    打印学生信息的表头
8       函数参数:    无形参
9       函数返回值:无返回值
10    */
11    void printHead( )
12    {
13          printf("%8s%10s%8s%6s%6s%8s%6s%6s\n","学号","姓名","性别","数学",
14          "英语","计算机","总分","名次");
15    }
16    /*函数功能:    基本信息管理，按唯一学号插入、删除、修改
17      函数参数:    2 个形参分别为结构体指针和记录条数
18      函数返回值:某种操作结束之后实际的记录条数
19    */
20    int baseManage(Student *stu,int n)
21    {     int choice,t,find[NUM];
22          Student s;
23          do
24          {   menuBase( );                          /*显示对应的二级菜单*/
25              printf("choose one operation you want to do:\n");
26              scanf("%d",&choice);               /*读入选项*/
27              switch(choice){
28                    case 1: readStu(&s,1);          /*读入一条待插入的学生记录*/
29                            n=insertStu(stu,n,s);   /*调用函数插入学生记录*/
30                            break;
31                  case 2:  printf("Input the number deleted\n");
32                           scanf("%ld",&s.num);  /*读入一个待删除的学生学号*/
33                           n=deleteStu(stu,n,s);   /*调用函数删除该学号学生记录*/
```

```
34                          break;
35                case 3:   printf("Input the number modified\n");
36                          scanf("%ld",&s.num);  /*读入一个待修改的学生学号*/
37                          t=searchStu(stu,n,s,1,find) ; /*调用函数查找该学号记录*/
38                          if (t)                   /*如果该学号的记录存在*/
39                          {     readStu(&s,1);     /*读入一条完整的学生记录信息*/
40                                stu[find[0]]=s;    /*刚读入的记录赋给需改的记录*/
41                           }
42                          else                   /*如果该学号的记录不存在提示*/
43                                printf("this student is not in,can not be modified.\n");
44                          break;
45                case 0: break;
46            }
47        }while(choice);
48        return n;                                /*返回实际记录条数*/
49    }
50    /*函数功能:   学生成绩管理，包括求总分及排名
51      函数参数:   2 个形参分别为结构体指针和记录条数
52      函数返回值: 无返回值
53    */
54    void scoreManage(Student *stu,int n)
55    {     int choice;
56          do
57          {     menuScore( );                        /*显示对应的二级菜单*/
58                printf("choose one operation you want to do:\n");
59                scanf("%d",&choice);                 /*读入二级选项*/
60                switch(choice)
61                {     case 1:   calcuTotal(stu,n);break;   /*求所有学生的总分*/
62                      case 2:  calcuRank(stu,n); break;    /*根据所有学生的总分排名次*/
63                      case 0:   break;
64                }
65          }while(choice);
66    }
67    /*函数功能:   打印分数
68      函数参数:   第 1 个形参是输出分数的提示信息串; 第 2 个形参表示 3 门课最高分、
69      最低分、平均分的数组; 第 3 个形参代表选项, 0、1、2 对应最高分、最低分、平均分
70      函数返回值: 无返回值
71    */
72    void printMarkCourse(char *s,double m[3][3],int k)
72    {
74          int i;
75          printf(s);                             /*s 是输出分数的提示信息*/
76          for (i=0;i<3;i++)                      /*i 控制哪一门课*/
77                printf("%10.2lf",m[i][k]);
78          printf("\n");
79    }
80    /*函数功能:   2 考试成绩统计，求 3 门课的最高、最低、平均值
81      函数参数:   2 个形参分别为结构体指针和记录条数
82      函数返回值: 无返回值
83    */
84    void countManage(Student *stu,int n)
85    {
86          int choice;
87          double mark[3][3];
88          do
89          {     menuCount( ) ;                     /*显示对应的二级菜单*/
90                calcuMark(mark,stu,n);             /*求 3 门课的最高、最低、平均值*/
91                printf("choose one operation you want to do:\n");
```

```
92            scanf("%d",&choice);
93            switch(choice)
94            {    case 1:   printMarkCourse("三门课的最高分分别是:\n",mark,0);
95                             break;
96                 case 2:   printMarkCourse("三门课的最低分分别是:\n",mark,1);
97                             break;
98                 case 3:   printMarkCourse("三门课的平均分分别是:\n",mark,2);
99                             break;
100                case 0:   break;
101            }
102        }while (choice);
103   }
104   /*函数功能：  根据条件查询
105     函数参数：  2 个形参分别为结构体指针和记录条数
106     函数返回值：无返回值
107   */
108   void searchManage(Student *stu,int n)
109   {
110        int i,choice,findnum,f[NUM];
111        Student s;
112        do
113        {   menuSearch( );                        /*显示对应的二级菜单*/
114            printf("choose one operation you want to do:\n");
115            scanf("%d",&choice);
116            switch(choice)
117            {
118                case 1:   printf("Input a student\'s num will be searched:\n");
119                            scanf("%ld",&s.num);     /*输入待查询学生的学号*/
120                            break;
121                case 2:   printf("Input a student\'s name will be searched:\n");
122                            scanf("%s",s.name);     /*输入待查询学生的姓名*/
123                            break;
124                case 3:   printf("Input a rank will be searched:\n");
125                            scanf("%d",&s.rank);      /*输入待查询学生的名次*/
126                            break;
127                case 0:   break;
128            }
129            if (choice>=1&&choice<=3)
130            {
131                  findnum=searchStu(stu,n,s,choice,f); /*符合条件元素的下标存于 f*/
132                  if (findnum)                         /*如果查找成功*/
133                  {
134                         printHead( );                 /*打印表头*/
135                         for (i=0;i<findnum;i++)       /*循环控制 f 数组的下标*/
136                              printStu(&stu[f[i]],1);  /*每次输出一条记录*/
137                  }
138                  else
139                         printf("this record does not exist!\n");
140                         /*查找不到输出提示信息*/
141            }
142        }while (choice);
143   }
144   /*函数功能：  主控模块，选择一级菜单功能执行
145     函数参数：  2 个形参分别为结构体指针和记录条数
146     函数返回值：返回记录条数
147   */
148   int runMain(Student *stu,int n,int choice)
149   {
150        switch(choice)
151        {
```

```
152              case 1: printHead( );              /*1. 显示基本信息*/
153                   sortStu(stu,n,1);             /*按学号由小到大的顺序排序记录*/
154                   printStu(stu,n);              /*按学号由小到大的顺序输出所有记录*/
155                   break;
156              case 2: n=baseManage(stu,n);       /*2. 基本信息管理*/
157                   break;
158              case 3: scoreManage(stu,n);        /*3. 学生成绩管理*/
159                   break;
160              case 4: countManage(stu,n);        /*4. 考试成绩统计*/
161                   break;
162              case 5: searchManage(stu,n);       /*5. 根据条件查询*/
163                   break;
164              case 0:  break;
165         }
166         return n;
167    }
168    /*函数功能:  主函数，负责读取或建立文件，然后根据一级菜单的提示调用 runMain
169               执行各功能，最后先按学号排序后将结果保存至文件
170      函数参数:  无
171      函数返回值: 返回 1
172    */
173    int main( )                                  /*主函数，读取文件，根据一级菜单选择*/
174    {
175          Student stu[NUM];                      /*定义实参一维数组存储学生记录*/
176          int choice,n;
177          n=readFile(stu);                       /*首先读取文件，记录条数返回赋值给 n*/
178          if (!n)                                /*如果原来的文件为空*/
179              n=createFile(stu);                 /*则首先要建立文件，从键盘上读入记录*/
180          do
181          {
182              menu();                            /*显示主菜单*/
183              printf("Please input your choice: ");
184              scanf("%d",&choice);
185              if (choice>=0&&choice<=5)
186                  n=runMain(stu,n,choice);    /*选择一级菜单对应的功能*/
187              else
188                  printf("error input,please input your choice again!\n");
189          } while (choice);
190          sortStu(stu,n,1);                      /*存入文件前按学号由小到大排序*/
191          saveFile(stu,n);                       /*将结果存入文件*/
192          return 0;
193    }
```

运行此程序，演示只验证了各级菜单的部分功能，斜体为用户从键盘输入内容，其余为输出内容，注释符号内的内容是对输入数据的解释。

```
******** 1. 显示基本信息 ********
******** 2. 基本信息管理 ********
******** 3. 学生成绩管理 ********
******** 4. 考试成绩统计 ********
******** 5. 根据条件查询 ********
******** 0. 退出          ********
Please input your choice: 1<回车>        /*读入 1，选择显示基本信息功能，原来文件非空*/
    学号      姓名     性别      数学    英语   计算机   总分     名次
    101       vvv      male      91      89      89      269      1
    102       fff      male      98      87      67      252      3
    105       bbb      female    88      77      66      231      4
    106       mmm      male      87      78      66      231      4
```

```
    108      vvv     female  67     67     67     201     6
    109      aaa     male    90     90     89     269     1
******** 1. 显示基本信息 ********
******** 2. 基本信息管理 ********
******** 3. 学生成绩管理 ********
******** 4. 考试成绩统计 ********
******** 5. 根据条件查询 ********
******** 0. 退出         ********
Please input your choice: 2<回车>      /*进入基本信息管理模块，下面显示的是二级菜单*/
%%%% 1. 插入学生记录 %%%%
%%%% 2. 删除学生记录 %%%%
%%%% 3. 修改学生记录 %%%%
%%%% 0. 返回上层菜单 %%%%
choose one operation you want to do:
1<回车>                          /*插入一条学生记录*/
Input one student's information
num:  115<回车>
name: wer<回车>
sex:  male<回车>
Input three courses of the student:
90 90 98<回车>
%%%% 1. 插入学生记录 %%%%
%%%% 2. 删除学生记录 %%%%
%%%% 3. 修改学生记录 %%%%
%%%% 0. 返回上层菜单 %%%%
choose one operation you want to do: 0<回车>  /*返回上层菜单*/
******** 1. 显示基本信息 ********
******** 2. 基本信息管理 ********
******** 3. 学生成绩管理 ********
******** 4. 考试成绩统计 ********
******** 5. 根据条件查询 ********
******** 0. 退出         ********
Please input your choice: 1<回车>   /*显示插入新记录后的结果,最后一条是新记录*/
    学号      姓名     性别    数学    英语  计算机   总分   名次
    101      vvv     male    91     89     89     269     1
    102      fff     male    98     87     67     252     3
    105      bbb     female  88     77     66     231     4
    106      mmm     male    87     78     66     231     4
    108      vvv     female  67     67     67     201     6
    109      aaa     male    90     90     89     269     1
    115      wer     male    90     90     98       0     0
******** 1. 显示基本信息 ********
******** 2. 基本信息管理 ********
******** 3. 学生成绩管理 ********
******** 4. 考试成绩统计 ********
******** 5. 根据条件查询 ********
******** 0. 退出         ********
Please input your choice: 3<回车>     /*进入学生成绩管理模块，下面显示的是二级菜单*/
@@@@@@@@ 1. 计算学生总分 @@@@@@@@
@@@@@@@@ 2. 根据总分排名 @@@@@@@@
@@@@@@@@ 0. 返回上层菜单 @@@@@@@@
choose one operation you want to do:1<回车>    /*计算所有人的总分*/
@@@@@@@@ 1. 计算学生总分 @@@@@@@@
@@@@@@@@ 2. 根据总分排名 @@@@@@@@
```

```
@@@@@@@@ 0. 返回上层菜单 @@@@@@@@
choose one operation you want to do:2<回车>   /*重新排名*/
@@@@@@@@ 1. 计算学生总分 @@@@@@@@
@@@@@@@@ 2. 根据总分排名 @@@@@@@@
@@@@@@@@ 0. 返回上层菜单 @@@@@@@@
choose one operation you want to do:0<回车>   /*返回上层菜单*/
******** 1. 显示基本信息 ********
******** 2. 基本信息管理 ********
******** 3. 学生成绩管理 ********
******** 4. 考试成绩统计 ********
******** 5. 根据条件查询 ********
******** 0. 退出         ********
Please input your choice: 1<回车>          /*显示插入新记录后重新排名的完整记录*/
    学号      姓名     性别     数学    英语   计算机   总分   名次
    101       vvv      male     91      89     89       269    2
    102       fff      male     98      87     67       252    4
    105       bbb      female   88      77     66       231    5
    106       mmm      male     87      78     66       231    5
    108       vvv      female   67      67     67       201    7
    109       aaa      male     90      90     89       269    2
    115       wer      male     90      90     98       278    1
******** 1. 显示基本信息 ********
******** 2. 基本信息管理 ********
******** 3. 学生成绩管理 ********
******** 4. 考试成绩统计 ********
******** 5. 根据条件查询 ********
******** 0. 退出         ********
Please input your choice: 4<回车>        /*进入考试成绩统计模块，下面显示的是二级菜单*/
&&&&&&&& 1. 求课程最高分 &&&&&&&&
&&&&&&&& 2. 求课程最低分 &&&&&&&&
&&&&&&&& 3. 求课程平均分 &&&&&&&&
&&&&&&&& 0. 返回上层菜单 &&&&&&&&
choose one operation you want to do:1<回车>     /*求出 3 门课的最高分*/
三门课的最高分分别是:
    98.00     90.00     98.00
&&&&&&&& 1. 求课程最高分 &&&&&&&&
&&&&&&&& 2. 求课程最低分 &&&&&&&&
&&&&&&&& 3. 求课程平均分 &&&&&&&&
&&&&&&&& 0. 返回上层菜单 &&&&&&&&
choose one operation you want to do:2<回车>     /*求出 3 门课的最低分*/
三门课的最低分分别是:
    67.00     67.00     66.00
&&&&&&&& 1. 求课程最高分 &&&&&&&&
&&&&&&&& 2. 求课程最低分 &&&&&&&&
&&&&&&&& 3. 求课程平均分 &&&&&&&&
&&&&&&&& 0. 返回上层菜单 &&&&&&&&
choose one operation you want to do:3<回车>      /*求出 3 门课的平均分*/
三门课的平均分分别是:
    87.29     82.57     77.43
&&&&&&&& 1. 求课程最高分 &&&&&&&&
&&&&&&&& 2. 求课程最低分 &&&&&&&&
&&&&&&&& 3. 求课程平均分 &&&&&&&&
&&&&&&&& 0. 返回上层菜单 &&&&&&&&
choose one operation you want to do:0<回车>      /*返回上层菜单*/
```

```
******** 1. 显示基本信息 ********
******** 2. 基本信息管理 ********
******** 3. 学生成绩管理 ********
******** 4. 考试成绩统计 ********
******** 5. 根据条件查询 ********
******** 0. 退出          ********
Please input your choice: 5<回车>                /*进入查询模块，下面显示的是二级菜单*/
######## 1. 按学号查询    ########
######## 2. 按姓名查询    ########
######## 3. 按名次查询    ########
######## 0. 返回上层菜单  ########
choose one operation you want to do:1<回车>      /*按学号查询*/
Input a student's num will be searched:
105<回车>                                        /*输入待查询的学号*/
    学号      姓名     性别   数学   英语   计算机   总分   名次
     105       bbb   female    88     77     66     231     5
######## 1. 按学号查询    ########
######## 2. 按姓名查询    ########
######## 3. 按名次查询    ########
######## 0. 返回上层菜单  ########
choose one operation you want to do:
3<回车>                                          /*按名次查询*/
Input a rank will be searched:
5<回车>                                          /*输入待查询的名次，下面显示两条记录*/
    学号      姓名     性别      数学   英语   计算机   总分    名次
    105       bbb     female    88     77     66     231     5
    106       mmm     male      87     78     66     231     5
######## 1. 按学号查询    ########
######## 2. 按姓名查询    ########
######## 3. 按名次查询    ########
######## 0. 返回上层菜单  ########
choose one operation you want to do:
0<回车>                                          /*返回上层菜单*/
******** 1. 显示基本信息 ********
******** 2. 基本信息管理 ********
******** 3. 学生成绩管理 ********
******** 4. 考试成绩统计 ********
******** 5. 根据条件查询 ********
******** 0. 退出          ********
Please input your choice: 2<回车>        /*进入基本信息管理模块，下面显示的是二级菜单*/
%%%% 1. 插入学生记录 %%%%
%%%% 2. 删除学生记录 %%%%
%%%% 3. 修改学生记录 %%%%
%%%% 0. 返回上层菜单 %%%%
choose one operation you want to do:
2<回车>                                          /*删除一条记录*/
Input the number deleted
105<回车>                                        /*输入待删除记录的学号*/
%%%% 1. 插入学生记录 %%%%
%%%% 2. 删除学生记录 %%%%
%%%% 3. 修改学生记录 %%%%
%%%% 0. 返回上层菜单 %%%%
choose one operation you want to do:
0<回车>                                          /*返回上层菜单*/
```

```
******** 1. 显示基本信息 ********
******** 2. 基本信息管理 ********
******** 3. 学生成绩管理 ********
******** 4. 考试成绩统计 ********
******** 5. 根据条件查询 ********
******** 0. 退出         ********
Please input your choice: 3<回车>         /*进入学生成绩管理模块，下面显示的是二级菜单*/
@@@@@@@@ 1. 计算学生总分 @@@@@@@@
@@@@@@@@ 2. 根据总分排名 @@@@@@@@
@@@@@@@@ 0. 返回上层菜单 @@@@@@@@
choose one operation you want to do:
1<回车>                                    /*计算所有人的总分*/
@@@@@@@@ 1. 计算学生总分 @@@@@@@@
@@@@@@@@ 2. 根据总分排名 @@@@@@@@
@@@@@@@@ 0. 返回上层菜单 @@@@@@@@
choose one operation you want to do:
2<回车>                                    /*重新计算排名*/
@@@@@@@@ 1. 计算学生总分 @@@@@@@@
@@@@@@@@ 2. 根据总分排名 @@@@@@@@
@@@@@@@@ 0. 返回上层菜单 @@@@@@@@
choose one operation you want to do:
0<回车>                                    /*返回上层菜单*/
******** 1. 显示基本信息 ********
******** 2. 基本信息管理 ********
******** 3. 学生成绩管理 ********
******** 4. 考试成绩统计 ********
******** 5. 根据条件查询 ********
******** 0. 退出         ********
Please input your choice: 1<回车>             /*显示新的信息，记录条数和排名均有变化*/
    学号      姓名     性别     数学    英语   计算机    总分    名次
    101       vvv      male      91      89      89      269      2
    102       fff      male      98      87      67      252      4
    106       mmm      male      87      78      66      231      5
    108       vvv      female    67      67      67      201      6
    109       aaa      male      90      90      89      269      2
    115       wer      male      90      90      98      278      1
******** 1. 显示基本信息 ********
******** 2. 基本信息管理 ********
******** 3. 学生成绩管理 ********
******** 4. 考试成绩统计 ********
******** 5. 根据条件查询 ********
******** 0. 退出         ********
Please input your choice:0<回车>              /*输入 0 结束程序的运行*/
```

① 以上的运行演示覆盖了系统的主要功能，但不是全部功能，读者可以自行测试其他功能。

② 在以上运行中，原先的文件非空，如果第一次运行时文件是空的，则会自动调用 createFile 函数，用户需要从键盘输入一系列学生信息数据，存入磁盘文件。本程序采用了二进制文件进行存取数据，读者也可以尝试使用文本文件解决数据的永久存储问题。

③ 在进行插入、修改之后，注意必须选择第 3 个一级菜单功能，即“3.学生成绩管理”功能，并且重新选择其下的两个子菜单分别计算总分和排名（删除操作执行后也需要重新排名），才是对基本信息进行修改之后更新的成绩与排名情况。

④ 在查询时，根据学号只能查询到一条记录，但是根据姓名或名次查询都有可能显示多条记录，这是因为可能存在同名和同名次的现象。例如演示中查第 5 名就显示了两条记录。

⑤ 每一级菜单的函数都放在循环体中调用，目的是使得每一次操作结束后重新显示菜单以方便用户再次选择执行某一功能。

该程序还有不少可以改进之处，读者可进一步探索思考。

本章的思考题：

程序刚开始运行时如果二进制文件不存在，则自动调用创建二进制文件的函数从键盘输入数据存盘，是否可以仿照例 11.8 事先用记事本输入原始记录集，然后再从文本文件中读数据并写入到二进制文件中？

12.6 本章小结

本章给出了一个较为综合的管理系统的设计与实现范例，并用多文件结构完成了整个程序。源代码的编写几乎用到了 C 语言所有的知识：常量、变量、类型的定义、结构体、数组、指针、文件、流程控制、函数的定义与调用、3 种编译预处理等。只有基础扎实、知识全面、编程熟练，读者才能较好地完成这一完整的程序。

通过此例，简单总结一下实现一个综合的系统需要考虑的问题和基本方法。

① 按自顶向下、逐步细化、模块化的结构化程序设计思想对系统的功能进行逐层细化，直至最简。一个子功能可能用一个或多个函数来对应实现。

② 作为一个系统一般都需要大量的数据，这时要考虑使用文件解决数据存储问题，尽可能避免从键盘大量输入数据。

③ 程序中会用到很多函数，每一个函数的功能要尽可能简单清晰，利用函数之间可以进行调用的特点，可通过调用一些功能简单的函数完成原本复杂的功能，函数之间的接口也同样要清晰。

④ 友好的人机交互界面为使用者提供便利。使用者可能完全不懂程序，只是在一个易操作的界面指导下通过一定的选择和输入特定内容来完成特定的功能。因此，菜单设计要清晰合理，提示信息简单直观。

⑤ 一定程度的容错性是必须考虑的，保证当用户选择或输入有误时，程序能够提示用户重新输入，或者输出相应提示信息后终止运行，但不应该出现死循环甚至死机的现象。

读者在完全理解和掌握本系统的设计思路和方法之后，自己可仿照完成类似的系统以掌握结构化程序设计的方法。

习 题 12

编程题

仿照此系统，读者自行设计并实现一个身边需要进行信息管理的系统（如图书、小型财务、购物管理等）。从提出需求到数据的表达及存储、功能模块的划分及实现，基于结构化程序设计思想进行一个完整的设计并编程实现。

附录 A
常用字符与 ASCII 码对照表

ASCII 值	控制字符	ASCII 值	控制字符	ASCII 值	控制字符	ASCII 值	控制字符
0	NUT	32	(space)	64	@	96	、
1	SOH	33	!	65	A	97	a
2	STX	34	"	66	B	98	b
3	ETX	35	#	67	C	99	c
4	EOT	36	$	68	D	100	d
5	ENQ	37	%	69	E	101	e
6	ACK	38	&	70	F	102	f
7	BEL	39	'	71	G	103	g
8	BS	40	(	72	H	104	h
9	HT	41	)	73	I	105	i
10	LF	42	*	74	J	106	j
11	VT	43	+	75	K	107	k
12	FF	44	,	76	L	108	l
13	CR	45	−	77	M	109	m
14	SO	46	.	78	N	110	n
15	SI	47	/	79	O	111	o
16	DLE	48	0	80	P	112	p
17	DCI	49	1	81	Q	113	q
18	DC2	50	2	82	R	114	r
19	DC3	51	3	83	X	115	s
20	DC4	52	4	84	T	116	t
21	NAK	53	5	85	U	117	u
22	SYN	54	6	86	V	118	v
23	TB	55	7	87	W	119	w
24	CAN	56	8	88	X	120	x
25	EM	57	9	89	Y	121	y
26	SUB	58	:	90	Z	122	z
27	ESC	59	;	91	[	123	{
28	FS	60	<	92	\	124	|
29	GS	61	=	93	]	125	}
30	RS	62	>	94	^	126	～
31	US	63	?	95	—	127	DEL

其中符号的含义：

NUL	VT 垂直制表	SYN 空转同步
SOH 标题开始	FF 走纸控制	ETB 信息组传送结束
STX 正文开始	CR 回车	CAN 作废
ETX 正文结束	SO 移位输出	EM 纸尽
EOY 传输结束	SI 移位输入	SUB 换置
ENQ 询问字符	DLE 空格	ESC 换码
ACK 承认	DC1 设备控制 1	FS 文字分隔符
BEL 报警	DC2 设备控制 2	GS 组分隔符
BS 退一格	DC3 设备控制 3	RS 记录分隔符
HT 横向列表	DC4 设备控制 4	US 单元分隔符
LF 换行	NAK 否定	DEL 删除

目前计算机中用得最广泛的字符集及其编码，是由美国国家标准协会（ANSI）制定的 ASCII（American Standard Code for Information Interchange，美国国家标准信息交换码）。ASCII 码有 7 位码和 8 位码两种形式。7 位码是标准形式，定义了从 0～127 的 128 个数字所代表的字符。128～255 的数字可以用来代表另一组 128 个符号，称为扩展 ASCII 码（8 位码）。本附录给出的是标准形式。

附录B C语言的关键字

auto	break	case	char	const	continue	default
do	double	else	enum	extern	float	for
goto	if	int	long	register	return	short
signed	sizeof	static	struct	switch	typedef	union
unsigned	void	volatile	while			

C语言共有32个关键字，大致分为以下5类。

（1）与数据及类型有关：char、const、double、enum、float、int、long、short、signed、struct、typedef、union、unsigned、void。

（2）变量的存储类别：auto（通常缺省）、extern、register、static。

（3）语句及流程控制相关：break、case、continue、default、do、else、for、goto、if、return、switch、while。

（4）运算符：sizeof。

（5）其他：volatile。volatile关键字是一种类型修饰符，用它声明的类型变量不经过赋值也可以被某些编译器未知的因素更改，比如：操作系统、硬件或者其他线程等。遇到这个关键字声明的变量，编译器对访问该变量的代码就不再进行优化，从而可以提供对特殊地址的稳定访问。

附录C

Visual C++下各数据类型所占字节数及取值范围

数据类型	所占字节数	取值范围
char signed char	1	-128～127（即-2^{8-1}～$2^{8-1}-1$）
unsigned char	1	0～255（即0～$2^{8}-1$）
short int（short） signed short int	2	$-32\,768$～32 767 （即-2^{16-1}～$2^{16-1}-1$）
unsigned short int	2	0～65 535（即0～$2^{16}-1$）
unsigned int	4	0～4 294 967 295（即0～$2^{32}-1$）
int signed int	4	$-214\,783\,648$～214 783 647 （即-2^{32-1}～$2^{32-1}-1$）
unsigned long int	4	0～4 294 967 295（即0～$2^{32}-1$）
long int signed long int	4	$-214\,783\,648$～214 783 647 （即-2^{32-1}～$2^{32-1}-1$）
float	4	绝对值范围：3.4×10^{-38}～3.4×10^{38}
double	8	绝对值范围：1.7×10^{-308}～1.7×10^{308}
long double	8	绝对值范围：1.7×10^{-308}～1.7×10^{308}

附录 D C 语言运算符的优先级与结合性

<table>
<tr><th>优先级</th><th>运 算 符</th><th>含 义</th><th>运算符类型</th><th>结合方向</th></tr>
<tr><td>1</td><td>()
[]
->
.</td><td>改变优先级、函数参数表
数组元素下标
通过结构指针引用结构体成员
通过结构变量引用结构体成员</td><td></td><td>从左至右</td></tr>
<tr><td>2</td><td>!
~
++
--
-
*
&
（类型标识符）
sizeof( )</td><td>逻辑非
按位求反
自增 1
自减 1
求负数
间接寻址运算符
取地址运算符
强制类型转换运算符
计算字节数运算符</td><td>单目运算符</td><td>从右至左</td></tr>
<tr><td>3</td><td>*
/
%</td><td>乘法
除法
整除求余</td><td>双目算术运算符</td><td>从左至右</td></tr>
<tr><td>4</td><td>+
-</td><td>加法
减法</td><td>双目算术运算符</td><td>从左至右</td></tr>
<tr><td>5</td><td><<
>></td><td>左移位
右移位</td><td>双目位运算符</td><td>从左至右</td></tr>
<tr><td>6</td><td><
<=
>
>=</td><td>小于
小于等于
大于
大于等于</td><td>双目关系运算符</td><td>从左至右</td></tr>
<tr><td>7</td><td>==
!=</td><td>等于
不等于</td><td>双目关系运算符</td><td>从左至右</td></tr>
<tr><td>8</td><td>&</td><td>按位与</td><td>双目位运算符</td><td>从左至右</td></tr>
<tr><td>9</td><td>^</td><td>按位异或</td><td>双目位运算符</td><td>从左至右</td></tr>
<tr><td>10</td><td>|</td><td>按位或</td><td>双目位运算符</td><td>从左至右</td></tr>
<tr><td>11</td><td>&&</td><td>逻辑与</td><td>双目逻辑运算符</td><td>从左至右</td></tr>
<tr><td>12</td><td>||</td><td>逻辑或</td><td>双目逻辑运算符</td><td>从左至右</td></tr>
<tr><td>13</td><td>? :</td><td>条件运算符</td><td>三目运算符（唯一）</td><td>从右至左</td></tr>
</table>

续表

优先级	运算符	含义	运算符类型	结合方向
14	= +=、-=、*=、/=、%= &=、^=、|=、<<=、>>=	赋值运算符 算术复合赋值运算符 位复合赋值运算符	双目运算符	从右至左
15	,	逗号运算符	顺序求值运算符	从左至右

只有 3 类运算符的结合方向为从右至左，它们是：单目运算符（优先级为 2）、条件运算符和赋值运算符，其余运算符的结合方向均为从左至右。

附录E 常用的 ANSI C 标准库函数

不同的 C 编译系统所提供的标准库函数的数目和函数名及函数功能并不完全相同。本附录只列出了 ANSI C 标准提供的一些常用库函数。如果需要更多的库函数，可以查阅“C 库函数集”，也可以从互联网上下载“C 库函数查询器”软件进行查询。

1. 数学函数

使用数学函数时，应该在该源文件中包含头文件<math.h>

函数名	函 数 原 型	功　能	返回值或说明
abs	int abs(int x);	计算并返回整数 x 的绝对值	
acos	double acos(double x);	计算并返回 arccos(x)的值	要求 x 在−1～1
asin	double asin(double x);	计算并返回 arcsin(x)的值	要求 x 在−1～1
atan	double atan(double x);	计算并返回 arctan(x)的值	
atan2	double atan2(double x,double y);	计算并返回 arctan(x/y)的值	
cos	double cos(double x);	计算并返回余弦函数 cos(x)的值	x 的单位是弧度
cosh	double cosh(double x);	计算并返回双曲余弦函数 cosh(x)的值	
exp	double exp(double x);	计算并返回 e^x 的值	
fabs	double fabs(double x);	计算并返回 x 的绝对值	x 为双精度数
floor	double floor(double x);	计算并返回不大于 x 的最大双精度整数	
fmod	double fmod(double x,double y);	计算并返回 x/y 后的余数	
frexp	double frexp(double val,double *eptr);	将 val 分解为尾数 x 和以 2 为底的指数 n，即 $val=x*2^n$，n 存放到 eptr 所指向的变量中	返回尾数 x，x 在 0.5～1.0
labs	long labs(long x);	计算并返回长整型数 x 的绝对值	
log	double log(double x);	计算并返回自然对数 ln(x)的值	x>0
log10	double log10(double x);	计算并返回常用对数 $log_{10}(x)$的值	x>0
modf	double modf(double val,double *iptr);	将双精度数分解为整数部分和小数部分。小数部分返回，整数部分存放在 iptr 指向的双精度型变量中	
pow	double pow(double x,double y);	计算并返回 x^y 的值	
pow10	double pow10(int x);	计算并返回 10^x 的值	
sin	double sin(double x);	计算并返回正弦函数 sin(x)的值	x 的单位是弧度
sinh	double sinh(double x);	计算并返回双曲正弦函数 sinh(x)的值	
sqrt	double sqrt(double x);	计算并返回 x 的平方根	x 应大于等于 0
tan	double tan(double x);	计算并返回正切函数 tan(x)的值	x 的单位是弧度
tanh	double tanh(double x);	计算并返回反正切函数 tanh(x)的值	

2. 字符判别和转换函数

使用字符判别和转换函数时，应该在该源文件中包含头文件<ctype.h>

函数名	函 数 原 型	功 能	返回值或说明
isalnum	int isalnum(int ch);	判断 ch 是否为字母或数字	是，返回 1，否则返回 0
isalpha	int isalpha(int ch) ;	判断 ch 是否为字母	是，返回 1，否则返回 0
isascii	int isascii(int ch) ;	判断 ch 是否为 ASCII 字符	是，返回 1，否则返回 0
iscntrl	int iscntrl (int ch) ;	判断 ch 是否为控制字符	是，返回 1，否则返回 0
isdigit	int isdigit (int ch) ;	判断 ch 是否为数字	是，返回 1，否则返回 0
isgraph	int isgraph (int ch) ;	判断 ch 是否为可打印字符，即不包括空格和控制字符	是，返回 1，否则返回 0
islower	int islower (int ch) ;	判断 ch 是否为小写字母	是，返回 1，否则返回 0
isprint	int isprint(int ch) ;	判断 ch 是否为可打印字符，包括空格	是，返回 1，否则返回 0
ispunch	int ispunch (int ch) ;	判断 ch 是否为标点符号	是，返回 1，否则返回 0
isspace	int isspace (int ch) ;	判断 ch 是否为空格、水平制表符（'\t'）、回车符（'\r'）、走纸换行（'\f'）、垂直制表符（'\v'）、换行符（'\n'）	是，返回 1，否则返回 0
isupper	int isupper (int ch) ;	判断 ch 是否为大写字母	是，返回 1，否则返回 0
isxdigit	int isxdigit (int ch);	判断 ch 是否为十六进制数字	是，返回 1，否则返回 0
tolower	int tolower (int ch);	将 ch 转换为小写字母	返回小写字母
toupper	int toupper(int ch);	将 ch 转换为大写字母	返回大写字母

3. 字符串处理函数

使用字符串处理函数时，应该在该源文件中包含头文件<string.h>

函数名	函 数 原 型	功 能	返回值或说明
strcat	char *strcat(char *str1, const char *str2);	将字符串 str2 连接到串 str1 后面	返回串 str1 的地址
strchr	char *strchr(char *str, char ch);	找出 ch 字符在字符串 str 中第一次出现的位置	若找到则返回 ch 在串 str 中第一次出现位置，否则返回 0
strcmp	int strcmp(const char *str1, const char *str2);	比较字符串 str1 和 str2 的大小	若 str1<str2，返回-1 若 str1==str2，返回 0 若 str1>str2，返回 1
strcpy	char *strcpy(char *str1, const char *str2);	将字符串 str2 复制到串 str1 中	返回串 str1 的地址
strlen	int strlen(const char *str);	求字符串 str 的长度	返回 str 包含的字符个数（不含'\0'）
strlwr	char *strlwr(char *str);	将串 str 中的字母转为小写字母	返回串 str 的地址
strncat	char *strncat(char *str1, const char *str2,unsigned count);	将字符串 str2 中的前 count 个字符连接到串 str1 后面	返回串 str 的地址
strncpy	char *strncpy(char *str1, const char *str2,unsigned count);	将字符串 str2 中的前 count 个字符复制到串 str1 中	返回串 str 的地址
strstr	char *strstr(const char *str1, const char *str2);	找出字符串 str2 在字符串 str1 中第一次出现的位置	若找到则返回 str2 在串 str1 中第一次出现位置，否则返 0
strupr	char *strupr (char *str);	将串 str 中的字母转为大写字母	返回串 str 的地址

4. 内存管理函数

使用内存管理函数时，应该在该源文件中包含头文件<stdlib.h>，也有编译系统用<malloc.h>来包含。

函数名	函 数 原 型	功 能	返回值或说明
calloc	void *calloc(unsigned num, unsigned size);	为 num 个数据项分配内存，每个数据项大小为 size 字节	返回起始地址，不成功返回 0，动态空间中初值自动为 0
free	void free(void * ptr);	释放 ptr 所指向的动态内存空间	无返回值
malloc	void *malloc(unsigned size);	分配连续 size 个字节的内存	返回起始地址，不成功返回 0
realloc	void *realloc(void *ptr, unsigned newsize);	将 ptr 指向的动态内存空间改为 newsize 个字节	返回新分配内存空间的起始地址（地址不变），不成功返回 0

5. 类型转换函数

使用类型转换函数时，应该在该源文件中包含头文件<stdlib.h>

函数名	函 数 原 型	功 能	返回值或说明
atof	double atof(const char *nptr);	将字符串转换成浮点数	返回 double 型的浮点数
atoi	int atoi(const char *nptr);	将字符串转换成整型数	返回整数
atol	long atol(const char *nptr);	将字符串转换成长整型数	返回长整型数
ecvt	char *ecvt(double value, int ndigit, int *decpt, int *sign);	将双精度浮点型值转换为字符串，转换结果中不包含十进制小数点	返回字符串值
fcvt	char *fcvt(double value, int ndigit, int *decpt, int *sign);	以指定位数为转换精度，余同 ecvt()	返回字符串值
gcvt	char *gcvt(double value, int ndigit, char *buf);	将双精度浮点型值转换为字符串，转换结果中包含十进制小数点	返回字符串值
itoa	char *itoa(int value, char *string, int radix);	将一个整数转换为字符串	返回字符串值
strtod	double strtod(char *str, char **endptr);	将一个字符串转换为 double 值	返回 double 型的浮点数
strtol	long strtol(char *str, char **endptr, int base);	将一个字符串转换为长整数	返回长整型数
ultoa	char *ultoa(unsigned long value, char *string, int radix);	将一个无符号长整数转换为字符串	返回字符串值

6. 输入/输出函数

使用输入/输出函数时，应该在该源文件中包含头文件<stdio.h>

函数名	函 数 原 型	功 能	返回值或说明
clearerr	void clearerr(FILE *fp);	复位错误标志	
fclose	int fclose(FILE *fp);	关闭文件指针 fp 所指向的文件，释放缓冲区	成功返回 0，否则返回非 0
feof	int feof(FILE *fp);	检查文件是否结束	遇文件结束符返回非 0 值，否则返回 0
ferror	int ferror(FILE *fp);	检查 fp 指向的文件中的错误	无错时返回 0，有错时返回非 0 值
fflush	int fflush(FILE *fp);	如果 fp 所指向的文件是“写打开”的，则将输出缓冲区的内容物理地写入文件；若文件是“读打开”的，则清除输入缓冲区中的内容。	成功返回 0，出现写错误时，返回 EOF
fgetc	int fgetc(FILE *fp);	从 fp 指向的文件中取得一个字符	返回所得到的字符，若读入出错则返回 EOF
fgets	char *fgets(char *buf, int n, FILE *fp);	从 fp 指向的文件读取一个长度为(n−1)的字符串，存放到起始地址为 buf 的空间	成功则返回地址 buf，若遇文件结束或出错返回 NULL
fopen	FILE* fopen(const char* filename, const char* mode):	以 mode 指定的方式打开名为 filename 的文件	成功则返回一个文件指针，否则返回 NULL
fprintf	int fprintf(FILE *fp, char *format[, argument,…]);	将 argument 的值以 format 指定的格式输出到 fp 所指向的文件中	返回实际输出字符的个数，出错则返回负数

续表

函数名	函数原型	功能	返回值或说明
fputc	int fputc(char ch, FILE *fp);	将字符 ch 输出到 fp 所指向的文件中	成功则返回该字符，否则返回 EOF
fputs	int fputs(char *str, FILE *fp);	将 str 指向的字符串输出到 fp 指向的文件中	成功则返回 0，否则返回非 0
fread	int fread(char *ptr, unsigned size, unsigned n, FILE *fp);	从 fp 所指向的文件中读取长度为 size 的 n 个数据项，存到 ptr 所指向的内存区中	返回所读的数据项个数，若遇文件结束或出错，返回 0
fscanf	int fscanf(FILE *fp, char *format[,argument…]);	从 fp 所指向的文件中按 format 指定的格式将输入数据送到 argument 所指向的内存单元	已输入的数据个数
fseek	int fseek(FILE *stream, long offset, int base);	将 fp 所指向的文件位置指针移到以 base 所指出的位置为基准，以 offset 为位移量的位置	返回当前位置，否则返回-1
ftell	long ftell(FILE *fp);	返回 fp 所指向的文件中的读写位置	返回 fp 所指向的文件中的读写位置
fwrite	int fwrite(char *ptr, unsigned size, unsigned n, FILE *fp);	将 ptr 所指向的 n*size 个字节输出到 fp 所指向的文件中	写到 fp 所指向的文件中的数据项的个数
getc	int getc(FILE *stream);	从 fp 所指向的文件中读入一个字符	返回所读字符，若文件结束或出错，返回 EOF
getchar	int getchar(void);	从标准输入设备读取并返回下一个字符	返回所读字符，若文件结束或出错，返回-1
gets	char* gets(char *str);	从标准输入设备读入字符串，放到 str 所指定的字符数组中，一直读到接收新行符或 EOF 时为止，新行符不作为读入串的内容，变成'\0'后作为该字符串的结束	成功，返回 str 指针，否则，返回 NULL 指针
perror	void perror(const char * str);	向标准错误输出字符串 str，并随后附上冒号以及全局变量 errno 代表的错误消息的文字说明	无
printf	int printf(const char *format[,argument…]);	将输出表列 argument 的值输出到标准输出设备	输出字符的个数，若出错，则返回负数
putc	int putc(char ch, FILE *fp);	将一个字符 ch 输出到 fp 所指文件中	输出的字符 ch；若出错，返回 EOF
putchar	int putcharc(char ch);	将一个字符 ch 输出到标准输出设备	输出的字符 ch；若出错，返回 EOF
puts	int puts(const char *string);	将 str 指向的字符串输出到标准输出设备，将'\0'转换为回车换行	返回换行符，若失败，返回 EOF
rename	int rename(char *oldname, char *newname);	把 oldname 所指的文件名改为由 newname 指定的文件名	成功返回 0，出错返回 1
rewind	void rewind(FILE *fp);	将 fp 指示的文件中的位置指针置于文件开头位置，并清除文件结束标志	无
scanf	int scanf(const char *format [,argument,…]);	从标准输入设备按 format 指向的字符串规定的格式，输入数据给 argument 所指向的单元	读入并赋给的数据个数，遇文件结束返回 EOF；出错返回 0

7. 其他常用函数

函数名	函数原型	功能	返回值或说明
exit	#include <stdlib.h> void exit(int code);	调用该函数时程序立即正常终止，清空和关闭任何打开的文件，程序正常退出状态由 code 等于 0 表示，非 0 表明定义实现错误	无
rand	#include <stdlib.h> int rand(void);	产生伪随机数序列，返回一个 0 到 RAND_MAX 之间的随机整数	返回随机整数
srand	#include <stdlib.h> void srand(unsigned seed);	为函数 rand()生成的伪随机数序列设置起点种子值	无

附录F C程序设计常见错误及解决方案

错误原因	示　例	出 错 现 象	解 决 方 案
1. 输入/输出控制与编程初步			

变量未定义就使用	int a=3,b=4;
	temp=a;　a=b;
	b=temp;
		系统报错：'temp': undeclared identifier（temp 是没有声明的标识符）	增加变量 temp 的定义，再使用该变量

变量名拼写错误	int temp; tep=2;	系统报错：'tep' : undeclared identifier	查看对应的变量及其定义，保证前后一致
未区分大小写字母	int temp; Temp=2;	系统报错：'Temp':undeclared identifier	查看对应的变量及其定义，区别大小写字母

变量定义位置错误	int x=sizeof(int);
	printf("%d",x);
	int y=0;
		系统报错：missing ';' before 'type'（缺少“;”（在“类型”的前面））	在语句块开始处集中定义变量，变量定义不能放在可执行语句中间

使用了未赋值的变量，其值不可预测	int a; printf("%d",a);	系统告警：local variable 'a' used without having been initialized（使用了未初始化的局部变量 'a'）	养成对变量初始化的习惯，保证访问前有确定值
不预先判断除数是否为 0	int devide(int a,int b) {　return a/b;　}	系统无报错或告警，但是当调用时，若第 2 实参为 0，则弹出意外终止对话框且报异常消息：Integer division by zero	在函数定义时增加对除数为 0 的考虑并做处理，防止运行时出错

未考虑数值溢出的可能	int a=10000;
	a=a*a*a;
	printf("%d",a);
		系统无报错或告警，但是输出结果不正确	超出了 a 定义的范围，预先估计运算结果的可能范围，采用取值范围更大的类型，如：double

不用 sizeof 获得类型或变量的字长	int *p; p=(int *)malloc(4);	系统无报错或告警，但是在平台移植时可能出现问题	改为： p=(int*)malloc(sizeof(int));
语句之后丢失分号	int a,b a=3;b=4;	系统报错：missing ';' before identifier 'a'（缺少“;”（在标识符“a”的前面））	找到出错位置，添加分号
忘记给格式控制串加双引号	int x=sizeof(int); printf(%d,x);	系统报若干个错：missing ')' before '%'（缺少“）”（在“%”的前面））；“printf”：用于调用的参数太少；“d”：未声明的标识符	根据编译器所指错误位置，将格式串两边加“ ”
库函数名拼写错误，大小写字母有区别	int x=sizeof(int); Printf("%d",x);	系统报若干个错：'Printf' undefined; assuming extern returning int（“Printf”未定义；假设外部返回 int）；无法解析的外部符号 _Printf	根据编译器所指错误位置，检查函数名并修改

续表

错误原因	示　　例	出 错 现 象	解 决 方 案
未给 scanf 中的变量加取地址运算符&	int y; scanf("%d",y);	系统告警：The variable 'y' is being used without being initialized	根据编译器所指告警位置，检查并修改，增加取地址符&
scanf 的格式控制串中含有'\n'等转义字符	int y; scanf("%d\n",&y);	系统无报错或告警，但是输入数据时无法及时结束	从格式控制串中去掉'\n'转义字符

读入实型数据时，在 scanf 的格式控制串中规定输入精度	float x;
	scanf("%5.2f",&x);
	printf("%f",x);
		系统无报错或告警，但是输出结果并不是输入时的数据	从格式控制串中去掉 5.2 精度控制，输入实型数不能控制精度

在格式控制字符串之后丢失逗号	printf("%d"n));	系统报错：missing ')' before identifier 'n'（缺少“）”（在标识符“n”的前面））	不是在 n 之前加“)”号而应该在 n 之前加“,”号

在 printf 中的输出变量前加上了取地址符&	int y;
	scanf("%d",&y);
	printf("%d",&y);
		系统无报错或告警，但是输出结果不正确	先用调试器跟踪观察变量的当前值，如果变量值正确而输出结果不对，则检查 printf 中的各个参数，如果输入的数据与变量所获得的值不一致，则检查 scanf 中的各个参数

漏写了 printf 中欲输出的表达式	scanf("%d",&y); printf("%d");	系统无报错或告警，但是输出结果不正确	

漏写了 printf 中与欲输出的表达式对应的格式控制串	int y;
	scanf("%d",&y);
	printf("%d",y,y+3);
		系统无报错或告警，但是缺少期望的输出结果	

输入/输出格式控制符与数据类型不一致	int a=12,b; float f=12.5;
	scanf("%c",&a);
	printf("a=%f",a);
	printf("f=%d",f);
		系统无报错或告警，但是输出结果不正确	

在中文输入方式下输入代码或出现全角字符	void main() { int a=2；}	系统报若干个错：非法使用“void”类型；在“main()”之后应输入“(”	找到出错位置，改用英文方式输入。中文或全角字符只在注释或串常量中出现
2. 流程控制相关			

混淆“&,|”与“&&,||”	int x,y;
	scanf("%d%d",&x,&y);
	if (x&y)
	printf("x!=0 and y!=0");
	else
	printf("x==0 or y==0");
		系统无报错或告警，但是当输入 2 和 5 时，输出结果却是 x==0 or y==0	用调试器跟踪观察表达式 x&&y 的结果，以及与流程走向的矛盾，从而发现问题所在，将&改为&&即可解决

将“==”误写成“=”	int x=3,y=4;
	if (x=y) printf("x== y");
	else printf("x!=y");
		系统无报错或告警，但是输出结果不正确，输出结果永远都是 x== y	用调试器跟踪观察变量的当前值，注意执行 if 语句的执行，从而找出逻辑错误

用“==”比较两个浮点数	float x;
	scanf("%f",&x);
	if(x==123.456)
	printf("equal");
	else printf("unequal");
		系统无报错或告警，但是输出结果永远都是 unequal，即使输入的 x 值为 123.456	将变量类型改为 double 型以提高精度；更好的方法是以绝对值之差在某一范围为相等。如：
			if (fabs(x-123.456)<1e-5)

单分支 if 条件表达式圆括号外加了分号	int x,y;
	scanf("%d%d",&x,&y);
	if (x>y);　x-=y;
	printf("%d",x);
		系统无报错或告警，但是无论输入的值大小关系如何，都执行 x-=y 输出改变后的 x	用调试器跟踪观察程序的执行过程，注意观察输入 x<y 这种情况下的执行语句，从而找出错误位置

双分支 if 条件表达式圆括号外加了分号	int x,y;
	scanf("%d%d",&x,&y);
	if (x>y); x-=y;
	else y-=x;
		系统报错：illegal else without matching if（没有匹配 if 的非法 else）	根据出错位置和错误信息提示，删除多余的分号

续表

错误原因	示　例	出 错 现 象	解 决 方 案

case 分支未用 break 结束	int x,y=0;
	scanf("%d",&x);
	switch (x)
	{ case 1: y=1;
	case 2: y=2;
	default: y=100;
	} printf("y=%d\n",y);
		系统无报错或告警，但是无论输入的 x 是多少，输出结果永远都是 y=100	用调试器跟踪观察程序的执行过程，发现对 y 做了多次赋值，及时在每个分支最后加上 break 结束

switch-case 语句未提供 default 分支	int x,y;
	scanf("%d",&x);
	switch (x)
	{ case 1: y=1;break;
	case 2: y=2;break;
	}　printf("y=%d\n",y);
		系统无报错或告警，但是当输入的 x 不是 1 或 2 时，则弹出意外终止对话框且报异常消息：The variable 'y' is being used without being initialized	用调试器跟踪观察程序的执行过程，当输入的 x 不是 1 或 2 时直接执行了输出语句而未对 y 做任何处理。加上 default 分支

while 语句条件表达式圆括号外加了分号	int x=1,y=0;
	while (x<=5);
	y+=x++;
	printf("%d",y);
		系统无报错或告警，但却是死循环	用调试器跟踪观察程序的执行过程，发现陷入死循环而无法执行到语句 y+=x++;，去掉多余分号

while 循环体内缺少改变循环控制变量值的语句导致死循环	int x=1,y=0;
	while (x<=5)
	y+=x;
	printf("%d",y);
		系统无报错或告警，但却是死循环	用调试器跟踪观察程序的执行过程，观察变量值的变化情况，发现 x 值一直不变，增加对 x 的修改

for 语句圆括号内的 3 个表达式未用分号分隔	int x=1,y=0;
	for (x=1, x<=5, x++)
	　　y+=x;
		系统报错：missing ';' before ')'（缺少“;”（在“）”的前面））	根据出错位置和错误信息提示，找到 for 语句，将逗号改为分号

for 语句后误加分号	int i,sum=0;
	for (i=1;i<=5;i++) ;
	sum+=i;
	printf("sum=%d\n",sum);
		系统无报错或告警，但是输出结果是 sum=6 而不是 sum=15	用调试器跟踪观察程序的执行过程，找到未重复执行 sum+=i;的原因，去掉 for 后的分号

累加器未事先清零	int x=1,y;
	for (x=1;x<=5;x++)
	　　y+=x;
	printf("%d",y);
		系统无报错或告警，但是输出结果错误	用调试器跟踪观察变量 y 的值，y 值一开始就是随机数，增加初始化清零

if、while、for 的控制语句中未用大括号构成复合语句	int x,y,t;
	scanf("%d%d",&x,&y);
	if (x>y)
	t=x;x=y;y=t;
	printf("%d　%d\n",x,y);
		系统无报错或告警，但是当输入的 x<y 时，则弹出意外终止对话框且报异常消息：The variable 't' is being used without being initialized.	用调试器跟踪观察程序的执行过程及变量 y 的值，在 x<y 时执行了 x=y;y=t，此时 t 无初值，则报错，解决方法为对“t=x;x=y;y=t;”加大括号构成复合语句

3.函数相关			

使用了库函数但未包含相应的头文件	int x,y;
	scanf("%d",&x);
	y=(int)sqrt(x);
	printf("%d　%d\n",x,y);
		系统报错：'sqrt' undefined; assuming extern returning int（“sqrt”未定义；假设外部返回 int）	根据错误提示，增加相应的文件包含

函数原型定义末尾未加分号	int f(int a,int b) void main( ) {　　……　} int f(int a,int b) { return a+b; }	系统报错：缺少“;”(在“{”的前面)；“main”：不在形参表中；函数“int f(int,int)”已有主体	仔细检查错误提示位置及前后相邻位置，在原型声明最后补加分号

续表

错误原因	示　例	出 错 现 象	解 决 方 案
函数定义首部末尾加了分号	int f(int a,int b); { return a+b; } void main( ) {　　……　}	系统报错：found '{' at file scope (missing function header?) （在文件范围内找到 "{" (是否缺少函数头?)；语法错误："}"	仔细检查错误提示位置及前后相邻位置，将函数定义首部最后的分号去掉
将形参又定义为本函数内的局部变量	int f(int a,int b) { int a; 　return a+b;　}	系统报错：redefinition of formal parameter 'a'（形参 "a" 的重定义）	根据错误提示，修改局部变量名，不能与形参同名
类型相同的形式参数共用了类型标识符	int f(int a,b) {　return a+b; }	系统报错：'b'：name in formal parameter list illegal（形参表中的名称非法）	根据错误提示，修改形式参数表，每个形参单独给一个类型标识，不可共用
从返回值类型为 void 的函数中返回一个值	void f(int a) {　return a*10; }	系统告警：'f'：'void' function returning a value（"f"："void" 函数返回值）	根据告警提示，删除 return 语句，修改函数
有返回值的函数不用 return 指明返回值	int f(int a) {　a=a+100; }	系统告警：'f'：must return a value（"f"：必须返回一个值）	根据提示增加 return 语句

返回指向局部变量的指针	int * f(int a)
	{ int s=a;
	　s*=10;
	　return &s;
	}
		系统告警：returning address of local variable or temporary（返回局部变量或临时变量的地址）	直接返回数值而不是指针，也可以定义一个指针形参，将实参变量的地址传入

不定义函数返回值类型或函数参数类型，编译器自动处理为返回 int 值、可以有任意个 int 参数的函数	f(　)　{　}
	void main(void)
	{　printf("%d\n",f());
	　printf("%d\n",f(2));
	}
		系统报错："main"：重定义；不同的基类型	养成定义每一个函数都要指明函数返回值类型和形式参数表的习惯，若无形参，则形参表中给出 void

在定义一个函数的函数体内定义了另一个函数	int f(int a,int b) {　void q(void) 　{ printf("OK\n"); } 　return a+b; }	系统报错：syntax error: missing ';' before '{'（缺少 ";"（在 "{" 的前面））	函数不允许嵌套定义，将函数 q 的定义完全放到 f 函数外面与 f 函数平行定义
随意修改全局变量的值	int a=3; void f1(void) { a*=100;　} void f2(void) { a+=50;　}	系统无报错或告警，但是在不适当的时机改变全局变量会引起混乱，并造成模块之间的强耦合	减少全局变量的使用，可以通过参数传递达到多模块多函数之间传递数据

函数功能不单一	int sum(int *p,int n)
	{ int s=0,i;
	　for (i=0;i<n;i++)
	　s+=p[i];
	　… //此处是一排序算法
	　return s;　}
		系统无报错或告警，但是这样的函数定义不符合高聚合的设计准则，带来维护上的困难	将此函数分开定义为两个函数，分别完成求和以及排序的功能

函数的参数过于复杂	int f(int x,double d,char *s);	系统无报错或告警，但是程序可读性差，使用复杂	定义一个结构体封装各参数，形参用一结构体指针 struct Para {　int x; 　double d; 　char *s}; int f(struct Para *p);

续表

错误原因	示　例	出 错 现 象	解 决 方 案
调用函数后不检查函数是否正确执行	FILE　*fp;　fp=fopen ("file1.txt","r"); while (!feof(fp)){ ……　}	系统无报错或告警，在某些情况下运行可能出现意外终止对话框	打开文件后，增加一条判断语句： if　(!fp) { printf("error\n");exit(0);}
4. 数组、字符串操作相关			
未使用整型常量表达式定义数组的长度	int n=10; int arr[n];	系统报错：不能分配常量大小为 0 的数组；　"arr"：未知的大小；应输入常量表达式	将 n 定义为符号常量,#define n 10
初始化数组提供的初值个数大于数组长度	int arr[3]={9,8,7,6};	系统报错：too many initializers（初始值设定项太多）	减少初值个数，使初值个数小于等于数组长度
初始化数组时未依次提供各元素初值	int arr[3]={9, ,7};	系统报错：syntax error: ','（语法错误：","）	必须从左到右依次提供元素初值

忘记对需要初始化的数组元素进行初始化	int arr[3];
	int i,sum=0;
	for (i=0;i<3;i++)
	sum+=arr[i];
	printf("%d",sum);
		系统无报错或告警，输出结果为：1717986916	对数组 arr 的 3 个元素进行初始化或从键盘读入这 3 个元素的值，否则以 3 个随机数求和无意义

访问二维数组元素的形式出错	int a[2][2]={1,2,3,4}; a[1,1]=9;	系统报错：left operand must be l-value	将对二维数组元素的访问形式改为：a[1][1]=9;

数组下标越界	int i,arr[3]={7,8,9};
	for (i=1;i<=3;i++)
	printf("%2d",arr[i]);
		系统无报错或告警，输出结果为：8 9-858993460 而不是预期的 7 8 9	用调试器观察数组各个元素的值，发现下标从 0 开始，修改循环起止值

字符串没有'\0'结束符	char s[5];　int i;
	for (i=0;i<3;i++)
	s[i]='A'+i;
	puts(s);
		系统无报错或告警，但是输出结果不正确，为：ABC 烫烫烫烫*（*表示通配符，可以使任意个任意字符）	用调试器观察字符数组各个元素的值，元素 s[3]和 s[4]的值均为-52，无串结尾标志，增加 s[3]=0

字符数组没有空间存放'\0'结束符	char s[3]="ABC"; puts(s);	系统无报错或告警，但输出结果不正确，为：ABC 烫*	增大字符数组的长度保证有足够的空间存放'\0'结束符

逐字符读取串中字符时，未以字符值是否为零作为循环控制条件	char s[5]="ABC";
	int i,n=7;
	for (i=0;i<n;i++)
	putchar(s[i]);
		系统无报错或告警，但是输出结果不正确，为：ABCaa 烫	应以当前字符值是否为串结尾标志来控制循环，改为：for (i=0;s[i]!='\0';i++)
			putchar(s[i]);

直接用赋值运算符对字符数组赋值	char s[5]; s="ABC";	系统报错：left operand must be l-value（左操作数必须为左值）	只有初始化时才可以使用赋值号，改变字符数组的值改用：strcpy(s,"ABC");
用一对单引号括起字符串常量	char s[20]='abc'; puts(s);	系统报错： array initialization needs curly braces（数组初始化需要大括号）	根据错误提示，将单引号修改为双引号

直接用关系运算符比较两个字符串的大小	char s1[5]="ABC";
	char s2[5]="abc";
	if (s1>s2)
	printf("s1 is bigger \n");
	else
	printf("s1 is smaller\n");
		系统无报错或告警，但是输出结果不正确，为：
		s1 is bigger
			直接用关系运算符比较的实际上是两个地址值而不是字符串值的大小，将 if 条件改为：
			if (strcmp(s1,s2)>0)

欲用 scanf 读入带空格的字符串	char s[20];
	scanf("%s",s);
	puts(s);
		系统无报错或告警，当输入 hello world! 后，输出结果为 hello	用 scanf 读入时自动以空白符（空格、Tab、回车）为结束标志，应用：gets(s)

与数组形参对应的实参数组名后用了[ ]	void f(int a[]); void main() {　int arr[4]={1,2,3,4}; f(arr[ ]);　}	系统报错：语法错误："]"	根据错误提示，去掉实参数组名后的[ ]

续表

错误原因	示 例	出 错 现 象	解 决 方 案
用字符实参对应一个字符串形参	void f(char s[ ]) { puts(s); } void main() { f('A'); }	系统告警：'char *' differs in levels of indirection from 'const int '（“const char *”与“int”的间接级别不同）	将实参改成一个字符串常量或一维字符数组名
用字符串实参对应一个字符形参	void f(char s) { putchar(s); } void main() { f("ABC"); }	系统告警：'char ' differs in levels of indirection from 'char [4]'	将实参改成一个字符常量或字符变量名
5. 指针操作相关			
定义若干指针变量时共用*标识	int a=3,b=4; int *p=&a, q=&b;	系统告警：'int ' differs in levels of indirection from 'int *'（“int”与“int *”的间接级别不同）	在 q 之前增加一个*号，定义若干指针变量时，每一个指针变量名前都得有*

通过没有确定值的指针变量读写它所指向的空间	int a=3, *p;
	*p+=a;
	printf("%d",*p);
		系统告警：弹出意外终止框且报异常消息：local variable 'p' used without having been initialized	在定义指针变量的同时最好初始化，或用赋值语句使其获得一个确切地址

未给指针形参传递地址值	void f(int *p) { *p*=10; } void main() { int a=3; f(a); printf("%d",a); }	系统告警：'function' : 'int *' differs in levels of indirection from 'int '（“函数”：“int *”与“int”的间接级别不同）若强行运行则弹出意外终止框	调用函数时传入一个有意义的地址值给指针形参

对并没有指向数组某一元素空间的指针进行算术运算	int b=10,*p=&b;
	p++;
	printf("%d",*p);
		系统无报错或告警，运行结果为：-858993460	指针的算术运算只有当指向数组元素空间时才有意义，此处删除 p++

对并没有指向同一数组不同元素空间的两个指针做相减或比较运算	int a[3]={1,2,3},*q=a;
	int b[3]={4,5,6},*p=b;
	printf("%d ",p>q);
	printf("%d",p-q);
		系统无报错或告警，运行结果为：0 -8	两个指针只有当指向同一数组空间的不同元素位置时做相减运算和比较运算才有意义，修改使两个指针指向同一数组空间

指向数组空间的指针进行算术运算超出了数组范围	int a[3]={1,2,3};
	int *p=a,i;
	for (i=0;i<3;i++)
	p++;
	printf("%d ",*p);
		系统无报错或告警，运行结果为：-858993460	通过调试器跟踪程序的执行过程，观察 p 及*p 的值，循环体执行了 3 次以后 p 指向了数组 a 的空间之外，减少循环次数

类型不一致的两个指针进行了赋值	int a=3,*p=&a;
	float b=9.7f,*q=&b;
	p=q;
	printf("%d ",*p);
		系统告警：'=' : incompatible types - from 'float *' to 'int *'（从“float *”到“int *”的类型不兼容）	两个类型完全一致的指针才能赋值，否则使用强制类型转换，改为：p=(int*)q;，但是输出结果可能是无意义的值

用 void 类型的指针去访问内存	int a=3,*p=&a;
	void *q;
	q=(void*)p;
	printf("%d ",*q);
		系统报错：illegal indirection（非法的间接寻址）	不可以用 void 型的指针访问内存，修改去掉对*q 的操作

不判断动态空间申请是否成功就直接访问	int *p,i;
	p=calloc(3,sizeof(int));
	for (i=0;i<3;i++)
	p[i]=i+10;
	for (i=0;i<3;i++)
	printf("%d ",p[i]);
		error C2440:"=": 无法从"void*"转换为"int*"从"void*"到指向非"void"的指针的转换要求显式类型转换	将 p=calloc(3, sizeof(int)); 修改为 p=(int*)cauoc(3, sizeof(int));

续表

错误原因	示　例	出 错 现 象	解 决 方 案

引用未初始化的动态空间中的内容	int *p,i,sum=0;
	p=(int*)malloc(3*sizeof(int));
	if (!p) {
	printf("allocation fail");
	exit(0);　　　}
	for (i=0;i<3;i++)
	sum+=p[i];
	printf("%d",sum);
		系统无报错或告警，运行结果为：1768515943	通过调试器跟踪程序的执行过程，观察 p 及*p 的值，增加对动态数组元素的赋值或读入语句，再进行运算

用 malloc 或 calloc 申请的内存不用 free	int *p=(int *) calloc(3,sizeof(int)); ……	系统无报错或告警，但是这样会造成内存浪费和内存泄漏	当动态空间使用结束后一定要及时用 free(p)进行释放

使用已经被 free 的野指针	int *p=(int *)
	calloc(1,sizeof(int));
	free(p);
	*p=10;
		系统无报错或告警，但是这样会造成非法操作或得到不确定的数据	指针被 free 后，将它赋值为 NULL，在再次使用该指针前增加 if 判断，如：
			if (!p) { …　exit(0);　}

6. 结构、文件及其他操作			
定义结构体类型时，最后未加分号	struct Point {　　double x,y; }	系统报错：syntax error: missing ';' before '}'	在结构体类型定义的最后加一个分号
不同类型的结构体变量执行了赋值操作	struct Point {　　double x,y; }p={1,2}; struct PP { char c; 　int x; }q; q=p;	系统报错：'=' : incompatible types（"="：无法从"Point"转换为"PP"）	必须保证同类型的结构体变量进行赋值

结构体指针访问结构体成员时，运算符"->"表达有错	struct Point
	{　　double x,y;
	}a={1,2},*p=&a;
	p->x*=10;
	p- >y*=20;
		系统报错：syntax error : '>'（语法错误：">"）	根据编译器指示出错位置，将"p->"误写成"p- >"，删除多余空格

结构体指针访问结构体成员时，未对*结构指针名打括号	struct Point {　　double x,y; }a={1,2},*p=&a; (*p).x*=10; *p.y*=20;	系统报错：'.y' : left operand points to 'struct', use '->'（".y"：左操作数指向"struct"，使用"->"）；非法的间接寻址	根据编译器指示出错位置，将"(*p).y"误写成"*p.y"，加上小括号即可

仅使用结构成员名来访问结构体的一个成员	struct Point
	{　double x,y;
	}a={1,2};
	a.x=10;
	y=20;
		系统报错：'y' : undeclared identifier（"y"：未声明的标识符）	根据编译器指示出错位置，将 y=20;改为 a.y=10;

文件打开后不及时判断是否正确打开就对文件进行读写操作	FILE
	*p=fopen("a1.txt","r");
	while(!feof(p))……
		系统无报错或告警，但是这样会影响其他程序使用此文件，可能造成数据丢失等	在文件打开之后读写之前，增加判断语句：
			if (!p)
			{
			printf("open failure\n");
			exit(0);　　}

文件打开后不及时关闭	FILE *p=fopen("a1.txt","r"); ……	系统无报错或告警，但是这样会影响其他程序使用此文件，可能造成数据丢失等	在文件读写操作结束后一定要及时关闭文件

附录G 命名规则

在C语言源程序中，变量、符号常量、宏名、自定义类型名和函数都需要用户自己命名，这些名字统称为用户自定义标识符。命名规则虽然并不影响程序的正确性，但是科学合理的命名将会增强程序的可读性。常用规则如下。

① 用户自定义标识符只能由字母、数字和下划线3类字符组成。

② 必须以字母或下划线作为开头。

③ 用户自定义标识符不能选用C语言的32个保留字。

④ 用户自定义标识符中有大小有区别。例如：MyId 和 myid 是两个不同的标识符。但是文件名不区分大小写。

⑤ 用户自定义标识符的长度可以是任意的，但一般只有前32个字符有效。变量名的长短不影响程序速度。

⑥ 用户自定义标识符的命名应当遵循“见名知意”原则，最好使用英文单词及组合，切忌使用汉语拼音来命名。

⑦ 用户自定义标识符在每一个逻辑断点处应当能清楚地标识，通常有两种方法：**骆驼式命名法**是用一个大写字母来标记一个新的逻辑断点的开始，例如mathGrades，这是Windows风格；**下划线法**是用下划线来标记一个新的逻辑断点的开始，例如math_grades，这是UNIX风格。在同一个程序中，不要将两种风格混用，最好与操作系统的风格一致。

⑧ 变量名（包括形式参数名）一般用小写字母开头的单词组合而成，使用“名词”或“形容词+名词”的形式，如：minValue、sumOfArray。

变量名还可以包含数据类型提示，一般用一个或两个字符作为变量名的前缀，指出变量类型，这是广为人知的**匈牙利命名法**，见表G.1。

表G.1　一些常用的匈牙利命名法前缀

数据类型或存储类型	前　缀	举　例
char	c	cSex
int	i	i MathGrades
long	l	lNumRecs
string	sz	szReadingString
int array	ai	aiErrorNumbers
char*	psz	pszName
静态变量	s_	s_Sum
全局变量	g_	g_Sum

⑨ 函数名用大写字母开头的单词组合而成，一般使用“动词”或“动词+名词”的形式，例如：Change，GetSum。

⑩ 宏和const常量全用大写字母，并用下划线分割单词，以区分于变量名。例如：

#define PI　3.14159 以及const int MAX_SIZE=200;。

事实上，使用什么样的命名方法因人而定，这是风格问题，而不是法则。

附录H C语言的发展简史

C语言最早的原型是ALGOL 60，1963年，剑桥大学将其发展成为CPL(Combined Programing Language）。1967年，剑桥大学的马丁·理察德（Matin Richards）对CPL语言进行了简化，产生了BCPL语言。1970年，美国贝尔实验室（Bell Labs）的肯·汤普森（Ken Thompson）将BCPL进行了修改，并取名叫做B语言，意思是提取CPL的精华（Boiling CPL down to its basic good features）。并用B语言写了第一个UNIX系统。1973年，AT&T贝尔实验室的丹尼斯·里奇(Dennis Ritchie）在BCPL和B语言的基础上设计出了一种新的语言，取BCPL中的第2个字母为名，这就是大名鼎鼎的C语言，里奇也被尊称为“C语言之父”。随后不久，UNIX的内核（Kernel）和应用程序全部用C语言改写，从此，C语言成为UNIX环境下使用最广泛的主流编程语言。

【K&R C】1978年，丹尼斯·里奇和布莱恩·柯林汉（Brian Kernighan）合作推出了《The C Programming Language》的第一版（按照惯例，经典著作一定有简称，该著作简称为K&R），书末的参考指南（Reference Manual）一节给出了当时C语言的完整定义，成为那时C语言事实上的标准，人们称之为K&R C。从这一年以后，C语言被移植到了各种机型上，并受到了广泛的支持，使C语言在当时的软件开发中几乎一统天下。

【C89（ANSI C）】随着C语言在多个领域的推广、应用，一些新的特性不断被各种编译器实现并添加进来。于是，建立一个新的“无歧义、与具体平台无关的C语言定义”成为越来越重要的事情。1983年，ASC X3（ANSI下属专门负责信息技术标准化的机构，现已改名为INCITS）成立了一个专门的技术委员会J11（J11是委员会编号，全称是X3J11），负责起草关于C语言的标准草案。1989年，草案被ANSI正式通过成为美国国家标准，被称为C89标准。

【C90（ISO C）】随后，《The C Programming Language》第二版开始出版发行，书中内容根据ANSI C（C89）进行了更新。1990年，在ISO/IEC JTC1/SC22/WG14（ISO/IEC联合技术第I委员会第22分委员会第14工作组）的努力下，ISO批准了ANSI C成为国际标准。于是ISO C（又称为C90）诞生了。除了标准文档在印刷编排上的某些细节不同外，ISO C（C90）和ANSI C（C89）在技术上完全一样。

【C95】之后，ISO在1994、1996年分别出版了C90的技术勘误文档，更正了一些印刷错误，并在1995年通过了一份C90的技术补充，对C90进行了微小的扩充，经过扩充后的ISO C被称为C95。

【C99】1999年，ANSI和ISO又通过了最新版本的C语言标准和技术勘误文档，该标准被称为C99。这基本上是目前关于C语言的最新、最权威的定义了。

现在，各种C编译器都提供了C89（C90）的完整支持，对C99还只提供了部分支持，还有一部分提供了对某些K&R C风格的支持。

附录I 函数printf的格式转换说明符

格式转换说明符	用　法
%d 或%i	输出带符号的十进制整数，正数的符号省略
%u	以无符号的十进制整数形式输出
%o	以无符号的八进制整数形式输出，不输出前导符 0
%x	以无符号的十六进制整数（小写）形式输出，不输出前导符 0x
%X	以无符号的十六进制整数（大写）形式输出，不输出前导符 0X
%c	输出一个字符
%s	输出字符串
%f	以十进制小数形式输出实数（包括单、双精度），隐含输出 6 位小数，输出的数字并非全部是有效数字，单精度实数的有效位数一般为 7 位，双精度实数的有效位数一般为 16 位
%e	以指数形式（小写 e 表示指数部分）输出实数，要求小数点前必须有且仅有 1 位非零数字
%E	以指数形式（大写 E 表示指数部分）输出实数，要求小数点前必须有且仅有 1 位非零数字
%g	自动选取 f 或 e 格式中输出宽度较小的一种使用，且不输出无意义的 0
%G	自动选取 f 或 E 格式中输出宽度较小的一种使用，且不输出无意义的 0
%p	以主机的格式显示指针，即变量的地址
%n	令 printf( )把自己到%n 位置已经输出的字符总数放到后面相应的输出项所指向的整型变量中，printf( )返回后，%n 对应的输出项指向的变量中存放的整型值为出现%n 时已经由 printf( )函数输出的字符总数，%n 对应的输出项是记录该字符总数的整型变量的地址
%%	显示百分号%

附录J 函数printf的格式修饰符

格式修饰符	用　法
英文字母 l	修饰格式符 d、i、o、x、u 时，用于输出 long 型数据
英文字母 L	修饰格式符 f、e、g 时，用于输出 long double 型数据
英文字母 h	修饰格式符 d、i、o、x、u 时，用于输出 short 型数据
最小域宽 m（整数）	指定输出项输出时所占的总列数。若 m 为正整数，当输出数据的实际宽度小于 m 时，在域内向右靠齐，左边多余位补空格；当输出数据的实际宽度大于 m 时，按实际宽度全部输出；若 m 有前导符 0，则左边多余位补 0。若 m 为负整数，在域内向左靠齐，右边多余位补空格
显示精度.n（大于等于 0 的整数）	精度修饰符位于最小域宽修饰符之后，由一个圆点及其后的整数构成。对于浮点数，用于指定输出的浮点数的小数位数；对于字符串，用于指定从字符串左侧开始截取的子串字符个数
*	最小域宽 m 和显示精度.n 用*代替时，表示它们的值不是常数，而由 printf( )函数的输出项按顺序依次指定
#	修饰格式符 f、e、g 时，用于确保输出的小数有小数点，即使无小数位数时，也是如此；修饰格式符 x 时，用于确保输出的十六进制数前带有前导符 0x
-	有-表示左对齐输出，如省略表示右对齐输出。

注：%f 可以输出 double 和 float 两种类型的数据，不必用%lf 输出 double 型的数据。

参考文献

[1] Brian W.Kernighan，Dennis M.Ritchie. C 程序设计语言（第 2 版 · 新版）[M]. 徐宝文等译. 北京：机械工业出版社，2004.

[2] 朱立华，郭剑. C 语言程序设计（第 2 版）[M]. 北京：人民邮电出版社，2014.

[3] KING K N. C 语言程序设计：现代方法（第 2 版）[M]. 吕秀锋等译. 北京：人民邮电出版社，2010.

[4] 何钦铭，颜晖. C 语言程序设计（第 3 版）[M]. 北京：高等教育出版社，2015.

[5] 陈慧南. 数据结构——C 语言描述（第 3 版）[M]. 西安：西安电子科技大学出版社，2015.

[6] 苏小红等. C 语言程序设计（第 3 版）[M]. 北京：电子工业出版社，2017.

[7] 谭浩强. C 程序设计（第 5 版）[M]. 北京：清华大学出版社，2017.

[8] Randal E.Bryant. 深入理解计算机系统（原书第 3 版）[M]. 龚奕利等译. 北京：机械工业出版社，2016.

[9] Kenneth Reek. C 和指针（第 2 版）[M]. 徐波译. 北京：人民邮电出版社，2008.

[10] MARK A W.Data Structures and Algorithm Analysis in C++（第 3 版）[M]. 张怀勇等译. 北京：人民邮电出版社，2007.

[11] Gray J Bronson. 标准 C 语言基础教程（第 4 版）[M]. 北京：电子工业出版社，2006.

[12] 嵩天，礼欣等. Python 语言程序设计基础（第 2 版）[M]. 北京：高等教育出版社，2017.